전기응용

백관현 저

D.B.Info

머리말

전기응용의 분야는 참으로 넓고, 다양하게 지금도 비약적으로 발전하고 있다. 발전의 속도와 범위는 짐작하기 힘들고, 본서에는 기존에 전기응용에서 다루던 분야인 6개 분야(조명, 전열, 전동기응용, 전기철도, 전기화학, 기타 전기응용)의 대표적인 것들만을 취급하고 있다. 저자가 잘못 이해하고 있는 부분과 미흡한 것들에 대한 부분은 나날이 고쳐나갈 것이다.

이 책은 2, 3, 4년제의 대학 교과서에 적합하고, 기사시험을 준비하는 학생들에게 유용한 책으로 사료된다. 시험을 준비하는 학생들에게는 스스로 문제를 만들어 보라고 권유하고 싶고, 실제 산업체에서의 가이드북으로 불충분한 면이 있으나 사용할 수 있을 것으로 사료된다. 항상 새로운 분야의 전기응용은 기술의 발전, 새로운 방법과 새로운 장비 개발과 새로운 방법의 진행으로 계속 진행되고 있음을 잊지 말아야 한다.

독자들의 많은 조언을 바라며, 책이 출판되기 위하여 수고를 해 주신 복두출판사 임직원에게 감사드린다.

2016년 2월
저자 씀

차 례

Chapter

01

조명공학

1. 조명
2. 조명설계
3. 광원

1.1 조 명

조명에서 사용되는 광원은 크게 2가지로 열방사(온도복사)에 의한 방법과 형광등과 같은 방전등의 발광현상인 루미네센스에 의한 발광 방법이다. 발광방법에 앞서서 빛에 대하여 공부한다.

1 빛(전자기파)

빛은 전자기파로서 파동성과 입자성을 갖고 있는 2중성을 갖고 있다. 사람의 눈으로 감지할 수 있는 것을 가시광선이라고 하고, 가시광선의 파장은 380~780[nm]이고, 파장이 100~380[nm]로 짧은 자외선과 파장의 범위가 760~300[nm]의 적외선을 포함하고 있다.

빛은 파동성과 입자성의 이중성을 가지고 있으며, 파동성의 입장에서 전자파의 파장, 진동수 f, 빛의 속도 c라 할 때, 이들의 관계는 $c=f\lambda$로 진공 또는 공기 중에서 속도는 3×10^8[m/s]로 직진을 한다.

$$c=f\lambda \tag{1.1.1}$$

(여기서, λ는 파장[m], f는 주파수[Hz])

만약에 광학적 밀도가 다른 매질을 통과할 때 주파수는 변하지 않고 파장과 속도가 변화한다. 따라서 경계면을 통과할 때(밀도가 다른 물질에 닿으면) 빛의 반사, 굴절, 회절 현상이 일어나는 것이다. 또한, 빛은 직진성을 갖는다.

빛의 입자성은 입자는 광자와 광량자로 불리우며 주파수가 f[Hz]인 광자 1개가 갖는 에너지 E는 다음으로 표시된다.

$$E=h\nu \tag{1.1.2}$$

(여기서, h는 6.624×10^{-34} [J·s], ν는 광의 진동수)

빛은 직진성을 갖고 있으며, 밀도가 다른 물질에서는 반사, 굴절, 회절, 간섭 등을 일으킨다. 빛의 스펙트럼 분포를 보면 파장이 긴 적위선, 적색, 주황, 노랑, 녹색, 파랑, 남색, 보라, 그리고 파장이 짧은 자외선으로 분포를 한다. 우리가 눈으로 인식을 하는 색은 스펙트럼 분광조성에 따라 달라진다.

예를 들어 태양 빛과 백열전구 등은 연속 스펙트럼 분포를 갖고 있다. 연속스펙트럼은 어느 파장 범위에서 연속적으로 나타나는 스펙트럼을 말한다. 그런데, 수은등, 나트륨등, 네온관등은 특정한 파장의 범위에서 고유의 선스펙트럼을 나타나는데 이것은 수은등의 경우 수은원자의 원자 상태에서 에너지의 흡수로 인한 일부 에너지의 방출과 관계가 있다. 또한 형광등의 경우는 여러개의 선스펙트럼이 모여서 띠(혹은 밴드) 형태로 분포를 하여 밴드 스펙트럼이라 한다.

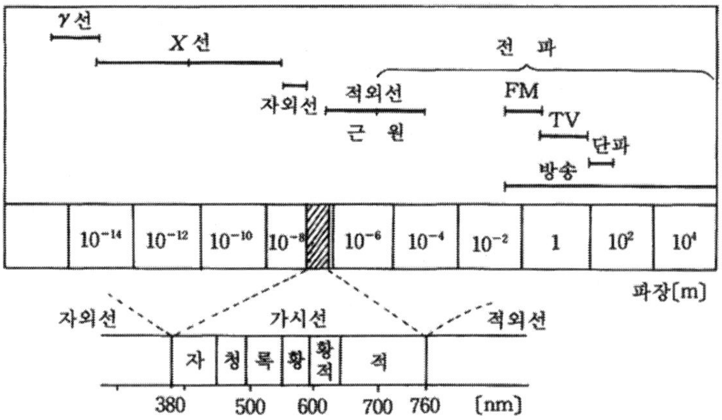

■ 그림 1.1.1 스펙트럼 분포

그림 1.1.1에서 보여주는 여러 가지 파형 γ선, X선, 자외선, 가시광선, 적외선, 전파(FM, TV, 단파 등)은 전자기파이다. 전자기파의 형태로 빛(에너지)과 같은 파형이 진공이나 공기중에 방출(방사)되는 현상을 방사 혹은 복사(radiation)이라고 한다.

조명에서 사용되는 광원의 복사 방법은 크게 2가지로 분리할 수 있다.

(1) 열방사(온도복사)에 의한 조명기구

백열전구가 대표적인 기구로 전기에너지를 열에너지로 바꾸어서 필라멘트인 텅스텐이 고열을 받아서 내는 빛을 이용한 조명기기이다. 에디슨이 이것을 최초로 발견을 하여서 전기조명의 시작이 되었다. 지금은 에너지 절약으로 pn접합 반도체 소자인 LED 등으로 급속히 바뀌고 있다.

(2) 루미네센스에 위한 조명기구

루미네선스(luminescence)는 온도 복사 이외의 모든 발광 현상을 말할 수 있는데, 온도복사에서처럼 열을 수반하지 않고 원자가 자외선과 같은 어떤 자극으로 여기 되었다가 다시 기저 상태로 떨어지면서 에너지기의 일부가 빛을 발산하는 현상을 의미한다. 이런 이유로 냉광(cold light)이 라고도 한다. 열에너지의 소모가 거의 이루어지지 않기 때문에 에너지 변환 효율은 백열전구에 비하여 상당히 높은 것이 특징이다.

루미네선스는 자극 후 발광의 지속시간에 따라 형광과 인광으로 구분한다.

① 형광

- 자극이 주어지고 있는 시간만 발광하는 것
- 물질 내의 전자가 여기상태로 되었다가 곧 기저상태로 돌아가면서 발광하는 경우

② 인광

- 자극이 사라진 후에도 어느 정도 지속적으로 발광을 계속하는 것

• 물질 내의 전자가 여기상태에서 일단 준안정상태로 이행한 다음에 다시 기저상태로 돌아가는 경우

루미네선스는 자극의 종류에 따라 표와 같이 분류하고, 실제적으로 광원으로 사용하는 것은 전기 및 복사 루미네선스이다.

■ 표 1.1 루미네선스의 분류

종 류	원 리	적 용
전기 루미네선스	기체방전에 의한 발광 현상	방전등
복사 루미네선스	• 자외선등의 자극에 의해 자외선 파장보다 긴 파장의 빛을 발산하는 현상(스토크스의 법칙) • 보통 기체와 액체는 형광, 고체는 인광을 발산	형광등(형광) 야광도료(인광)
열 루미네선스	물체를 크게 가열하면 같은 온도의 흑체 복사 보다 더 강한 복사속으로 빛을 발산하는 현상	금강석 대리석형석
음극선 루미네선스	형광체에 음극선의 조사에 의한 빛을 발산하는 현상	브라운관선
파이로 루미네선스	휘발성 금속 원소 또는 그 염류를 가스의 불꽃에 넣을 때 알칼리 금속 증기의 빛을 발산하는 현상	발염 아아크등 불꽃 반응
생물 루미네선스	생물에 의한 발광으로 일종의 광화학반응, 루시페린, 루시페라아제에 의한 빛을 발산하는 현상	야광충 개똥벌레
화학 루미네선스	화학반응 특히 산화 과정에 의한 빛을 발산하는 현상	황린
마찰 루미네선스	물질의 기계적 파괴 또는 마찰에 의해 순간에 순간적으로 빛을 발산하는 현상	각설탕 석영
결정 루미네센스	Na_2F_2, Na_2SO_4 등이 용액에서 결정이 될 때 빛을 발산하는 현상	

2 복사(방사)

(1) 복사속[W]

빛 에너지에 관련이 되는 양으로 복사양(방사양)을 기본으로 나타낸다. 복사속(radiant flux)은 복사에너지의 시간적 비율, 즉 어떤 면을 단위시간에 통과하는 복사에너지의 양이고, P[J/s]=[W]으로 나타낸다. 복사속의 경우는 사람의 눈과는 관계가 없고 가시광선의 380~760[nm]의 경우에만 인식을 할 수 있다. 어떤 파장을 중심으로 그 파장의 범위 내에 포함이 되어 있는 곳에 복사량을 분광밀도로 표시한다.

단위 파장당의 복사량을 말한다.

분광밀도=복사량/파장 (1.1.3)

(2) 광 속[lumen]

복사속 중에서 사람의 눈으로 인식할 수 있는 느낌을 받을 수 있는 것으로 가시광선 파장의 범위로 측정을 한 것으로 말하며 단위는 루멘[lm]으로 단위 시간에 통과하는 광량을 의미한다.

$$\text{광속 } F = \frac{Q}{t}\,[\text{lm}], \qquad \text{광량 } Q = F \cdot t\,[\text{lm} \cdot \text{h}] \tag{1.1.4}$$

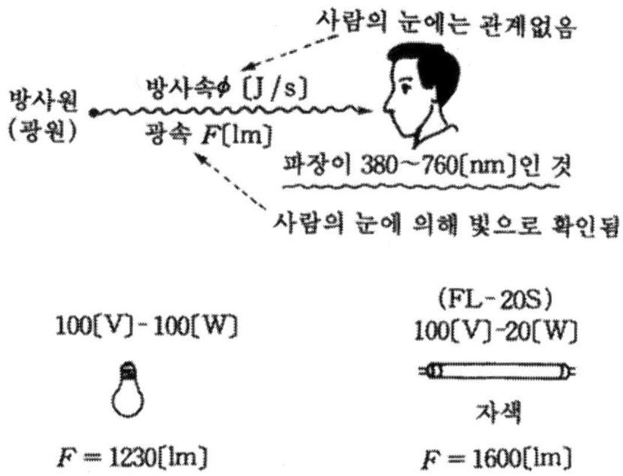

■ 그림 1.1.2 복사속과 광속

(3) 시감도와 비시감도

단위시간당 복사에너지의 양을 광속으로 느끼는 정도를 시감도라 한다. 개인에 따라 다르지만, 보통 사람의 눈은 동일한 에너지의 자극에 대해 밝음에 대한 인식(감각)이 길지 않고, 파장 555[nm]의 황록색을 가장 밝게 느끼며 이보다 파장이 증가, 감소하면 밝음의 감각은 급격히 떨어지게 된다. 이와 같이 복사에너지에 대하여 눈으로 느끼는 밝음의 감각이 파장에 따라 달라지는 정도를 복사속에 대한 광속의 비를 시감도(luminous efficiency) 한다.

$$\text{시감도 [lm/W]} = F / W\,[\text{lm/W}] \tag{1.1.5}$$

그림 1.1.3에서 최대 시감도는 파장 555[nm](주파수 540×10^{12}[Hz])의 황록색이고, 그때의 값은 683[lm/W]이다. 건강한 사람의 눈으로 파장 555[nm] 색은 최대시감도가 되며 그때 복사속 1[W]는 약 683[lm]이 된다.

인간의 시각의 상대분광감도를 비시감도라고 한다. 비시감도에는 개인차가 있고 또 동일의 비시감도라도 눈의 상태와 환경에 의해 변화한다. 비시감도(relative luminous efficiency) 는 최대시감도를 나타내는 황록색에 대한 상대적인 시감도, 즉 최대 시감도 683[lm/W] 에 대한 다른 파장의 시감도의 비를 의미한다. 그림에서 최대시감도를 100으로 하고 다른 파장에 대한 비시감도를 곡선으로 표시한 것을 비시감도 곡선이라 하며, 그림 1.1.3에 나타낸다. 시감도, 비사감도에는 개인차가 있기 때문에 국제적인 약속으로써 표준 시감도를 정해두고 있다 동일인 경우에도 시감도, 비시감도가 눈의 상태와 환경에 따라 변화한다. 따라서 표준시감도를 정하고 이것을 이용하여 측광량을 보편적인 양으로써 구하도록 하고 있다. 측광량의 경우 명소시의 경우와 암소시의 경우 2가지가 존재하지만 보통의 명소시의 측광량만을 사용한다(명소시의 최대시감도 555[nm], 암소시의 최대시감도 507[nm] 이다).

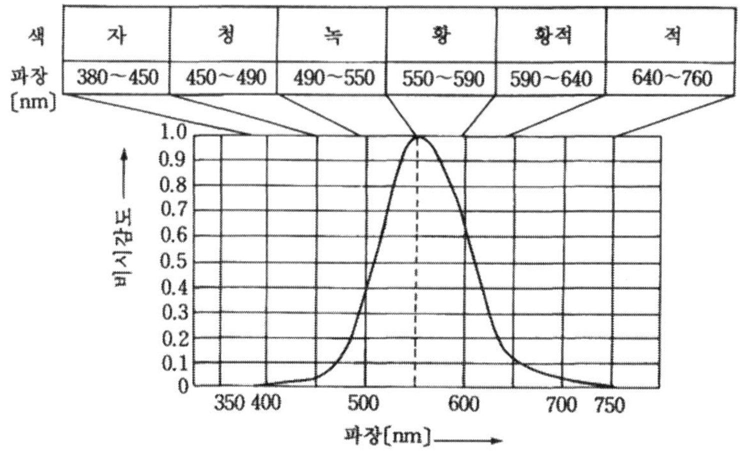

■ 그림 1.1.3 시감도 비시감도

대개의 사람들이 색깔을 구분하는데 똑같은 색을 밝은 곳에서 보는 색과 어두운 곳에서 보는 경우가 다른 경우가 있다. 예를 들어 청색과 적색의 경우에 어두운 곳에서 보는 적색은 더 어두워 보이고, 청색이 더 밝게 보이는 경우를 들 수 있다. 이것을 퍼킨제 효과라고 한다. 이러한 효과는 유도등을 사용하는데 유의해야 할 것들이다.

3 조명의 기초

전기응용에서 조명을 크게 나누면 다음의 두 가지가 있다

(1) 열방사에 의한 광원

열방사에 의한 광원은 백열전구이며, 전력을 열로 바꾸어 고열인 텅스텐 필라멘트에서 광을 얻는 것이다. 이 백열전구는 에디슨에 의해 최초로 발명되었다.

(2) 방전에 의한 광원

방전에 의한 광원에는 형광등, 고압 수은등, 네온관등 등이 있다. 형광등은 저 압 수은가스 중에서 방전시에 나오는 자외선을 형광물질에 조사하여 그 발광 을 광원으로 하며, 고압 수은등은 고압 수은가스 중에서 방전시에 나오는 빛을 광원으로 하고, 네온관등은 불활성가스 중에 고전압을 인가할 때 나오는 빛을 광원으로 한다.

① 광속발산도

물체를 인식하는 것은 발광면의 표면으로부터 발산한 광속이 우리 눈속에 들어와서 인식이 되는 것으로 눈의 위치와 방향에 발산되어 들어오는 광속에 따라 달라질 수 있다. 발광면(예: 형광등, 전구의 발광면)으로부터 나오는 전광속 F[lm]을 그 발광면 A[m^2]으로 나누어 준 값을 말하며 단위 면적 당의 광속을 광속 발산도라 한다. 단위는 조도의 룩스[lx]와 다르게 하기 위해서 레드 룩스[rlx]을 사용한다.

$$\text{광속발산도 } R = \frac{F}{A}[\text{lm/m}^2] \tag{1.1.6}$$

즉 1[rlx] = 1[lm/m^2]을 나타낸다.

② 광도

광속이 광원으로부터 나와서 일정한 어느 방향으로 단위 입체각 내를 지날 때, 단위 입체각 당의 광속을 광도 I[cd]라고 한다. 광도의 단위는 칸델라[cd]을 사용한다. 광도는 임의의 방향으로 발산하는 광속이며, 빛의 세기를 나타내는 양이다.

점광원인 경우의 광원을 생각하면, 점광원에서 나오는 전광속 F를 구로 감싸는 경우를 생각해 보면 구면의 전체 입체각 ω은 4π[sr]이기 때문에 다음 수식으로 나타낼 수 있다.

$$I[\text{cd}] = \frac{F}{4\pi}[\text{lm/sr}] \tag{1.1.7}$$

점광원에서 점광원 중심에서부터 반지름 r이고 구의 표면적이 A인 경우를 생각하면, 입체각 ω은

$$\omega = A/r[\text{sr}] = \frac{4\pi r^2}{r} = 4\pi r[\text{sr}]\text{이 된다.} \tag{1.1.8}$$

여기서 반지름 $r = 1$[m]가 되면 $\omega = 4\pi$[sr]이다.

입체각의 경우에 구의 전구면의 입체각 $\omega = 4\pi$이고, 반구의 경우는 $\omega = 2\pi$이다.

여기서 전광속 F을 구할 수 있다. $F = 4\pi I$[lm]으로 구할 수 있다.

반구의 경우는 $F = 2\pi I$[lm] 으로 구할 수 있다.

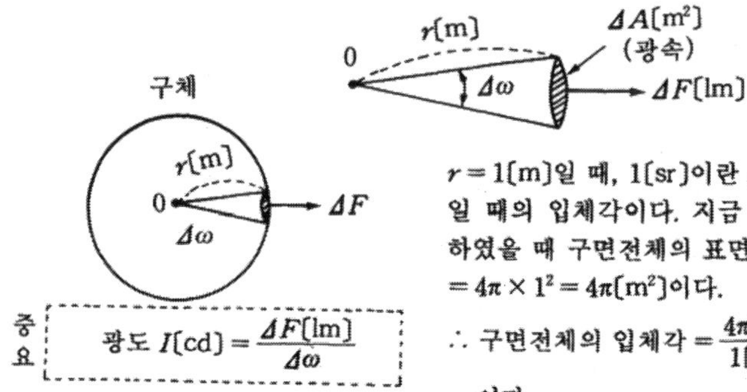

$r = 1$[m]일 때, 1[sr]이란 $\Delta A = 1[m^2]$일 때의 입체각이다. 지금 $r = 1$[m]로 하였을 때 구면전체의 표면적 $A = 4\pi r^2 = 4\pi \times 1^2 = 4\pi[m^2]$이다.

$\therefore$ 구면전체의 입체각 $= \frac{4\pi[m^2]}{1[m^2]} = 4\pi$[sr] 이다.

■ 그림 1.1.4 입체각과 광도 설명

③ 조도[illumination]

광원으로부터 광속이 발산이 되어서 임의의 평면 A[m^2]에 광속 F[lm]가 입사할 때 그 임의의 평면, 단위 면적당의 입사 광속, 즉 입사 광속밀도를 조도 E[lx]라고 한다. 조도는 빛이 비추는 임의의 장소에서의 밝기를 나타내고, 밝고, 어두움의 기준이 된다. 조도의 단위는 룩스[lx]=[lm/m^2]이고, 1포트[ph]의 경우는 단위[cm^2]의 광속의 양을 나타내고 1[ph]=1[lm/cm^2]이 된다. 조도는 E로 표시한다.

$$E[\mathrm{lx}] = \frac{F}{A}[\mathrm{lm/m^2}] \tag{1.1.9}$$

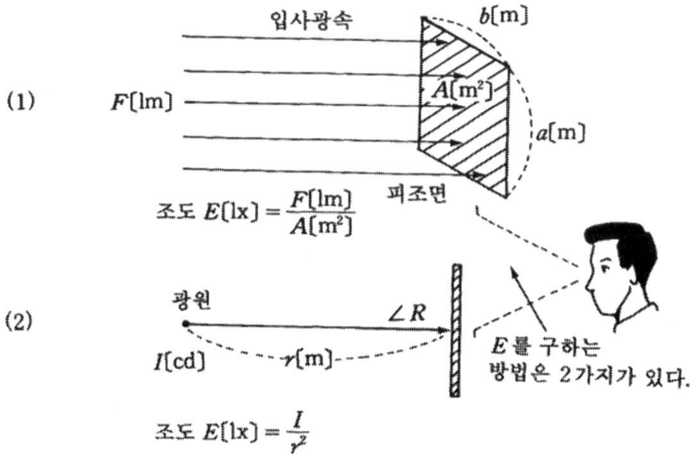

■ 그림 1.1.5 조도 E를 구하는 방법

④ 거리 역제곱의 법칙(광속이 평면에 수직 입사하는 경우)

그림 1.1.6과 같이 광속이 평면에 수직으로 입사하는 경우 조도 E는 방법을 생각할 수 있다.그림 1.1.6(a)와 같이 면적 A에 광속 F가 수직으로 입사하면, 조도 E는 위의 정의에 의해 단위 면적당의 입사광속(광속밀도)을 의미하므로 다음과 같다.

$$E = \frac{F}{A}[\mathrm{lx}] \tag{1.1.10}$$

만약에 광도 I[cd]인 균일한 점광원을 r[m] 떨어진 구의 중심에 놓았을 때, 구면상의 모든 점에서의 조도 E는 $\frac{I}{r^2}$[lx]가 된다.

$$\text{즉, } E = \frac{F}{A} = \frac{4\pi I}{4\pi r^2} = \frac{I}{r^2}[\mathrm{lx}] \tag{1.1.11}$$

구면 위의 조도는 광원의 광도에 비례하고 거리의 제곱에 반비례하게 되어 그림 1.33(a)와 같이 점광원의 어느 방향의 광도가 I[cd]일 때, 거리 r[m] 떨어진 빛과 수직인 면 위의 조도, 즉 법선조도 E_n은 $\frac{I}{r^2}$[lx]가 되어 조도는 광도에 비례하고 거리의 역제곱에 비례하게 되어 거리 역제곱의 법칙이라 한다.

⑤ 입사각 여현의 법칙(광속이 면에 기울어진 입사를 하는 경우)

그림 1.1.6(b)와 같이 면적 A에 광속 F가 광속 방향에 대해 θ만큼 기울어져 입사할 때, 조도와의 관계는 다음과 같은 식이 성립하게 된다.

$$E' = E\cos\theta[\text{lx}] = \frac{I}{r^2}\cos\theta[\text{lx}] \tag{1.1.12}$$

이것은 입사각의 여현에 비례하므로 입사각 여현의 법칙이라고 한다.

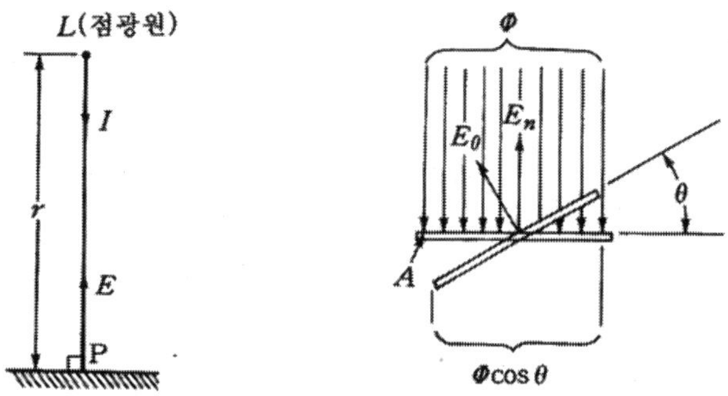

■ 그림 1.1.6 (a) 거리역제곱의 법칙 (b) 입사각 여현의 법칙

아래 그림 1.1.7에서 점광원으로부터 거리 r[m]로 점 P에 θ의 각도로 입사를 하는 경우에 조도를 3가지를 말할 수 있다. 입사광속과 수직인 바닥면의 조도를 법선조도 E_n, 수평면의 바닥면 조도를 수평면 조도 E_h, 수직면의 바닥면 조도를 수직면 조도 E_v라고 한다.

일반적으로 조도라 하면 수평면 조도를 의미하는 것이다.

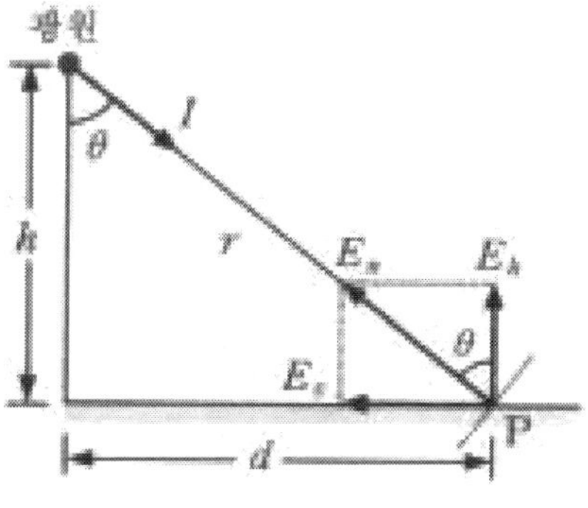

■ 그림 1.1.7 평면에서의 조도

• 법선조도 : $E_n = \frac{I}{r^2}$[lx]

• 수평면 조도 : $E_h = \frac{I}{r^2}\cos\theta$ [lx]

• 수직면 조도 : $E_v = \frac{I}{r^2}\sin\theta$ [lx] (1.1.13)

예제 1.1 바닥에서 수직으로 3[m] 높이에 광원 900[cd]가 설치되어 있는 경우에 바닥면의 조도는 몇 [lx]이냐? 수직으로 내린 점에서부터 4[m]인 지점에서의 수평면 조도와 수직면 조도는 어떻게 되는가?

풀이 조도는 거리 역제곱의 법칙에 의해서

$$E = \frac{I}{r^2} = 900/3^2 = 100[\text{lx}]$$

• 수평면 조도 : $Eh = \frac{I}{r^2}\cos\theta(900/3^2) \times \frac{4}{5} = 80[\text{lx}]$

• 수직면 조도 : $Ev = \frac{I}{r^2}\sin\theta = (900/3^2) \times \frac{3}{5} = 60[\text{lx}]$

예제 1.2 5[m] 떨어진 점의 조도가 400[lx]이면 이 방향으로의 광도[cd]는 얼마인가?

풀이 조도의 공식으로부터 광도 $I = E_r{}^2 = 400 \times 5^2 = 10000[\text{cd}]$

⑤ 휘도

일반적으로 형광등과 같은 광원을 바라보면 동일한 광도를 가진 광원이라도 눈으로 느끼는 감각은 다를 수 있다. 만약 전구에 유백색의 유리글로브를 씌운 광원과 글로브를 씌우지 않은 광원의 자체 면을 바라보면 각각의 면에서의 눈부심의 정도, 즉 빛나는 정도는 차이가 느껴지게 된다. 이와 같이 광속이 발산되는 광원의 표면 또는 발광표면을 눈으로 바라보았을 때에 밝게 빛나는 정도를 휘도라 한다. 휘도는 일정한 넓이를 가진 광원, 발광면 또는 피조물의 반사체 표면의 밝기를 나타내는 양이다.

휘도 B는 임의의 방향으로 들어오는 광도 I_θ를 그 방향에서 광원 및 발광면을 바라보았을 때의 투영 면적인 겉보기 면적 S'로 나눈 값, 즉 광도밀도로 정의하며, 그림 1.1.8에서 휘도 B는 다음과 같다.

$$B = \frac{I_\theta}{S} = \frac{I_\theta}{S\cos\theta}\ [\text{cd/m}^2] \qquad (1.1.14)$$

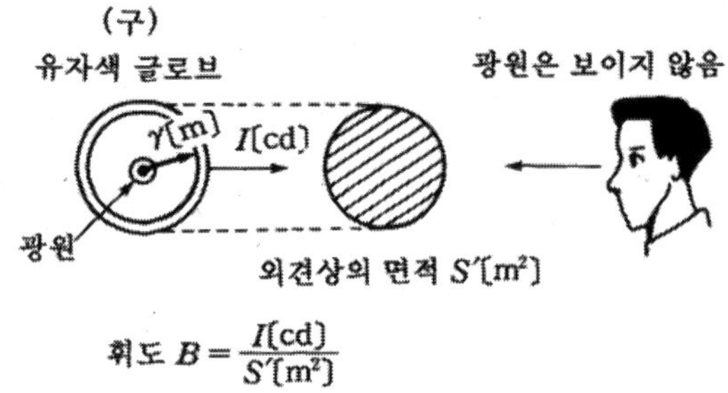

■ 그림 1.1.8 휘 도

그림 1.1.8에서 각각의 휘도는 다음과 같이 나타낼 수 있다.

- 그림 1.1.8에서 발광면에 수직 방향의 휘도 : $B = \dfrac{I}{S'}$
- 그림 1.1.8에서 발광면에 θ 방향의 휘도 : $B = \dfrac{I_\theta}{S\cos\theta}$ [cd/m^2]

휘도는 눈에서부터 광원까지의 거리에는 관계가 없고, 광도와 발광면과의 관계, 발광면에의 각도 θ와의 관계각 된다. 일반적인 물체의 식별은 휘도의 차이에 기인한다. 휘도의 단위는 스틸브[sb] 또는 니트[nt]을 사용하고, 기호는 B로 표시한다.

$$1[\text{sb}] = 1[\text{cd/cm}^2],\ \ 1[\text{nt}] = 1[\text{cd/m}^2]$$

눈부심을 느끼는 휘도의 한계는 0.5×10^4[cd/m^2]$= 0.5 \times 10^4$[nt]이다. 발광면의 휘도는 보는 방향에 따라 다르지만, 만약에 구형 광원의 경우, 어떤 방향으로 보아도 눈부심의 정도가 같은 경우(휘도가 동일한 면을 갖는 경우) 이러한 면을 완전 확산면이라 한다. 광원의 종류에서 완전확산면을 갖는 구형광원은 태양, 확산글로브를 갖는 광원 등이 있고, 매입형 조명 기구인 평원판 광원, 형광등과 같은 원통광원이 있다.

예제 1.3 지름 3 [cm], 길이 1.2[m]의 형광등의 직각방향의 광도를 600[cd]일 때, 이 형광등 표면의 휘도[sb]를 구하여라.

풀이

$$B = \frac{I}{A} = \frac{600}{3 \times 120} = 1.67\ [\text{sb}]$$

⑥ 휘도와 광속발산도의 관계

구형광원에서 모든 방향에서 광도 I가 같고, 반지름 r인 구형 광원에서 발산되는 전광속은 $F = 4\pi I$ 이므로 광속 발산도 R은 다음과 같다.

$$R = \frac{F}{A} = \frac{4\pi I}{4\pi r^2} = \frac{I}{r^2} = E \tag{1.1.15}$$

구형광원은 완전 확산광원이고, 투영 면적인 겉보기 면적 $A' = \pi r^2$ 이므로 휘도 B는 다음과 같다.

$$B = \frac{I}{A'} = \frac{I}{\pi r^2} = \frac{R}{\pi} \tag{1.1.16}$$

따라서 완전 확산면에서의 휘도 B와 광속 발산도 R의 관계는 다음과 같다.

$$R = \pi B \tag{1.1.17}$$

⑦ 광원의 종류와 전광속

완전 확산성 광원은 구형 광원, 평판(평원판) 광원 및 원통 광원이 있으며, 각 광원에 대한 전광속 F는 다음과 같다.

- 구형 광원(태양, 확산 글로브)

$$F = RA = \pi BA \;\; --- \;\; \pi B(4\pi r^2) = 4\pi r^2 B$$

$$\pi\left(\frac{I}{A'}\right)A = \pi\frac{I}{\pi r^2}4\pi r^2 = 4\pi I \tag{1.1.18}$$

- 평판 및 평원판 광원(확산형 유리칭, 매입형 확산 조명 기구)

$$F = RA = \pi BA \;\; --- \;\; \pi B(\pi r^2) = \pi\frac{I}{\pi r^2}(\pi r^2) = \pi I \tag{1.1.19}$$

- 원통 광원(형광등)

$$F = RA = \pi BA \;\; --- \;\; \pi B(2\pi rL) = \pi\frac{I}{2rL}(2\pi rL) = \pi^2 I \tag{1.1.20}$$

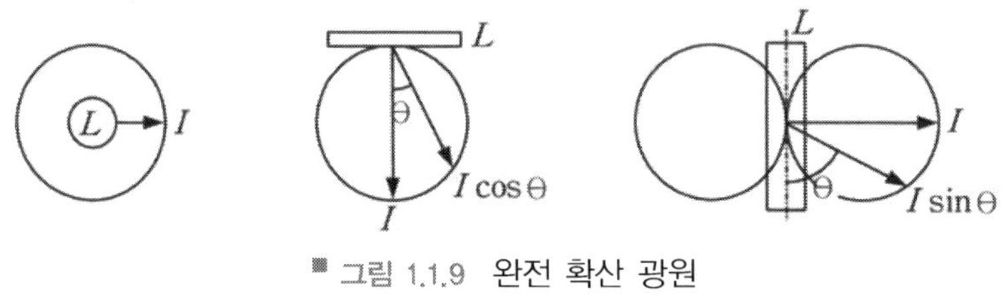

■ 그림 1.1.9 완전 확산 광원

예제 1.4 완전 확산면에서 광속 발산도가 2000[rlx]일 때, 휘도[cd/m²]를 구하여라.

풀이 완전 확산면에서 광속 발산도 R과 휘도 B의 관계는 $R = \pi B$이다. 따라서 휘도 B는 다음과 같이 구해진다.

$$B = \frac{R}{\pi} = \frac{2000}{\pi}[\text{cd/m}^2] = 0.064\ [\text{cd/cm}^2]$$

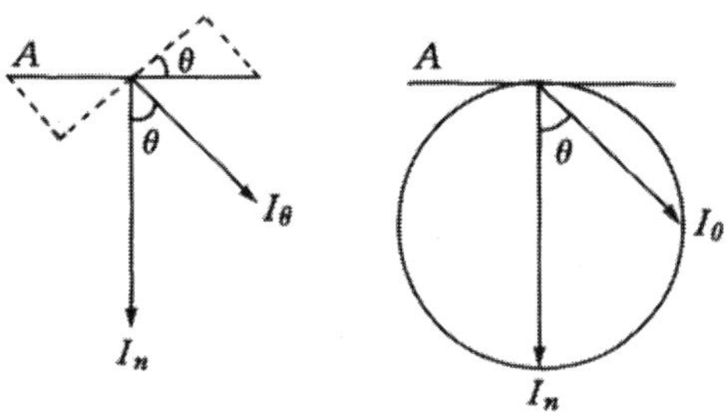

■ 그림 1.1.10 평판광원

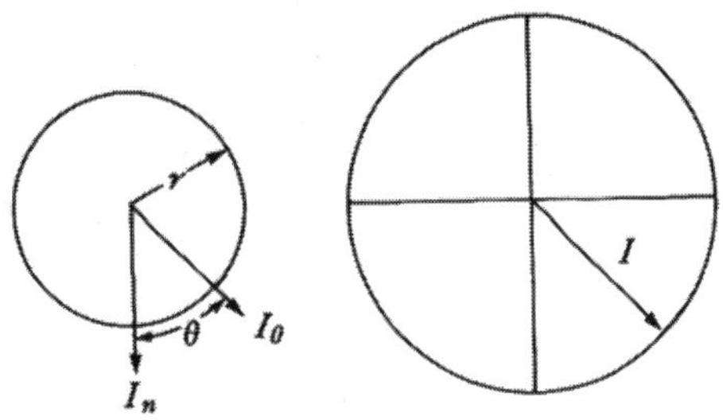

■ 그림 1.1.11 구면광원

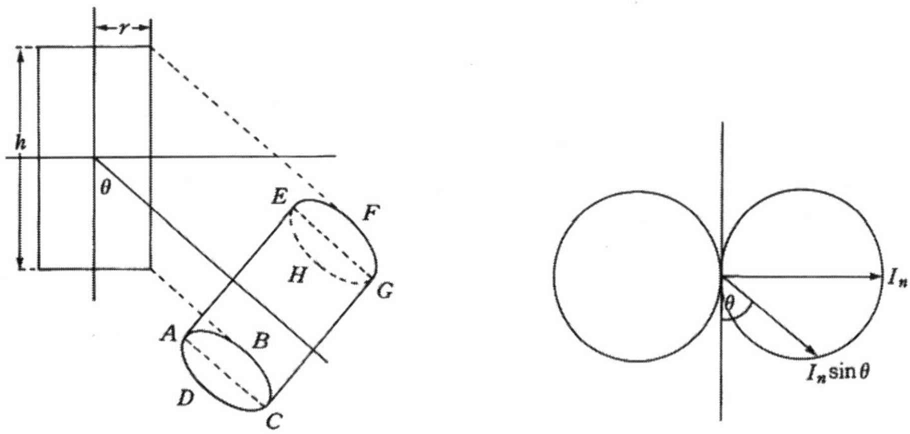

■ 그림 1.1.12 원통광원

⑨ 반사율, 투과율, 흡수율

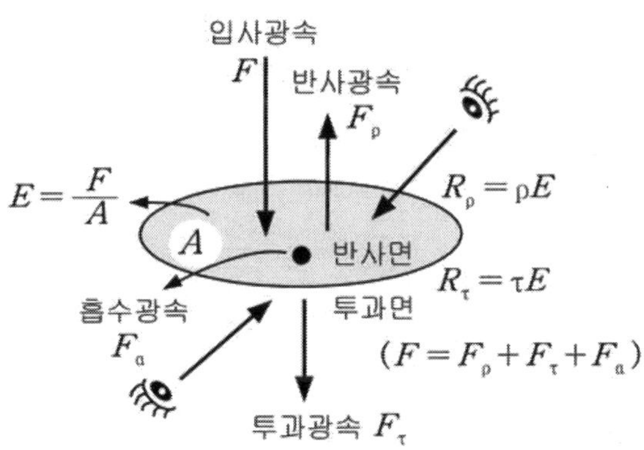

■ 그림 1.1.13 입사, 투과, 반사광속

위의 그림은 어떤 물체 면 A에 광속 F가 입사할 때, 그 광속은 투과되는 광속, 반사되는 광속, 흡수되는 광속이 있어서 그 물체 면에서의 반사광속, 투과광속 및 흡수광속이라 하면, 입사 광속 F는 흡수광속=반사광속+투과광속+흡수광속이 된다.

반사율을 ρ, 투과율을 τ, 흡수율을 α이라고 하면

$$반사율 : \rho = \frac{F'}{F} = \frac{반사광속}{입사광속} \tag{1.1.21}$$

$$투과율 : \tau = \frac{F''}{F} = \frac{투과광속}{입사광속} \tag{1.1.22}$$

$$흡수율 : \alpha = \frac{F'''}{F} = \frac{흡수광속}{입사광속} \tag{1.1.23}$$

따라서 입사한 광속은 반사광속, 투과광속, 흡수광속으로 나누어진다.

$$F = F' + F'' + F'''$$

$$F = (\rho + \tau + \alpha)F$$

$$\rho + \tau + \alpha = 1 \tag{1.1.24}$$

그림 1.1.13에서 입사된 광속은 물체면의 반사면과 투과면, 흡수면을 각각 나누어서 볼 때, 광속 발산도, 휘도 및 조도의 관계식을 보면 다음과 같다.

물체에서 반사면의 광속 발산도 R'와 투과면의 광속 발산도 R''는 그림 1.1.13에 나타낸 바와 같이 조도 $E = F/A$, 반사광속 $F' = \rho F$, 투과 광속 $F'' = \tau F$이 된다.

$$반사면 : R' = \frac{F'}{A} = \frac{\rho F}{A} = \rho E \tag{1.1.25}$$

$$투과면 : R'' = \frac{R''}{A} = \frac{\tau F}{A} = \tau F \tag{1.1.26}$$

광속을 발산하는 광속면의 밝기를 나타내는 휘도와 광속이 입사되어 사람의 눈으로 인식할 수 있는 물체의 면의 조도와의 관계를 생각해 본다.

휘도와 조도를 생각하는 경우에는 완전 확산면에서 고려한다. 완전 확산면은 발광면의 발기를 나타내는 휘도가 어느 면에서 발광면을 보았을 때에도 휘도가 같은 경우를 완전 확산면이라고 한다. 본서에서는 모든 경우를 완전확산면의 경우만 생각을 한다.

만약에 점광원의 광도가 I이고, 점광원이 반지름 r인 글로브로 쌓여 있는 경우에는 이 구형 광원에서 나오는 전광속은 $F = 4\pi I$가 되고, 구형 글로브로 나오는 광속발산도 R과의 관계는 다음과 같다.

$$R = \frac{F}{A} = \frac{4\pi I}{4\pi r^2} = \frac{I}{r^2}$$

이 수식으로 광속발산도 R과 글로브 내면의 조도 E와 같아짐을 알 수 있다. 즉, $R = E$가 된다. 구형광원의 휘도를 생각해 보면 휘도 B는 투영면적(겉보기면적)과 광도 I와의 관계를 나타내게 된다.

$$B = \frac{I}{A'} = \frac{I}{\pi r^2} = \frac{R}{\pi}$$

$$R = \pi B \tag{1.1.27}$$

따라서 반사율 ρ, 면적 A의 물체의 면에 광속이 입사할 때, 그 반사체 표면의 휘도 B는 $R=\pi B$로부터 다음이 유도된다.

$$B=\frac{R}{\pi}=\frac{\rho E}{\pi} \tag{1.1.28}$$

투과율 τ, 면적 A의 물체의 면에 광속이 입사할 때, 그 반사체 표면의 휘도 B는 $R=\pi B$로부터 다음이 유도된다.

$$B=\frac{I}{A'}=\frac{I}{\pi r^2}=\frac{R}{\pi}=\frac{\tau E}{\pi} \tag{1.1.29}$$

- 글로브 효율 : 완전 확산성의 구형 글로브에서 글로브 내면의 반사율 ρ, 투과율 τ일 때, 글로브 내면에서 상호 반사에 의해 확산 조도를 고려하면, 글로브 효율 η는 다음 식으로 나타난다.

$$\eta=\frac{\tau}{1-\rho} \tag{1.1.30}$$

글로브 효율은 완전 확산성 구형 글로브에서 투과계수를 의미하므로 투과율이 τ이면 글로브 외부로의 투과 광속은 $F=\eta F$로 된다. 따라서, 상호반사에 의한 확산 조도를 고려하지 않은 광속 발산도, 휘도 및 조도의 관계 식 (1.1.25)~(1.1.29)는 글로브 내면의 입사 조도를 E라 할 때, 다음과 같이 변환된다.

광속 발산도와 조도의 관계 : $R=\eta E$ (1.1.31)

휘도와 조도의 관계 : $B=\frac{\eta E}{\pi}$ (1.1.32)

- 발광효율 : 발광효율은 광원으로부터 발산되는 전광속 F[lm]과 전 복사속 Φ[W]의 비로써 시감도와 같은 의미이다. 즉, 광원에서 발산된 복사속에 대한 시감으로 느끼는 광속의 비가 된다 가시광선의 파장 555[nm]에서 최대 발광효율은 680[lm]이다.

$$\text{발광효율}=\frac{\text{전광속}\,F}{\text{복사속}\,\Phi}\ [\text{lm/W}] \tag{1.1.33}$$

- 전등효율 : 전등효율은 광원으로부터 발산되는 전광속 F[lm]과 광원에 공급되는 소비전력 P[W]의 비를 의미하며 다음과 같다. 일반적으로 전등효율은 발광효율보다 약간 작다.

$$\text{전등효율}=\frac{\text{전광속}\,F}{\text{소비전력}\,P}\ [\text{lm/W}] \tag{1.1.34}$$

예제 1.5 반사율이 70[%]인 완전확산성 종이에 조도가 200[lx]일 때, 종이의 휘도[cd/m²]는 얼마인가?

풀이 휘도와 광속발산도 수식으로부터

$$B=\frac{R}{\pi}=\frac{\rho E}{\pi}=\frac{0.7\times 200}{\pi}=44.59[\text{nt}]=0.0045[\text{sb}]$$

예제 1.6 지름이 3[cm], 길이 1.4[m]인 형광등의 직각방향의 광도를 500[cd]일 때의 휘도[sb]는 얼마인가?

풀이 휘도의 공식으로부터

$$B = \frac{I}{A'} = \frac{500}{3 \times 140} = 1.19[\text{sb}]$$

연습문제

1. 완전 확산면의 광속발산도가 2000[rlx]일 때, 휘도는 약 몇[cd/cm^2]인가?

2. 간판을 비추는 광원이 있다. 간판 면상 조도를 300[lx]로 하려면 광원의 광도 [cd]는? (단, 점광원으로부터 2[m] 떨어진 간판의 직각인 면상에 있으며, 또 간판의 기울기는 30°이다)

3. 각 방향의 동일 광도를 가지고 있는 광원을 지름 3[m]의 원탁 중심 바로 위 2[m]에 놓고 탁상 평균 조도를 200[lx]로 하려면 광원의 광도 [cd]는 얼마로 하면 되겠는가?

4. 완전 확산 평판 광원의 최대 광도가 I[cd]일 때의 전광속[lm]은?

5. 지름 40[cm]인 완전 확산성 구형 글로브의 중심에 모든 방향의 광도가 균일하게 120[cd]되는 전구를 넣고 탁상 2[m]의 높이에서 점등하였다. 탁상 위의 조도[lx]는? (단, 글로브 내면의 반사율은 40[%], 투과율은 50[%]이다.)

6. 반사율 10[%], 흡수율 20[%]인 5.6[m^2]의 유리면에 광속 1000[lm]인 광원을 균일하게 비추었을 때, 그 이면의 광속발산도 [rlx]는? (단, 전등 기구 효율은 80[%]이다.)

7. 투과율이 40[%]인 완전 확산성의 우유빛 유리판을 천정 위에서 비추고 그 유리면의 조도를 측정하니 15700[lx]이었다. 유리의 아래 바닥에서 본 유리면의 휘도[cd/cm^2] 값은 얼마인가?

8. 균일한 휘도를 가진 긴원주 광원을 구형 글로브에 넣어 점등하고 그 구면 광도를 측정해 보니 200[cd]였다. 이 글로브의 투과율을 80[%]라 하면, 내부 원주 광원축 중앙 수직방향의 광도는 약 몇 [cd]인가?

9. 평균 구면 광도 100[cd]의 전구 5개를 지름 10[m]인 원형의 방에 점등할 때 조명률 0.5, 감광 보상률 1.5라 하면, 방의 평균조도 [lx]는?

10. 100[cd]의 점광원의 하방 1[m] 되는 곳에 있는 반사율 60[%]인 백색판의 광속발산도 [rlx]는?

11. 200[W] 전구를 우유색 구형 글로브에 넣었을 경우 우유색 유리 반사율을 30[%], 투과율은 50[%]라고 할 때 글로브의 효율 [%]를 구하면?

12. 완전 확산면의 광속발산도가 2000[rlx]일 때, 휘도는 약 몇 [cd/cm^2]인가?

13. 모든 방향의 광도 360[cd]되는 전등을 지름 3[m]의 책상중심 바로 위 2[m]되는 곳에 놓았다. 책상 위에 최소 수평조도 [lx]는?

14. 길이 2[m]인 장형 광도계로 10[cd]의 표준등에서 90[cm]인 곳에 광도계 두부가 있을 때 측광 평형이 얻어졌다면 피측전구의 광도[cd]는?

15. 휘도가 균일한 긴 원통광원의 축중앙 수직방향의 광도가 200[cd]이다. 전광속이 1972[lm]일 때 평균 구면광도[cd]는?

16. 150[W], 가스입전구가 반경 20[cm], 투과율 80[%]인 구의 내부에서 점등시켰을 때 구의 평균 휘도는 약 얼마인가? (단, 구의 내부반사는 무시하고 전구의 광속은 2450[lm]이라 한다.)

17. 지름 40[cm]인 완전 확산성 구형 글로브의 중심에 모든 방향의 광도가 균일하게 130[cd]되는 전구를 넣고 탁상 3[m]의 높이에서 점등하였다. 탁상 위의 조도[lx]는? (단, 글로브 내면의 반사율은 40[%], 투과율은 50[%]이다.)

18. 전등효율이 15[lm/W]인 백열 전구 100[W]의 구면광도는 몇 [cd]인가?

19. 투과율이 50[%]인 완전 확산성의 유리를 천정 뒤에서 비추었을 때 마루에서 본 휘도가 0.2[sb]인 경우 천정 뒤의 유리면의 조도 [lx]는?

20. 조도와 광속발산도의 차이점을 설명하여라.

21. 가시광선의 파장 범위[A]는 얼마인가?

22. 시감도가 가장 좋은 광색은 무엇인가?

23. 광속이란 무엇인가?

㉮ 복사에너지를 눈으로 보아 빛으로 느끼는 크기로 나타낸 것
㉯ 단위 시간에 복사되는 에너지의 양
㉰ 전자파 에너지를 얼마만큼의 밝기로 느끼게 하는가를 나타낸 것
㉱ 복사속에 대한 광속의 비

24. 눈부심을 느끼는 한계휘도의 값은 얼마인가?

25. 평균구면광도 I[cd]의 전등으로부터 방사되는 전광속 F[lm]을 구하라.

26. 200[cd]의 점광원 바로 밑 2[m] 되는 곳에 있는 반사율 80[%]인 백색판의 광속 발산도[rlx]를 구하라.

27. 반사율 70[%]인 완전 확산성의 종이를 100[lx]의 조도로 비추었을 때, 종이의 광속 발산도 [rlx]를 구하라.

28. 반사율 50[%], 면적이 50[cm] × 50[cm]인 완전 확산면에 100[lm]의 광속을 투사하면 그 면의 휘도[nt]를 구하라.

29. 넓이 20[m] × 30[m]의 실내 높이 3[m]인 천장에 완전 확산성 유리를 끼고 그 내부에 전등을 다수 설치하여 천장에 균일한 휘도 0.005[cd/cm^2]를 얻었다. 이 때 중앙의 조도[lx]를 구하라.

30. 반사율 40[%], 흡수율 15[%]를 가지고 있는 켄트지에 1500[lm]의 광을 비쳤을 때 투과 광속[lm]을 구하라.

31. 광속 5800[lm]의 광원에서 4[m^2]의 투명 유리를 일정 방향으로 조사하는 경우, 그 유리 뒷면의 광속 발산도 R[rlx] 및 휘도 B[nt]를 각각 구하라. (단, 투명 유리의 투과율은 80[%]이다.)

32. 휘도가 균일한 긴 원통 광원의 축 중앙 수직 방향의 광도가 300[cd]이다. 전광속 F[lm]과 평균 구면 광도 I[cd]를 각각 구하라.

33. 점광원 150[cd]에서 5[m]의 떨어진 거리에서 그 방향에 직각인 면과 45° 기울기로 설치된 간판의 조도[lx]를 구하라.

4 측 광 : 광속, 광도, 조도 측정

(1) 표준 원기, 표준전구

① 표준원기

조명에서 광도를 측정하기 위한 광도의 측정단위인 l [cd]는 백금의 응고점 2042[°K]에서 흑체 l [cm^2]의 표면에 대한 수직 방향 광도의 1/60의 광도를 말한다. 광도의 단위 인 칸델라를 정하는 원기(原器)는 그림 1.1.14에 표시한 백금흑체로를 사용하며 이를 측광 1차 표준기 (primary standard)라고 한다. 그러나 백금흑체로는 제작 및 측정에 어려움이 따르기 때문에 실제는 이와 비교하여 광도가 정해진 2차 표준기(secondary standard)로 텅스텐 전구를 사용하고 있다.

② 표준전구

실용적으로는 일반 실험실이나 전구 공장에서 사용하고 있는 표준기는 백열텅스텐 전구이다. 측광이나 동정을 안정하게 하기 위하여 재료, 구조, 제작에 특별한 주의를 한다. 측광 특성을 일정하게 유지하기 위해서는 전구의 단자에서 직접 전압을 측정하고 지정된 일정한 전압으로 점등한다.

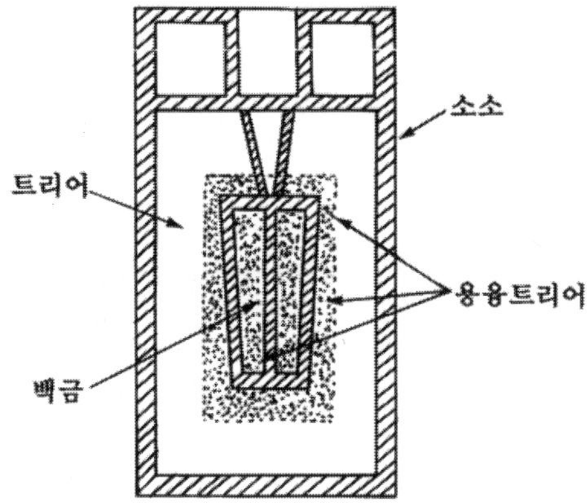

■ 그림 1.1.14 백금흑체로

(2) 광속계

광원의 광속을 측정하는 것이 광속계(integrating photometer)이며, 주로 구형 광속계가 사용된다. 그림 1.1.5는 구형광속계의 측정 원리이며, 발명자의 이름을 붙여서 울브리히트구(ulbricht's globe)라고 한다.

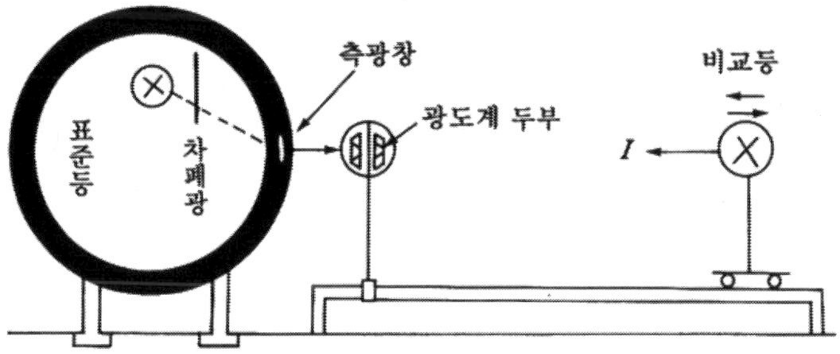

■ 그림 1.1.15 구형광속계(울브리히트)

그림 1.1.16과 같이 구의 내면에 백색확산도료(MgO, ZnO, $BaSO_4$ 등)를 도포하며, 구벽에는 측광용의 소형창을 열고 우유색 유리를 넣는다. 구내에는 전구(표준 전구 또는 시험 전구)를 부착하며, 이 직사광이 측광창에 입사하지 못하도록 중간에 백색도료를 칠한 유리를 설치한다.

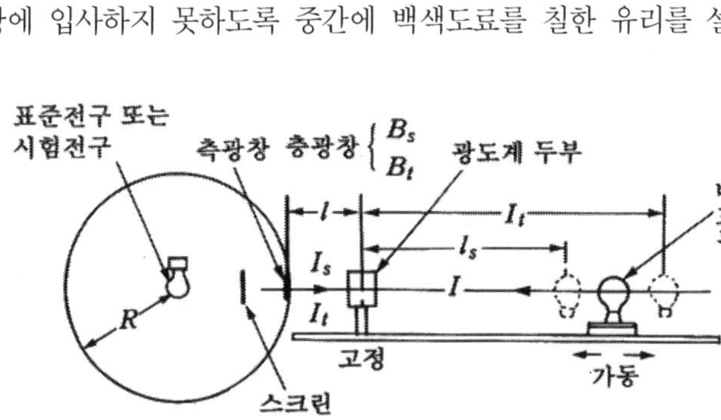

■ 그림 1.1.16 광속계

구의 반경을 R 내벽의 반사율을 ρ, 그리고 광원의 전광속을 F_0라 하면, 구 내벽에서의 상호반사에 의한 확산조도는 구 내면과 동일하며, 이것을 E라 하면 다음과 같다

$$E = \frac{1}{4\pi R^2}\frac{\rho}{1-\rho}F_0 \tag{1.1.35}$$

따라서 측광창의 완전확산성 우유색 유리 의 투과율을 τ라 하면, 측광창의 휘도 L은 다음과 같이 된다.

$$L = \frac{\tau E}{\pi} = \frac{\tau}{4\pi R^2}\frac{\rho}{1-\rho}F_0 = kF_0 \tag{1.1.36}$$

$k = \tau\rho/(4\pi^2 R^2(1-\rho))$ 는 광속계의 구조에 의해 결정되는 정수이다. 측광창의 휘도는 구내에 점 등한 전구의 전광속에 비례하므로 구내에 표준 전구를 점등한 경우와 시험 전구를 점등한 경우 측광창의 휘도를 비교하면 시험 전구의 전 광속을 구할 수 있다. 구의 직경은 백열전구의 경우 0.3~1.5[m], 형광등은 2~5[m]이다.

(3) 광도측정의 원리

① 거리 역제곱의 법칙에 의한 광도측정

그림 1.1.17과 같이 양 측면에 반사율이 같은 반사판(screen)을 표준 전구 A와 피측정 전구 B로 비추어 휘도가 같아지면 양면의 조도도 같아진다. 여기서, 광도 표준 전구의 광도를 I_s, 스크린과의 거리를 d_s, 피측정 전구의 광도 I_T, 피측정 전구까지의 거리를 d_T라고 하면 조도는 각각 다음과 같다.

$$E_s = \frac{I_s}{d_s^2}, \quad E_T = \frac{I_T}{d_T^2} \text{ [lx]} \tag{1.1.37}$$

또, 양면의 조도와 반사율이 같다면

$$\frac{I_s}{d_s^2} = \frac{I_T}{d_T^2}$$

$$\therefore I_s = I_T\left(\frac{d_s}{d_T}\right)^2, \ I_T = I_s\left(\frac{d_T}{d_s}\right)^2 \text{ [cd]} \tag{1.1.38}$$

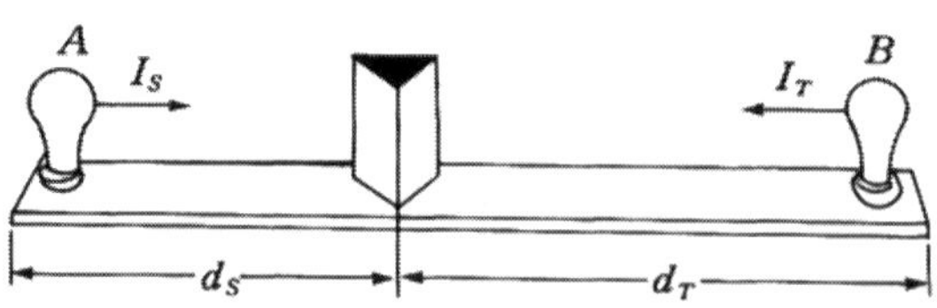

■ 그림 1.1.17 광도측정 원리

② 치환에 의한 방법

백열 전구의 광도를 측정하는 실제적 인 방법으로는 치환법을 사용하는데 이는 표준 전구를 측정용 전구의 위치에 놓고 비교 전구(comparison lamp)와 비교 측정하는 것을 말한다.

즉, 광도계 양측면의 조도가 동일하게 되었을 경우 표준 전구 L_s와 비교 전구 L_c로부터 광도계까지의 거리를 각각 d_s, d_c, 광도를 I_s, I_c라 하면

$$I_c = I_s\left(\frac{d_c}{d_s}\right)^2 \tag{1.1.39}$$

가 된다. 다음에 비교 전구 L_c를 원래 위치에 놓고 측정 전구 L을 표준 전구 L_s의 위치와 교환하고 동일한 측정을 하여 각 전구로부터 광도계까지의 거리를 d_T, d_c라 하고 I_T를 구하면 다음과 같다.

$$I_T = I_c\left(\frac{d_T}{d_c}\right)^2 \tag{1.1.40}$$

이상의 두 식으로부터 I_c를 소거하면 다음과 같은 식을 구할 수 있다.

$$I_T = \left(\frac{d_T}{d_c}\right)^2\left(\frac{d_c}{d_s}\right)^2,\ I_s = \left(\frac{d_T}{d_s}\right)^2 I_s\ [\text{cd}] \tag{1.1.41}$$

치환법은 측정하려는 전구와 표준 전구를 직접 비교하는 직접법에 비하여 절차가 복잡하지만 측정기의 오차가 측정에 영향을 미치지 않고 표준 전구의 점등시간이 적어지는 장점을 가지고 있다.

예제 1.7 길이 2[m]인 장형 광도계로 20[cd]의 표준등에서 90[cm]인 곳에 광도계 두부가 있을 때 측광평형이 되었다면 피측전구의 광도[cd]는?

풀이 양광원의 광도를 I_A, I_B라 하면 $I_A = 20$[cd]에서 90[cm]인 곳에서 평형되었으므로

$$\frac{I_A}{90^2} = \frac{I_B}{(200-90)^2} = \frac{I_B}{110^2}$$

$$\therefore\ I_B = \left(\frac{110}{90}\right)^2 \times 20 = 1.22^2 \times 20 = 29.8[\text{cd}] ≒ 30[\text{cd}]$$

예제 1.8 60[W] 전구를 책상 위 2[m]인 곳에서 점등하였을 때 전구의 바로 밑의 조도가 18[1x]가 되었다. 이 전구를 50[cm]만큼 책상쪽으로 가까이 할 때의 조도[1x]는?

풀이 조도는 거리의 제곱에 반비례하므로 최초의 조도를 E, 50[cm] 가까이 할 때의 조도를 E'라면

$$\frac{E'}{E} = \left(\frac{2}{1.5}\right)^2$$

$$\therefore\ E' = E \times \left(\frac{2}{1.5}\right)^2 = 18 \times \left(\frac{2}{1.5}\right)^2 = 32[1\text{x}]$$

(4) 광도계

① 루머 브로듐 등휘형

그림 1.1.18(a)에서 S는 산화마그네슘을 바른 스크린이고 m, m'는 반사경이며, P는 루머 브로듐면체라 부른다. 이 루머 브로듐면체는 그림 1.8(b)와 같이 한쪽은 3각 프리즘 B, 다른쪽은 밑변의 양단을 자른 3각 프리즘 고이며, 이 A, B 두 프리즘의 밑부분은 맞붙어 있다.

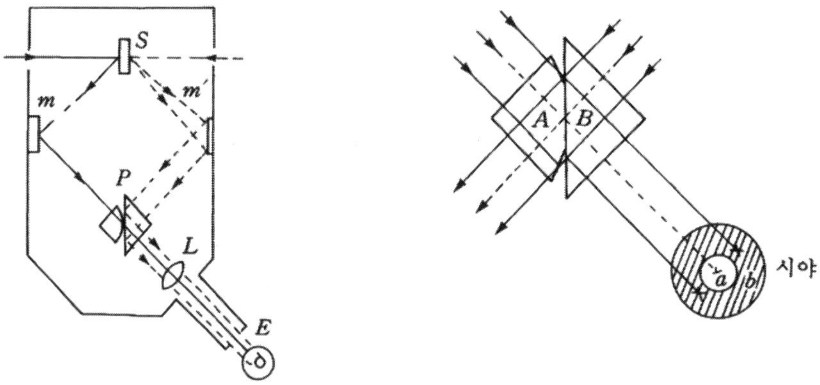

(a) 광도계 두부 (b) 루머브로듐 등휘형

■ 그림 1.1.18 루머브로듐 등휘형 광도계

두 광원으로 스크린 S를 조사하면, 왼쪽의 피조면상으로부터 반사광은 m에서 전반사하여 프리즘 A의 중앙부를 직진하여 접안경 E에 도달하고, S의 오른쪽 반사면의 반사광은 m'에서 전반사하여 프리즘 B의 중앙부분에서 왼쪽으로 직통하지만, 프리즘 S 주위의 밑부분에 부딪친 빛은 전반사하여 접안경 E에 도달한다. 따라서 E 주위에는 오른쪽 광원에의 한 S면의 휘도, 그 중앙부에는 왼쪽 광원에 의한 S면의 휘도를 한눈으로 비교할 수 있게 된다. 따라서 S양면의 조도가 똑같을 때에는 표에서 관측할 때 주위와 중앙부와의 휘도가 같게 되어 내외의 경계선이 없어져 버리는데 이 점이 평형점이다.

② 루머 브로듐 대비형

그림 1.1.19에 표시한 바와 같이 면의 한쪽 프리즘 A가 경계면에 같은 간격의 홈이 파여져 있으므로 빛의 통행 및 E로부터 본 시야는 그림과 같이 된다.

또한, g와 g'는 투과율이 동일한 필터가 붙어 있으므로 시야에서 사다리꼴로 되어 있는 a와 b의 휘도가 똑같게 되어 중앙의 경계가 없어진 곳이 평형점이다. 육안으로는 대비형이 등휘형보다도 S상의 휘도의 차이를 쉽게 찾아낼 수 있으므로 그만큼 정확한 측광을 할 수 있다. 광도계의 스크린상의 조도는 보통 10~20[lx] 정도가 좋다.

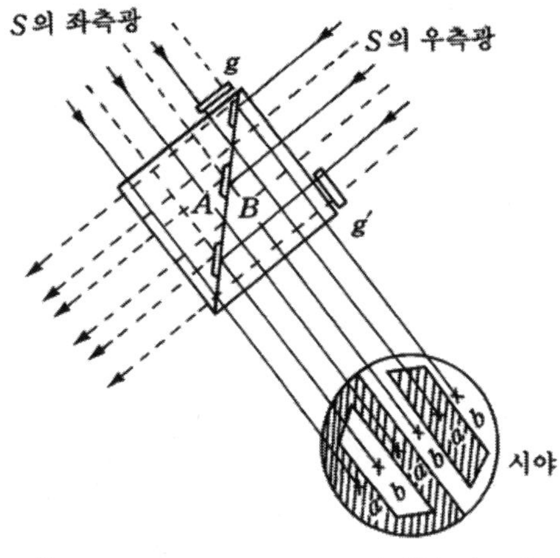

■ 그림 1.1.19 루머브로듐 대비형 광도계

• 맥베스조도계 : 맥베스 조도계(macbeth illuminometer)는 그림 1.1.20과 같은 구조로 다이얼 B를 돌려 루머 브로듐 등휘형의 면 P와 전구 L과의 거리를 조절할 수 있으며 조도 눈금은 L이 움직이는 측에 표시되어 있으며 B에는 지침이 있다. 전구를 점등하는 전지와 전구의 광도를 조정하는 가감저항기 및 전류계는 조정상자에 넣어 코드로 전구에 연결되어 있다.

측정방법은 조도를 측정하려는 장소에서 계기에 부착된 완전 확산성의 측정판 S를 측정 방향으로 향하게 놓고, 조도계의 접안경 E로부터 S를 보면서 다이얼을 돌려 평형을 맞춘 조도 눈금으로부터 측정조도를 산출한다. 측광범위는 10～250[lx]이지만 필터를 사용하여 0.1～25000[lx] 범위의 조도도 측정 할 수 있다.

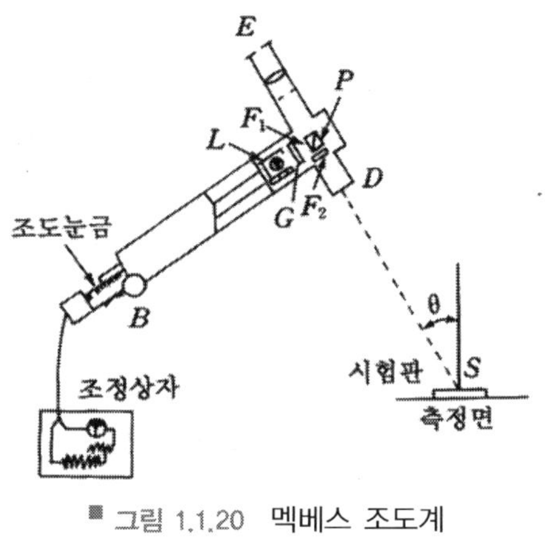

■ 그림 1.1.20 멕베스 조도계

• 간이 조도계 : 그림 1.1.21(a)와 같이 완전 확산성 피조면에 비치된 반투명의 스포트 내부 우측끝의 표준 전구 L에 의해 조사된 빛이 전구축에서 멀어짐에 따라 스포트의 휘도가 감소되도록 구성되어 있다.

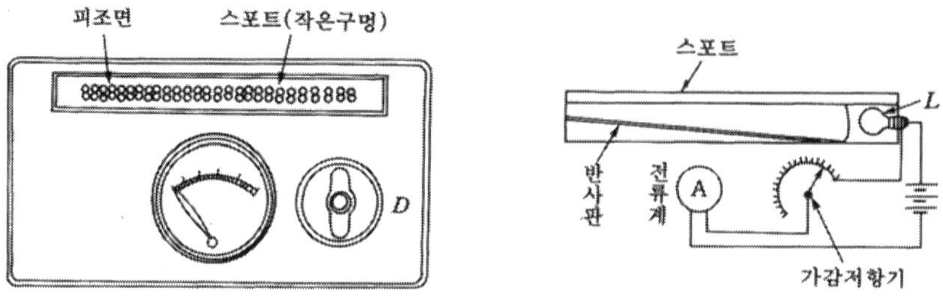

(a) (b)

■ 그림 1.1.21 간이조도계

• 광전지 조도계 : 셀렌이나 산화동에 빛을 쪼이면 기전력이 발생하며, 이 현상을 이용한 것을 광전지라 하고, 이 기전력은 조도에 거의 비례한다. 광전지 조도계는 광전지면의 조도와 광전류 사이의 상호관계를 고려하여 미리 교정한 후 전류계로 직접 조도의 눈금을 읽도록 한 것이 많이 사용된다. 이것은 광전지를 측정면에 놓고 눈금을 읽으면 즉시 조도를 알 수 있다는 이점과 간편함이 있다.

5 배광곡선과 루소선도

(1) 배광곡선

발광체가 놓인 공간에서 광속분포의 상태, 즉 광원의 중심을 지나는 평면상의 광속분포를 극좌표로 나타낸 것을 배광곡선(distribution curve of light)이라 하고, 수평면상의 것을 수평배광곡선, 수직면상의 것을 수직배광곡선이라고 한다. 일반적으로 배광곡선이라 하면 수직 배광곡선을 말한다.

그림 1.1.22(a)는 가스입 백열전구의 수직배광곡선, (b)는 배광 입체도를 표시한 것이며, 그림 1.1.23은 각종 조명기구의 배광곡선을 나타낸 것이다.

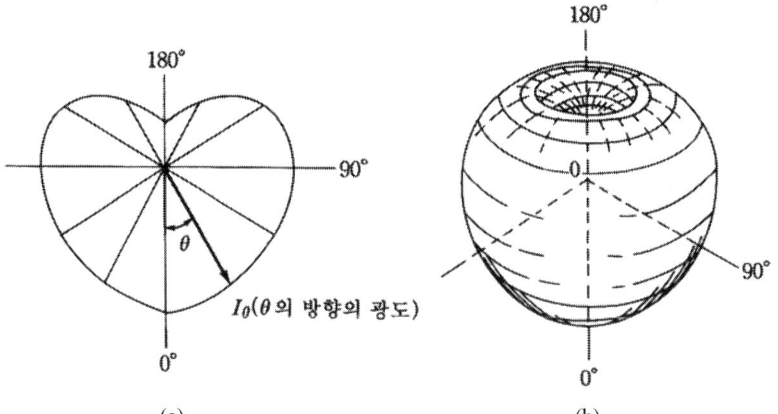

(a) (b)

■ 그림 1.1.22 배광곡선

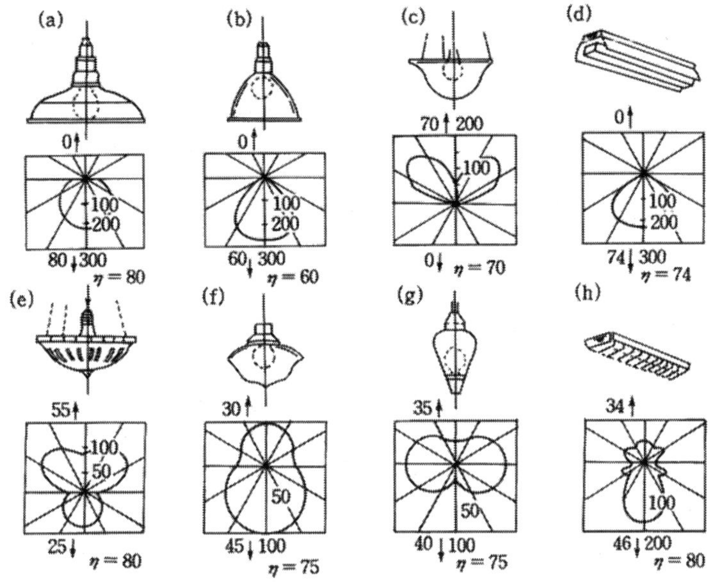

■ 그림 1.1.23 각종 조명기구의 종류와 배광곡선

(2) 축대칭 완전 확산광원의 배광

어느 광원의 임의의 방향에 대한 광도는 그 방향에서 광원을 바라보았을 때의 투영면적에 휘도를 곱한 값이 된다. 그러므로 완전 확산광원인 경우에는 어느 방향에서 보아도 휘도가 같으므로 이 경우에는 광원의 투영면적만 구하면 간단하게 배광곡선을 구할 수 있다.

① 평판광원

그림 1.1.24(a)와 같이 휘도 B, 면적 S인 평판광원에서 그 법선방향의 광도는 $I_n = BS$이고, 이것과 θ각을 이루는 방향의 투영면적은 $S\cos\theta$이므로 그 방향의 광도 I_0는

$$I_0 = B \cdot S\cos\theta = I_n \cos\theta \qquad (1.1.42)$$

이다. 그러므로 법선방향을 수직축으로 한 수직배광곡선은 그림 1.1.24(b)와 같이 광원에 접하는 원이 된다.

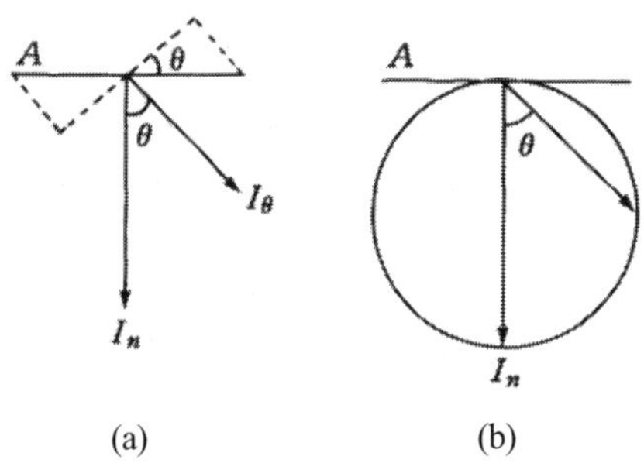

■ 그림 1.1.24 평판 광원 배광

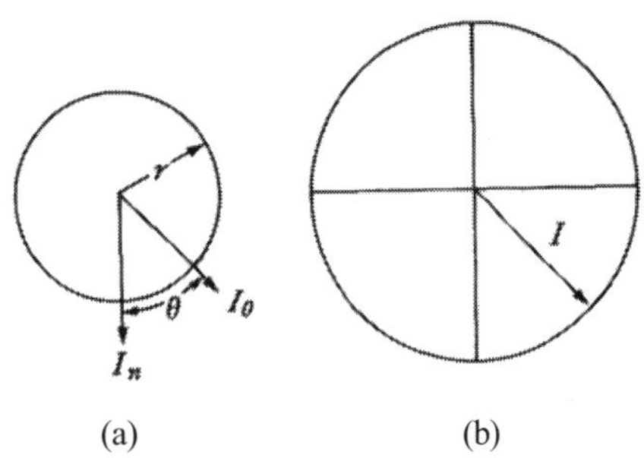

■ 그림 1.1.25 구면광원배광

② 구면광원

그림 1.1.25(b)와 같이 반지름 r인 구면광원의 휘도를 B라고 하면, 어느 방향에서의 투영면적도 πr^2이므로 광도 I는

$$I = \pi r^2 \cdot B \qquad (1.1.43)$$

가 되고, 수직배광곡선은 그림 1.1.25(b)와 같이 광원의 중심을 중심으로 하는 원이 된다.

③ 반구면광원

그림 1.1.26(a)와 같이 반지름 r, 휘도 B의 반구에서는 $\theta = 0°$의 방향에서는 $I_o = \pi r^2$, $\theta = 90°$의 방향에서는 $I_{90} = \frac{1}{2}\pi r^2 B$가 된다. 임의의 θ 방향의 정투영면적은 그림 (a)의 S'와 같이 반원과 반타원과의 합성이고, 반타원의 면적은 $\frac{1}{2}\pi r^2 \cos\theta$가 된다. 따라서 θ 방향의 광도 I_o는

$$I_o = \left(\frac{1}{2}\pi r^2 + \frac{1}{2}\pi r^2 \cos\theta\right) B = \frac{1}{2}\mathrm{In}(1 + \cos\theta)$$

가 되고, 이 수직배광곡선은 그림 1.1.26(b)와 같이 된다.

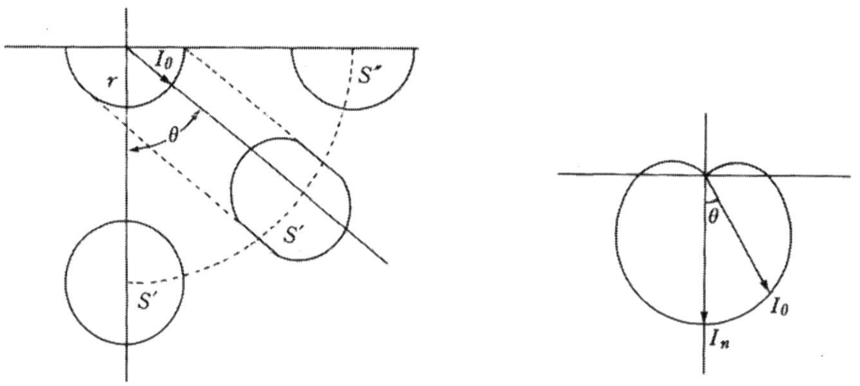

(a) (b)

■ 그림 1.1.26 반구광원 배광

④ 원통광원

그림 1.1.27(a)와 같이 반지름 r, 높이 h의 수직원통 광원이 휘도 B를 가질 때, 수평방향의 정투영면적은 폭 $2r$, 높이 h인 직사각형이므로 수평광도는 $\mathrm{In} = 2rhB$가 된다.

따라서 광도 I_0는 다음과 같다.

$$I_0 = 2rhB\sin\theta = \mathrm{In}\sin\theta$$

수직배광곡선은 그림 1.1.27(b)이며 수평광도 In을 지름으로 하는 원이 된다.

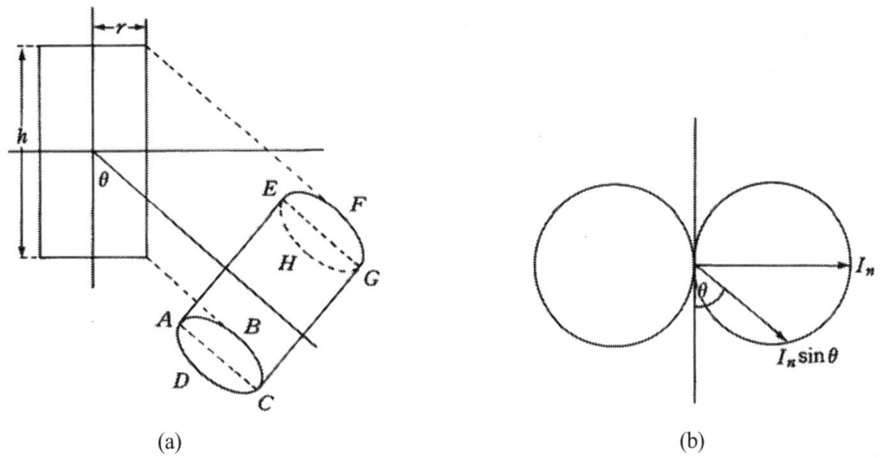

■ 그림 1.1.27 원통광원

(3) 루소선도

방향에 따라 광도가 다른 점광원의 전광속을 구하려면, 루소선도를 사용하는 것이 좋다. 대부분의 인공광도는 강 방향의 광속분포가 축대칭을 가지는 경우가 많고, 또 광원의 축을 중심으로 적당히 회전시키면 위와 같은 상태로 할 수 있다. 이와 같이 대칭축을 가진 점광원의 배광곡선을 얻었다고 가정하고, 그림 1.1.30에서 광원 O를 중심으로 반경 R[m]의 구면을 그리면, 각 θ와 $\theta+d\theta$사이의 구면대의 면적 dS는

$$dS = 2\pi R^2 \sin\theta \, d\theta \ [\mathrm{m}^2]$$

이고, 이중심에서 구면대의 양단을 향한 입체각 dw는 다음 식과 같이 표시된다.

$$dw = \frac{dS}{R^2} = 2\pi \sin\theta \, d\theta$$

θ 방향의 광원의 광도를 I_0[cd]라 하면, dw내의 광속 dF는

$$dF = I_0 dw = 2\pi I_0 \sin\theta \, d\theta$$

이다. 따라서, 전광속 F는 아래식으로 된다.

$$F = 2\pi \int_0^{\pi} I_0 \sin\theta d\theta \qquad (1.1.44)$$

이와 같이 배광곡선의 적분을 도표로 나타낸 것이 루소선도이다.

루소선도의 면적은 다음에 증명하는 바와 같이 광속에 비례하므로 면적을 측정하여 광속을 구하고, 이것으로 평균광도를 구할 수 있다.

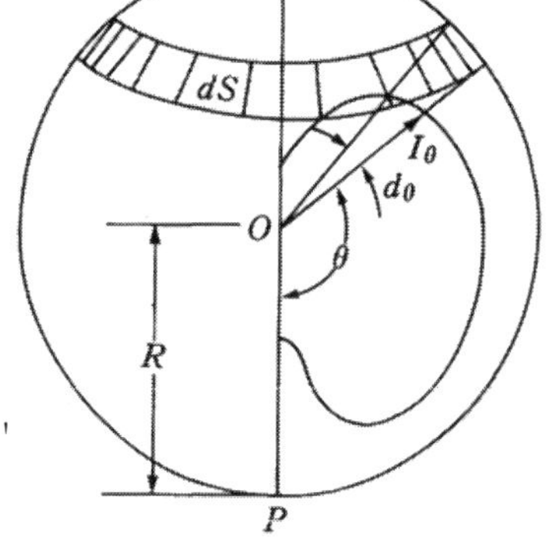

■ 그림 1.1.28 배광곡선

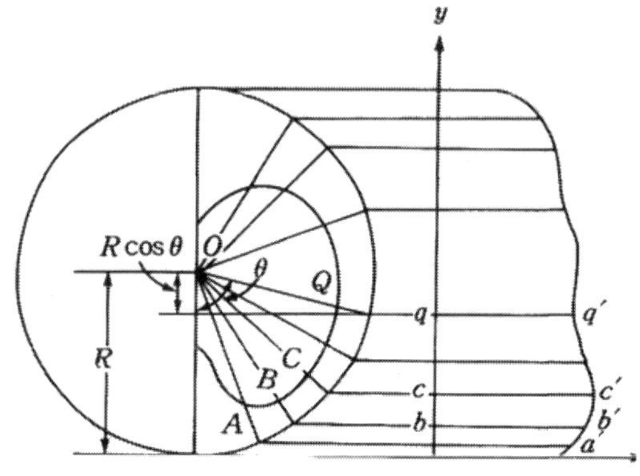

■ 그림 1.1.29 루소선도

지금 그림 1.1.29의 광원 Q를 중심으로 반경 R[m]의 원을 그리고 직경 OA, OB, OC, ……의 연장선이 원주와 만나는 점에서 x축에 평행선을 그어 y축으로부터 $aa' = OA = I_0$, $bb' = OB$, $cc' = OC$라고 한다. 즉 aa'는 OA방향의 광도 I_0와 같게 취한 것이 된다. 따라서 광도 1[cd]를 나타내는 동경의 길이를 k[m]라고 하면, 점 q'의 x, y좌표는

$$x = kI_0,\ y = -R\cos\theta$$

이므로, 곡선 $abcq$와 y축으로 이루어지는 부분의 면적을 S라고 하면, 다음과 같이 된다.

$$S = \int_0^{2R} x dy = \mathrm{kR}\int_0^{\pi} I_0 \sin\theta d\theta [\mathrm{m}^3] \tag{1.1.45}$$

식 (1.1.44)와 식 (1.1.45)를 비교해 보면 루소선도가 나타내는 면적 S는 광원의 전광속 F와 다음과 같은 관계가 성립한다.

$$F = \frac{2\pi}{kR} \cdot S\,[\mathrm{lm}] \tag{1.1.46}$$

따라서 루소선도의 면적을 측정하면 전광속을 구할 수 있음을 알 수 있다. 다음에 간단한 광원의 루소선도에 의한 광속계산의 예를 들어본다.

① 구형광원

균등한 광도를 I_a라 하면, $x = I_0 = I_a$이므로, 루소선도의 기선으로부터 I_a만큼 떨어져서 평행인 그림 1.1.32의 A와 같은 직선으로 되며, 루소선도의 면적 S는 $S = 2RI_a$로 표시된다. 따라서

$$\text{총광속} = \frac{2\pi}{R} \times \text{루소선도의 면적} = \frac{2\pi}{R} \times 2RI_A = 4\pi I_A \tag{1.1.47}$$

② 원통광원

최대광도를 I_B라 하면 $I_0 = I_b \sin\theta$로 된다. 그러므로

$$Ix = I_B\sin\theta,\ y = -R\cos\theta$$

이 두식으로부터 θ를 소거하기 위하여 $\sin^2\theta + \cos^2\theta = 1$을 사용하면

$$\frac{x^2}{I_B^2} + \frac{y^2}{R^2} = 1$$

이 되고, 이것은 횡축이 I_B, 종축이 R인 원이 되므로 그림 1.1.32의 B곡선과 같이 표시할 수 있다.

$$총광속 = \frac{2\pi}{R} \times 루소선도의\ 면적$$

$$= \frac{2\pi}{R} \times \frac{\pi R I_B}{2} = \pi^2 I_B \qquad (1.1.48)$$

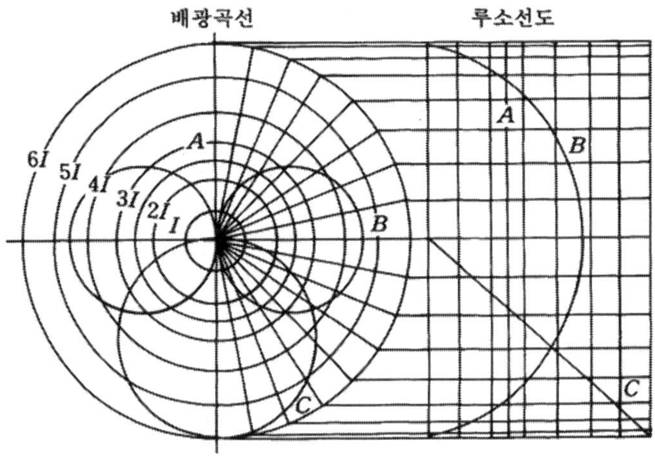

■ 그림 1.1.32 간단한 광원의 배광곡선과 루소선도

③ 평원판광원

최대광도를 I_C라 하면, $I_0\cos\theta$로 되므로,

$$x = I_C\cos\theta, \quad y = -R\cos\theta$$

x의 식으로부터 $\cos\theta$를 구하여, y의 식에 대입하면,

이 되고, 이것은 원점을 통과하여 횡축과 $\tan R/I_C$을 이루는 그림 1.1.32의 C와 같은 직선이 된다.

따라서

$$총광속 = \frac{2\pi}{R} \times 루소선도의\ 면적$$

$$= \frac{2\pi}{R} \times \frac{RI_C}{2} = \pi I_C \qquad (1.1.49)$$

예제 1.9 루소선도가 그림 1.1.33과 같이 표시되는 광원의 하반구 광속은 약 얼마인가?

풀이

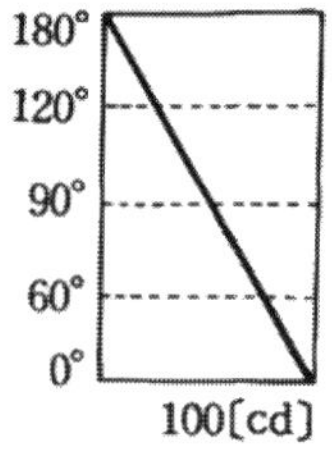

■ 그림 1.1.33

루소선도에서 광원의 광속 F[lm]와 면적 S사이에는,

$$F = (2\pi/r)S \qquad r = 100$$

하반구 광속이므로

$$S = \frac{100}{2}(100 + 50) = 100 \times 150/2 = 7500$$

$$F = \frac{2\pi}{100} \times 7500 = 150 = 471 \text{ [lm]}$$

연습문제

1. 루소선도에서 전광속 F와 루소선도의 면적 S사이에는 어떠한 관계가 성립하는가? (단, a, b는 상수이다.)

㉮ $F = \dfrac{a}{S}$ ㉯ $F = aS$

㉰ $F = aS + b$ ㉱ $F = aS^2$

2. 루소선도에 의하여 광원의 광속을 구할 경우, 광원을 중심으로 한 원의 반경을 R, 루소선도의 면적 S라 하면 광원의 광속 F는 사이에는 어떠한 관계가 성립하는가? (단, a, b는 상수이다.)

㉮ $F = \dfrac{2\pi S}{R}$ ㉯ $F = \dfrac{S}{2R}$

㉰ $F = \dfrac{4\pi S}{R}$ ㉱ $F = \dfrac{4\pi R^2}{S}$

3. 어떤 전구의 상반구 광속은 4000[lm], 하반구 광속은 3000[lm]이다. 평균 구면 광도[cd]를 구하라.

4. 길이 5[m]인 장형 광도계로 30[cd]의 표준등에서 1[m]인 곳에 광도계두부가 있을 때 측광 평형이 되었다면, 피측정 전구의 광도[cd]를 구하라.

5. 장형 광도계로 그림 1.1.34와 같이 광도 P면을 수직으로 비추어 평형을 이루었을 때, 거리 D_1은 40[cm]이다. 거리 D_2를 구하라.

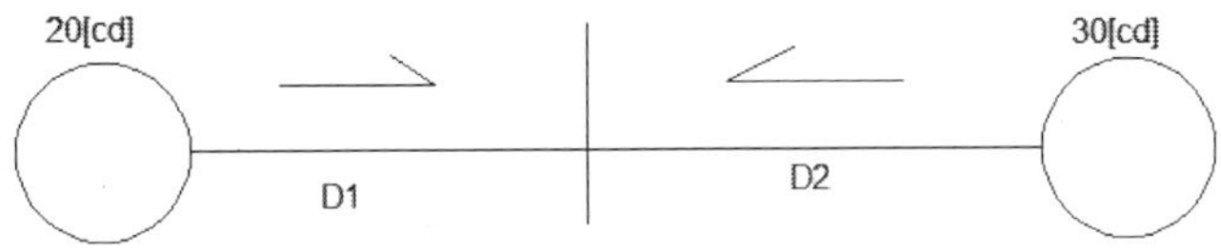

■ 그림 1.1.34

6. 광도 측정의 종류와 방법에 대해 설명하라.

7. 물리 측정에 대해 설명하라.

8. 배광곡선과 루소선도와의 상관관계를 설명하라.

1.2 조명설계

1 조명의 조건

(1) 좋은 조명의 요건

조명설계는 주어진 장소의 사용 목적에 가장 알맞은 명시조건을 만족시키고, 조명 대상물의 환경과 조화를 이루면서 경제적인 측면을 고려하여 광원과 기구의 종류, 크기 및 위치 등의 조명시설을 결정하는 것이다. 이와 같이 조명설계는 여러 가지 수치만이 중요한 것이 아니라 조명대상물의 용도 및 환경을 충분히 고려하여 최적의 조명의 목적을 달성할 수 있어야 한다.

조명은 크게 명시조명과 분위기조명으로 분류할 수 있고 조명의 목적이 되며, 이들은 각각 다음과 같다.

- 명시조명 : 물체가 잘 보이고 육체적, 정신적 피로를 최대한 적게 할 목적으로 작업 능률을 중요시하는 실리적 조명(학교, 사무실, 공장, 작업장 등)
- 분위기조명 : 건축 환경의 미적 효과와 심리적 효과를 극대화할 수 있는 기분 및 분위기를 중요시하는 장식적 조명(백화점, 음식점, 호텔, 극장 등)

우수한 조명의 조건은 명시조명과 분위기조명을 동시에 고려해야 하지만 반드시 그렇지만은 않으며, 조명대상물의 용도 및 환경에 따라 조명의 목적을 검토하여 두 가지 조명 중에서 강조할 조명을 적재적소에 채택하는 것이다.

적절하게 조명된 방이 피로를 적게 하며, 시각을 좋게 하기 위해서는 여러 가지 필요한 조건을 만족시켜야 한다. 따라서 계에 있어 고려해야 할 사항을 열거하면 다음과 같다.

① 조도(illumination)－물체를 보거나 작업에 필요한 밝음

조명목적에 적합하도록 충분한 조도를 주어야 한다. 물체를 보거나 작업에 필요한 밝음조도의 크기에는 한계가 없지만 조명량이나 경제성에 의하여 제한을 받는다. 조명설계에서 실제 조건으로 필요한 권장조도단계를 나타낸 것은 표1.2.1이고 상세하게 적당한 조도의 값은 표 1.2.2이다

■ 표 1.2.1 조도 단계

조도단계	표준조도[lx]	조도범위[lx]	작업단계(공장)
aaa	1,000	1,500～700	초정밀작업
aa	500	700～300	정밀작업
a	200	300～150	보통작업
b	100	150～70	거친작업
c	50	70～30	건 조
d	20	30～15	－
e	10	15～7	－
f	5	7～3	－
g	2	3～1.5	－

② 광속발산도 분포

시야 내의 균일한 밝음(휘도차가 없는 분포)

■ 표 1.2.2 조도기준표 예

(A) 공장

작업종류		전반 국부병용의 경우		전반조명의 경우
작업정도	작업의 예	국부조명에 의한 작업 개소의 조도	전반조명에 의한 조도	
초정밀	기계(초정밀기계조작 세공대) 시계정밀조작, 수예, 직물검사	5000～1000	100－50	
정밀	기계(정밀기계조작 및 조작대)금속(판검사)인쇄(식자문선)암색포지(절단검사재봉)검사도장(정밀수도)자동차(비행기) 조립(수선)방직	1000～300	80～40	200～100
보통	기계(조작, 삭마, 연마, 보통가공, 주물(형조), 용접, 명색포지(절단, 검사, 재봉) 금속(열처리), 제과, 제지, 화학(여과, 중유, 결정)도장, 직물(명색물)	300～100	60～30	100～50
조(粗)	목공 금속(노) 화학(爐痛)주조	100～50	40～20	50～20

(B) 운동장경기장

조도[lx]	육상경기 트랙(track) 필드(field)	수 영	테니스, 베드민턴	축구, 럭비, 미식축구, 핸드볼	하키 (hockey)
5000					
2000					
1000			공식경기		
500	공식경기	공식경기	일반경기	공식경기	공식경기
200	일반경기	일반경기	레크레이션	일반경기	일반경기
100		레크레이션	레크레이션		
50			관객석		
20	관객석	관객석		관객석	관객석

조도[lx]	야 구	연식야구	소프트볼(soft ball)	골프연습장
5000				
2000	직업시합내야			
1000	직업시합외야, 공식경기내야			
500	공식경기외야 일반경기내야	일반경기내야		라운드
200	일반경기외야	일반경기외 야레크레이션내야	일반경기내야	장내 (연면조도)
100		레크레이션외야 일반경기내야	레크레이션내야	
50	관객석(공식경기)			
20	관객석(일반경기)	관객석	관객석	

② 광속발산도분포(distribution of luminous radiance)

시야 내의 균일한 밝음(휘도차가 없는 분포)을 나타내는데, 표 1.2.3은 시야 내의 휘도 분포의 허용한도를 나타낸 것이다.

■ 표 1.2.3 시야내의휘도분포허용한도

시야 내의 범위	사무실, 학교	공 장
작업대상물과 그 주위와의 사이(책과 책상면)	3 : 1	5 : 1
작업대상물과 그것으로부터 떨어진 면(책과 바닥)	10 : 1	20 : 1
조명기구 또는 창과 그 부근 면과의 사이(천장, 벽면)	20 : 1	50 : 1
보통 통로 내의 각 부	40 : 1	80 : 1

사야내에 광속발산도분포가 고르지 않으면 대상물을 보기가 힘이 드는데 이것은 광원을 직접 보는 경우에만 국한 되지 않고 보는 대상물과 그 주위와 계도대비가 커도 이런 일이 발생한다. 따라서 휘도대비는 현휘와 명시에 관계가 있으므로 명시에 관계가 있으므로 조명 요건에 중요한 요소이다.

③ 눈부심(현휘 : glare)

시야내의 광원으로 인한 눈부심을 방지하는 것은 물론이지만 작업대 상물에 광택이 있든가, 광택이 없어도 빛이 비스듬히 입사하면 정반사가 일어나 광원의 상이 보이게 되어 눈부심이 일어난다. 이 정반사는 광원, 물체 및 눈의 상대위치를 가감하면 방지할 수 있다

광원의 직접 또는 반사에 의한 눈부심이 없을 것

$$\text{눈부심과 허용관계 : }\begin{cases}\text{항상 시야 내에 들어오는 광원} : 0.2[cd/cm^2] \text{ 이하} \\ \text{때때로 시야 내에 들어오는 광원} : 0.5[cd/cm^2] \text{ 이하}\end{cases}$$

④ 그늘(그림자)－밝고 어두움의 비(명암비)가 적당해야 할 것(3 : 1)

물체의 가장 밝은 곳과 가장 어두운 곳의 광속발산도의 비가 2 : 1~7 : 1의 범위사이에 있는 것이 좋으며, 이것보다 비율이 적으면 평면적인 감각을 주고 크면 너무 뚜렷하게 보인다. 가장 입체적으로 보일 때는 경우이며 손이나 머리에 의하여 진한그늘이 생기면 안된다. 그늘이 없는 단조로운 조명은 자극이 없으므로 장시간 있으면 권태감을 주어 작업 능률이 저하하는 경향이 있다.

⑤ 광색－각 파장의 에너지가 같은 것을 요구하며, 물체 보임의 결정적 요소

일반적으로 사무실 등에는 형광등이 천연광과 마찬가지로 물체의 색을 잘 식별할 수 있기 때문에 많이 사용되지만 주택조명에서 백열전구의 광색은 따뜻한 감을 주므로 휴식 장소 등에 적당하다. 또, 주요 교통로의 가로조명과 같이 물채의 식별이 중요한 장소에서는 고압수은등 및 나트품등과 같은 단색광 이 눈의 기능적인 측면에서 좋기 때문에 많이 사용되고 있다.

⑥ 심리적 효과

조명에 의하여 조성되는 분위기도 중요하다. 실내조명에서 천정, 벽을 밝게 하고 부드러운 불빛 밑에 있는 것이 기분이 좋고 간접조명에서 천정이 밝고, 벽이 어두우면 기분이 나쁘고 침착성이 떨어진다. 벽도 밝게 하면 밝은 감각의 방이 되고 여기에 직사일광에 해당하는 다운라이트(down light)를 사용 하면 훨씬 좋아진다. 이것은 천연광인 태양이 비치고 있을 때의 효과와 비슷 한조명이기 때문이다.

⑦ 미적 효과

조명기구의 미적효과는 건축 양식과 조화되어야 한다. 조명기구의 모양은 간소하고 미적 효과에 불필요한 장치는 없는 것이 좋고 또, 그 배치도 기하학적으로 간단한 모양이 좋다. 실내의 색은 실내면 전반에서 조화를 이루어야 하는데 가장 안전한 방법은 색의 종류를 일률적으로 하고 반사율만 바꾸는 것이 적당하다.

⑧ 경제성

조명기구는 효율이 좋고 보수, 관리가 쉽고 경제적인 것을 선택해야 한다. 일반적으로 비용은 조명설계에서 가장 중요한 것이며, 전체 계획에서 우위를 차지하고 있으며 때로는 중요한 영향을 주게 된다. 효율이 나쁜 등기구를 사용하면 빛의 낭비가 크다.

표 1.2.4는 명시조명과 분위기조명에 대해 우수한 조명의 요건별로 점수화하여 그 특성을 상호 비교 검토한 것이다.

■ 표 1.2.4 명시조명과 분위기조명의 비교

우수한 조명 요건	명시조명(실리적 조명)		분위기조명(장식적 조명)	
	물체의 보임 장시간의 작업에 눈의 피로 감소 목적	점수	미적, 심리적 효과 중시 단시간의 작업 오락	점수
조도	밝을수록 좋지만 경제상 한계 고려	25	환경에 따라 낮고 높은 조도 필요	5
광속발산 분포	밝음의 차가 없을수록 좋다. 주변 3 : 1, 작업면 5 : 1	25	계획에 따라 명암의 조도 배열을 고려	20
눈부심	광원의 직업 또는 반사가 없도록 한다(휘도 0.5[cd/cm^2] 이하).	10	눈부심이 가장 사람의 시신을 집중	0
그림자	방해되는 그림자가 있으면 안됨 명암비 3 : 1이 가장 적당	10	입체감, 원근감 때문에 때로는 2 : 1이라 또는 7 : 1 이상도 사용	0
분광분포	표준주광이 좋고 적외선, 자외선이 없는 것이 좋다.	5	심리적으로 난색, 한색, 색의 미화의 색광을 이용	5
심리적효과	맑은 날 옥외의 감각이 좋다.	5	목적에 따라 다른 감각 필요	20
미적효과	간단한 기구로 간단한 기하도형 배열이 좋다.	10	계획된 미의 배치 및 조합이 필요	40
경제성	광속 효율이 높을 것	10	광속, 도조는 수치의 대소보다 조명효과의 달성도를 고려	10
완전설계에 대한 총점수		10		100

2 조명방식의 종류

(1) 작업면상 조도의 종류에 의한 분류

조명 방식을 조도의 확산성에 따라서 분류하면 직접조명, 반직접조명, 전반확산조명, 반간접조명, 간접조명으로 분류할 수 있으며 표 1.2.5와 같이 나타낼 수 있다.

작업 면상의 조도에서 직사조도가 확산조도보다 높은 경우에는 직접조명이고, 직사조도가 거의 없고 확산조도가 높은 경우를 간접조명이라 한다. 그리고 직사조도와 확산조도의 다소에 따라서 반직접, 반간접, 전반확산조명으로 분류된다.

■ 표 1.2.5 조명기구의 배광에 의한 분류

	직접조명	반직접조명	전반확산조명	반간접조명	간접조명
형태분류	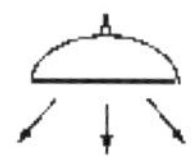	↑40~10% 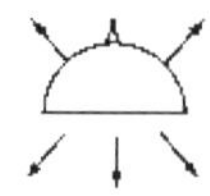 ↓60~90%	↑60~40% 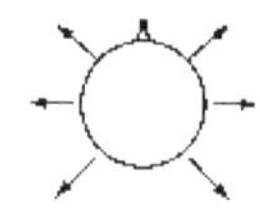 ↓40~60%	↑90~60% 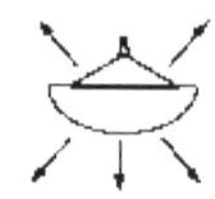 ↓10~40%	↑100~90%  ↓0~10%
배광곡선	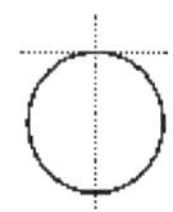	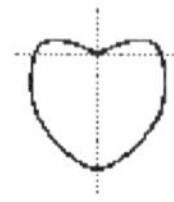	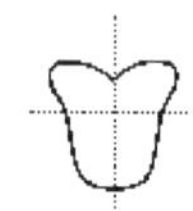	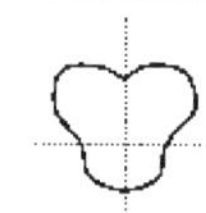	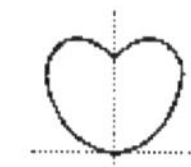
분광분포 상 부	↑10~0%				
분광분포 하 부	↓90~100%				
용 도	공장 다운라이트	사무실 학교, 주택	사무실 학교, 상점	병실, 침실	병실, 침실

① 직접조명

직사조도가 확산조도보다 높을 경우, 즉 90~100[%]의 광속을 작업면상으로 조사시키는 방식 이다.

- 조명률이 크므로, 소비전력이 간접조명의 1/2~1/3 정도이다
- 설비비가 저렴하다.
- 천정이나 벽으로부터 반사의 영향이 적으므로 설계가 간단하다.

  설치높이가 높은 곳에서는 빛을 집중시키는 기구를 적용하고, 설치높이가 낮은 곳에서는 빛을 분배시키는 기구를 적용한다.
- 그늘이 생기므로 물체의 식별이 입체적이다.

  작업면에서는 높은 조도를 얻을 수 있지만 휘도의 차이가 심하고 그림자와 눈부심이 있다. 눈부심을 피하기 위하여 반사갓의 보호각을 15°~20° 정도로 설치할 필요가 있다
- 조명기구의 점검 및 보수가 쉽다.

② 간접조명

직사조도가 거의 없고, 등기구에서 나오는 광속의 90~100[%]를 천정이나 벽에 투사시켜 여 기서 반사, 확산된 광속을 이용하는 조명방식이다.

- 눈부심이 적고, 바닥면의 조도가 균일하다.

• 직사 눈부심이 없고, 천장과 위벽 부분은 빛이 잘 확산되도록 광택이 없는 마감을 이용한다. 빛이 물체에 가려져도 심한 그늘이 생기지 않는다.
• 등기구를 최소 사용하여 조명 효과를 낼 수 있다.
• 우수한 확산성과 낮은 휘도를 얻을 수 있다.
• 경상비와 유지비가 많이 소요되는 단점이 있다.

③ 반간접조명

위에서 설명한 두 가지 조명방식에는 각각 장·단점이 있으므로 양자의 장점만을 살리고 단점을 제거한 조명방식이 반간접 또는 직·간접조명이라고 할 수 있다.

• 발산광속이 상향으로 60~90[%]로 천장을 주광원으로 이용하기 때문에 천장의 색과 유지율을 고려하여야 한다.
• 장시간 정밀 작업을 하는데 적당하다.
• 휘도는 0.5[cd/cm^2]를 초과하지 않도록 한다.

④ 반직접조명

• 발산광속은 하향으로 60~90[%] 직사하고 상향으로 10~40[%]의 빛을 천장이나 위벽 부분에 반사하여 반사광이 조도를 증가시키는 방식이다.
• 하면 개방형이고 갓은 젖빛유리나 플라스틱을 사용한다.
• 사무실, 학교, 주택 조명용으로 사용한다.

⑤ 전반확산조명

• 발산광속이 하향과 상향 40~60[%]로 고르게 발산하는 조명 방식이다.
• 적빛 외구형은 발광면을 크게 함으로써 광원의 휘도를 감소시켜 눈부심을 느끼지 않도록 하고, 외구내의 온도상승 억제 목적으로 외구의 크기 조절을 한다.
• 사무실, 학교, 상점 등에 사용한다.

(2) 작업면상의 조도 분포에 의한 분류

① 전반조명

조명기구를 일정한 높이, 일정한 간격으로 배치하여 방 전체의 조도를 균일하게 조명하는 방식을 전반조명이라 한다.

• 작업의 위치가 변하여도 등기구의 배치를 변경시킬 필요가 없다.
• 조도의 불균일이 적다.
• 그늘(그림자)이 부드럽다.
• 일반적으로 사무실이나 학교 등의 조명에 많이 이용되고 있다. 기구나 전등의 종류를 적게 할 수 있기 때문에 보수가 용이하다.

② 국부조명

작업상 필요한 장소에만 국부적으로 조명하는 방식이다.

- 희망하는 곳에 희망하는 방향으로 충분한 조도를 줄 수 있다
- 불필요한 장소는 소등할 수 있다. 따라서 필요한 만큼의 조도를 가장 경제적으로 얻을 수 있다. 이 조명방법은 조도를 가장 경제적으로 얻을 수 있다.

  각 대상마다 작은 범위로 개별 조명을 하는 방식으로 유동성이 있다.
- 필요한 대상마다 요구되는 조건으로 조도를 충분히 줄 수 있고, 개별 소등이 가능
- 어떤 조명대상물에 특히 높은 조도를 주어 두드러지게 하는데 효과적이다.
- 빛의 방향을 자유로이 바꾸어 그림자의 변화를 줄 수가 있기 때문에 같은 사물이라도 다른 느낌을 줄 수가 있다.

③ 전반국부 병용조명(TAL)

전반 조명상태에서 어느 한 곳을 강조하기 위해, 특히 높은 조도를 필요로 하는 장소에 국부조명을 한 조명 방식이다.

- 경제적으로 높은 조도를 얻을 수 있는 실용적인 조명이다.
- 명암의 비교가 커서 시력에 무리가 올 수 있다.

(3) 건축화 조명

국부조명은 스탠드인 이동형 기구와 지향성이 강한 기구를 천장에 직접 붙이거나 매입 또는 벽이나 기둥 등에 가설하는 방식이 있다. 최근에는 트롤리선을 따라 이동되는 이동형 기구를 많이 사용한다. 전반조명은 천장에 부착하는 기구가 대부분이며, 매달림, 바로 붙임 또는 매입하는 방식이 있다. 특수 조명으로써 다음에서 설명하는 건축화 조명을 들 수 있다.

건축화 조명은 건축구조나 표면마감을 조명기구의 일부로 이용할 수 있다는 개념에서 건축물의 일부를 광원화하여 장식 및 반사광에 의한 조명방식이다.

건축화 조명은 등기구의 매입방법에 따라 다음과 같이 분류하며 그 방법과 효과를 설명한다.

- 천장면 건축화 조명 : 광천장조명, 다운 라이트조명, 코퍼조명, 광량조명, 트루퍼 조명, 코브조명, 루버조명
- 벽면 건축화 조명 : 코너조명(천장, 벽), 코니스조명(벽 하방), 밸런스조명(벽 상·하방)

① 광천장조명

천장면에 확산투과재인 메탈 아크릴수지판을 붙이고 전장 내부에 광원을 배치하여 조명하는 방식이다.

- 천장에 광원을 설치하고 그 하부에 확산투과재로 천장 마감한 방식(그림 1.2.1) 확산투과재는 젖빛 플라스틱이 사용되며 메탈아크릴 수지판의 특성이 가장 우수하다.
- 천장 전면의 낮은 휘도로 부드럽고 깨끗한 분위기를 연출할 수 있다.

- 보수가 용이하고, 고조도(1000~1500lx)를 필요로 하는 장소에 가장 유리하다(1층 홀, 쇼룸).
- 설계시 유의 사항
  - 발광면의 휘도차이로 밝음에 얼룩이 생기면 미관상 좋지 않으므로 램프배열을 고려해야 한다.
  - 천장 내부와 보, 덕트에 의해 그늘이 생기지 않도록 하고, 특히 작은보 등이 있는 경우에는 보조 조명을 활용한다.

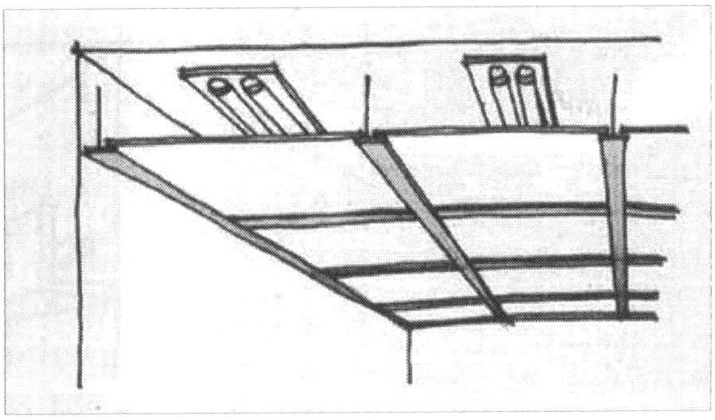

■ 그림 1.2.1 광천장 조명

② 다운 라이트 [down light] 조명

- 천장에 작은 구멍을 뚫어 그 속에 조명기구를 삽입하여 조명하는 방식이다
- 천장면은 어두우나 조명효과 및 분위기를 연출할 수 있다.
- 구멍이 극히 작은 것을 핀홀 라이트(pinhole light)조명이라 하며, 등간격 배치 방법과 임의 배치 방법이 있다.
- 전시장, 영화관 등에 주로 사용

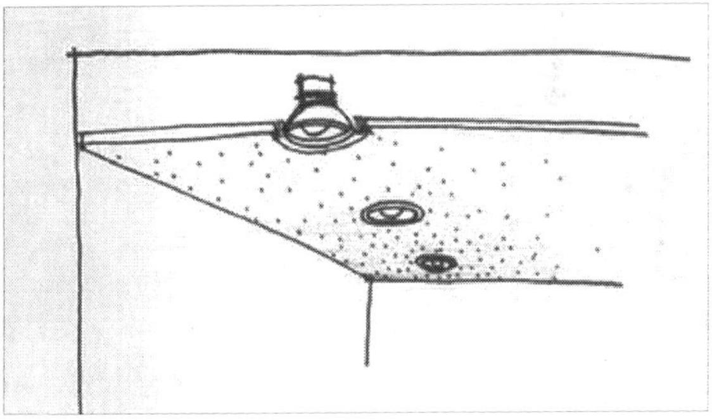

■ 그림 1.2.2 다운라이트조명

③ 코퍼[coffer] 조명

천장면을 여러 형태의 사각, 동그라미 등으로 오려내고 다양한 형태의 매입기구를 취부하여 실내의 단조로움을 피하는 조명방식이다.

- 사각이나 동그라미 등의 여러 형체의 천장 매입기구로 단조로움을 깨는 조명 방식

• 기구는 천장면에 매입하고 밑면에 플라스틱을 붙이거나 코퍼의 중앙에 반간접기구를 매다는 방식으로 높은 천장의 은행 영업실, 빌딩의 홀, 백화점 1층 등에 사용한다.

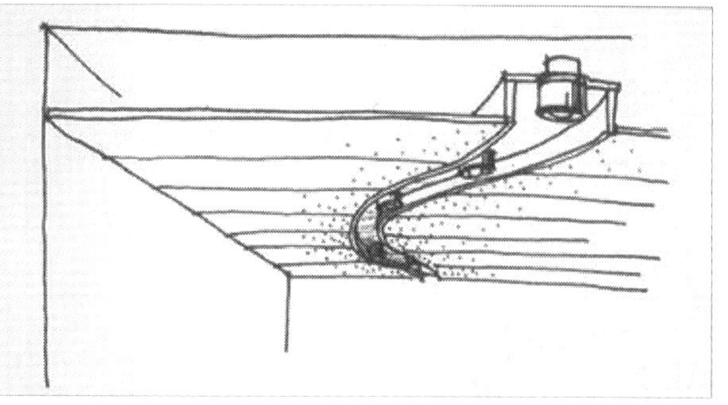

■ 그림 1.2.3 코퍼 조명

④ 광량조명

• 연속열 방식의 천장매입으로 건축화 조명 중 가장 간단한 방법이다.
• 사무실, 호텔 등의 복도에 적용한다.

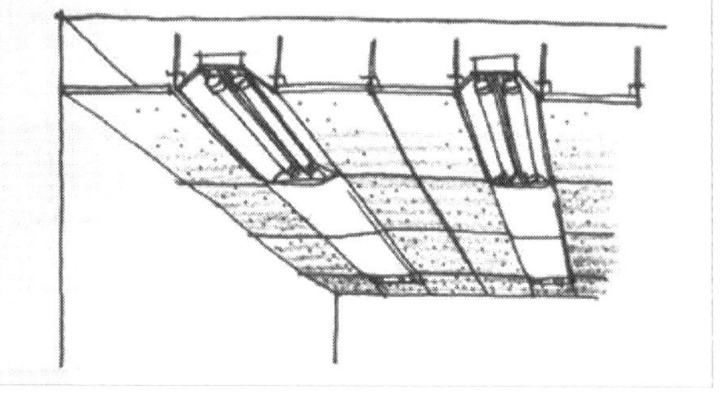

■ 그림 1.2.4 광량조명

⑤ 코브[cove] 조명

• 코브의 벽이나 천장을 이용한 간접조명으로 그의 반사광을 채광하는 방식이다.

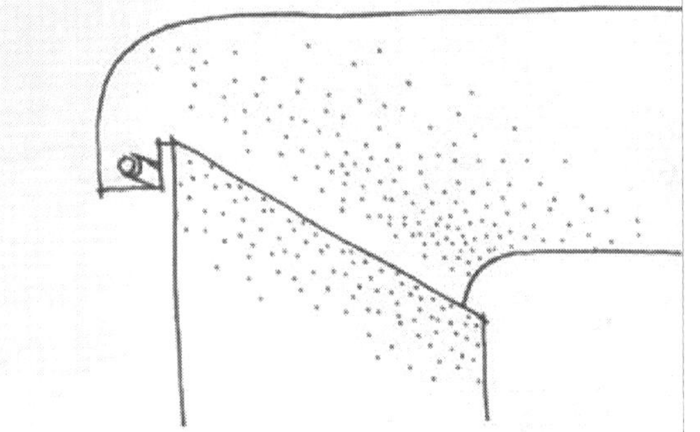

■ 그림 1.2.5 코브 조명

- 효율면에서 가장 나쁜 조명이나 눈부심과 그림자가 없기 때문에 실내 공간의 부드럽고 차분한 분위기 연출한다(건축화 조명의 대표적 조명 방법).
- 코브의 높이와 천장 폭과의 비율은 약 1 : 5가 적당
- 코브는 목재, 플라스틱으로 만들며, 일반적으로 열차 및 유람선에 채택한다.

⑥ 루버[louver] 조명

- 천장에 광원을 취부하고 그 하부에 루버를 설치하는 방식이다
- 직사 눈부심이 없고 밝은 직사광을 얻고 싶은 곳과 천장면에 배관, 부설물이 있어 미관이 좋지 않은 곳에 사용하며, 루버는 손상하기 쉽고 보수가 곤란한 단점이다
- 보호각 30° : $S \leq 1.5H$, 보호각 45° : $S \leq H$

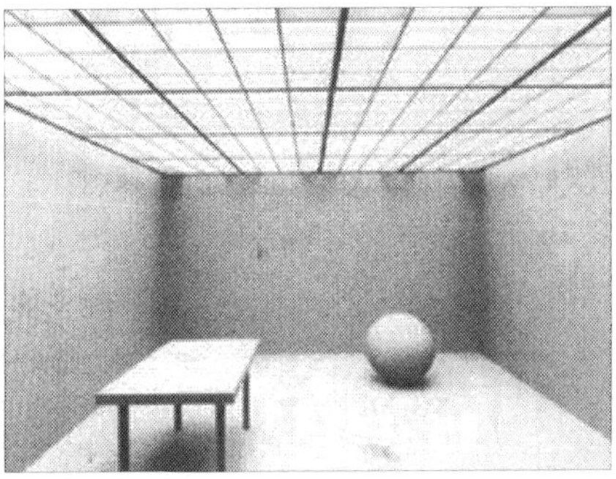

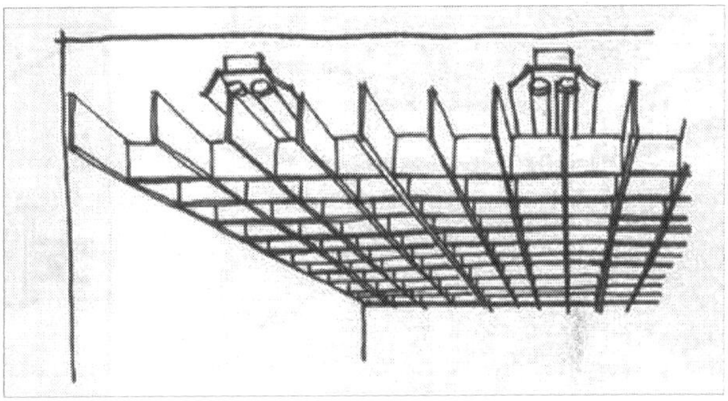

■ 그림 1.2.6 루버조명

⑦ 코너[corner] 조명

천장과 벽면의 경계구석에 등기구를 배치하여 천장과 벽면을 동시에 조명하는 방식으로 지하도 조명에 이용한다.

⑧ 코니스[cornice] 조명

- 천장과 벽면의 경계에 차광판을 사용한 광원을 벽면 하방으로 배치하여 벽면을 조명하는 방식으로 형광등을 주로 이용한다.
- 벽화, 벽지, 붉은 벽돌 및 돌 등으로 되어 있는 벽면에 효과적이다.

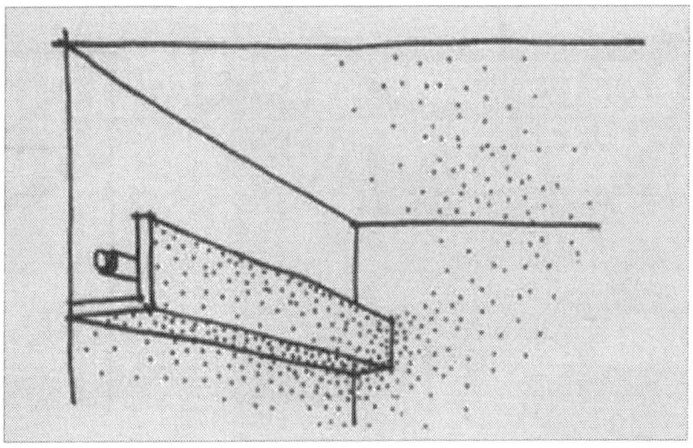

■ 그림 1.2.7 코니스 조명

⑨ 밸런스[valance] 조명

벽면을 밝은 광원으로 조명하는 방식으로 숨겨진 램프의 직접광이 아래쪽, 벽, 커튼, 위쪽 천장면에 쪼이도록 조명하는 방식이다

• 창이나 벽면 상부에 광원을 부착하고 광원 앞에 밸런스판을 설치하여 벽 또는 커튼의 하부와 상부 방향으로 광원이 나오도록 하여 실내 전반을 조명하는 방식으로 그림 1.2.8에 나타낸다.
• 직사광은 아래쪽의 벽이나 커튼에, 위쪽은 천장면에 반사하여 분위기 조명을 연출
• 밸런스판은 목재, 금속판 등을 이용
• 호텔의 객실 등

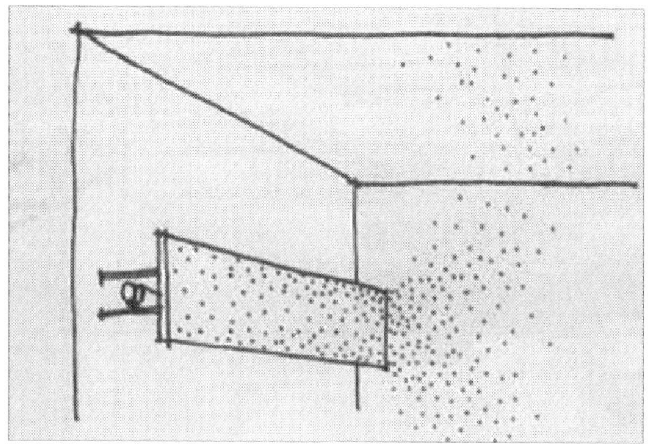

■ 그림 1.2.8 밸런스조명

⑩ 광벽조명

벽면을 이용하여 조명을 하는 방식이다.

건축물은 고층화, 현대화, 고급화됨에 따라 고급빌딩일수록 건물의 외형과 의장도 중요하지만 건축화 조명설비를 우수하게 하여 건축물을 한층 돋보이게 할 수 있다. 따라서 건축 설계자와 조명 설계자 사이에는 다음과 같이 상호 협의하고 설계에 반영하여 일반화되고 있는 건축화 조명에 대한 대처능력을 키우고 발전시켜야 한다.

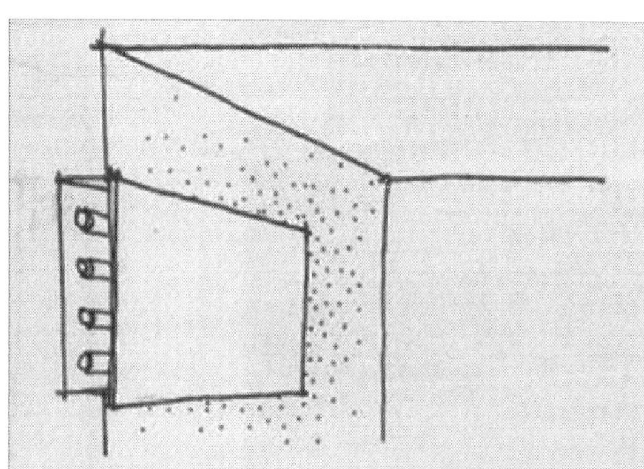

■ 그림 1.2.9 광벽조명

- 건축설계가 끝난 후 조명설계를 하는 것이 일반적이지만, 건축화 조명에서는 반드시 건축 설계자와 조명 설계자가 사전에 상호 협의하여 설계를 진행한다.
- 건축 설계자는 건축공간에 대한 의장, 천장 및 마감 등을 사전협의하고, 조명 설계 자는 건축에 알맞은 광원의 효율, 광색 및 배치를 고려하여 설계에 반영하도록 한다.

3 실내조명설계

피조면에서 조도의 산출은 축점법과 광속법이 이용되고 있다.

축점법은 피조면 임의의 점에서 거리 역제곱의 법칙에 따라 조도를 계산하고 각 점에 서의 조도를 비교하면서 설계하는 방법으로 국부조명에 주로 사용된다.

광속법은 방의 형태, 조명률 및 감광보상률 등을 고려하여 기준조도에 따라 사용 등 수를 결정하는 방법으로 사무실, 학교 등과 같이 실내 전체의 균일한 조도를 얻기 위한 전반조명을 요구하는 장소에서 주로 사용된다.

광속법을 이용하는 전반조명의 설계과정은 다음과 같다.

- 조명대상물의 철저한 파악
- 필요조도의 결정
- 광원의 선택
- 조명기구의 선택
- 조명기구의 간격과 배치
- 실수의 결정
- 조명률의 결정
- 감광보상률(유지율)의 결정
- 광원의 크기 계산
- 실내면의 광속발산도 계산

(1) 조명대상물의 철저한 파악

① 건축물의 조건 조사 : 목적 및 성격, 내부 구성, 자연채광

② 각 공간의 조건 조사 : 사용목적, 방의 구조 및 치수, 채광창

③ 우수한 조명의 요건 : 명시조명, 분위기 조명, 조명방식 선택 및 적용

(2) 필요조도의 결정

물체를 보거나 작업을 하는 데 필요한 밝음이 있다. 즉 조도가 높을수록 좋으나 경제성의 한도가 있다. 이와 함께 조명대상물의 용도, 목적, 작업내용 등을 고려하고, 표 1.2.1의 조도 기준표를 참고하여 각 실에 적합한 필요조도를 결정한다.

(3) 광원의 선택

① 조명목적에 적합한 광원 선택 : 연색성, 눈부심을 고려한 광색, 효율, 수명 및 경제성을 고려

② 옥내조명 : 백열전구, 형광등, 할로겐전구

③ 옥외조명 : 수은등, 나트륨등, 메탈 할라이드등, 크세논등

(4) 조명기구의 선택

① 설치 장소에 알맞은 조명기구의 선택

② 설치 장소의 특성, 조도, 휘도, 그림자 및 의장 등을 고려하여 선정

(5) 조명기구의 간격과 배치

① 균등한 조도 분포를 얻기 위한 조명기구의 간격과 배치 고려

② 조명기구의 간격 및 배치는 표 1.2.6과 그림 1.2.10과 같으며, 이들의 관계는 원칙적인 것이고 실제 설계에서는 조명률표와 조명기구에 따라 설치간격이 표시되어 있는 것을 이용 한다.

■ 표 1.2.6 조명기구의 간격 및 배치

구 분	직접조명(반직접, 전반확산)	간접 (반간접조명)
기호 설명	H : 작업면에서 광원의 높이 H_0 : 작업면에서 천장의 높이 S : 광원의 간격	H : 작업면에서 천장의 높이 H_1 : 천장에서 광원의 높이 S : 광원의 간격
작업면에서 광원의 높이	$H=\frac{2}{3}H_0$	
광원의 상호간격	$S \leq 1.5H$(일반적인 경우) (기구에 따라 별도적용)	$S \leq 1.5H$(일반적인 경우) (기구에 따라 별도적용)
천장과 광원의 높이	$H_1=\frac{1}{3}H_0$	$H_1=\frac{1}{5}S$
벽과 광원의 간격	$S_0 \leq \frac{1}{2}H$ (벽을 이용하지 않는 경우)	
	$S_0 \leq \frac{1}{3}H$ (벽을 이용하는 경우)	

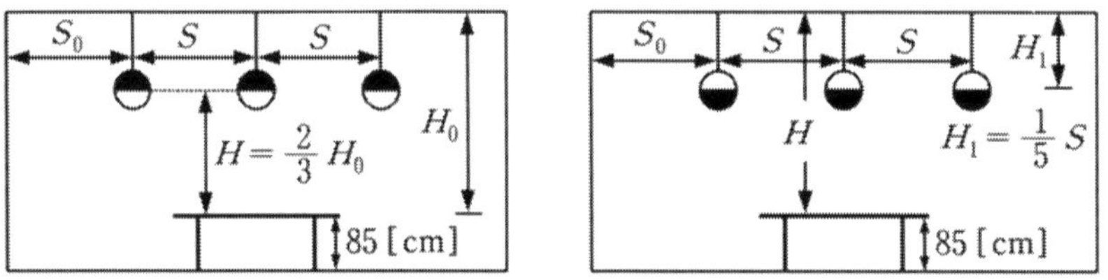

■ 그림 1.2.10 광원의 높이와 등사이의 간격(작업면까지의 높이)

(6) 실지수의 결정

① 조명률을 결정하기 위하여 실지수를 결정

② 천장 높이에 비해 바닥면이 넓은 큰 방은 빛을 흡수하는 벽면이 적으므로 작은 방보다 빛의 효율이 높고, 또 같은 이유로 천장 높이가 낮은 방도 효율이 높다.

방의 면적이 같은 2개의 방에 같은 수의 광원을 설치하여도 그림 1.2.11과 같이 방의 모양이 다른 경우에는 작업면상의 조도는 다르게 된다. 그래서 천정, 바닥이 장방형인 방은 가로 X, 세로 Y 2변의 평균을 한 변으로 하는 정방형인 방과 동일하다고 하는 이론에 의해 실지수를 다음과 같이 결정 한다.

$$\text{실지수} = \frac{XY}{H(X+Y)} \tag{1.2.1}$$

여기서 X, Y는 방의 폭과 길이, H는 작업면에서 광원까지의 높이(직접, 반직 접, 전반확산조명)와 작업면에서 천장까지의 높이(간접, 반간접조명)를 표시한다.

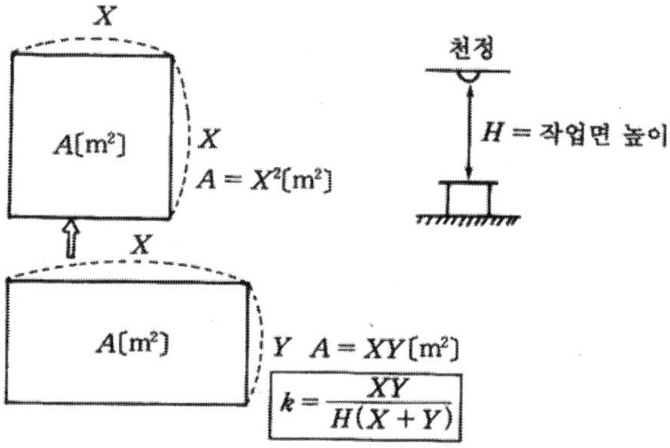

■ 그림 1.2.11 실지수

방의가로 X, 방의세로 Y 광원에서 작업면 까지의 높이를 H라 하면 X/H, Y/H의 값을 계산하여 그림 1.2.12의 실지수 도표에 적용하면 실지수를 구할수 있다. 예를 들면 X/H는 8.8이고 $Y/H=5.7$이면 실지수는 C가 된다. 실지수의 기호는 X/H, Y/H를 계산하고 그림 5.10의 노모그래프에 적용하여 구할 수도 있다. 예를 들면 $X/H=6$이고, $Y/H=4$이면 실지수는 D가 된다.

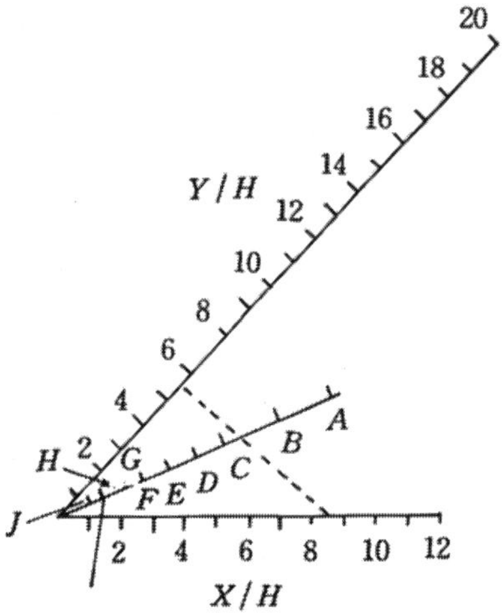

■ 그림 1.2.12 실지수도표

또한 실지수를 구하는데 도표를 사용할 수도 있다.

■ 표 1.2.7 실지수와 분류 기호표

실지수	5.0	4.0	3.0	2.5	2.0	1.5	1.25	1.0	0.8	0.6
기호	A	B	C	D	E	F	G	H	I	J

이와 같이 방의 크기, 모양, 광원의 위치에 따라 결정되는 계수를 실지수(room index) 또는 방지수라 하고, 방의 높이가 높을수록 실지수는 감소하고 낮을수록 실지수는 증가한다.

(7) 조명률의 결정

조명률(coefficient of utilization), U는 용하는 광원의 전광속과 작업면에 입사하는 광속의 비를 의미하며, 방의 크기 및 모양, 즉 실지수와 조명기구의 종류 및 실내면의 반사율 등에 의하여 결정된다.

그림 1.2.13과 같이 실내조명에서 광원으로부터 방사된 광속 F_0는 조명기구의 손실과 천정, 벽면의 흡수 등에 의해 전부는 작업면에 도달하지 않는다. 따라서 방사광속을 F_0, 작업면의 입사광속을 F로 하면 조명률 U는 다음과 같이 구할 수 있다

$$\text{조명률} = \frac{\text{작업면의 광속}}{\text{광원의 전광속} } \tag{1.2.2}$$

$$U = \frac{F}{F_0} \times 100\ [\%]$$

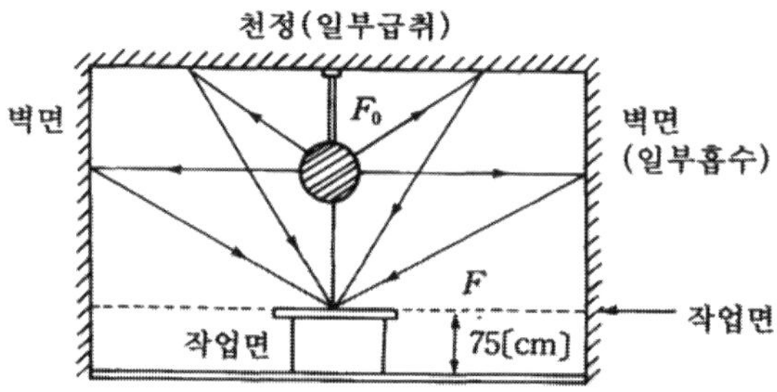

F_0 : 원으로부터 나오는 전광속[lm],
F : 작업면에 도달하는 광속[lm]

■ 그림 1.2.13 조명율

① 방 내면의 반사율은 표 1.2.8의 값을 적용하는 것이 우수한 조명의 조건이 된다.

■ 표 1.2.8 방 내면의 반사율

반사면	천장	벽면	책상면	바닥
반사율[%]	80 이상	50~60	35~50	15~30

② 실지수와 조명률의 관계 : 조명률은 실지수가 적어지면 감소한다.

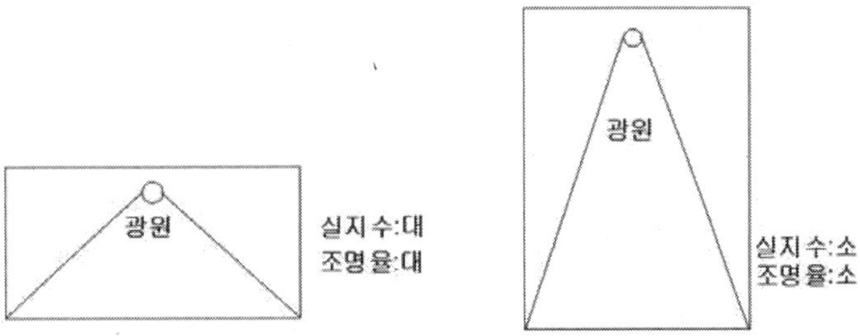

(a) 바닥면 넓고 천장높이 낮은 경우　　(b) 바닥면 좁고 천장높이 높은 경우

■ 그림 1.2.14 실지수와 조명율 관계

(8) 감광보상률[유지율]의 결정

조명시설은 사용하면서 작업면의 조도가 점차적으로 감소되어 가는데 그 원인은 다음과 같다.

① 필라멘트의 증발에 따른 광속의 감소

② 유리구 내면의 흑화

③ 전압변동에 따른 필라멘트의 열화

④ 조명기구 및 실내 반사면의 먼지축적으로 반사율의 감소

따라서 조명설계에서 작업면의 광속 감소를 예상하여 소요 광속에 여유를 취해주는 정도를 감광보상률(D)이라 하고, 유지율(M)은 감광보상률의 역수를 의미한다.

표 1.2.9는 조명설계에 적용하는 감광보상률의 값을 나타낸 것이다.

■ 표 1.2.9 감광보상률의 적용값

적 용		감광보상률(D)
백열전구	깨끗한 곳(보통장소)	30% → 1.3
	먼지가 많은 곳	100% → 2.0
간접조명		1.5 → 2.0
형광등		1.3 → 2.4

보수율(유지율)은 조명의 시설을 장기간 사용하면 램프의 광속이 감소하게 된다. 이 원인은 기구에 부착된 먼지라든가 광원의 광속감소 등에 의한다. 형광등은 특히 먼지의 부착이 현저하다. 낮아진 조도와 초기 조도와의 비를 보수율이라 하며 아래 표에 보수율의 기준을 나타내었다.

■ 표 1.2.10 보수율의 기준

	전 구	형광등	보수상태	예
일반조명	0.75	0.7	좋음	백화점은행
먼지가 많은 경우 또는 청소가 어려운 기구	0.7	0.65	보통	사무실
간접조명	0.6	0.55	나쁨	현관 학교

(9) 광원의 크기 계산

전등 한 개가 발산하는 광속 F는 광속법에 의해 다음과 같이 구한다.

$$F = \frac{EDA}{NU} = \frac{EA}{NUM} \text{ [lm]} \quad (1.2.3)$$

여기서, E : 작업면의 평균조도, D : 감광보상률, A : 방의 면적
N : 광원수, U : 조명률, M : 유지율

이 식에 의해 광속이 결정되면 한국산업규격에 따른 광원의 크기를 결정한다.

(10) 실내면의 광속발산도 계산

① 설계조건에 대한 전반적인 검토항목으로 최적의 보임 조건을 도출하는 항목

② 실계수 $= \dfrac{Z(X+Y)}{2XY}$로 계산(Z : 천장에서 바닥까지의 거리)

③ 허용치 한계 : (3 : 1~7 : 1 이하)

예제 1.10 12×18[m²]인 일반사무실의 조명설계를 하라. (단, 천장의 높이는 바닥으로부터 3.8[m], 그리고 6[m]마다 기둥이 서 있고, 그 사이에 30[cm]의 보가 있으며 천장은 6[m]×6[m]의 소구간으로 나누어져 있다. 반사율은 천장 75[%], 벽 50[%], 바닥 10[%]로 한다.)

풀이 조명 설계의 순서에 따라 계산한다.

① 필요조도의 결정 : 사무실의 조도는 표 1.2.1에서 200[lx]로 선정한다.

② 광원의 선택 : 표 1.2.11에서 사무실에 적합한 형광등 FL−40[W] 2등용

③ 조명기구의 선택 : 과 표 1.2.11에서 반직접조명기구를 선택한다.

④ 조명기구의 간격과 배치

작업면의 높이는 바닥에서 85[cm]를 기준으로 하면

$3.8 - 0.85 = 2.95$[m]

$\therefore H = 3.8 - 0.85 = 2.95 \text{ [m]} \fallingdotseq 3 \text{ [m]}$

광원의 최대 간격은 표 1.2.11에서 $S \leq H$(반직접)이므로 $S \leq 3$[m]

$\therefore S = 3$ [m]

벽과 광원의 최대 간격은 표 1.2.7에서 $S_0 \leq \dfrac{1}{2}H$이므로 1.5 [m]이다.

$\therefore S_0 = 1.5$ [m]

⑤ 살지수의 결정 : 실지수의 분류기호

$$\text{실지수} = \frac{XY}{H(X+Y)} = \frac{12 \times 18}{3(12+18)} = 2.5$$

이므로 식 (1.2.11)에 의해 실지수의 분류기호 D를 구한다.

또는 $X/H = 12/3 = 4$, $Y/H = 18/3 = 6$이므로 표 1.2.7의 실지수 도표로 부터 실지수 분류기호 D를 구할 수 있다.

⑥ 조명률(U)의 결정

천장 75[%], 벽 50[%], 바닥 10[%]이고, 실지수 D이므로 표 1.2.11에서

조명률 : $U=0.51$

⑦ 감광보상률(U)의 결정 : 표 1.2.11에서 상을 기준으로 한다.

$\therefore D=1.3$

⑧ 소요 광속의 계산

$$NF=\frac{EDA}{U}=\frac{200\times 1.3\times 216}{0.51}=110117.6\,[\text{lm}]$$

⑨ 광원의 크기 계산

FL−40[W]의 1등용의 광속 $F=2300$ [lm]이므로 2등용은 4600 [lm]이다.

조명기구의 개수 : $N=\dfrac{110117.6}{4600}=23.93 \fallingdotseq 24$ [개]

■ 표 1.2.11 조명률, 감광보상률 및 광원의 간격

배 광 기구간격 (최대값)	기구 의장	감광보상률(D) 보수상태 상	중	하	반사율 천장 / 벽 / 실지수	75 / 50	75 / 30	75 / 10	50 / 50	50 / 30	50 / 10	30 / 30	30 / 10
						조명률 U [%]							
간 접		전 구			J	16	13	11	12	10	08	06	05
					I	20	16	15	15	13	11	08	07
					H	23	20	17	17	14	13	10	08
	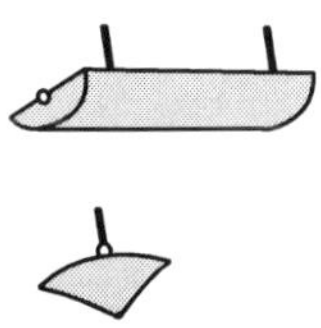	1.5	1.8	2.0	G	28	23	20	20	17	15	11	10
 0.80 0					F	29	26	22	22	19	17	12	11
		형 광 등			E	32	29	26	25	21	19	13	12
$S\leq 1.2H$					D	36	32	30	26	24	22	15	14
					C	38	35	32	28	25	24	16	15
		1.6	2.0	2.4	B	42	39	36	30	29	27	18	17
					A	44	41	39	33	30	29	19	18
반 간 접		전 구			J	18	14	12	14	11	09	08	07
					I	22	19	17	17	15	13	10	09
					H	26	22	19	20	17	15	12	10
	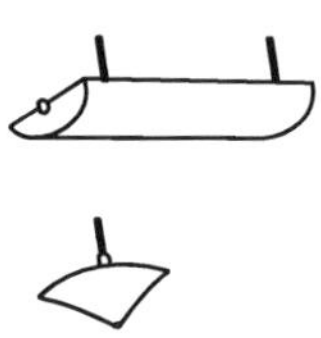	1.4	1.5	1.8	G	29	25	22	22	19	17	14	21
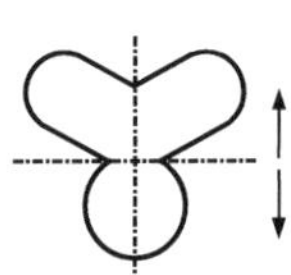 0.70 0.10					F	32	28	25	24	21	19	15	14
		형 광 등			E	35	32	29	27	24	21	17	15
					D	39	35	32	29	26	24	19	18
$S\leq 1.2H$					C	42	38	35	31	28	27	20	19
		1.6	1.8	2.0	B	46	42	39	34	31	29	22	21
					A	48	44	42	36	33	31	23	22

배 광 기구간격 (최대값)	기구 의장	감광보상률(D) 보수상태			반사율 천장	75			50			30	
					벽	50	30	10	50	30	10	30	10
		상	중	하	실지수	조 명 률 U [%]							
		전 구			J	24	19	16	22	18	15	16	14
					I	29	25	22	27	23	20	21	19
전반확산					H	33	28	26	30	26	24	24	21
	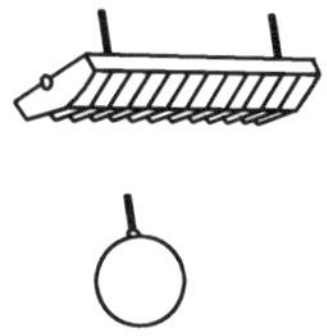	1.4	1.5	1.7	G	37	32	29	33	29	26	26	24
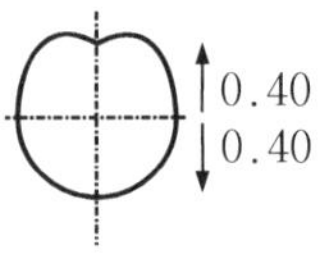					F	40	36	31	36	32	29	29	26
		형 광 등			E	45	40	36	40	36	33	32	29
					D	48	43	39	43	39	36	34	33
$S \leqq 1.2H$					C	51	46	42	45	41	38	37	34
		1.4	1.5	1.7	B	55	50	47	49	45	42	40	38
					A	57	53	49	51	47	44	41	40
		전 구			J	26	22	19	24	21	18	19	17
					I	33	28	26	30	26	24	25	23
반 직 접					H	36	32	30	33	30	28	28	26
	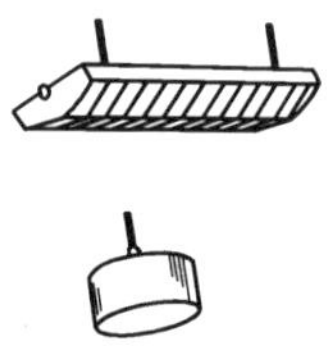	1.3	1.5	1.7	G	40	36	33	36	33	30	30	29
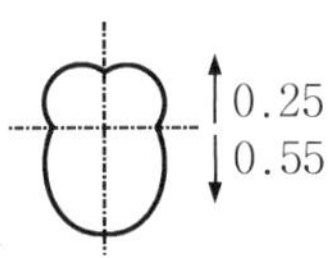					F	43	39	35	39	35	33	33	31
		형 광 등			E	47	44	40	43	39	36	36	34
					D	51	47	43	46	42	40	37	37
$S \leqq H$					C	54	49	45	48	44	42	42	38
		1.3	1.5	1.8	B	57	53	50	51	47	45	43	41
					A	59	55	52	53	49	47	47	43
		전 구			J	34	29	26	34	29	26	29	26
					I	43	38	35	42	37	35	37	34
직 접					H	47	43	40	46	43	40	42	40
	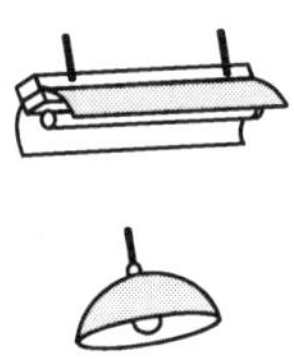	1.3	1.5	1.7	G	50	47	44	49	46	43	45	43
					F	52	50	47	51	49	46	48	46
		형 광 등			E	58	55	52	57	54	51	53	51
					D	62	58	56	60	59	56	57	56
$S \leq 1.3H$					C	64	61	58	62	60	58	59	58
		1.5	1.7	2.0	B	67	64	61	65	63	61	62	60
					A	68	66	64	66	64	66	64	63

(11) 조명기구의 구성과 종류

① 조명기구의 구성

조명기구는 전기적 부분, 광학적 부분, 기계적 부분 및 장식 부분으로 구성되며, 안정성에 관해서는 KSC 등에 규정되어 있다. 광학적 부분은 광을 제어하는 부분이고 반사면, 투과면에 어떤 재료를 사용하는가는 조명의 목적에 맞는 배광과 눈부심에 의해 선택된다. 조명기구를 사용하는 목적은 전등에서 복사되는 광속의 손실을 가능한 줄이고 피조면에 집중시키며 광원의 휘도를 감소시켜 눈부심을 줄이고 광원으로 부터 발산되는 빛을 필요한 방향으로 집중시켜 이상적인 배광을 형성하며 실내공간과 조화를 이루어 미적 효과도 이루게 하는 것이다.

- 글로브(globe) : 이것은 광원의 전 부분을 둘러싼 조명기구이다 `사무실에 서 사용하는 것은 우유빛 유리제이며, 이와 같은 것은 확산성이 좋으므로 광도는 정반사영 면적에 비례한다. 외구 내면에서는 일종의 상호반사가 있으므로 효율은 재료의 투과율 이외에 이 반사율의 영향을 받는다. 투명 유리에 작은 프리즘을 넣어서 만든 것은 굴절에 의하여 배광이 조정될 수가 있으므로 가로조명에 사용되는 일이 있다,
- 반사갓 : 직접조명에 사용되는 것으로, 우유빛 유리와 같은 반투명 재료를 사용한 것을 갓(shade), 철판과 같은 불투명 재료를 사용한 것을 반사갓(reflector)이라 한다. 어느 것이나 깊은 것과 얕은 것이 있다.
- 반사보울 : 배광의 관점에서 보면 반사보울(bowl)은 간접조명에 사용되는 반사갓을 반대로 한 것이고, 반간접조명용의 것은 갓을 반대로 한 것이라 고 생각할 수 있다.
- 루버(louver) : 그림 1.2.15(a)와 같이 백열전구용에서는 전구를 시선으로 부터 차단하여 눈부심을 막고, 동시에 수평에 가까운 방향의 직사광을 반사갓에 의하여 아래로 향하게 하는 역할을 한다. 또 그림 1.2.15(b)에 표시 한 형광등용의 것도 같은 역할을 하지만 특히 이와 같이 가늘고 긴 조명기구에서는 확산성 유리를 사용하기가 어려우므로 루버가 이것을 대신하는 일이 많다.

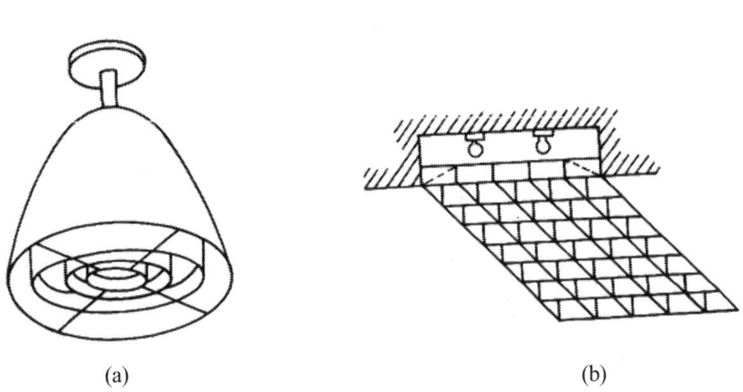

(a) (b)

■ 그림 1.2.15 루버

- 투광기 : 좁은 범위에만 빛을 투사하는 조명기구를 말하며, 굴절에 의한 것과 반사에 의한

것이 있다. 반사에 의한 것은 주로 포물면경을 사용한다. 회전포물면 반사경은 초점에 광원을 놓은 것이 보통이며 전면에 유리가 붙어 있는 것이 밀폐형이고 없는 것이 개방형이다. 굴절에 의한 것은 볼록 렌즈 또는 프리즘의 조합을 사용하고, 이용 광속을 증대시키기 위하여 구면경을 병용할 때도 있다. 소형은 전구, 대형은 아크등을 광원으로 한다. 투광기(projector), 전조등(head light) 등은 반사를 이용한 것이며 스포트 라이트는 굴절을 이용한 것이다.

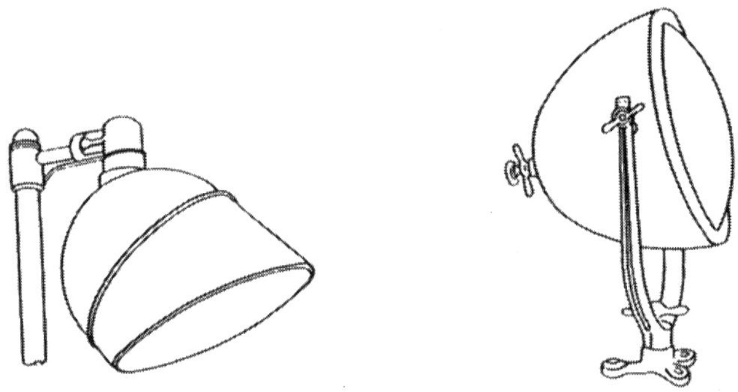

■ 그림 1.2.16 투광기의 종류

② 조명기구의 종류

■ 용도에 의한 분류

- 일반 조명기구 : 옥내용으로서 벽부착형, 매다는형, 매립형, 다운라이트, 블랭킷(벽등), 탁상스탠드, 플로어스탠드 등이 있고, 형광등기구, 백열등 기구에 관해서는 KSC에서 정하고 있다.
- 방수형 조명기구 : 옥외에서 사용되는 조명기구의 대부분인 도로등, 가로등, 투광기, 방범등, 정원등, 문등 등이 있고, 물과 습기의 침입에 대해서 기능의 보호정도에 의해 방수종별로 분류된다. 접지가 곤란한 것은 2중 절연 조명기구를 이용한다.
- 방재형 조명기구 : 비상등과 유도등이 이것에 해당되고, 조명기구 공업협회 규격에 기술 표준이 설정되어 있고, 사용법에 관해서는 소방법시행령과 건 축가준법에 의해 보수관리가 정해져 있다.
- 방폭 조명기구 : 폭발성 가스를 사용하는 공장 등에서 사용되는 기구로, 광원을 완전히 폭발시키는 충격에 대해서 보호 커버하고, 경우에 따라서는 인터럽 개폐기를 설치하고, 기구 의 전기적 접촉부분이 완전히 외기로부터 차단되는 구조로 되어 있다. 구조상 내압 방폭 구조와 안전 방폭구조로 구분된다.
- 공조 조명기구 : 공조 조명기구는 공조설비의 취출구 또는 흡입구와 형광 등기구를 결합 시킨 것으로, 조명기구를 직접 덕트에 접속시킨 덕트형과 조명기구의 상부를 개방하고 천정 안은 공기의 통로로서 이용하는 아레나므형이 있다.
- OA전용 조명기구 : VDT작업에 있어서 조명은 기구에 직사 눈부심이 없는 것, CRT 등의 디스플레이장치에 기구가 비치지 않는 것, 원고대와 키보드의 적정조도로 광막 반사눈부심이 없는 것이어야 하고, 경면의 파라볼릭 루버기구가 사용되고 있다.

4 옥내조명, 옥외조명

(1) 조도방식

옥내조도에는 각종의 분류가 있지만 다음의 3방식이 기본이다.

① 전반조명방식

옥내의 작업면의 전체에 걸쳐서, 거의 같은 수평면조도를 얻을 수 있도록 설계한 조명의 방식이다.

② 국부적 전반조명방식(구분화 전반조명방식) TAL

필요 조도의 다른 시작업이 혼재하는 경우, 작업별의 구분에 대응한 조명설계를 행하고 이것을 결합한 전반조명방식이다.

③ 국부조명방식

한정된 장소 또는 극히 적은 면적만을 비출 수 있도록 설계한 조명방식이다.

(2) 조명설계

① 조명설계의 기본개념

실내공간의 사용목적 별로 정리된 조명설계의 기본개념이 제안되고 있다.

■ 표 1.2.12 각종 조명의 개념(CIE)

조명의 종류	조명의 개념
작업을 위한 조명	시작업의 종류에 따라 좋은 보기 방법을 찾는 것이 중요하다 전체로서의 시환경은 작업성과 만족감에 커다란 영향을 끼치므로 작업장소에 상관없이 환경을 검토해야 한다.
디스플레이 조명	• 점포나 상품전시 조명에는 여러 가지 요건이 있다 주의를 모으고 전시물을 매력적으로 보이게 하는 것과 항상 일하는 사람에게 쾌적한 시각조건을 제공하는 것 • 쇼윈도는 빛의 광고 가격이 높고 예쁘게 하여야 하고 전체적 또는 국지적으로 고조도로 하고 빛이나 움직임의 효과를 내도록 한다.
미술 전시품의 조명	미술관이나 아트갤러리의 조명의 중요한 조건은 회화나 직물 등의 바른색 연출이다 장시간의 노광에 의한 색바램이 있는 염료가 있으므로 주의해야한다 입체 모델링도 중요하다 보는 사람과 물체의 광원의 상대적인 관계에 유의한다.
병원의 조명	의사나 스텝이 일을 효과적으로 행할 수 있고 환자에게도 쾌적한 조건을 부여할 수 있어야 한다.
실내 스포츠조명	선수와 관객에게 좋은 시각적 효과를 줄 수 있어야 하고 TV나 영화의 요구에도 맞아야 한다.
서쿨래이션 조명	훌의 출입구등의 출입 보행에 지장이 없어야 한다.

② 조명설계요소

다양화되고 있는 조명설계 요소에 관해서 외전반적인 기준이 CIE에 규정되어있다. 참고로 CIE의 정리된 가이드수치를 표 1.2.13에 나타내었다. 단, 조도를 결정할 때에는 한국공업규격 조도기준이 있으므로 참조하길 바란다. 전반 조명방식에 있어서 평균조도 값을 선정하고, 소요램프수를 산정할 때는 광속법에 의한다. 사용자에게 보수율을 전할 수 없을 때에는 표준적 수치를 표시한 기술지침을 참고로 한다.

■ 표 1.2.13 국제적인실내조명가이드

조명설계요소		
조도	실내평균조도	〈예〉 일반 500~750~1000 [lx] 교실 300~500~750 [lx] 조작업(공장) 200~300~500 [lx]
	조도균제도(최소/평균)	실내전체 0.8 이상
	복도	50~75~100 [lx]
	실내와 복도와 의조도비	5 : 1 이하
문자보는방법	Contrast Rendition Factor	책상 0.9 이상
눈부심(glare)	불쾌 눈부심	조명기구의 휘도제한 차광각 20° 이상
연색성	눈부심의 광색 평균연색 평가수 Ra	〈예〉 사무실학교 60<=R<80 바람직한 것 80<=R<90
실내반사율	천정	60% 이상
	벽	30~70 [%]
	마루	10 [%] 이상 집기 25~50 [%]
휘도분포	책상의 서류와 범상의 휘도비	0.3~0.5
	책상면과 주변의 휘도비	3 : 1 이내
	작업과 주변의 평균 휘도비	1/10 이내
	작업과 천정면의 평균 휘도비	1/10 이내
입체감	얼굴 보는 방법	중요시 하고 있다.
주광	창문 눈부심, 주광 이용 조명시스템을 이용하고 있다.	창문의 눈부심
보수	눈부심의 광속 조명기구	교환주기

(3) 시각표시장치와 조명

① 시각표시장치와 그 작업(VDT 작업)

시각표시장치(약어 : VDT 또는 VDU)는 사무용 컴퓨터의 단말기 또는 워드 프로세스의 표시장치(대부분은 CRT화면에 의한다)를 의미하는 것이 대부분이다. VDT 작업은 표시 화면상의 문자 등의 독해, 키보드의 조작, 입출력 데이터의 읽고 쓰는 기능이다. 특히 CRT 화면이 거의 연직이고, 자발광의 문자 등을 독해하고 시작업하는 일이 종래의 수평 궤상면의 시작업과 크게 다르다. 또, VDT와의 응답에 의한 작업의 증대가 작업자에게는 심리적 긴장감을 높이는 일이 된다.

② VDT 작업에 대한 조명의 요건

VDT 작업에 대한 조명의 기본조건은 다음과 같다.

- CRT 화면의 문자와 도형 이 잘 보일 것
- 원고와 키보드를 볼 때에 조작하는데 충분할 것

(4) 비상시용 조명

① 비상시용 조명의 분류

비상시(정전시)에 안전하게 피난, 유도시키는 일을 목적으로 하는 조명이고, 다음의 2종류로 이루어져 있다.

- 건축기준법으로 설계, 유지기준으로서 제작되는 비상용의 조명장치에 의해 행하고, 특정 장소의 조명, 단 특정 장소로는 거실, 피난도로 또는 이들 과 비슷한 부분이다.
- 소방법을 기본법으로 관련법령에서 규제되는 유도등 및 유도표지에 의한 신호 조명

② 비상시용 조명설계의 요건

- 비상용 조명장치에 의한 조명 : 마루면의 수평면조도는 1[lx](형광램프의 경우는 2[lx]) 이상을 확보한다.
- 유도등 및 유도표지 : 유도등은 비상시에 피난구의 위치 및 피난방향을 명시한다.

(5) 주광조명

① 주광조명의 기본적인 사고

주광을 조명에 이용할 수 있는 실내에서도 인공조명을 실시한다. 그것은 주광이 시간, 일기에 의해서 변동하므로 인공조명보다 질적으로 떨어지기 때문이다. 그렇지만 창은 건축상 중요한 역할을 한다. 따라서 주광이용을 적극적으로 행하고, 인공광과의 조화에 의해 질적 개선을 꾀하는 사고가 기본이 되고 있다. 이러한 것을 기초로 한 설계목표는 다음과 같다.

② 주광조명의 설계목표

- 권장조도의 확보 : 주광부족의 실내을 인공조명으로 보충한다.
- 작업면 조도 분포의 적정화 : 급격한 조도분포를 피한다.
- 창을 배경으로 하는 인물의 조명 : 실루엣 현상을 방지한다.
- 측벽, 청정면의 휘도의 적정화 : 시야내 휘도의 균형을 취한다.

(6) 옥외조명

① 도로조명

- 도로조명의 요건 : 자동차 교통도로의 조명 요건 가운데 가장 중요요소는 노면휘도이고, 표 1.2.14는 노면건 조시의 표준휘도(평균 노면휘도의 최저값)를 나타낸다.

■ 표 1.2.14 기준휘도(단위 cd/m^2)

도로분류 \ 외부조건		A	B	C
고속자동차국도 등		1.0 —	1.0 0.7	0.7 0.5
일반국도등	주요간선도로	1.0 0.7	0.7 0.5	0.5 —
	간선(보조간선도로)	0.7 0.5	0.5 —	0.5 —

주) 1. 외부조건 A : 도로교통 영향 빛이 연속적으로 도로연선의 상태이다.
2. 외부조건 B : 도로교통 영향 빛이 단속적으로 도로연선의 상태이다.
3. 외부조건 C : 도로교통 영향 빛이 거의 없는 도로연선의 상태이다.

- 터널조명 : 입구부는 야외휘도, 설계속도에 대한 점등시 운전자의 눈의 순응에 대응하게 점멸하고 내부의 기본조명을 원활하게 한다(표 1.2.15).

■ 표 1.2.15 터널기본조명의 평균노면휘도

설계속도(km/h)	평균노면휘도(cd/m^2)
100	9.0
80	4.5
60	2.3
40 이하	1.5

② 옥외 스포츠조명

- 옥외 스포츠조명의 기본적 요건 : 조명을 필요로 하는 시대상은 사람(경기자, 심판자), 구기에서는 공 등이고, 종목에 의한 세심한 주의가 필요하다. 조도는 KSC에 의한 것 외에 불쾌 눈부심, 감능 눈부심, 아른거림, 연색성, 광색의 각 항에 관해서 검토한 뒤에 결정한다.
- 그 밖의 조명방식

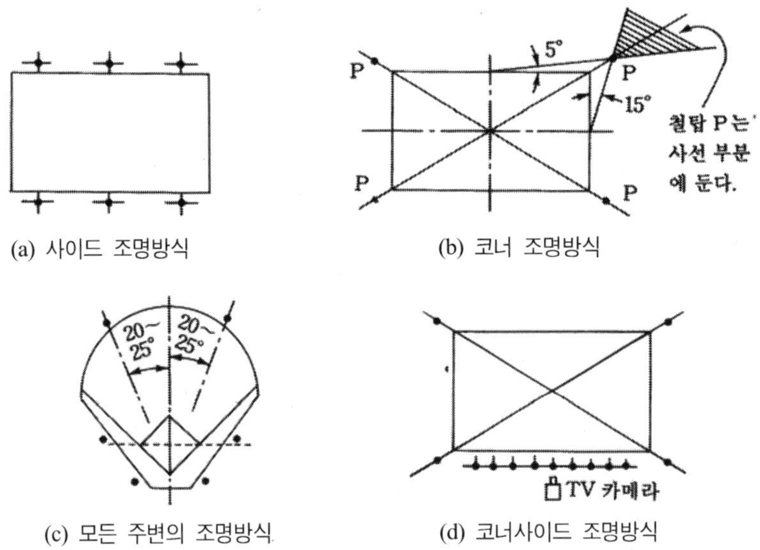

■ 그림 1.2.17 조명용 철탑의 배치에 의한 분류

종목에 의해서 조명은 그림 1.2.17에 나타낸 것과 같이 4방식이 있다. 구기에서는 공의 최대높이를 포함하는 공간조명, 또 혼광 조명의 지향성 관해서 배려한다.

5 조명의 실제

(1) 주택조명

주택은 작업의 장소 또는 휴식의 장소로 전혀 다른 두 가지 목적이 있다. 작업장소에 대한 조명의 목적은 물건을 보기 쉬운 조명 상태로 만드는 것이다. 휴식의 목적으로는 실내를 감각적으로 쾌적한 분위기를 만드는 것이며 이렇게 하기 위해서는 감접조명방식 을 사용하거나, 색채조절에도 유의해야 하여야 한다.

백열전구에 의한 경우에는 천정 등 한 개로 30~50[lx] 정도의 조도를 얻을 수 있게 평당 10~15[W]를 표준으로 하고, 거실이나 서재에는 천정등 이외에 60[W] 정도의 스탠 드로 필요한 정소에 국부조명을 사용하는 것이 좋다. 형광등인 경우 20[W] 주광색 형광을 2평에 한개의 등으로 하고, 특히 밝음이 필요한곳은 10~15[W] 등을 벽이나 또는 스탠드로 사용하는 것이 좋다. 부엌이나 목욕탕 등은 천정직부로 하거나 브래킷으로 하는 경우가 많다.

(2) 사무실조명

사무실 조명에서 특히 유의할 사항은 다음과 같다.

① 책상 주위와의 조도 차가 적고, 속 그늘이 지지 않아야 한다.

② 전등을 직시하거나 또는 책상의 반사에 의한 눈부심을 느끼지 않아야 한다.

③ 전등기구가 건물과 조화되고 전등을 갈아 끼우거나, 등기구 청소가 쉬워야 한다.

사무실 조명은 전반 조명의 좋은 예이며 천정이 2중인 경우에는 매입식으로 하고 아래 면을 유백색 유리판이나 플라스틱판 또는 루버로 한다.

(3) 공장조명

작업자의 재해 방지, 피로 감소, 환경의 쾌적화를 도모함과 동시에 시력을 보호하고, 동 작이 활발하도록 하며, 안정감을 증가하여 작업 능률을 향상시켜 생산성을 증가시킬 목적으로 조명설계를 해야 한다. 공장조명에서는, 특히 효율이 높은 것이 필요하며 전반조명에는 백열전구, 형광등 또는 고압수은등에 확산 반사갓을 사용하며, 국부조명에는 각각의 장소와 용도에 적당한 국부조명기구를 이용한다.

(4) 상점조명

상점조명에는 다음 사항이 요구되고 있다.

① 밝은 기분으로 상점에 들어가기 쉬워야 한다.

② 상점 내가 아름답고 상품이 눈에 띄게 보여야 한다.

③ 상품이 보기 쉽고 선택하기 쉬워야 한다.

이러한 목적을 위해서는 적장한 조도 외에 직사광과 반사광의 문제, 색깔의 조화가 필요 하며, 조도 분포나 수직면 조도를 충분히 고려해야 하며, 광원의 색깔도 고려하여야 한다. 또한 통행인이 눈부시지 않도록 광원 전부를 차폐하여 쾌적한 상태로 상품을 들여다 볼 수 있어야 한다.

조명방식은 전반조명과 국부조명이 병용되고 있고, 광원으로서는 주로 백열전구와 형광등 이 병용 사용되고 있다.

(5) 도로조명

도로조명은 야간에서의 교통안전을 최대한 목적으로 하고 있다. 시가지나 특히 상업지 에서는 사람들이 모이기 쉬운 환경을 만드는 것과 주택가 도로에서는 범죄예방의 목적도 있다.

표 1.2.16에 각종 도로조명의 조도를 나타낸다. 야간에 물체가 잘 보이기 위해서는 노면에 균등하고 충분한 조도가 필요하고 눈부심이 없는 것 등의 조건이 필요하다.

광원으로서는 백열전구, 형광등, 고압수은등과 나트륨 등이 사용된다. 도로조명용 광원의 높이 기준은 표 1.2.16에 나타내었다.

■ 표 1.2.16 도로의 조도

표준조도 [lx]	조도범위 [lx]	도로의 장소			
		고속도로	교통도로	상업도로	주택지구
50	70~30	터널	–	–	–
20	30~15	터널출구의 도로, 인터체인지, 휴게소, 정류소, 요금정산소 부근, 급유소	터 널	상점가 교차점 다리	–
10	15~7	옥외 주차장	옥외 주차장		
5	7~3	관련도로와 맺는 부시가지의 고속도로 본선	교통량이 많고 번화한 도로, 교차점, 다리, 역앞, 광장		–
2	3~1.5	–	교통량이 많으나 번화하지 않은 도로, 교차점, 역앞, 광장, 다리	폐점 후의 상점가	
1	1.5~0.7	–	교통량이 적은 도로	–	주택지구
0.5	0.7~0.3	–			공 원 기타광장

■ 표 1.2.17 광원의 높이와 간격

전구의 종류		가설 높이[m]	
백열전구	수은램프	사향기구	하향기구
100~150[W]	H–100 CH–100	3.5~4.5	4.5~5.5
200~300		4.0~5	5.5~7.5
500~700	H–300 CH–300	5.0~6.5	6.0~7.5
700~1000	H–400 CH–400	6.5~9	7.0~9.5

① 조명기구의 배치

- 직선도로 : 대칭식, 지그재그(zigzag)식, 중앙열식, 편측식 등이 있으며, 분리대가 있을 경우에도 이에 준한다.

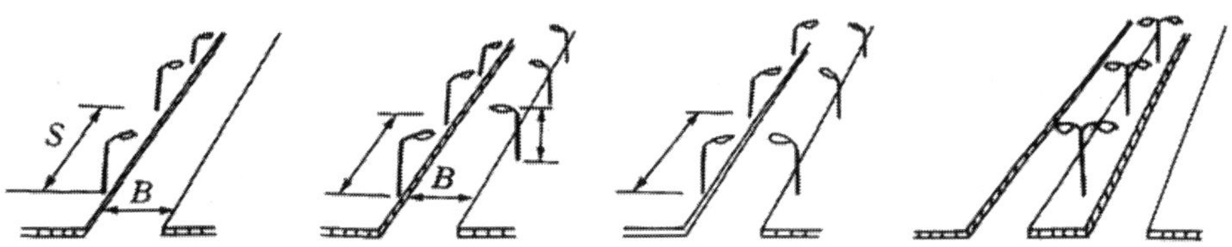

(a) 편측식 (b) 지그재그식 (c) 대칭식 (d) 중앙1열식

■ 그림 1.2.18 조명기구의 배열

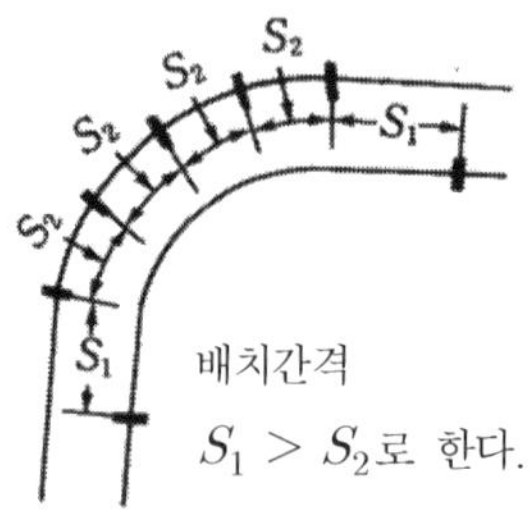

■ 그림 1.2.19 커브의 기구 배치법

- 곡선도로 : 멀리서도 도로의 커브 모양을 알 수 있도록 하기 위하여 양측배치의 경우 는 곡선이 바깥쪽으로만 배치한다. 곡선의 곡률반경이 적을수록 조명기구의 곡선의 간격을 짧게 한다.
- 교차점 : 교차점은 사고가 일어나기 쉬운 장소이므로 교차점을 구성하는 각각의 조도를 합계한 것보다 많은 조도를 필요로 하며 또한 횡단 보행자를 확인할 필요가 있으므로 십자로에서는 십자로를 끝낸 왼쪽에 배치한다. 3방향 교차로에서는 맞부딪치는 일이 있음을 명시하기 위하여 맞부딪치는 곳에 한 개의 등을 배치한다.

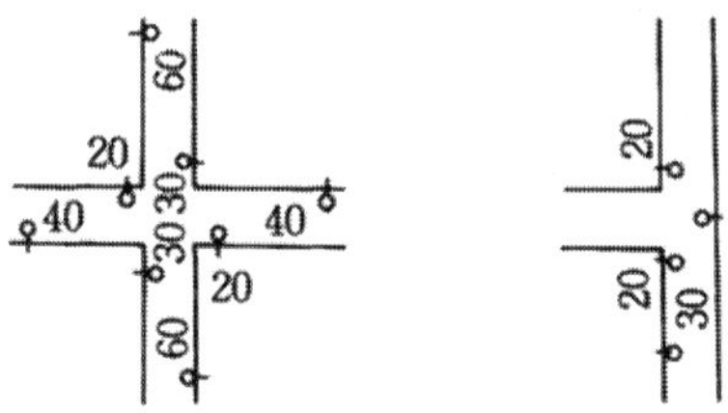

(a) 십자로 (b) 3방향 교차로

■ 그림 1.2.20 교차점의 전주 배치

② 도로조명의 계산

도로조명계산은 광속 법에 의해 다음과 같이 한다.

$$F = \frac{E \cdot B \cdot S \cdot D}{N \cdot U} \tag{1.2.4}$$

여기서, F : 광원 1개당 광속[계산], E : 도로의 평균조도[lx], D : 감광보상률

B : 도로의 폭, S : 기구의 간격[m], N : 광원의 수, U : 조명률

조도 E가 결정되면 $B \cdot D \cdot U \cdot N$은 상수이므로 F와 S만 구하면 된다. 즉, 광원을 크게 하면 S도 커져서 기구의 수가 감소되어 건설비는 절약되나 조도의 균일도가 떨어지며, 광원을 작게 하면 조도는 균일하게 되나 기구수가 증가하여 건설비는 높아진다. $E = B \times D / N \times U$를 [lx]라 하면 다음과 같은 식이 된다.

$$F = S \times E \text{ [lm]} \tag{1.2.5}$$

일반적으로 가설 높이는 5.5~7[m], 설치 간격은 40[m] 전후로 하는 것이 보통이다. 배광특성 때문에 S는 너무 크게 할 수 없으므로 S를 가정하여 식 (1.2.5)에 의하여 광원의 종류와 크기를 결정한다. 계산으로 구한 S를 도로의 전 길이로 나누면 기구수가 정해진다. 즉, 광원을 크게 하면 S도 커져서 기구의 수가 감소되어 건설비는 절약되지만, 조도의 균제도가 떨어진다. 반대로 광원을 작게 하면 조도는 균일하지만 기구수가 증가하여 건설비가 증가한다.

일반적으로 기구의 가설 높이는 5.5~7[m], 설치 간격은 40[m]이다. S는 배광특성 때문에 크게 할 수 없으므로 S를 가정하여 식 (1.2.4)에 대입하면 광원의 종류와 크기가 결정되고, 계산으로부터 구한 S를 도로의 전 길이로 나누면 기구수가 정해진다.

표 1.2.18은 도로에서 조도의 균제도를 나타낸 것이다.

■ 표 1.2.18 도로에서의 조도의 균제도

	최소조도/평균조도	최소조도/최대조도
고속도로	1/5 이상	1/10 이상
교통량 많은 도로	1/7 이상	1/14 이상
교통량 적은 도로	1/10 이상	1/20 이상

예제 1.11 폭16[m]의 도로의 중앙에 8[m]의 높이에 간격[m]마다 200[W] 전구를 가설할 때 조명률 0.25 감광보상률 1.3이라하면, 도로면의 평균 조도[lx]는 약 얼마인가? (단, 200[W] 전구의 전광속은 3450[lm]이다.)

풀이 도로조명의 수식을 이용하여 다음과 같이 계산 된다.

$$BS = 16 \times 24\ [\mathrm{m}^2] \qquad FU = EBSD$$

$$\therefore E = \frac{FU}{BSD} = \frac{3450 \times 0.25}{16 \times 24 \times 1.3} \fallingdotseq 1.7\ [\mathrm{lx}]$$

예제 1.12 폭 20[m]의 도로의 중앙에 6[m]의 높이에 간격 24[m]마다 240[W]의 수은전구를 가설할 때 조명률 0.25 감광보상률 1.3이라하면, 도로면의 평균 조도[lx]는 약 얼마인가? (단, 200[W]수은 전구의 전광속은 23000[lm]이다.)

풀이 도로조명에서 1전등당 면적은 아래와 같이 되고, 조도를 구할 수 있다.

$$BS = 20 \times 24\ [\mathrm{m}^2] \qquad FU = EBSD$$

$$\therefore E = \frac{FU}{BSD} = \frac{23000 \times 0.25}{20 \times 24 \times 1.3} \fallingdotseq 19.2\ [\mathrm{lx}]$$

(6) 시각신호계

① 시각신호계의 구성과 기능

시각신호계는 그림 1.2.22에 나타낸 것과 같이 발신체인 신호원 시스템과 수신측이 되 는 시각계가 놓어지는 조면 환경에서 이루어지는 시스템이다. 그 주요기능은 시각신호 의 발신에서 시작하고 인간의 시각계에 의한 수신과 그것에 계속되는 응답동작에서 종료된다.

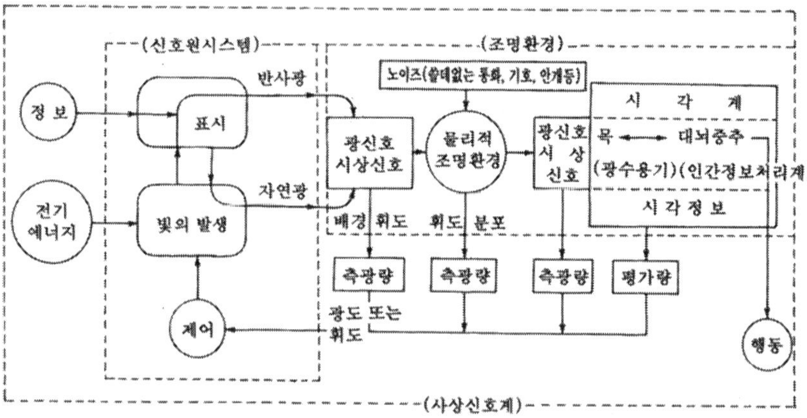

■ 그림 1.2.21 시각신호계의 구성과 기능의 모형도

② 시각신호의 의미와 특징

시각신호는 눈에 보이는 신호이며, 신호는 일반적으로 정보를 전달하는 역할을 한다. 그런데 정보는 본래의 성질로서 에너지를 갖고 있지 않으므로, 그 자신으로는 전달하는 힘을 갖고 있지 않다. 그 때문에 정보 전송용의 에너지가 필요하며 이것을 담체라고 한다. 시각신호의 감체는 광이다. 이것에 정보를 싣는 데에는 정보를 대신하는 표시가 필요하다. 또, 그 성질은 감체의 특성에 적합한 것이어야만 된다. 단순 명쾌한 예로는 도로교통의 신호이다. 정지 정보에 적색이라고 하는 표시를 이용해서 광에 실어 시각신호로서 전송되고 있다.

③ 시각신호원을 분류과 그 신호의 형태

- 시각신호원의 분류 : 시각 신호원으로는 그 자체에서는 발광하지 않는 비발광성의 것과 자발광성의 발광성의 것이 있다. 이들의 신호원은 분류하고 발신되는 시각신호의 형태를 아래 표에 나타내었다.

■ 표 1.2.19 시각신호원 분류

시각신호원	비발광성	시각언어	• 표지, 문자, 신호, 심볼마크 • 포토그래픽(그림문자, 그림신호) 등 • 노면표시, 시선유도 등
		다면표시	
	발광성	등화신호	• 단독등화신호 : 교통신호, 항공장해등, 등대 항공기등화, 미등 • 복합등화신호 : 도로정보표시판, 공황등화, 디스플레이(빛을 이용)
		화면표시	CRT표시, 칼러영상표시, 철도게시표(빛을 이용)

• 시각신호의 형태

– 시각용어 : 문자, 숫자, 기호(점호 등), 도형, 표지 등은 정보의 표시이다. 또, "화장 실"을 표시하는 그림문자, 굳(good) 디자인을 표시하는 G마크 등이 있다. 이상을 총칭해서 시각용어라고 한다. 눈으로 봐서 알 수 있고, 음성에 의한 용어와는 다른 것이다. 그 나라의 말을 모르는 외국인도 알 수 있는 그림문자는 국제성이라는 특징 을 갖고 있다.

– 노면표시와 시선유도표 : 도로면에 표시된 각종 패턴, 부호 등이 노면표시이고, 도로 표시령에서 구정된 교통 관리 시설이다. 시선 유도표는 차도의 도로 끝과 도로선형을 나타내기 위해, 일련의 표시 용도가 수[m] 간격으로 나열된 것이다. 전봇대 표시판 에는 재귀반사재를 이용한 것이 많다.

– 등화신호 : 발광성의 신호원으로서 많이 사용하는 것으로 등화신호가 있으며 단독 등화신호와 복합신호로 분류한다.

④ 시상신호를 보는 방법

발광성을 보는 방법은 크게 분류해서 가까운 거리에서 CRT화면표시의 문자, 신호 등을 보는 경우와 보다 원거리에서 신호, 표지를 보는 경우가 있다. 후자는 수[m]의 근거리 에서 10[km] 이상의 먼 방향의 경우까지 그 존재를 인식할 수 있고, 또한 순간에 그 정보내용을 인식할 필요가 있다.

• 단독등화를 보는 방법 : 단독등화의 보는 방법을 결정하는 주요한 요인은 가시거리와 광의 색이다.

– 가시거리 : 가시거리는 특정의 광 또는 대상물을 정확하게 식별할 수 있는 경우 관측 자로부터 대상물체까지 거리의 최대치이다. 가시거리 이내에 있더라도 관측자로부터 점광원으로 간주 할 수 있는 범위에서 눈(각막)에 생기는 법선 조도E는 다음의 식에 의해 구할 수 있고, 이것을 알라드의 법칙이라 한다.

$$E = \frac{IT^{l}}{l^{2} \times 10^{6}} \text{ [lx]} \qquad (1.2.6)$$

여기서, I : 등화의 광도[cd], T : 대기의 투과율[km당],

l : 등화와 관측자 사이의 거리[km], E : 휘점조도 또는 각막조도

– 신호광의 색 : 시각신호에 있어서 색의 역할은 단일색에 의해서 뿐만 아니라 조합에 의한 정보의 표시가 된다. 그 색은 색도를 갖고 표시하는 일이 많다.

• 섬광을 보는 방법 : 일반적으로 명멸하는 광을 펄스광이라고 하고, 광도를 일정하게 유지하는 광을 정상광(또는 부동광)이라 한다. 단시간 급격한 발광에 의해 암의 시간보다 명의 시간이 짧은 광을 섬광이라 한다. 식별성이 뛰어나므로 도로, 철도, 해운, 항공등의 교통관계에는 이전부터 이용되고 있고, 그 외의 분야에서도 활용이 증가되고 있다.

연습문제

1. 직접조명기구에서 하향 광속의 비율은 얼마인가?

2. 반직접조명에서 하향광속의 배광은 몇 [%]인가?

3. 다음 중 전반조명의 특색을 나타낸 것은 무엇인가?

㉮ 효율이 좋다.
㉯ 휘도가 낮다.
㉰ 충분한 조도가 얻어진다.
㉱ 작업시 등의 위치를 옮기지 않아도 된다.

4. 사무실, 공장에 적당한 조명방식은 무엇인가?

㉮ 전반조명　㉯ 국부조명
㉰ 전반국부병용조명　㉱ 중점 배열조명

5. 다음 장소 중에서 실리적 명시조명에 적합하지 않은 곳은?

㉮ 사무실　㉯ 교실
㉰ 음식점　㉱ 공장

6. 빛의 아래쪽에 확산, 복사시키며 또 눈부심을 적게 하는 조명기구는 무엇인가?

7. 반간접조명의 설계에서 등의 높이는 무엇인가?

㉮ 바닥에서 천장　㉯ 피조면에서 천장
㉰ 피조면에서 등기구　㉱ 방바닥에서 등기구

8. 확산되는 빛만 이용하므로 그림자가 없고, 눈부심이 적은 균일성이 높은 조명으로 조명율이 가장 나쁘고 천장이나 벽의 영향이 가장 많으며 특별한 목적에만 사용되는 조명방식은 무엇인가?

㉮ 반직접조명　㉯ 전반확산조명
㉰ 간접조명　㉱ 직접조명

9. 조명율에 관계없는 사항은 무엇인가?

㉮ 조명기구　㉯ 방지수
㉰ 실내면의 반사율　㉱ 보수상태

10. 지름 2[m]인 작업면의 중심 직상 1[m]의 높이에서 각 방향의 광도가 200[cd]되는 광원 1개로 조명할 때의 조명률[%]을 구하라.

11. 가로 10[m], 세로 20[m]인 사무실에 평균조도 200[lx]를 얻고자 40[W], 전 광속 3000[lm]인 형광등을 사용하였을 때 필요한 등수는 얼마인가? 단, 조명률 은 0.5, 감광보상률은 1.25이다.

12. 면적 200[m^2]인 강의실에 3000[lm]의 광속을 발산하는 40[W] 형광등 30개를 점등하였다. 조명률은 0.5이고, 감광보상률은 1.5라 할 때, 이 강의실의 평균조도[lx]를 구하라.

13. 평균 구면광도 100[cd]의 전구 5개를 지름 10[m]인 원형의 방에 점등할 때, 조명률 0.7, 감광보상률 1.5라 할 때, 방의 평균조도[lx]를 구하라.

1.3 광 원

1 백열전구

물체에 온도를 높여가면 처음에는 적외선을 복사하고, 500[℃] 이상으로 되면 적색의 빛을 발산하기 시작한다. 더욱 더 온도를 높이면 적색이 감소하고 백색, 즉 백열의 상태가 된다. 이와 같이 온도 상승에 의해 물체표면에서 여러가지 파장의 전자파가 방출하는 현상을 온도복사(열 복사 : temperature radiation)라 한다. 온도복사의 파장분포는 연속 스펙트럼이고, 백열등 및 전열선 등이 해당한다.

흑체(black body)는 입사하는 복사 에너지를 모두 흡수하고 반사도 투과도 하지 않는 물체, 즉 흡수율이 100[%]인 가상적인 물체를 의미한다. 흑체는 온도복사가 일어나는 가장 이상적인 물체이고, 온도 복사이론의 기준이 된다. 완전 흑체는 현실적으로 존재하지 않지만, 백금흑(platinum black)이나 탄소 등이 이와 비슷한 성질을 가지고 있다.

흑체의 분광 복사휘도 L_e와 분광 복사발산도 M_e는 파장 및 절대온도 T [°K]의 상수로서 다음 식으로 주어진다.

$$L_{e,\lambda}(\lambda, T) = (c_1/\pi)\lambda^{-5}[\exp(c_2/\lambda T) - 1]^{-1} \ [\text{W/sr} \cdot \text{m}^3]$$

$$M_{e,\lambda}(\lambda, T) = c_1\lambda^{-5}[\exp(c_2/\lambda T) - 1]^{-1} \ [\text{W/m}^3] \quad (1.3.1)$$

여기서, $c_1 = 2\pi hc^2 = (3.741832 \pm 0.000020 \times 10^{-16}[\text{W/m}^2])$

$c_2 = hc/k = (1.438786 \pm 0.000045 \times 10^{-2}[\text{m} \cdot \text{K}])$

흑체의 온도 복사 특성곡선을 나타낸 것으로써 온도 상승과 더불어 복사 에너지는 급속히 증가하고, 최대 복사 에너지를 내는 파장은 짧은 파장 쪽으로 이동하는 것을 알 수 있다. 흑체의 온도 복사는 다음의 법칙을 따른다.

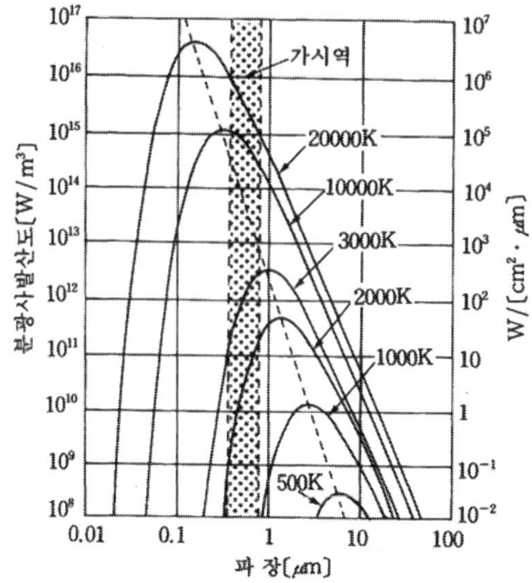

■ 그림 1.3.1 흑체의 분광분포

① 스테판－볼츠만법칙

흑체의 단위 면적으로부터 방출되는 복사 에너지는 절대온도 T[°K]의 4제곱에 비례한다. 이것을 스테판－볼츠만 법칙(Stefan—Boltzmann's law)이라 한다.

$$W = aT^4 [\mathrm{W/m^2}] \tag{1.3.2}$$

여기서 $a = 5.6696 \times 10^{-8} [\mathrm{W/m^2K^4}]$이고, 이것을 스테판－볼츠만 상수라 한다.

② 빈의 변위법칙

흑체에서 최대 분광 복사속 발산도를 발생하는 파장 λm은 절대온도 T[°K]에 반비례한다. 이것을 빈의 변위 법칙(Wien's displacement law)이라 한다.

$$\lambda m = \frac{b}{T} [\mathrm{um}] (단,\ b = 2{,}869 [\mathrm{umK}]) \tag{1.3.3}$$

③ 플랑크의 복사법칙

절대온도 T[°K], 임의의 파장 λ에서 분광 복사속 발산도는 다음과 같다.

$$P_\lambda = \frac{C_1}{\lambda^5} \times \frac{1}{e^{C_2/\lambda T}} [\mathrm{W/m^2 \cdot nm}] \tag{1.3.4}$$

여기서 $C_1 = 3.714X10^{20} [\mathrm{W/m^2 \cdot nm}]$, $C_2 = 1.438 \times 10^{-2} [\mathrm{mdeg}]$이다.

④ 색온도

어떤 광원의 광색이 어느 온도의 흑체의 광색과 같을 때, 그 흑체의 온도를 광원의 색온도(color temperature)라 하며, 색온도는 실제온도보다 높다.

예제 1.13 시감도가 최대인 파장 555[nm]의 온도를 구하라.

풀이 빈의 변위 법칙에 의해 온도는 다음과 같다.

$$T = \frac{b}{\lambda_m} = \frac{2896}{0.555} = 5218\,[\mathrm{K}]$$

예제 1.14 6000[°K]에서 최대 복사 에너지의 파장이 555[nm]일 때, 4500[°K]에서의 최대 복사 에너지의 파장과 색깔을 구하라.

풀이 빈의 변위 법칙에 의해 임의의 온도에서 최대 파장과 절대온도는 반비례하므로

$\frac{\lambda}{555} = \frac{6000}{4500}$ $\quad \therefore \lambda = 555 \times \frac{6000}{4500} = 740\,[\mathrm{nm}]$이고, 적색이 된다.

루미네선스(luminescence)는 온도 복사 이외의 모든 발광 현상, 즉 열을 수반하지 않고 어떤 자극 의해 빛을 발산하는 현상을 의미하며, 이런 이유로 냉광(cold light)이 라고도 한다. 열에너지의 소모가 거의 이루어지지 않기 때문에 에너지 변환 효율은 매우 높은 것이 특징이다.

루미네선스는 자극후 발광의 지속시간에 따라 형광과 인광으로 구분한다.

스토크스의 법칙이란 형광체는 자극광의 빛에너지를 흡수하여 그 일부를 다시 빛에너지로 복사하는 물질이며 이때형광체에서 발산하는 복사의 파장은 자극광의 파장보다 항상 길다 이 현상을 스토크스의 법칙이라 한다 일반적으로 복사에너지는 파장과 반비례하기 때문에 자극광보다 에너지가 적은 형광의 파장은 자극광의 파장보다 항상 길다 따라서 자극광은 가시범위의 파장보다 짧은 자외선이나 X선 등으로 조사해야 가시범위의 복사 루미네선스를 얻을 수 있다

(1) 백열전구의 원리

백열전구는 필라멘트에 전류를 통전시켜 고온 백열하여, 이 열방사에 의한 광을 이용한 광원이다. 필라멘트는 텅스텐선을 코일형태로 사용하는 2중 코일이 많다.

유리구는 휘도를 줄여 조명으로 적합하도록 하기 위하여 유리구의 내면은 불소 화합물(NH^4F)을 이용 하여 유백색 전구로 사용하거나 실라카의 백색도장막이 도포되어 있다, 유리재질은 소다 석회유리가 사용되고 고출력과 옥외용에는 경질유리가 사용된다. 유리구 내에는 아르곤 과 질소 및 크립톤 등의 불활성 가스가 봉입 되어 있으며 저출력의 것은 진공이다.

그림 1.3.2는 텅스텐 전구의 구조 및 각 부의 명칭을 표시한 것이다.

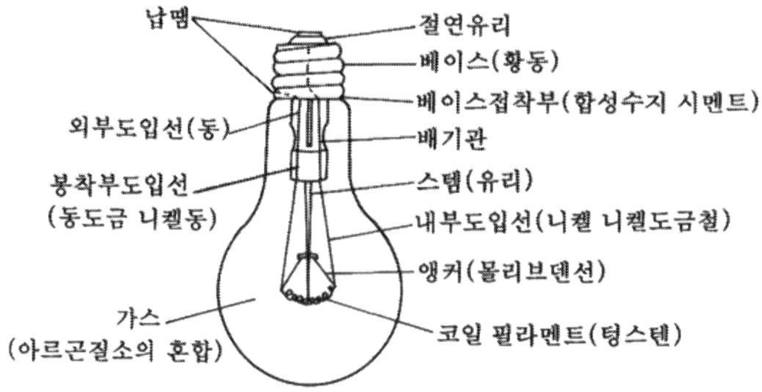

■ 그림 1.3.2 백열전구의 구조 및 각 부의 명칭

할로겐전구는 석영유리구 내에 불활성가스와 함께 미량의 할로겐 물질을 봉입한 것으로 할로겐 화학반응을 이용해서 관벽의 흑화가 적고 광속 유지율과 수명특성이 함께 개선된 전구이다.

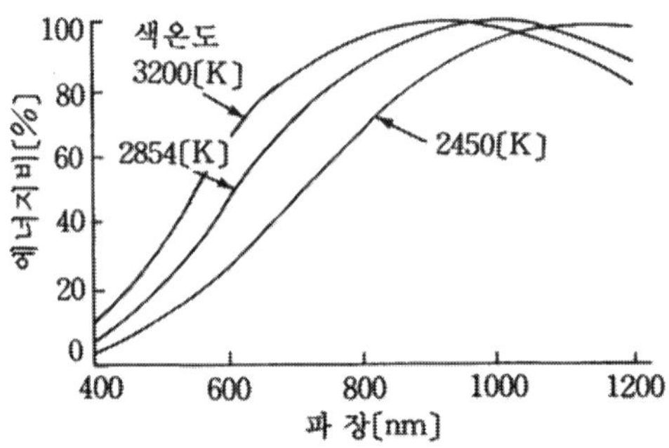

■ 그림 1.3.4 자연 전구의 분광분포

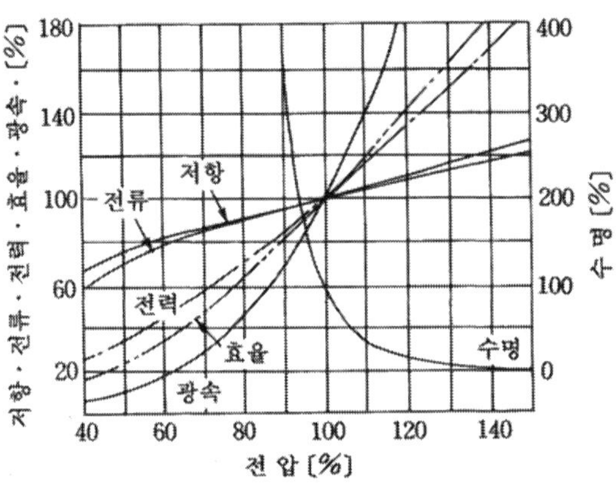

■ 그림 1.3.5 일반전구의 전원전압특성

① 필라멘트(filament)

발광부가 되는 필라멘트는 열방사를 하기 때문에 가능한 고온으로 하는 것이 바람직하다. 이상적으로는 태양광에 가까운 5000[°K] 정도이지만 이와 같은 고온에 견딜 수 있는 것은 없으며 현재 필라멘트로서 텅스텐(융점 3650[°K])이 사용되고 있다. 필라 멘트에서는 단코일과 2중 코일식이 사용되고 있다.

(a) 단코일 (b) 이중코일

■ 그림 1.3.6 텅스텐 필라멘트의 구조

② 도입선(leading wire)

도입선에는 유리구 내부 도입선, 봉착부 도선 및 스템관을 통해서 꼭지쇠에 접속하는 외부 도입선이 있다. 이 중에서 봉착부 도입선이 가장 중요한 부분이다. 즉, 스템에 사용된 유리와 도입선의 팽창률이 동등하지 않으면 틈새가 생겨 봉입의 역할을 할 수 없게 된다. 일반적으로 사용되고 있는 도입선의 재질은 아래 표에 표시한다.

■ 표 1.3.1 도입선의 재질

외부 도입선	봉착부 도입선	내부 도입선	스템유리의 종류	전구의 종류
동선	듀멧선(dumet wire)	동선	연유리	진공전구
동선	듀멧선(dumet wire)	순철·순동선 (니겔·도금)	연유리	가스봉입 전 구

③ 봉입 가스(filles ges)

전구의 효율을 높이기 위해서는 필라멘트의 온도를 높게 한다. 진공전구인 경우에는 텅 스텐의 증발을 억제할 압력이 없기 때문에 증발한 텅스텐은 유리

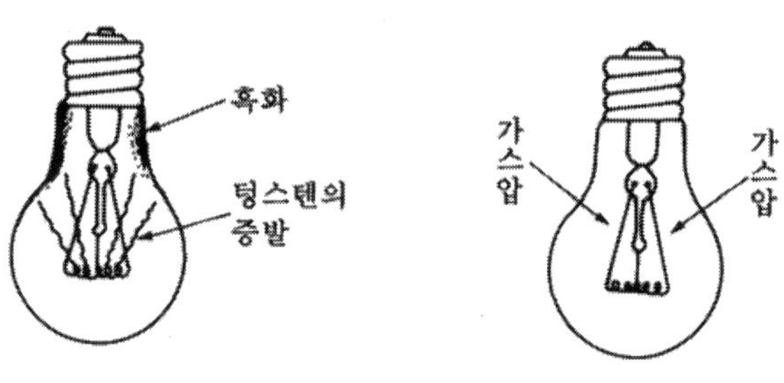

(a) 전공전구 (b) 가스 봉입전구

■ 그림 1.3.7 봉입가스의 효과

구 내벽에 부착하여 검게 되며 이것을 흑화하고 한다. 이 흑화현상을 방지하기 위하여 유리구 내에 불활성 가스를 봉입한 가스 봉입전구가 발명되었다 봉입가스는 일반적으로 아르곤(Ar)과 질수(N_2)를 점등시 약 1기압 정도가 되도록 봉입한다. 100[V]급의 일반 조명용 전구에서 사용되고 있는 것은 Ar이 86~98[%]인 것이다.

④ 유리구(bulb)

일반 조명용 전구의 유리구에는 연질의 소다유리가 사용되고 있으며, 고용량인 전구 에는 경질인 붕규산 유리가 사용된다. 유리구에는 투명한 것과 백색 도장한 것이 있다, 투명 전구는 고용량인 전구로서 기구(유백색 글로브) 등에 넣어 사용한다. 내면을 백색 도장한 것은 일반 조명 전구로서 그대로 사용하며 내면을 백색 도장함으로써 휘도를 낮게 할 수가 있다. 또한 용도에 따라 담청색 유리는 주광색 전구, 사진현상용 전구, 도금용인 다색 전구 등이 있다. 그 외에도 장식용 색전구 등이 있다.

⑤ 베이스(base)

전구의 베이스는 비틀어 넣는 방식과 끼어 넣기 방식이 있다. 끼어 넣기 방식은 진동 하는 장소에서 사용하더라도 느슨해지는 일이 없어 철도 차량용 전구, 자동차용 전구, 선박용 전구 등에 사용한다.

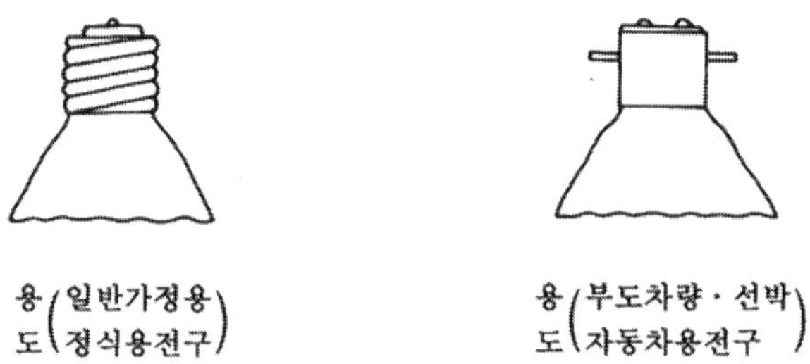

(a) 나사식(E)(에디슨식)　　(b) 끼워 넣기식(S)(스핀식)

■ 그림 1.3.8 베이스의 형태

⑥ 게터(getter)

유리구 내부에는 미량의 산소가 남아 있으므로 점등하면 고온에서 필라멘트가 산화될 수 있으며 이로 인해 유리구 내부가 검게 그을리고 필라멘트가 가늘어지게 되어 전등 효율이 감소하는 흑화현상을 초래하게 된다. 게터로는 진공 전구용에서 적린(P)과 플루오르화소가(NaF)를 사용하며 가스 주입 전구에서서는 질화바륨($Ba(N_3)_2$)과 카올린($Al_2O_3 \cdot 2SiO_3 \cdot 2H_2O$)을 사용하고 있다.

(2) 백열전구의 특성

① 전구의 동정곡선

전구는 제작 직후 처음으로 점등하면 광속과 전류가 급격한 변화를 나타낸다. 광속은 갑자기 증가하여 10~15[%] 정도 커져서 극대값에 도달하며, 그 후 완만하게 감소하여 일정한 값에 이른다. 전류는 완만하게 감소하여 1~3[%]정도 감소한 다음 일정한 값이 된다. 이 현상은 최초 점등후 십 수분사이에 일어나는 현상이며 이 현상을 에이징 (ageing)이라고 한다. 에이징된 전구를 점등하면 시간의 경과와 함께 광속·전류·효율·전력이 약간이기는 하나 변화하며 이 변화 과정을 동정(performance)이라고 한다. 점 등시간과 특성의 변화를 아래 그림과 같이 곡선으로 나타낸 것을 동정곡선이라고 한다.

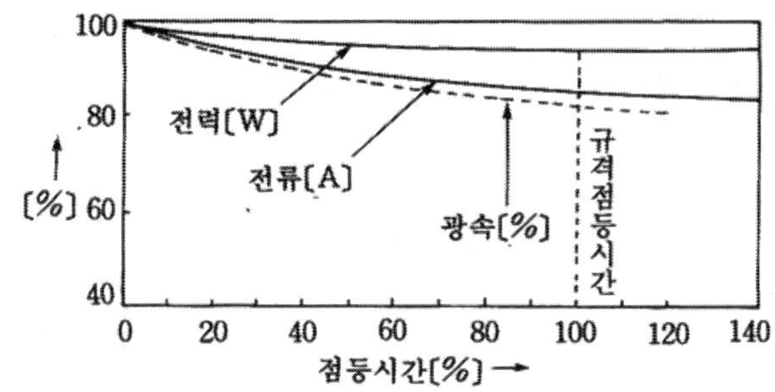

■ 그림 1.3.9 백열전구의 동정곡선

② 전구의 전압특성

- 광속의 전압 특성 : 전구의 인가전압 V가 정격전압 V_0보다 증감했을 때 광속 F는

$$\frac{F}{F_0} = \left(\frac{V}{V_0}\right)^{3.38} \quad \therefore F = F_0\left(\frac{V}{V_0}\right)^{3.38} \tag{1.3.5}$$

여기서, F_0 : 정격시의 광속, F : 변화 후의 광속

- 수명(life)의 전압특성 : 수명L은 다음과 같이 구할 수 있다.

$$\frac{L}{L_0} = \left(\frac{V_0}{V}\right)^{13.1} \quad \therefore L = L_0\left(\frac{V_0}{V}\right)^{13.1} \tag{1.3.6}$$

여기서, L_0 : 정격시의 수명, L : 변화 후의 수명

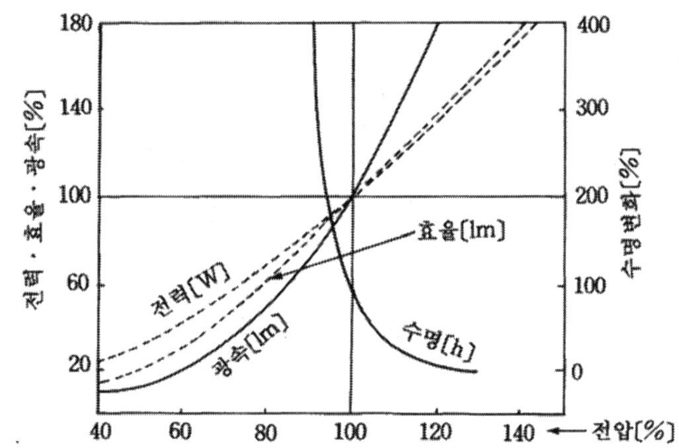

■ 그림 1.3.10 백열전구의 특성

예제 1.15 정격 100[V]−100[W] 전구의 인가전압이 95[V]인 경우와 105[V]인 경우의 광 속과 수명을 계산하시오.

풀이 ① $V = 95$[V]의 경우

$$\begin{cases} F(\text{광속}) = F_0\left(\dfrac{V}{V_0}\right)^{3.38} = F_0 \times \left(\dfrac{95}{100}\right)^{3.38} = 0.841F_0 \\ L(\text{수명}) = L_0\left(\dfrac{V_0}{V}\right)^{13.1} = L_0 \times \left(\dfrac{100}{95}\right)^{13.1} = 1.96L_0 \end{cases}$$

② $V = 105$[V]의 경우

$$\begin{cases} F = F_0 \times \left(\dfrac{105}{100}\right)^{3.38} = 1.18F_0 \\ L = L_0 \times \left(\dfrac{100}{105}\right)^{13.1} = 0.53L_0 \end{cases}$$

(3) 백열전구의 종류

① 일반 조명용 전구

백열전구는 일반 가정용을 중심으로 주력광원으로서 널리 이용되고 있으며 현재 주력으로 이용되고 있는 것은 백색박막 도장전구이다.

② 할로겐 전구

백열전구는 점등중에 고온인 필라멘트에서 텅스텐이 증발하여 관속이 저하하는데, 이 텅스텐 분자가 전구 내벽에 부착하여 흑화현상을 일으켜 효율이 낮아진다. 이것을 개선한 것이 할로겐전구인 것이다. 그림 1.3.11은 할로겐전구의 구조와 사이클의 원리를 나타낸 것이다.

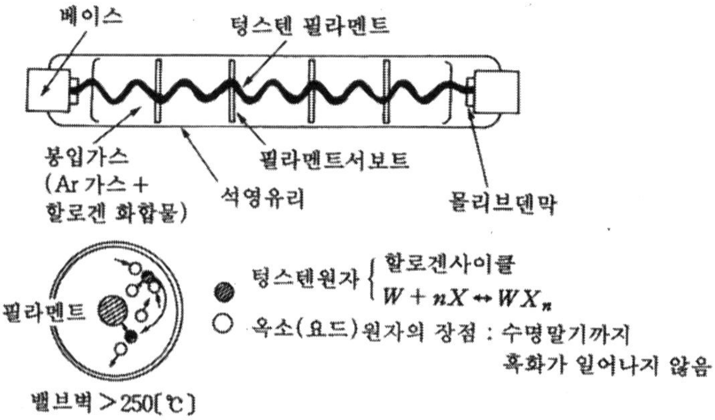

■ 그림 1.3.11 할로겐전구의 구조와 사이클의 원리

③ 반사형 전구

투사계곡면을 가진 유리구 내면에 은 또는 알루미늄을 진공 증착시켜 반사면으로 하고 있다. 또한 투광기를 사용하지 않고 전구 그 자체로 광의 방향성(투광성)을 가지게 한 것이다. 그 외에도 투광용 빔형 전구, 자동차 전조등용 실드빔(shield beam)형 전구 등이 있다.

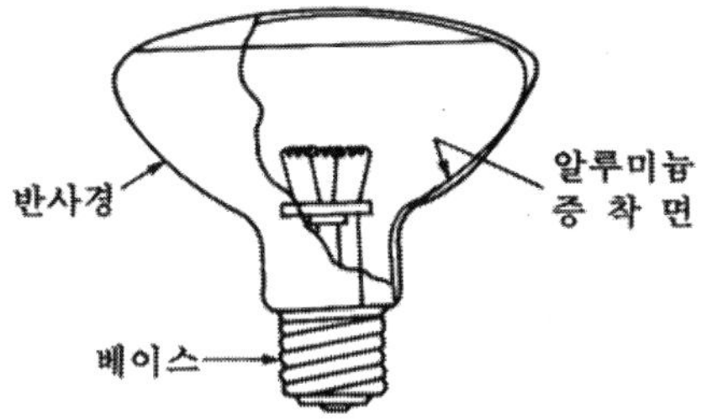

■ 그림 1.3.12 반사형전구

④ 적외선 전구

공업에 있어 적외선 건조가 널리 이용되고 있으며, 여기에 사용하는 것이 적외선 전구이다. 보통 전구에서도 75[%] 내외의 적외선이 나오고 있으나 적외선전구는 특히 필라멘트의 온도를 2500[°K] 정도로 낮게 하고 있으므로 적외선의 복사가 증대하고 시간은 5000 시간 정도로 된다. 사용 중에 벌브(bulb)의 온도가 높아지므로 내열유리를 사용하고 있다. 적외선 건조는 차량, 기계의 금속도장에 많이 쓰이며, 섬유, 농수산물 등의 건조에도 쓰이고 있다.

2 방전등

(1) 방전특성

① 기체 중의 전기전도

공기 중에 2개의 전극을 서로 마주 보게 설치하고 전극에 전압을 가하면 기체는 일반적으로 절연체이기 때문에 전류는 흐르지 않는다. 그러나 전극 사이의 전압을 높여 주면 두 전극 사이에 불꽃이 튀어 전류가 흐르는 것처럼 된다. 이것은 공기가 절연성을 잃었기 때문이다. 이와 같이 기체의 절연 파괴를 방전이라고 한다. 방전이 일어나는 이유는 다음과 같다. 공기중 (다른 기체도 같다)에는 그림 1.3.13(a)와 같이 우주선과 자연방사능에 의해 소량의 이온과 자유전자가 존재한다. 이 때 전극 사이에 가한 전압을 높여 주면 공기 중의 전자는 양극(+전극)을 향하여 속도가 증가하고 그 일부는 고속으로 중성의 기체분자에 충돌한다. 이 때의 현상은 그림 1.3.13(b)와 같이 기체분자로부터 전자를 떼어 내어 이것을 전리시키는 것이다.

떨어져 나온 전자는 다시 전기장으로 가속되어 다른 기체 전자를 전리시키며 차례차례로 눈사태와 같이 전자와 양이온이 급증한다. 이와 같은 형상을 전자사태라고 한다. 이 때 만들어진 전자는 양극으로, 양이온은 음극으로 향하여 많은 전류가 흐르는 것과 같이 된다. 또, 전자는 기체 분자를 전리시킬 뿐만 아니라 양이온에도 충돌하고, 그 결과 중성 분자로 된다. 이 때 전자가 가지고 있는 에너지가 빛과 열로 변한다. 한편 음극에 고속으로 충돌한 양이온은 음극인 전자를 튕기고 이 전자에 의하여 방전을 지속한다.

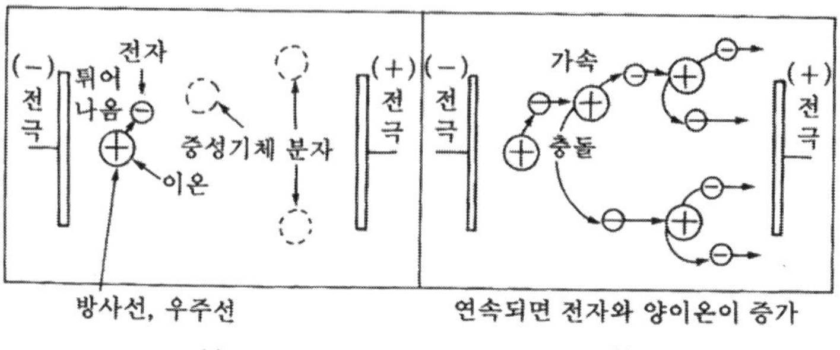

■ 그림 1.3.13 전자사태

• 대기 중의 방전

– 불꽃 방전 : 대기중에 전극을 놓고 고압을 가하면 공기의 절연이 파괴되어 전극 사이에 불꽃이 발생하며 소리를 수반하는 방전을 한다. 이것을 불꽃방전이라 하고, 극히 짧은 시간에 일어난다. 자연계의 뇌방전도 마찬가지다. 불꽃방전이 일어난 때의 전압이 절연 파괴 전압으로 불꽃 전압이라고도 한다.

– 불꽃 전압의 성질 : 여러 가지 기체에 평등 전기장을 가한 경우, 온도가 일정하다면 불꽃 전압은 기압 p[Pa]와 전극 사이의 거리 d[mm]의 곱으로 결정된다. 이것을 파센법칙이라 한다. 따라서 기압이 두 배가 되어도 거리를 $\frac{1}{2}$로 하면 불꽃 전압은 변화하지 않는다.

그림 1.3.14는 공기, N_2, H_2의 경우에 이러한 관계를 나타낸 것이다.

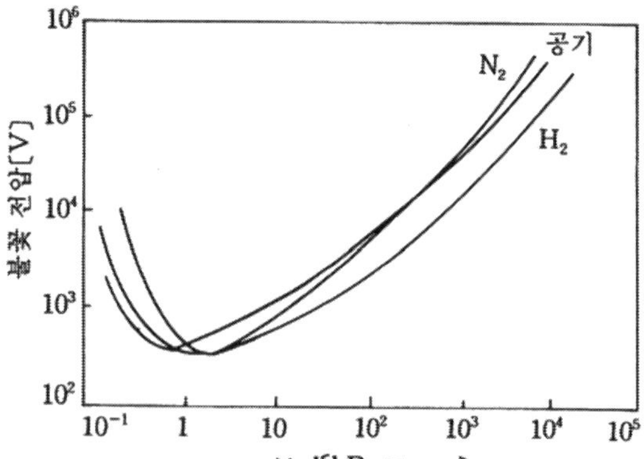

■ 그림 1.3.14 파센의 법칙

두 종류의 혼합기체에서 불활성기체나 수은과 같이 준안정상태에 있는 기체의 여기전압이 미량으로 혼합된 다른 기체보다 높으면 미량의 기체가 쉽게 전리가 일어나게 되어 혼합기체의 방전개시전압이 매우 낮아지게 되는데 이 현상을 페닝효과(Penning effect)라고 한다. 방전등 및 형광등에 미량의 아르곤을 봉입하는 이유는 바로 패닝효과를 이용한 방전개시전압을 낮추기 위한 것이다

실제 고압을 측정할 경우, 평등 전기장을 만들기 쉽고 높은 전압까지 측정 가능하여 비교 제작이 쉬운 그림 1.3.15(a)와 같은 구모양의 전극을 이용한다. 전극 사이의 거리에 비하여 전극의 지름이 크다고 하면 아주 짧은 거리에서의 전기장은 평등 전기장이라 할 수 있다. 그림 1.3.15(b)는 불꽃전압의 측정 예이다.

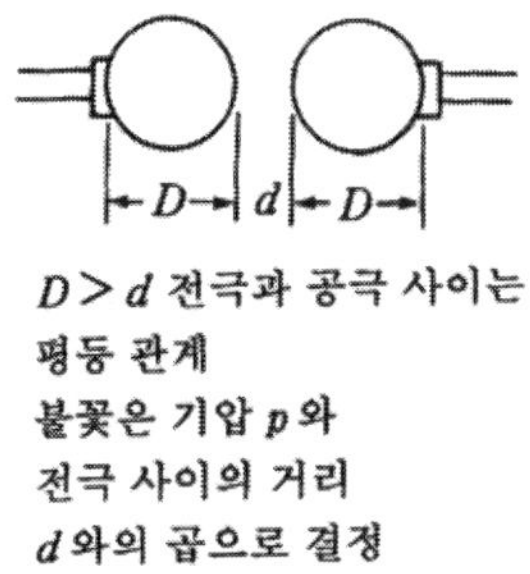

(a)

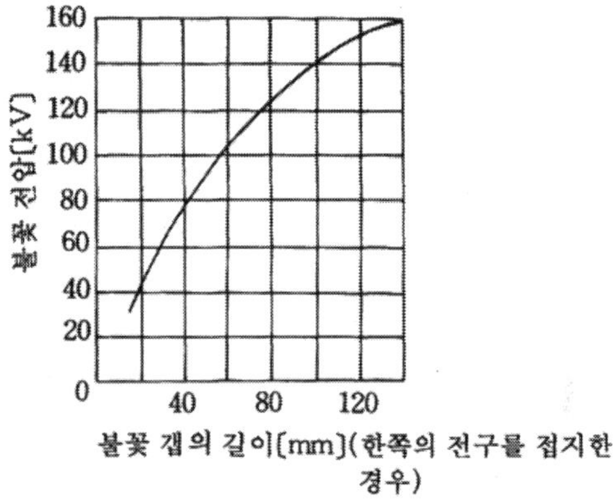

(b)

■ 그림 1.3.15 불꽃전압의 측정

– 코로나 전압 : 그림 1.3.16과 같이 전극을 뾰족하게 침전극으로 하여 어느 전압 이상이 되면 뾰족한 부분에서 국부적인 방전이 발생하여 곧 밝은 빛이 발생한다. 이 침의 선단 부분이 다른 부분보다 전기장이 강하게 되어 이 부분만 절연이 파괴되어 방전이 발생하기 때문이다. 이와 같은 방전을 코로나 방전이라고 한다. 전차의 가선이나 송전선과 같은 원통형 도체에서도 기압과 온도의 변화에 의하여 코로나 방전이 일어나 도체가 미약한 빛을 내는 경우도 있다.

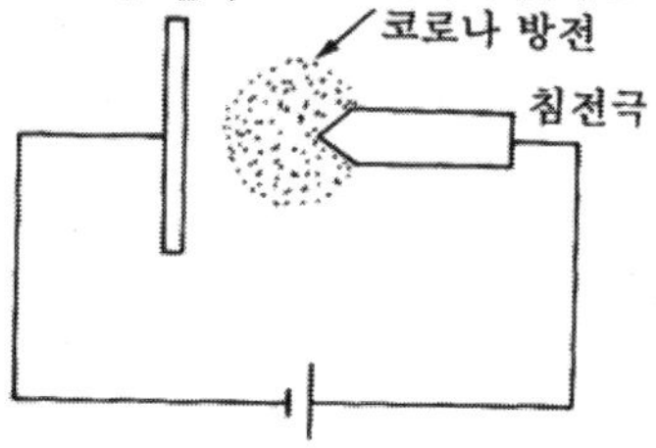

■ 그림 1.3.16 코로나 방전

– 아크 방전 : 코로나 방전이 일어나도 더욱 전압을 높이면 전리가 일어나 다수의 양이온이 격렬하게 음극에 충돌하며, 이 전극을 뜨겁게 하면 많은 전자가 튀어나오게 된다. 따라서 방전 전류도 크게 되고 전자와 양이온과의 결합도 활발하게 되기 때문에 강한 빛과 열을 낸다. 이와 같은 전극 사이의 이온에 의한 전류를 아크라 하고, 이 아크가 일어나는 방전을 아크 방전이라고 한다. 아크방전은 조명과 전기로, 용접 등에 이용되고 있다.

• 저압기체 중의 방전

– 기체 중의 글로우 방전 : 기체 중의 방전은 기체의 압력을 낮추면 다른 방전과 비슷한 형태로 변화한다. 그림 1.3.17과 같이 유리용기 중에 2개의 전극을 넣고 관내의 기압을 약 130[Pa] 정도로 낮추면 비교적 낮은 전압으로도 관내에 방전이 일어나 아름다운 빛을 낸다. 이와 같은 방전을 글로우 방전 또는 진공 방전이라고 하며, 방전에 의한 빛의 색온 기체의 종류에 따라 다르다.

이 방전에 의한 발광은 관내가 일정한 모양으로 빛나지 않으므로 그림 1.3.17에 나타낸 것과 같이 빛을 내는 부분과 빛을 내지 않는 부분으로 이루어져 있다.

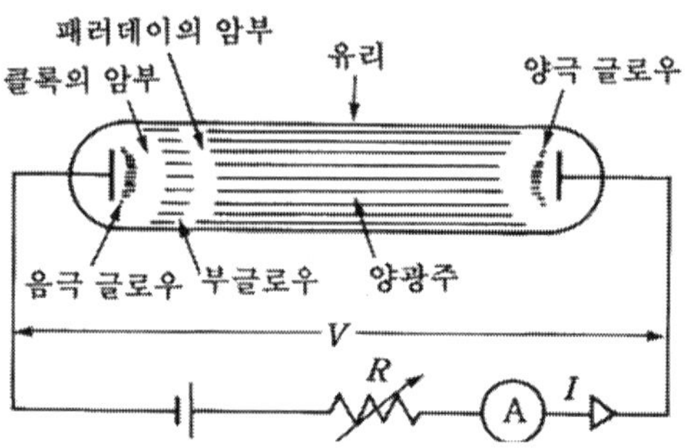

■ 그림 1.3.17 저압기체중의 방전

글로우 방전은 네온관등과 네온램프, 정전압 방전관 등에 이용되고 있는데, 네온관등은 양광주를, 네온램프는 음극 글로우를 이용한 것이다.

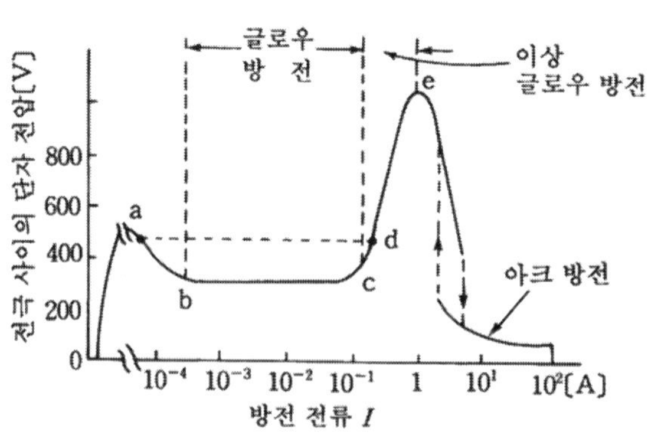

■ 그림 1.3.18 방전의 전압전류 특성

그림 1.3.18은 방전에 따라 흐르는 방전전류 I와 전극사이의 단자전압 V의 관계를 나타낸 것이다. a점에서 방전이 시작되면 전극 사이의 단자 전압 V는 급격히 낮아지고, bc의 부분에서 V는 전류의 증가에도 불구하고 거의 일정한 값을 가진다. 이곳이 정규 글로우 방전이라고 부르는 범위이다. 전극 사이에 가해진 전압을 a점의 방전 개시 전압의 상태로 두면 전류는 증가하여 d점에 도달하게 된다. 따라서 bc 사이의 글로우 방전을 지속시키기 위해서는 방전시 전극 사이에 가해진 전압을 bc에 적합한 값으로 해야 할 필요가 있다.

- 저압 중의 아크 방전 : 그림 1.3.18의 d점보다 더욱 전압을 높여 방전 전류를 증가시켜 e점에 도달하면 아크 방전으로 변하고, 방전에 필요한 전압이 낮게 되어 방전 전류는 급증한다. 저기압 중의 아크 방전은 대기 중의 아크방전과 같이 강한 빛과 많은 자외선을 내보내기 때문에 수은등, 형광 램프 등의 방전등에 이용되고 있다. 아크 방전이 일어나면 그림과 같이 전극 단자 전압이 증가하지만 글로우방전과 아크 방전은 그림 1.3.18과 같이 ce 사이를 제외하고는 방전전류가 증가해도 단자 전압이 변화하지 않아 증가하면 원래 상태로 되돌아가 감소하는 성질이 있다. 이와 같이 전류가 증가하면 저항이 감소하는 성질을 가지는 저항을 부성저항이라고 한다.

② 글로우 방전

가늘고 긴 유리관을 진공으로 한 다음에 수 [mmHg]의 압력으로 어떠한 기체를 봉입하여 양단에 적당한 전극을 설치하고 전극간에 고전압을 가하면 방전을 발생하여 전류가 흘러 발광한다. 이것을 글로우 방전이라 하고, 이 때 관내의 발광상태를 및 각 부의 명칭은 그림 1.3.19와 같다. 즉, 음극면으로부터 음극암부(crooks dark space)에 좁게 빛나는 부글로우(negative glow), 다음에 패러데이 암부가 있다. 그 곳에서 양극까지 빛나는 것을 양광주(positive column)라 한다. 양극 자신의 전면에서 약간 빛나는 것이 양극 글로우이다. 전극간격을 좁게 하면 음극 부근의 상태는 변함이 없으나 양광주가 짧게 되고 더욱 전극간격을 단축하면 양광주가 없어진다. 따라서 이러한 경우에는 음극에서 부글로우만이 빛나게 된다. 네온관등, 수은등 및 형광등은 관을 길게 하여 양광주를 이용하고 네온전구는 전극간을 짧게 하여 부글로우를 이용한 것이다

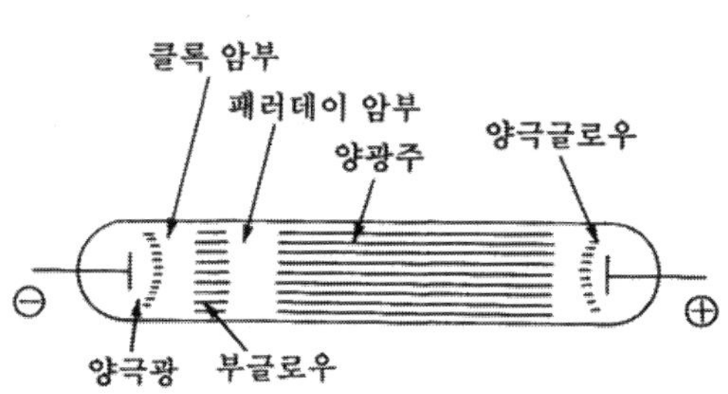

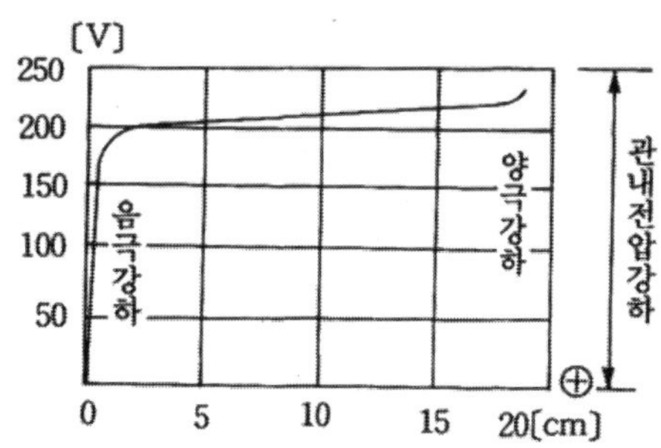

■ 그림 1.3.19 글로우 방전

이것을 교류로 점등하면 양광주와 부글로우가 번갈아 두 극에 생기므로 패러데이 암부는 보이지

않고 한결같은 양광주의 빛으로 되나, 두 극의 근처는 약간 흐리며 빛의 명멸(flicker)이 있다.

이 방전에 있어서 양광주의 색온 기체의 종류 및 방전 전류에 따라 다르며 목적에 따라 광색을 연출하기 위하여 다양한 기체들이 사용되고 있는데 표 1.3.2에 기체의 종류 및 광색을 나타내었다. 이 중에서 네온, 아르곤, 수은, 헬륨 등이 주로 사용된다.

표 1.3.2 여러 가지 기체의 글로우 발광색

기체 종류	Ne	Ar	Hg	He	Na	N_2	O_2	CO_2
부글로우	황적색	담청색	청록색	백록색	록황색	청 색	황백색	청백색
양광주	적등색	적자색	청록색	적황색	황 색	황 색	황 색	백 색

(3) 아크 방전

글로우 방전의 상태에서 전류를 증가시키면 + 이온의 음극 면에 대한 충돌 작용이 강하게 되므로 음극면에 국부적인 고온이 생겨 이곳에서 열전자가 왕성하게 방출 되는 것이다. 이로 인하여 음극에서 전압강하가 감소하고 전극간의 전압이 기체의 전리 전압에 가깝게 되어 양광주는 강열한 빛을 내는데 이 상태를 아크 방전(arc discharge)이라 한다.

(4) 안정기

글로우 방전에서 아크 방전으로 전환하여 전류가 증가하면 전압은 급속히 감소한다. 금속체는 당연히 전압이 높아지나 기체 내 방전의 경우는 반대로 전압이 감소하는 것이다. 이와 같이 금속 체에서 전류의 증가와 더불어 전압이 상승하는 것을 정(+)특성, 기체 내의 방전과 같이 전류가 증가하면 전압이 감소하는 것을 부(−) 특성이라 한다.

전원전압 E. 저항 R, 방전관의 단자전압이 V이면 다음과 같은 수식이 된다.

$$E = V + IR \tag{1.3.7}$$

방전등은 부(−) 특성을 나타내므로 이것을 이정 전압의 전원에 연결하면 전류가 급속히 증가하여 방전등을 파괴하게 된다.

여기서 그림 1.3.20과 같이 방전등에 저항 R을 직렬로 접속하면 저항내의 전압강하는 전류의 증가에 따라 직선적으로 상승하므로 이것을 방전등의 전압강희 합성이 이루어져서 그림 1.3.21과 같이 전류의 안정을 얻을 수 있다. 교류회로에서는 초크 코일을 써서 저항을 쓰는 경우 손실을 방지할 수 있다.

이와 같이 방전등에 있어서 안정된 전류를 얻기 위하여 접속하는 저항 또는 초크 코일을 안정기(ballast)라 한다.

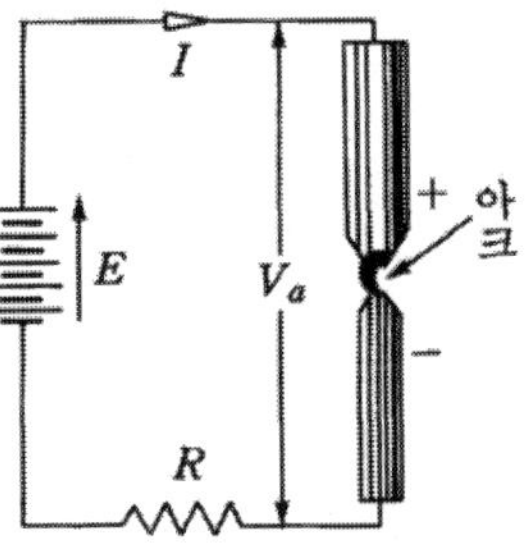

■ 그림 1.3.20 안정저항의 원리

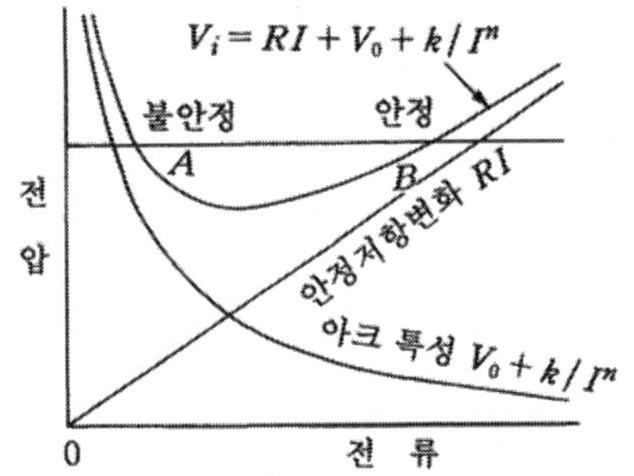

■ 그림 1.3.21 아크 전압과 안정기의 관계

(2) 탄소아크등

두 개의 탄소막대 전극의 양단을 접촉하고, 그 사이에 전류를 흘리면서 전극을 서서히 떼어 놓으면 두 전극 사이에 아크가 발생하는데 이 원리를 이용하여 탄소아크등(carbon arc lamp)을 만들 수 있다. 탄소아크등은 다른 광원에 비하여 높은 휘도와 광도를 얻을 수 있으므로 주로 청사진 제작과 영사용에 사용된다.

탄소아크등은 전압, 전류의 관계가 부(−) 특성이므로 그림 1.3.20과 같이 직렬저항 R을 접속한다. 실험 결과에 의하면 탄소 아크의 단저 전압 V_a는 $V_a + k/I^n$의 관계가 있으며 그림 1.3.21과 같은 특성을 갖는다.

저항 R을 직렬로 접속하면 그 단자 전압 V_t는 $RI+ V_0 + k/I^n$으로 되며, 이 회로의 전원 전압을 E라 하면 $E = V_t$가 성립되는 전류 I에서 점등하게 되는데 위식이 성립되는 전류 I는 그림 1.3.21에서 알수 있는 바와 같이 A, B 두 값이 있다. A점 부근은 부(−) 특성이므로 불안전하고, 전류가 큰 B점 부근에서 안정하게 점등된다.

탄소아크등은 전류가 일정값을 초과하면 소음이 발생하고, 특성이 불안정하게 된다. 탄소아크등에는 순탄소 아크등, 발염 아크등 및 고휘도 아크등이 있다.

① 순탄소 아크등

점등 초기에는 순수 흑연의 전극을 사용하여 직류로 점등하며, 점등 후에는 전극 소모를 적으로 보충하는 자치가 필요하다. 효율을 20[lm/W] 이하, 휘도는 9000~15000[cd/cm^2] 전극 소모율은 1[mm/min] 정도이며, 주로 실험용으로 사용된다. 순탄소 아크등(pure car bon arc lamp)의 휘도는 전류 밀도와 더불어 증가되나, 소음이 일어나지 않는 범위에서 사용한다. 빛의 스펙트럼을 나타내지만 적외선을 많이 포함하고 있다

② 발염 아크등

전극속에 금속 염류(Ca, Sr, Cs 등)를 함유한 것으로서 광색은 이들 금속의 특유 스펙트럼을 발산한다. 즉, 불화칼슘은 황색, 규산 알카리는 적색 붕산염은 청백색 등이다.

빛은 화구보다 화염에서 많이 발산되므로 휘도는 저하되나 발광 면적이 크고 효율은 최고 80[lm/W]에 달하고 있다. 발염 아크등(flaming arc lamp)의 주용도로는 재관용, 소형 영사용 등에 사용된다.

③ 고휘도 아크등

플러스극의 중심에 지름의 약 반은 방광체로서 불화세륨(CeFa), 산화세륨(CeO) 등의 심(芯) 넣은 것으로 백크 아크등(back arc lamp)이라고도 한다. 이것은 어느 전류값에 도달하면 자기 깊은 화구가 만들어지며 전방에 백색의 화염이 발생한다. 환구의 온도는 4200[°K] 이하이나 플러스극의 온도는 최고 5800[°K] 정도가 된다.

광선의 범위는 일반적으로 연속 스펙트럼이 방사되나 특히 4000[°K] 부근에서 높게 된다. 이것의 휘도는 최고 120000[cd/cm^2] 정도이며 주 용도는 탐조등, 영사용등 등이다.

(3) 글로우 방전등

① 네온관등

지름 10~20[mm](12, 15[mm]의 것이 많다)의 긴 유리관을 진공으로 한 후에 20[mmHg] 정도의 압력으로 불활성 가스 또는 수은을 봉입하고, 양단에 원통형의 음극관 금속 전극을 장치하여 이곳에 고압의 교류를 가하면 양광주가 뚜렷이 빛난다. 이것을 네온관등(neon tube lamp)이라 하며, 광고용으로 많이 사용되므로 네온사인(neon sign)이라고도 한다. 광색은 봉입 가스 및 유리관의 정류에 따라 표 1.3.3과 같이 여러가지 색을 얻을 수 있다.

■ 표 1.3.3 봉입가스와 광색

봉입가스	유리관색	관등의 색(광 색)
네 온	투 명	등적색
네 온	청 색	등 색
아르곤과 수은	투 명	청 색
아르곤과 수은	황록색	녹 색
헬 륨	투명	백 색
헬 륨	황갈색	황갈색
아르곤	투 명	갈 색

관전압은 주로 음극 강하(200~1000[V])와 양광주 강하로 된다. 전류는 20[mA] 전후로서 방전개시 전압은 관전압의 1.5~3배 정도, 수명은 2000~15000 시간, 네온관의 길이 1[m] 대하여 약 1000[V]의 전압을 필요로 하며, 전원에는 아래 그림과 같이 네온관을 점등시키기 위해서는 자기누설 변압기를 사용한다. 이 누설 변압기를 네온관용 변압기라고 한다.

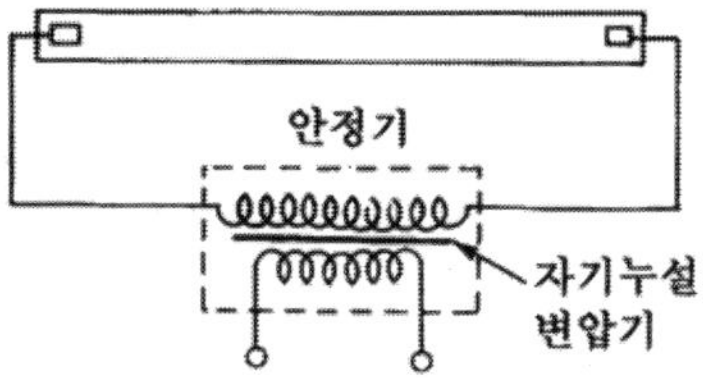

■ 그림 1.3.22 네온관등 회로

네온관용 변압기는 2차전압 15000[V], 2차 단락전류 50[mA] 이하라는 전기설비기술 기준이 있으므로, 보통 1차전압 100[V], 2차전압은 3000[V], 6000[V], 9000[V], 12000[V] 및 15000[V], 2차 단락전류는 20[mA]를 표준규격으로 하고 있다.

② 네온전구

그림 1.3.23과 같이 유리구 내에 전극을 2~3[mm]로 접근하여 장치하고, 네온 또는 아르곤을 수 10[mmHg]의 압력으로 봉인한 것으로, 베이스내에 1500~3000[Ω]의 안정저항을 직렬로 삽입한 것이다. 이 네온전구는 전극간의 길이가 짧으므로 부글로우를 발광으로 이용한 것이다.

네온전구의 용도는 다음과 같다.

- 소비 전력이 적으므로 배전반의 파이롯트 램프에 적합하다.
- 부(−)글로우를 이용하므로 직류의 극성 판별용에 이용된다.
- 일정 전압에서 점등되므로 검전기, 교류 파고치의 측정에 사용된다.
- 어느 범위에서도 광도와 전류가 비례하므로 오실로그레프용, 스트로보스코프용에 이용된다.

■ 그림 1.3.23 네온전구

(4) 나트륨등

나트륨(natrium) 증기를 통하여 방전할 때 생기는 D선(589~5896[Å])을 광원으로 이용한 것이 나트륨등(sodium vapor lamp)이다. D선의 에너지는 전 복사에너지의 약 76[%]에 도달한다. 광색은 거의 순수한 등황색이다. 나트륨등의 구조는 아래그림에 표시한 바와 같이 열음극을 가지고 있는 발광관에 보온용의 외관을 붙이고 중간은 진공으로 하고 있다. 나트륨등의 발광 효율이 250~570[℃](나트륨의 증기압 0.0016[mmHg]) 부근에서 발광효율이 최고로 되기 때문에 발광관이 최적의 온도를 유지하기 위해서는 이러한 보온 구조가 필요하다.

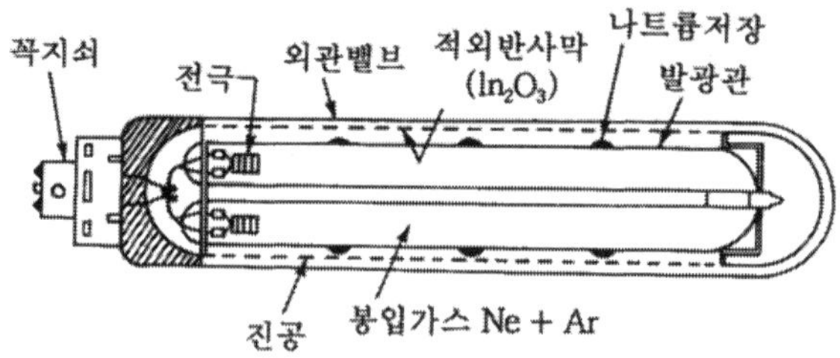

■ 그림 1.3.24 저압 나트륨등의 구조

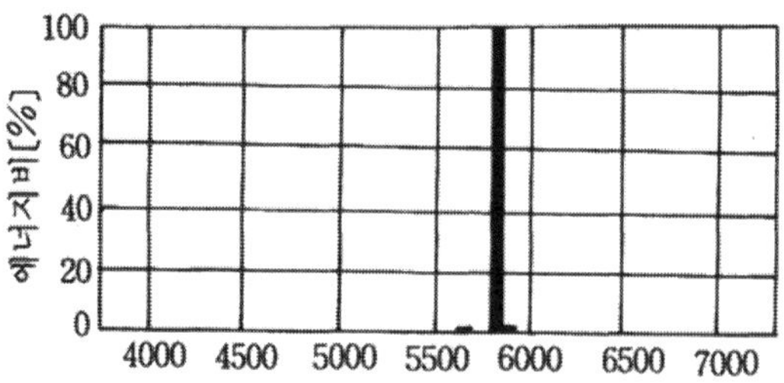

■ 그림 1.3.25 저압 나트륨등의 분광분포

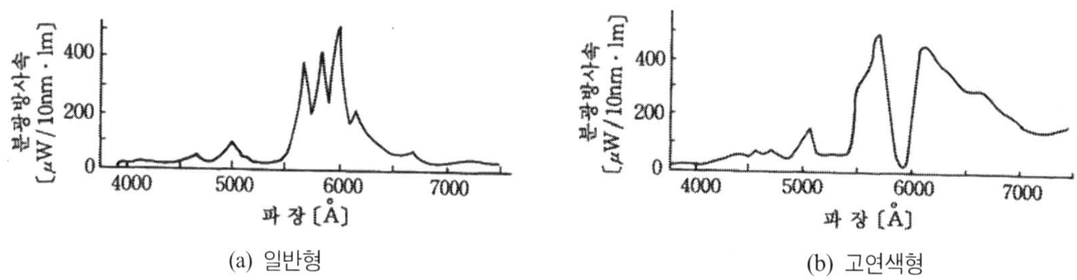

■ 그림 1.3.26 고압 나트륨등의 분광분포

발광관 내에는 소량의 고형나트륨과 보조기체로서 아르곤을 1.5[mmHg] 정도로 봉입하고 있다. 이 전등은 혼합된 미량의 네온가스가 방전함에 따라 램프전압은 상승하나 점등후 10분 정도에서 방전이 안정된다. 발광관은 나트륨증기를 견딜 수 있는 특수유리를 사용한다.

나트륨등은 색의 식별을 필요로 하는 일반 조명에는 적당하지 않다. 휘도가 5~10[cd/cm^2] 정도로 적고, 단색광이므로 유리의 굴절률 측정, 평면 검사 등의 광학 실험용, 주사액의 불순물 검사용, 교량 조명, 터널 조명, 안개지역의 조명, 가로 조명, 광장 및 경기장조면 등에 주로 이용되고 있다.

(5) 수은등

수은등(mercury lamp)은 유리관 내에 봉입된 수은증기압 중의 방전에 의한 발광을 이용한 것이다. 상온의 수은 증기압은 대단히 낮으므로 기동을 쉽게 하기 위하여 미량의 아르곤 가스를 봉입한다. 방전이 시작되면 온도상승에 따라 봉입된 수은이 서서히 증발하여 적당한 압력이 된다. 일반적으로 수은 증기압이 상승함에 따라서 아크는 관의 중심에 가늘게 모아져 관전압, 휘도, 효율 등이 높아진다.

수은 증기압과 효율과의 관계는 대체로 그림 1.3.27에서 보는 바와 같이 수은 증기압이 높아질수록 효율은 좋으나, 저압수은등과 고압수은등 사이에 효율이 떨어지는 곳이 있다.

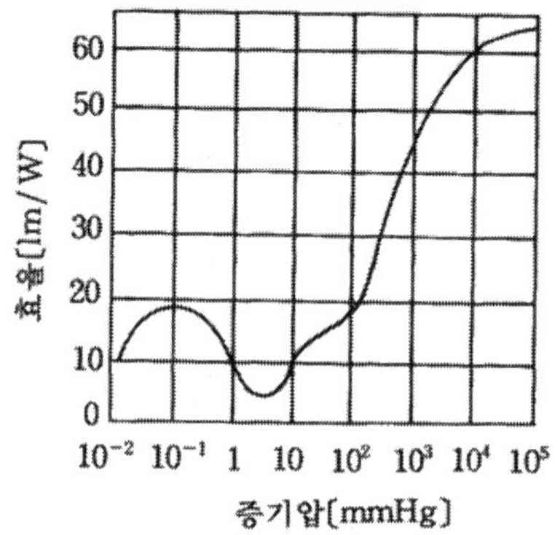

■ 그림 1.3.27 수은등의 증기압과 효율의 관계

수은증기 중의 아크방전에 의해 발산하는 복사는 수은증기의 압력에 따라 다르며 그림 1.3.28에 표시한 바와 같이 저압수은등(0.01[mmHg])의 경우에는 2537[Å]의 자외선이 강력하고 또한 4358[Å](청색), 5461[Å](녹색) 등의 가시선도 있다. 고압수은등(100~760[mmHg])에서는 자외선의 스펙트럼은 약해지고 가시선인 4047~4078[Å], 4358~546[Å], 5770~5791[Å]의 스펙트럼이 크게 증가한다. 초고압수은등(10~200기압)으로 되면 가시선이 연속스펙트럼의 경향을 나타내고 광색도 백색에 근접한다.

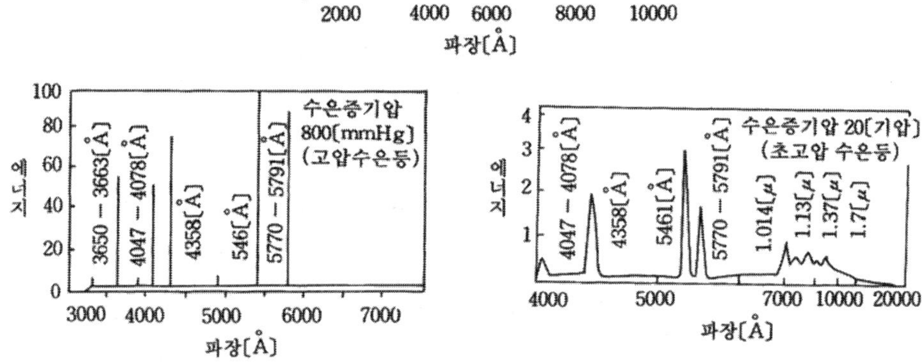

■ 그림 1.3.28 수은 증기압과 스펙트럼

① 저압수은등(low pressure mercury lamp)

저압수은등을 응용한 것에는 살균등과 형광등이 있다. 살균등(germicidal lamp)온 산화물로 피복한 열음극을 사용하며, 증기압이 0.01[mmHg]가 되도록 설계되어 있다. 방전관 내에는 수은이외 보조 가스인 아르곤이 수 [mmHg]로 봉입되어 있으며 입력 전력의 약 60[%]가 2537[Å]의 자외선으로 발산되므로 자외선 투과 유리관을 사용하면 살균등 또는 태양등이 된다. 보통 유리관을 쓰고 내면에 형광물질을 도포하여 자외선을 가시선으로 변환한 것이 형광등이다. 살균등은 자외선을 잘 반사하는 연마한 알루미늄 반사갓을 사용한다.

② 고압수은등(high pressure mercury lamp)

점등시에 수은 증기압이 100~760[mmHg] 정도의 것을 말하며, 아래 그림에 나타낸 바와 같이 점등시 발광관의 온도는 약 600[℃]로 되기 때문에 보온을 위해 외관이 필요하다.

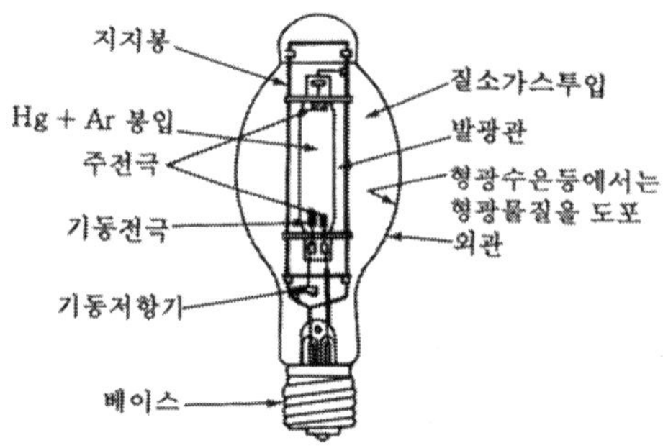

■ 그림 1.3.29 고압수은등의 구조

발광관은 점등중의 온도가 높으므로 내열성인 석영 유리로 만들어 적당량의 수은과 기동을 쉽게 하기 위한 보조 가스로서 수[mmHg] 정도의 아르곤 가스가 봉입되어 있다. 고압 수은등의 점등은 기동 전극과 주전극 사이에서 국부적인방전이 일어나고, 이 방전 전류에 의한 열 때문에 수은이 증발하여 발광관 안에 수은증기가 충만하면 주전극 사이로 방전이 옮겨지는 것이다. 주전극에는 산화물이 피복되어 있으며 그림 1.3.29에 표시한 바와 같이 점등 후 최대 광도에 도달하려면 약 10분이 걸린다.

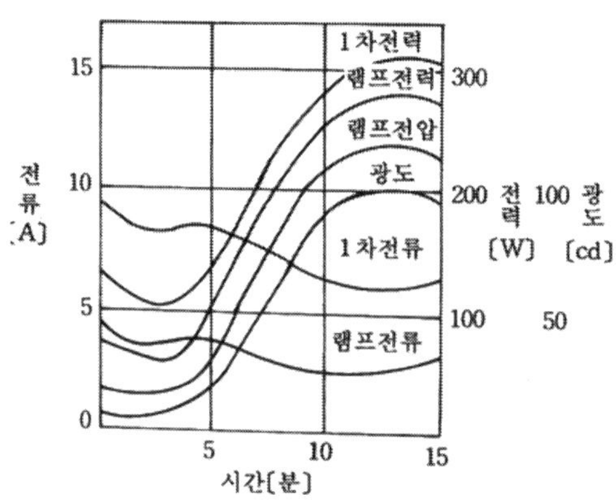

■ 그림 1.3.30 수은등의 점등 초기 특성

고압수은등의 효율은 50[lm/W] 정도로 높으며 수명이 1200시간으로 우수한 특성을 갖고 있어 공원, 광장, 경기장 및 공장의 조명에 사용되고 있다. 고압수은등 및 초고압수은등의 결점은 광색에 적색이 부족하므로, 이 결점을 개선하기 위하여 발광관 중에, Cd, Zn을 넣거나 또는 외관내벽에 형광물질을 도포하는 방법이 사용하여, 형광 고압수은등(fluorescent mercury lamp) 또는 형광 수은등이라 한다.

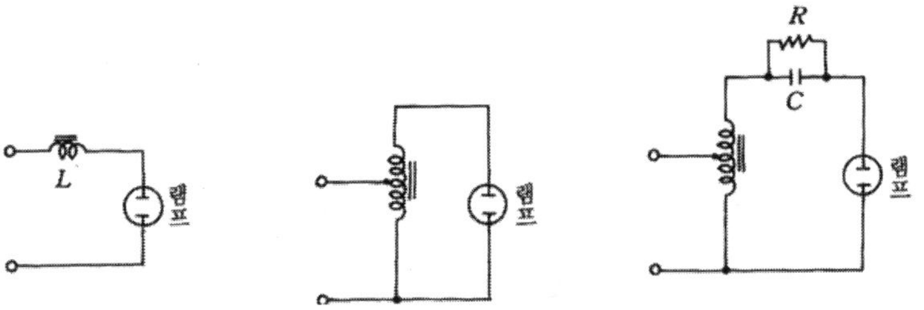

(a) 초크코일
전원전압 200[V]
이상일 때

(b) 누설변압기형
전원전압이 100[V]일 때

(c) 정전력형
전원전압이 변동에 대해
램프전압을 일정하게 유지

■ 그림 1.3.31 고압수은등 안정기의 회로

(6) 초고압수은등(super-high mercury lamp)

고압수은등의 증기 압력을 10~200기압으로 높여 효율을 40~70[lm/W]로 하기 위하여 석영관 내에 1~2[cm] 간격으로 두 개의 전극과 수은 및 미량의 아르곤을 봉입한 발광관을 다시 유리구의 외관으로 덮은 것이다. 중심 온도는 8000~10000[℃]로 되고, 관벽은 400~600[℃] 정도이며, 작은 것은 자연통풍방식이나 큰 용량의 것은 수냉식으로 냉각하고 있다. 압력을 높일수록 내부 중심의 온도가 높아져 연속 스펙트럼이 많아지므로 적색이 강하며 고압수은등보다 더욱 백색에 가깝다.

초고압수은등은 옥외 조명용, 투광기, 영화촬영 및 영사용에 사용되고 있으며, 또 외구가 백열 전구와 비슷하므로 백열전구와 조합하여 일반 사무실이나 공장용으로도 사용된다. 외관에 자외선 투과의 유리구를 사용하여 다량의 자외선이 나오도록 만든 초고압 수은건강 등은 일광이 부족한 지하실, 공장, 빌딩 등의 보건용 조명에 적당하다. 초고압수은등의 외관은 자외선에 대한 투과율이 큰 석영관을 쓰고, 알루미늄계의 반사갓으로 투광기와 같이 좁게 비 처지는 태양등(sun lamp)은 피부병의 치료, 기타의 의료용으로 사용된다.

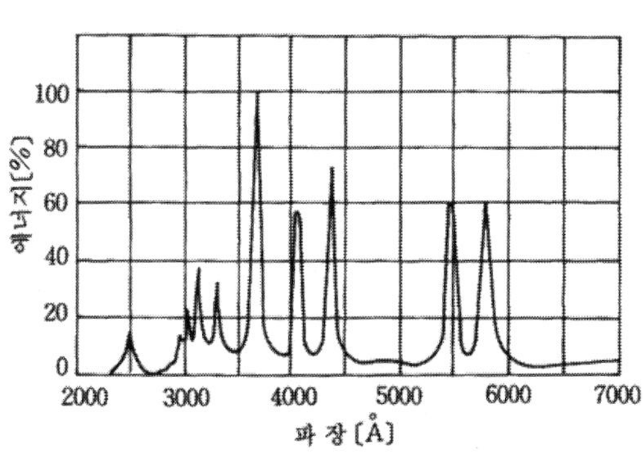

■ 그림 1.3.32 초고압수은등의 분광분포

3 형광등

형광등은 1938년 미국 GE사의 인맨(IN MAN)의 프로젝트팀에 의해 개발된 것으로 그림 1.3.33과 와 같이 압력 약 l[Pa](($6\sim10$)$\times10^{-3}$[Torr])의 저압수은증기 중 방전에 의해 발생하는 파장 2537[A] 인 자외선 방사를 관내벽에 도포한 형광물질을 통해서 가시광선으로 변환시킨 것이다.

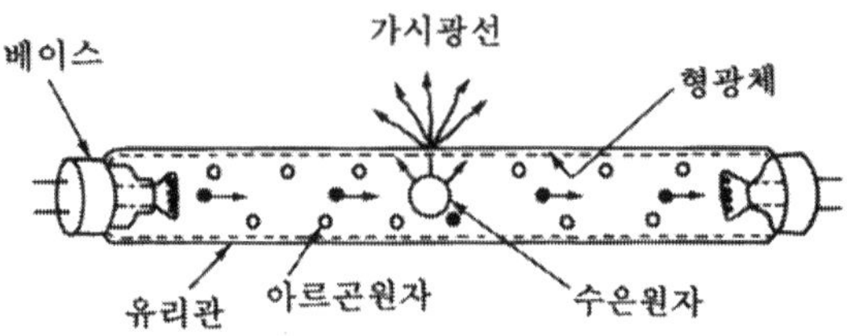

■ 그림 1.3.33 형광등의 구조와 발광원리

전극은 텅스텐선의 2중코일에 바륨, 스트론듐, 칼슘 등의 산화물을 피복한 것으로 전극에 통전 또는 방전전류가 흐르면 전극은 수백[℃]로 가열되어 전극에서는 열전자가 방출된다.

한편 관내에 봉입되는 수은과 아르곤 가스의 압력은 수백[Pa]이며 이 봉입가스의 역할은 첫째, 낮은 전리 에너지를 가진 수은을 전리하기 쉽게 하며 둘째, 아르곤 원자는 수은이온의 운동을 저해하고, 전극수명의 단축과 관단부의 흑화를 완화시키며 셋째, 방전관 벽방향으로 확산하는 전자를 저지하고 전자의 손실을 막는 역할을 한다. 형광등의 형상은 그림 1.3.34와 같아 직관형(일반적인 것), 환상(서크라인)형 및 전구형 등이 있으며 형광등에 가장 많이 사용 되고 있는 형광체는 하로린산 칼슘으로 백색, 주광색이 주로 사용되고 있다.

주광색은 푸르게 보이고 백색은 백열전구와 같이 황색으로 보인다.

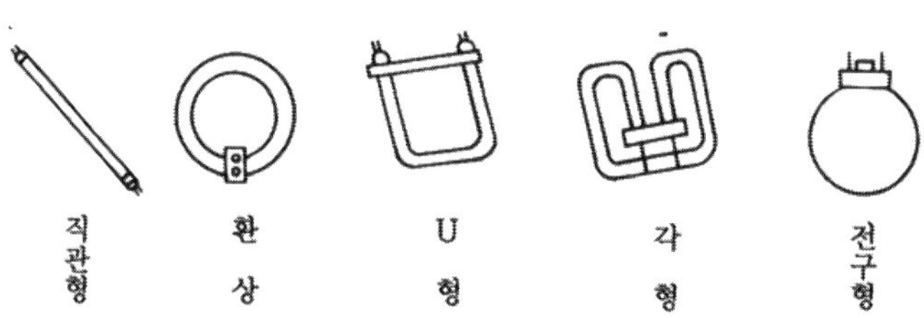

■ 그림 1.3.34 형광등의 모양

(1) 형광등의 종류

① 점등방식에 의한 분류

- starter 형 : 점등시에 전극을 2초정도 예열한 후 전극 간에 전압을 인가하여 기동시키는 점등 방식을 취하는 램프로 예열기동형이라고도 한다.
- rapid starter형 : 전극의 예열과 동시에 전극간에 전압을 인가해서 약 1초안에 점등하는 방식을 취하는 램프로 유리관의 내면에 유전성 투명막을 설치한 것과 관외면에 유전조를 설치한

것이 있다. 또, 관 외면에 발수성이 좋은 실리콘막을 설치한 것이 있고, 이 경우는 조명기구에 근접도체가 필요하다.

- 순시점등형(slimline) : 전극을 예열하지 않는 냉음극으로 관도 약간 좁으며, 기동 전압이 높은 경향이 있다.

② 광색, 연색성에 의한 분류

- 광색과색온도 : 형광등은 형광체의 조합방향에 의해 여러 가지 분광분포를 가진 램프이며, 일반 조명용의 광색으로서 5종류가 있고 각각 색도도 규정되어 있다. 색온도의 범위는 주광색(D) 7100~5700[°K], 주백색(N) 5400~460[°K], 백색(W) 4500~3900[°K], 온백색(WW) 3700~320[°K], 전구색(L) 3150~2600[°K] 등이다.
- 고연색등 : 광원의 연색성은 연색평가지수로 평가되고 있으며 고연색등은 그 연색성의 정도에 의해 DL, SDL, EDL로 구분된다. 일반적으로 연색성 이 좋은 등의 효율은 낮아지는 경향이 있지만, 적, 녹, 청의 좁은 지역에 강한 발광을 가진 회토류 형광체를 조합시킨 3파장 역발광형 형광등은 우수하다. 대표적인 형광등의 분광분포를 그림 1.3.35에 나타내었다.

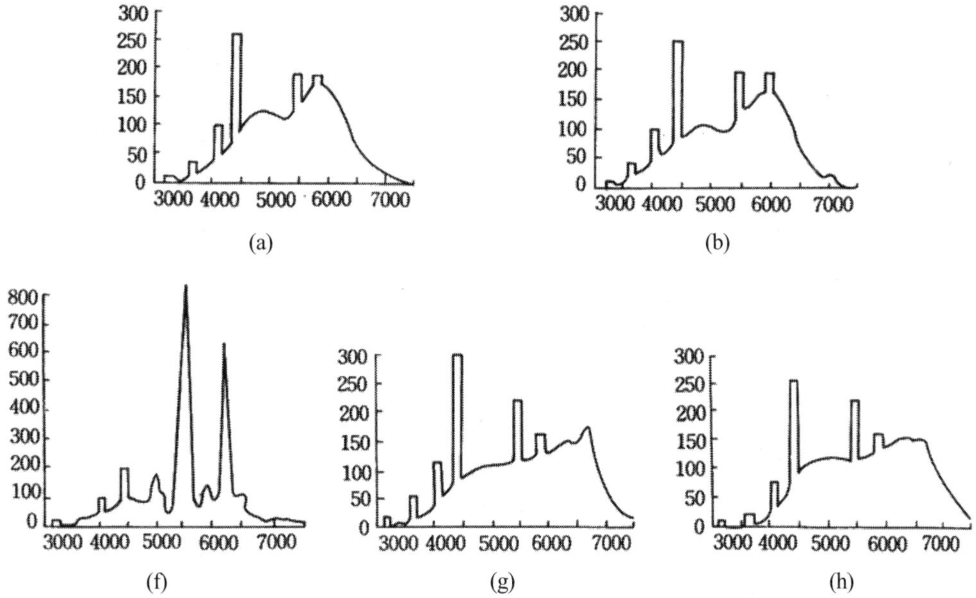

■ 그림 1.3.35 각종형광등의 분광분포

③ 형태에 의한 분류

튜브상의 직관형 외에 주택에 많이 이용되고 있는 환형, 점등회로를 내장한 구형, U형 및 WU형 등이 있다.

④ 특수 용도용 형광등

조명용으로서는 반사막을 붙여 배광에 방향성을 갖는 반사형과 아파처형, 자외선 흡수막을 설치한 퇴색방지용, 특수한 점등방식에 이용되는 직류점화용, 저온용 등이 있다. 조명 이외의 산업용으로써 식물육성용, 방충용, 살균등, 건강선용, 복사/전자사진용, 광화학용, 자외선 (360[nm]부근)만의 플랫라이트, 색평가용 등 용도에 따른 분광분포를 하고 있다.

(2) 형광등의 특성

램프의 효율은 종류·크기에 따라 다르지만 50~96[lm/W] 정도이고 수명은 3[h] 사이클 의 점멸조건에서 5000~10000시간이다. 점멸횟수가 많아지면 수명이 단축되며, 수명에 미치는 주요한 원인은 전자 광사물질의 비산에 의한다. 주위온도에 의한 영향도 받기 쉽고, 20~25[℃]와 범위에서 사용하는 것이 바람직하다. 저온이 되면 방전이 일어나기 어려운 경향이 있어 방전이 불안정하게 된다. 한냉지에서는 안정기의 2차 전지를 높게 하거나 보온이 좋은 초명기구를 사용 한다. 전원 전압 변동에 의한 영향은 전구에 비해 작지만, 전압이 낮아지면 기동이 곤란해지거나 방전이 불안정하게 된다. 형광등을 교류에서 점등하면 반사이클마다 광의 아른거림이 있다. 형광등은 550~1500[kHz]의 라디오잡음을 발생하므로 전극의 개량에 의해 경감되고 있지만 램프에 병렬로 콘덴서를 넣으면 잡음이 경감 된다.

(3) 형광등의 점등회로

① 안정기(초크코일)

방전등에 흐르는 전류가 증가하면 단자 전압이 강하하는 성질이 있다. 따라서 방전등을 안정적으로 작동시키기 위해서는 그림 1.3.36와 같이 전류 제어소자로서 초크코일을 직렬로 접속시킬 필요가 있다.

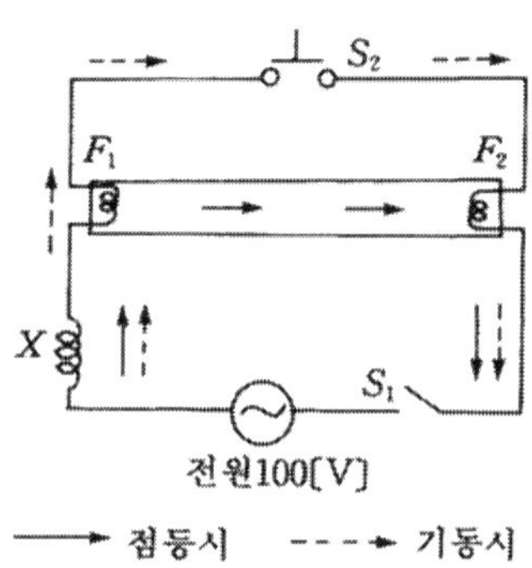

■ 그림 1.3.36 형광등의 점등회로

② 형광등의 점등회로

점등회로는 크게 스타터형(예열기동형), 래피드스타터 형, 전자스타터 형, 고주파 점등방식이 있다.

- 스타터(starter)형 점등방식 : 스타터형에는 글로우 스타터형과 보턴스위치가 사용된다. 그림 1.3.36에서와 같아 보턴스위치 S를 닫으면 전극의 텅스텐 필라멘트를 가열된다 전극에서 열전

자가 방출하기 쉬운 온도로 된다(램프의 양단이 환하게 밝아진다) S를 연다 초크코일에 킥전압이 발생한다. 전극양단에 고전압이 가해지고 방전이 개시되며 램프가 점등한다. 글로우 스타터는 이들 스위치 S의 동 작을 자동적으로 점등할 때까지 반복한다. 글로우 스타터(점등관이라고도 한다)의 동작은 그림 1.3.37에 나타낸 것과 같이 글로우 스타터에 봉입되어 있는 Ne 또는 Ar이 방전하면 바이 메 탈의 온도가 상승하고, 고정전극에 접촉하여 S는 ON상태로 된다. 방전이 멈추면 바이메탈이 식는다(1~2초). 스위치 S는 OFF상태가 된다. 이와 같이 형광등이 방전을 개시하고 점등 되면 점등관은 동작하지 않는다.

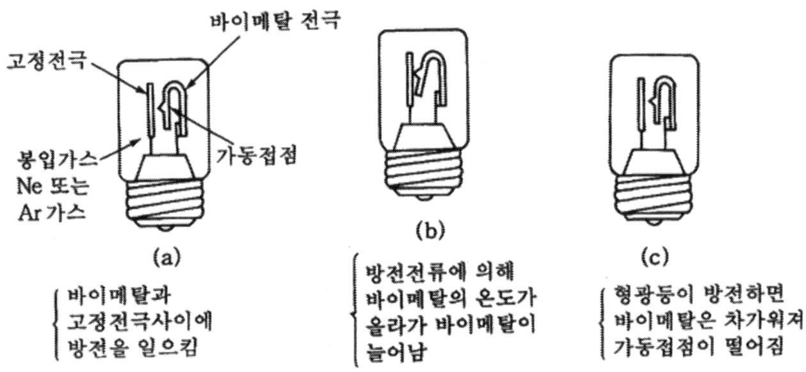

■ 그림 1.3.37 글로우 스타터의 동작

- 래피드 스타터(rapid starter)형 점등방식 : 전원이 들어오면 램프 전극간에 고전압이 가해짐과 동시에 가열 전류가 흘러 약 1초 후에 점등한다.
- 전자 스타터 점등방식 : 점등관 대신 반도체 스위치로 교체한 방식으로 사이리스터의 ON−OFF 특성과 L, C에 의해서 얻어진 높은 전압을 이용한다. 그림 1.3.37(c)에 회로를 나타내었다. 또, 반도체 스위치와 비직선성 도전체 소자를 조합시킨 것은 1C starter로 불리운다. 이 방식은 1초 이내에 점등한다.

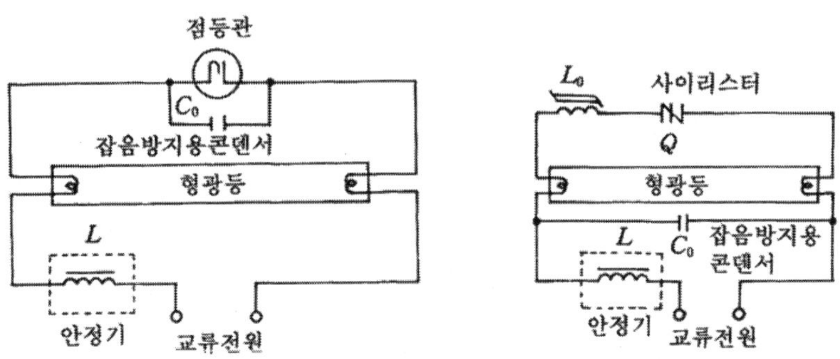

(a) 스타트형점등회로 (b) 전자스타트 점등회로

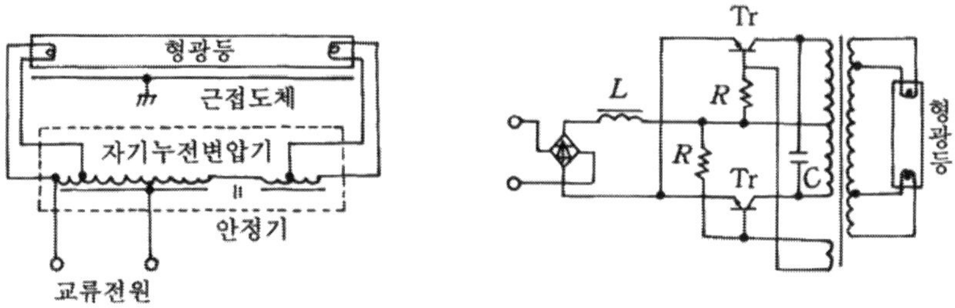

(c) 래피트스타트형 점등회로 (d) 고주파 점등회로

■ 그림 1.3.37 형광등의 점등회로

- 고주파점등방식 : 형광등을 트랜지스터 인버터에 의한 고주파로 점등하면 회로손실이 적어지고 효율이 향상되며 빛의 어른거림도 적어지고 또 안정기도 소형경량으로 된다. 주파수는 20 ~50[kHz]가 사용된다. 기본회로를 그림 1.3.37(d)에 나타내었다.

(4) 전압 특성

형광등온 전원 전압이 정격 전압의 ±6[%]이상이 되면, 전압이 높은 경우와 낮은 경우 다 같이 수명이 짧아진다. 그 원인은 전압이 낮아지면 기동까지에 많은 시간이 걸리므로 전극 물질의 비말작용(sputtering)과 수은 증기압의 과소로 전극이 과열되기 때문이다. 또한 전원 전압이 높아지면 전극이 과열되어 램프 양끝 에서 흑화가 촉진된다.

그림 1.3.38에서 알 수 있듯이 공급전압이 정격 전압보다 5[V] 증가할 경우 광속은 8[%] 증가 하고 5[V] 감소하면 광속이 8[%] 감소한다. 그러나 백열전구인 경우는 커다란 변화가 없다.

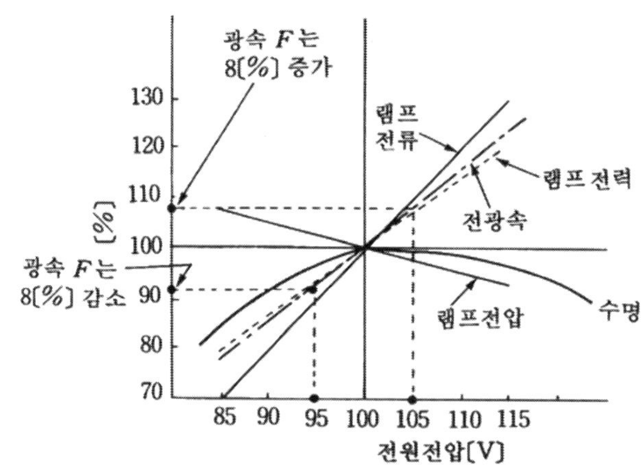

■ 그림 1.3.38 형광등의 전압특성

또, 안정기의 특성이 나쁜 것, 즉 설계 불량으로 철심이 포화되어 임피던스가 저하되면 전류가 증가하여 수명에 큰 영향을 준다. 표 1.3.5는 형광등의 정격을 나타낸 것이다.

■ 표 1.3.5 형광등의 정격

방전관의 형식	정격입력전압	램프전류	임피던스	정격램프전력	안정기손실전력
FL−10 100	100	0.23	253±3	15	1.5±0.5
FL−15 100	100	0.30	242±2	20	2.0±0.5
FL−20 100	100	0.375	192±2	25	2.5±0.5
FL−30 100	100	0.62	19±11	30	3.0±0.5
FL−40 200	200	0.435	344±3	40	4.0±0.5

주파수가 저하되면 안정기의 리액턴스 $27\pi fL$이 감소하여 전류가 증가하게 되므로 수명이 짧아진다.

(5) 온도특성

형광등은 주위 온도가 20~25일 때 가장 적당한 관벽 온도 40~45[℃]가 되도록 설계되어 있다. 그림 1.3.39에 나타낸 바와 같이 10[℃] 이하로 되면 광속이 급속이 감소하고, 방전 개시 전압이 높아지므로 점등하기 어렵게 된다. 또, 35[℃]이상으로 되면 방전 개시는 쉬워지나 광속이 감소하여 어두워진다.

형광등은 온도가 저하하면 관내의 수은증기압이 감소하여 광속이 적어지고, 또 온도가 높아지면 관내의 압력이 증가되어 여기 파장 2537[A]이 약하게 되므로 이것 역시 광속이 감소된다. 저온에서 사용하는 것은 관내의 아르곤 가스 압력을 낮추어 저온용으로 만들어야 한다.

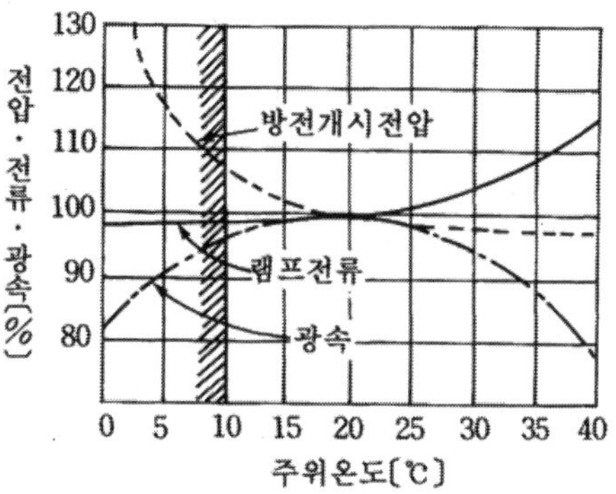

■ 그림 1.3.39 형광등의 온도특성

(6) 수명과 동정

그림 1.3.40과 같이 점등시간에 따라 전류, 전압, 전력 및 효율 등의 관계를 광속으로 나타내는 곡선을 동정곡선(performance curve)이라 한다. 형광등의 수명은 점등 개시 후 전광 속이 초기 광속의 80[%]로 되었을 때의 시간과 형광등이 방전 불능으로 되었을 때까지의 시간 중 짧은 것으로 정한다.

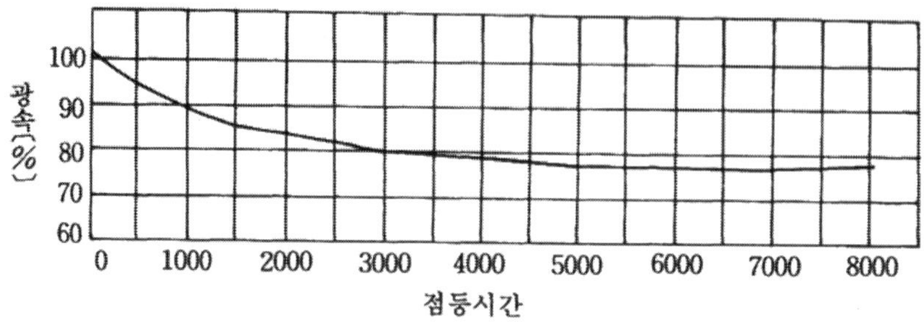

■ 그림 1.3.40 형광등의 동정곡선

표 1.3.6에 형광등의 형식에 따른 크기와 특성을 나타내었다.

■ 표 1.3.6 형광등의 크기와 특성

형 식	종 류	유리관의 지름[mm]	정격 전압 [V]	초기 특성			동정 특성
				기동시 전압[V]	관전류[A]	전광속[lm]	전광속[lm]
FL-4D FL-4W	주광색 백색	14.7±1.3	100	94	0.125±0.020	90±14 100±15	70 이상 80 이상
FL-6D FL-6W	주광색 백색	14.7±1.3	100	94	0.147±0.020	180±27 200±30	140 이상 160 이상
FL-8D FL-8W	주광색 백색	14.7±1.3	100	94	0.170±0.020	300±45 330±35	240 이상 270 이상
FL-10D FL-10W	주광색 백색	25.0±1.5	100	94	0.230±0.020	90±14 430±65	330 이상 370 이상
FL-15SD FL-15SW	주광색 백색	25.0±1.5	100	94	0.300±0.020	640±96 730±110	550 이상 620 이상
FL-15D FL-15W	주광색 백색	38.0±2.0	100	94	0.340±0.030	540±81 600±90	470 이상 530 이상
FL-20D FL-20W FL-20WW	주광색 백색 은백색	38.0±2.0	100	94	0.375±0.030	880±130 1000±150 1030±150	750 이상 850 이상 880 이상
FCL-20D FCL-20W	주광색 백색	36 이하	100	94	0.375±0.040	800±120 900±140	690 이상 780 이상
FL-30D FL-30W FL-30WW	주광색 백색 은백색	38.0±2.0	100	94	0.620±0.062	1350±200 1530±230 1570±240	1150 이상 1300 이상 1340 이상
FCL-30D FCL-30W	주광색 백색	36 이하	100	94	0.620±0.070	1150±170 1300±200	1000 이상 1150 이상
FCL-32D FCL-32W	주광색 백색	36 이하	147	137	0.435±0.050	1420±210 1600±240	1200 이상 1360 이상

형 식	종 류	유리관의 지름[mm]	정격 전압 [V]	초기 특성			동정 특성
				기동시 전압[V]	관전류[A]	전광속[lm]	전광속[lm]
FL－40D FL－40W FL－40WW	주광색 백색 은백색	38.0±2.0	200	180	0.435±0.040	2250±340 2550±380 2600±390	1950 이상 2220 이상 2300 이상
FCL－40D FCL－40W	주광색 백색	36 이하	200	180	0.435±0.050	1950±290 2200±330	1700 이상 1900 이상

주) 1. 형식에 사용되는 문자 및 수치이다.

FL : 형광방전관, FL의 중간의 C : 관이 환형 인 것, FL 또는 FCL의 다음 수치 : 크기, 수치 다음의 S : 관의 지름이 가느다란 것, 수치 또는 S 다음의 문자 : D, W 및 WW, 각각 관이 발하 는 색이 주광색, 백색 및 은백색인 것

2. 연색성을 개선한 것은 D 또는 WW 다음에 DL 또는 SDL의 기호를 붙여 표시한다.
3. DL 또는 SDL의 문자가 붙은 것의 초특성 및 동정특성의 전광속은 D, W, WW에서 정 하는 각 값의 70[%] 이상으로 한다.

(7) 형광등의 흑화현상

형광등의 양단이 검게 되는 현상을 흑화라고 하며, 이 흑화현상은 형광등을 사용함에 있어서 안정기가 부적당하거나, 빈번한 점등 또는 전압의 변동이 원인이 되어 발생하며 심한 경우 에는 동정특성에 나쁜 영향을 주게 된다.

형광등을 사용함에 따라 광속이 감소하는 원인으로는 다음과 같다.

- 전극의 전자발산이 적어짐
- 전극 물질이 승화하여 램프 양단의 흑화
- 형광체의 열화 등이다

방전관의 양단에 흑화현상이 생기는 형태는 다음과 같다.

① 전극에서 5[m] 정도의 곳에 나타나는 환상의 흑화는 형광등을 수십시간 이상 사용하면 나타나는 것으로, 특성에 큰 영향을 주지 않는다.

② 베이스의 가까운 부분에 생기는 짙은 반점은 기둥전류 또는 점등시의 전류가 과대한 경우에 발생한다.

③ 방전관 끝부분의 넓은 흑화는 관의 수명 말기에 생기며, 이것은 필라멘트 표면의 바륨(Ba) 이 승화되어 관 내벽에 부착한 것이다. 이와 같은 흑화현상이 일어나면 방전개시 전압이 과대하게 높아져 점등관이 동작하여도 필라멘트만 가열될 뿐이고, 점멸을 반복하여도 안정된 점화가 불가능하게 된다. 형광등의 열화는 수은과 형광체가 화학적으로 결합하거나 자외선의 심한 자극으로 생기는 것이다.

(8) 플리커와 역률의 개선

형광등을 교류로 점등하면 전류의 순시값에 비례하여 1[Hz]마다 2회의 맥동 을 한다. 형광체 는 잔광성을 가지고 있으므로 전류값이 영으로 되어도 빛은 남아있어 눈으로 시감 할 수는 없으나 빛의 반복된 명멸을 느낄 수 있다. 이 빛의 명멸, 즉 어른거림을 플리커(flicker)라 하고 다음 식과 같이 표시하며 각종 광원의 플리커를 비교하면 표와 같다.

$$\text{플리커} = \frac{\text{최대광도} - \text{평균광도}}{\text{평균광도}} \times 100\% \tag{1.3.7}$$

■ 표 1.3.7 전구별 플리커의 발생율

광 원	플리커[%]	광 원	플리커[%]
백열전구 40[W]	13	형광등 백 색(2등용)	20
백열전구 100[W]	5	형광등 백 색(3등용)	6
형광등 주광색(1등용)	60	형광등 청 색(1등용)	95
형광등 주광색(2등용)	28	형광등 녹 색(1등용)	20
형광등 주광색(3등용)	8	형광등 분홍 색(1등용)	20

형광등은 백열전구에 비하여 플리커가 크지만, 일반 점등시에는 시감할 수 없고 움직이는 물체를 장시간 관측하는 경우 플리커 현상을 감지할 수 있게 된다. 플리커 현상을 감소시키기 위하여 형광 방전관 두 개를 동알 기수에 설치하고 그림 1.3.41에 나타낸 것과 같이 콘덴서 를 직렬로 접속하여 한쪽 형광등의 전류 위상을 90° 빨리해 주면 주광색 형광등은 28[%] 백색 형광등은 20[%] 정도 플리커현상을 감소시킬 수 있다. 이와 같은 형광등을 플리커리스 (flicker less) 형광등이라 한다. 플리커를 더욱 감소시키려면 세 개의 형광 방전관을 각각 3상 회로의 각선간에 설치하면 플리커는 6~8[%]로 되며 전류도 각 상이 평형으로 되며 역률이 개선되는 이점이 있다.

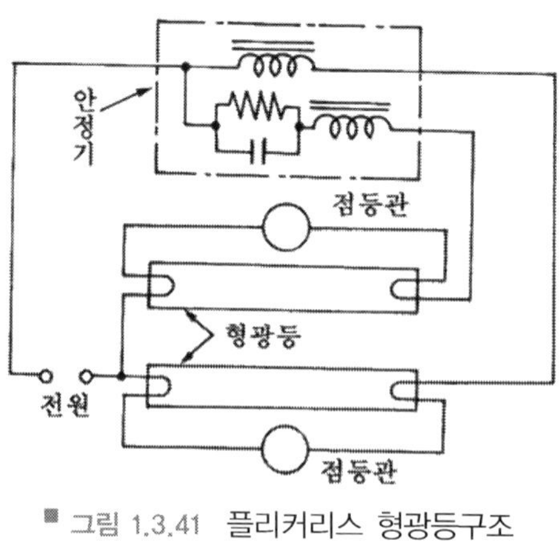

■ 그림 1.3.41 플리커리스 형광등구조

(9) 역률 개선

백열 전구의 역률은 필라멘트의 저항만으로 인하여 거의 100[%]이나 형광등은 안정기가 삽입 되어 있으므로 50~60[%]이다. 형광관 자체는 저항 부하에 가까워 그 역률은 약 90[%] 정도이다. 역률을 개선하기 위하여 전원과 병렬로 콘덴서 C를 접속하고 있으나 역률 개선 전이나 개선 후의 전력은 같으므로 C는

$$P = VI_L Cos\Theta_1 = VICos\Theta_2 \quad \therefore I_L = \frac{P}{VCos\Theta_1},\ I = \frac{P}{VCos\Theta_2} \tag{1.3.8}$$

$$I_c = 2\pi f CV = I_L Sin\Theta_1 - ISin\Theta_2$$

$$= \frac{PSin\Theta_1}{VCos\Theta_1} - \frac{PSin\Theta_2}{VCos\Theta_2} = \frac{P}{V}(Tan\Theta_1 - Tan\Theta_2)$$

$$\therefore C = \frac{P10^6}{2\pi f V^2}(Tan\Theta_1 - Tan\Theta_2)[uF]$$

여기서, $\cos\theta_1$: 점등회로의 역률, $\cos\theta_2$: 개선 후의 역률, P : 입력[W],

I_L : 관전류[A], I : 선전류[A], V : 전압[V], f : 주파수[Hz]

형광등의 역률을 85%로 개선하려면 1개의 등당 3.5~5.5[uF]의 콘덴서를 병렬로 접속하여야 한다.

예제 1.16 FL-20D의 역률을 90[%]로 개선하는데 필요한 콘덴서의 용량을 구하여라.

풀이 표 1.3.5에서 $K=100$[V], $I_L=0.375$[A], 안정기의 손실을 2[W]라 하면 다음과 같이 계산된다.

$P = 20 + 2 = 22$[W] $\qquad Cos\Theta_1 = \dfrac{P}{VI_L} = \dfrac{22}{100 \times 0.375} = 0.59$

$Cos\Theta_1 = 0.59 \rightarrow Tan\Theta_1 = 1.37 \qquad Cos\Theta_2 = 0.9 \rightarrow Tan\Theta_2 = 0.48$

$$\therefore C = \frac{22 \times 10^6}{2 \times 3.14 \times 60 \times 100^2} \times (1.37 - 0.48) = 5.19\,[\text{uF}]$$

예제 1.17 FL-40W의 역률을 90[%]로 개선할 때의 필요한 콘덴서의 용량을 계산하여라.

풀이 표 1.3.5에서 $V=200$[V], $I_L=0.435$[A], 안정기의 손실을 4[W]로 하면 다음과 같이 계산된다.

$P = 40 + 4 = 44$[W] $\qquad \cos\theta_1 = \dfrac{P}{VI_L} = \dfrac{44}{200 \times 0.435} = 0.5$

$\cos\theta_1 = 0.5 \cdots\cdots \tan\theta_1 = 1.73 \qquad \cos\theta_2 = 0.9 \cdots\cdots \tan\theta_2 = 0.48$

$$\therefore C = \frac{44 \times 10^6}{2 \times 3.14 \times 60 \times 200^2} \times (1.73 - 0.48) = 4.6\,[\mu\text{F}]$$

실용되고 있는 콘덴서는 100[V]용, 200[V]용 다같이 4.5[μF]의 것이 사용되고 있다.

(10) 형광등의 특징

① 수명이 길다

형광등의 평균수명은 약 7000[h]로 백열전구의 1000[h]에 비하여 매우 길지만, 안정기의 불량, 전원전압의 변동, 주파수의 불균일, 점멸 횟수의 과다 및 주위온도의 저하 등이 형광등 수명 감소의 원인이 되고 있다.

② 임의의 색광을 얻을 수 있다.

형광체에 따라 원하는 색광을 얻을 수 있으며 효율이 높다. 동일한 색상, 동일한 용량의 백열전구에 비하여 청색은 40배, 녹색은 95배 정도로 효율이 높다.

③ 효율이 높다

백열전구는 물론 수은등보다 역률이 높아 40[W] 백색 형광등의 경우광속은 백열전구 150[W]와 비슷하므로 안정기의 손실을 고려하더라도 효율은 약 3배 정도가 된다.

④ 휘도가 낮다

광원의 발광면적이 넓어, 휘도가 약 6000~10000[cd/m^2]이다. 사람이 장시간 광원을 바라볼 수 없는 휘도의 한계는 5000[cd/m^2]으로 이 보다 휘도가 높으면 눈부심(glare)을 느낀다.

⑤ 발열이 거의 없다

15[W] 주광색 형광등의 경우 복사열로 발산되는 에너지는 입력의 약 50[%] 정도이다. 이에 비해 백열전구는 약 90[%]가 열로 복사되나 형광등의 효율은 백열전구의 약 3~4배이므로 같은 양의 광속을 내는 광원의 복사열로서 형광등은 백열전구의 1/5~1/7 정도가 된다.

⑥ 전원전압의 변동에 대하여 광속변동이 적다

전압변동에 대한 형광등의 광속의 변화는 백열전구의 경우에 비해 적으며, 전압[1%] 변동에 대하여 광속은 1~2[%]로 변화한다.

⑦ 기동시간이 길다

주위온도가 낮아지면 점등관의 특성이 나빠져 기동에는 시간이 걸리므로, 래피드스타터 형광등이나 슬림라인형 형광등은 이러한 단점을 보완한 것이다.

⑧ 주위온도의 영향을 받는다

주위온도가 20~25[℃]일 경우 효율이 높고 이 보다 온도가 높거나 낮으면 효율은 떨어진다. 주위온도가 너무 낮아지면 점등할 수 있는 최저 전압은 높아지고 점등관은 동작하지만 형광등은 점등되지 않는다.

⑨ 역률이 낮다

안정기에는 초크코일이 사용되므로 역률이 55~65[%] 정도로 매우 낮다.

⑩ 전원주파수의 변동이 광속 수명에 영향을 미친다

안정기로서 초크코일이나 콘덴서를 사용하므로 전원주파수의 영향을 받아 형광등의 광속이나 수명이 변동한다. 일반적으로 주파수 1[%]의 변화에 대하여 램프전류는 늦을 때 1[%] 증가하고, 빠를 때는 2[%] 감소하며, 수명에 나쁜 영향을 주므로 정격주파수의 ±4[%]의 범위 내에서 사용하는 것이 바람직하다.

⑪ 빛의 명멸(flicker) 현상이 있다

형광등을 교류로 점등하면 전류의 주기적 변화와 더불어 광속에 어른거림이 일어난다.

⑫ 라디오 장해를 받는다

형광등으로부터 방해전파가 발생하여 라디오에 잡음 장해를 준다.

⑬ 라디오의 잡음 방지

형광등의 전압 파형은 구형파로 되어 있고, 또 이것에 100[Hz] 정도의 진동파가 중첩되어 있으므로 550~1500[kHz]의 방송 주파수의 범위로서 라디오에 잡음을 주게 된다. 그 잡음의 경로는 다음과 같다.

- 형광등 자체의 전파가 안테나에 들어온다. 이것은 형광등으로부터 멀리 격리하면 영향이 없다.
- 형광등을 점등하고 있는 전등선에서 방사되는 전파가 안테나에 들어온다.
- 형광등에서 전등선을 따라 라디오에 침입한다.

이를 방지하기 위하여 아래 그림(a)와 같이 기동용 스위치에 병렬로 0.06[μF] 정도의 콘덴서를 삽입하거나 아래 그림(b)와 같이 0.07[μF]의 콘덴서를 △로 접속한 필터를 전원측에 넣는다. 이것으로 잡음은 75[%] 정도 감소된다. 또한 그림 (c)와 같이 하면 거의 완전하게 잡음을 방지할 수 있으며 이와 같은 것을 L−C형 필터라고 한다.

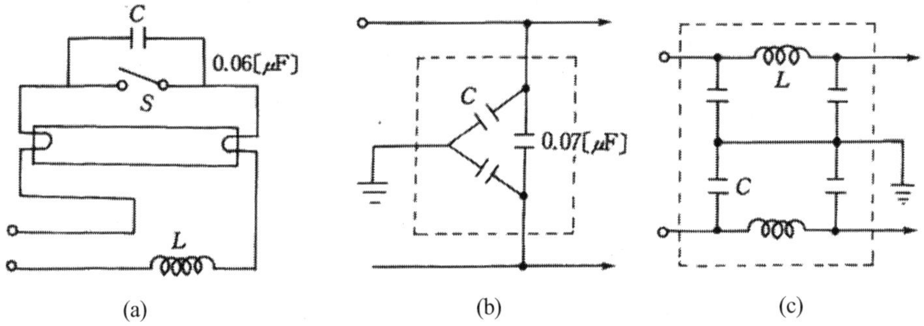

■ 그림 1.3.42 라디오 잡음 방지법

4 LED 등

(1) 발광다이오드(Light Emitting Diode)란 무엇인가?

LED는 발광다이오드의 약자이며, PN 접합된 다이오드로 순방향바이어스로 전압을 인가하여 전류를 흘리면 전기에너지를 가시광선의 빛 에너지로 변환하는 특성을 가진 다이오드이다.

요즈음에는 대형 TV, 교통 신호등, 인테리어 조명, 지하 주차장 조명, 사무실 조명, 차량용 조명 등을 방전등이 아닌 LED등으로 교체를 하고 있으며 그밖에 여러 분야에서 다양하게 이용되고 있다. 아래 그림은 여러 사용 모습을 보여 준다. 이렇게 교체하는 주요한 원인은 전력 소모량이다(전기요금절감). 광변환 효율(광속 lumen/전력 W)이 방전등에 특히 백열 전구에 비하여 현저히 떨어지며(대략 $\frac{1}{3} \sim \frac{1}{10}$ 정도) 효율이 좋은 LED는 높은 조도 확보 가능하다. 전구의 수명에 있어서 필라멘트를 이용한 형광등이나, 백열전구에 비해서 수명은 반도체의 LED는 훨씬 길기 때문이다.

■ 그림 1.3.43 거실의 등이 방전등에서 led 등으로 교체됨

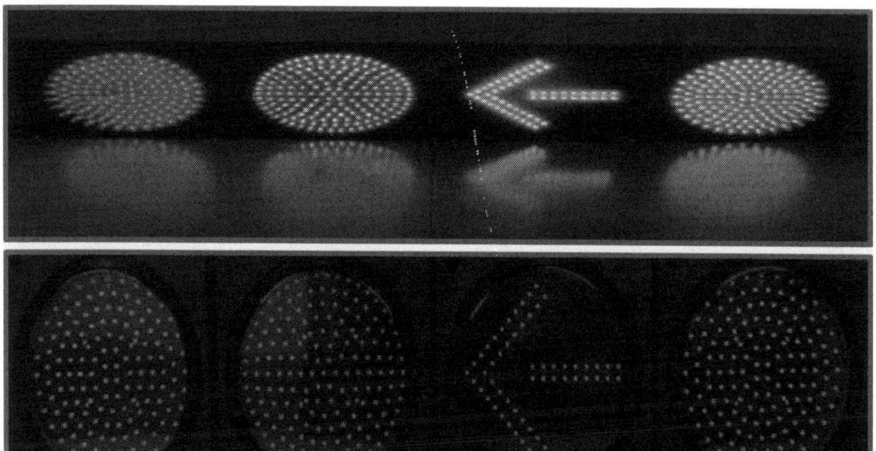

■ 그림 1.3.44 LED을 이용한 신호등

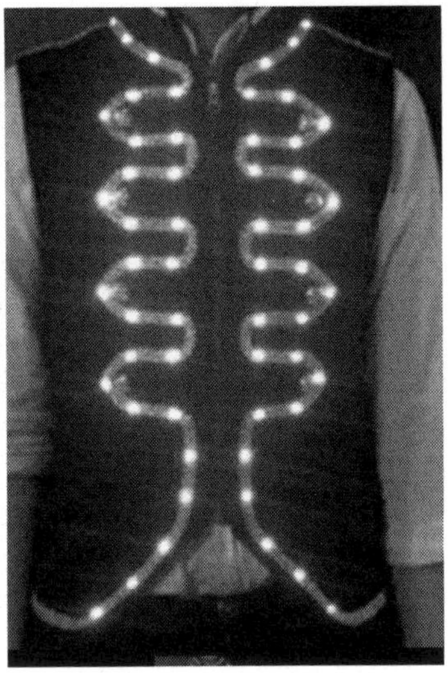

■ 그림 1.3.45 LED을 이용한 의상

LED을 이용하여 여러 응용제품을 만들 수 있다. 다음 표는 응용제품을 구분하여 표로 보여주고 있다.

■ 표 1.3.6 LED 응용제품 구분의 예 (이밖에 다양한 구분 가능함)

구 분	디스플레이용	교통신호용	전장용	광원용
세 트(set)	옥내외 전광판	도로철도신호 도로 경보등 도로 안내등 지명표시등		산업용 특수조명
Module, Array	옥내전광판 문자전광판 옥외전광판	도로교통 신호용모듈 철도교통 신호용모듈	정지신호등 방향지시등 브레이크등 Dash Board	과학정밀기기 특수조명 의료용장비
Unit	가전제품 산업기기 표시창 픽셀(전광판) 완구류			전구형 Unit 형광등형 Unit Back Light

(2) 발광원리

PN 접합(junction) 다이오드는 P형 반도체와 N형 반도체를 결합시킨 반도체로 P형의 정공과 N형의 전자가 각각 접합면에서 정공은 N형 반도체로 전자는 P형 반도체로 확산되고, 전자와 정공이 재결합하여 소멸된다. 이래서 생기는 공간이 공핍층이라고 한다. 이 반도체에 순방향 바이어스를 인가한다. 즉 P형 반도체에 '+' 전위를 N형 반도체에 '−'을 인가하는 경우를 말한다. P형측과 N형측에는 확산에 의해 대전되는 전위차가 생기게 된다. 이 확산전위차 보다

큰 순방향 전압을 가하면, 전자는 N형 영역에서 P형으로, 정공은 P형에서 N형으로 이동하고, 결합하면서 발광이 일어난다.

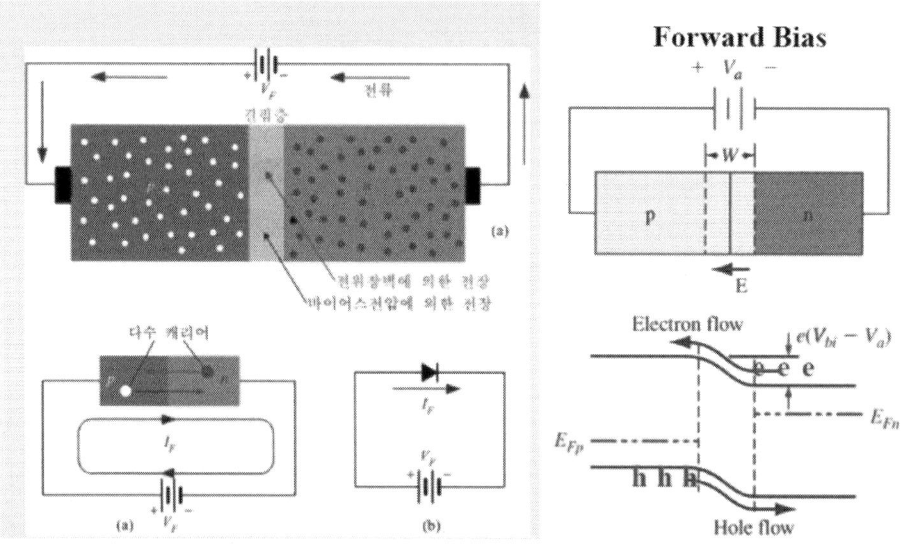

■ 그림 1.3.46 보기 PN접합 순방향 바이어스

LED의 특징은 간단히 백열전구에 비하여 소형, 경량이고, 발열이 상대적으로 적고, 사용시간 이 길며, 응답속도가 빠르고(100ns), 인가전압을 직류, 교류를 사용가능하며 전류에 의한 PMW제어로 광출력을 제어할 수 있다.

전자 혹은 정공(홀)이 방출하는 에너지와 빛의 관계식은 다음과 같다.

$$E = h\frac{c}{\lambda} = \frac{1240}{\lambda} \text{ [eV]} \tag{1.3.9}$$

여기서 E[eV] : 전자(혹은 홀) 방출하는 에너지 　　h : 플랭크 상수

c : 진공중의 빛의 속도 　　λ : 파장[nm]

(3) LED 종류와 특징

① GaP : ZnO 적색 LED

가장 많이 사용되는 적색이며, 저전류에서 사용 적합하여 옥내용 각종기기 등의 표시 소자로 사용됨

② GaP : N 녹색 LED

Gap 기판 결정에 PN접합을 형성하여 옥외용 디스플레이용으로 많이 사용됨

③ GaAlAs계 LED

Al과 As 조성비를 변화하여서 발광파장을 640[nm]에서 900[nm]까지 변화 가능하고 차량용, 도로 표지판, 광고판 등에 사용 됨

④ InGaAlP계 등황색 황색 LED

혼합결정 재료로 휘도가 향상이 된 것이다. 고휘도 등황색이 개발 됨

⑤ GaN계 청색 LED

고휘도의 청색이 개발 됨 신호기의 광원으로 사용됨

⑥ Full LED

풀컬러 LED는 적색, 녹색, 청색LED의 색을 조합하여 순백색의 발광을 포함하여 다양한 색깔의 등을 연출할 수 있다. 빛의 3원색을 이용하여 다양한 컬러를 나타내는 것은 TV에서와 같다.

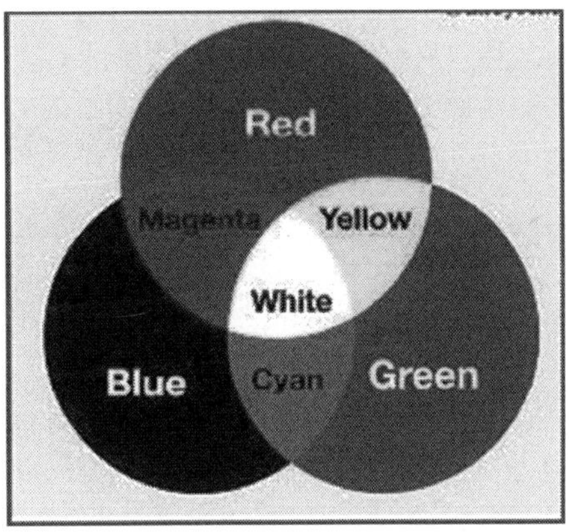

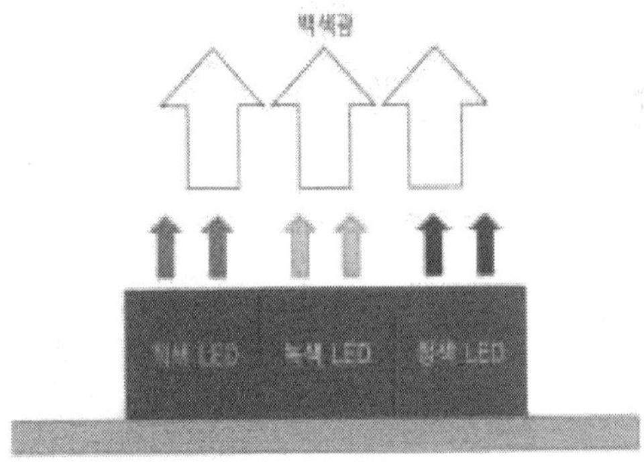

■ 그림 1.3.47 빛의 삼원색 그림 1.3.48 Full LED

(4) LED광원 특징과 기존광원과의 비교

① 긴수명(고신뢰성)

LED가 형광램프로 만들어진 경우에 LED등은 소자하나(자체)의 수명에 비하여 훨씬 줄어든다. 이 유는 LED등의 조립이나 패키지 재료의 열화로 낮아진다. 보통 수만시간으로 백열전구, HID등에 비해 상당히 수명이 길다. 기존의 광원에 비하면 상당히 크다.

② 발광효율이 좋다

발광효율이 백열전구에 비하여는 현저히 좋으나(3배), 형광램프, HID등에 비하여 적었으나 꾸준히 개발이 되어오고 있어서 거의 비슷한 수준으로 개발되고 있다.

③ 저발열량

가시광선의 영역의 에너지 변환율은 LED와 백열전구는 거의 같다. 형광램프와 HID 램프와는 20[%] 이상 높다. 백열전구는 가시광선 영역외의 적외선 영역은 열로 변환하여 발열을 하므로 이와 비교하여 LED는 발열이 적다.

④ 고속응답성

아래 표에서 알 수 있듯이 형광램프, 백열전구에 비하여 현저히 빠르게 응답을 한다.

⑤ 내충격성

기존의 방전등은 유리관을 사용하나, LED는 유리관을 전혀 쓰지 않아서 차량, 전동차, 진동이 심한 제조기계 등에 많이 사용된다.

⑥ 소형 경량, 환경친화성

반도체로 이루어진 LED등은 고체 광원으로 소형, 경량으로 다양하게 응용하여 사용되고 있다. 수은을 사용하는 형광등, 나트륨을 사용하는 나트륨등, 크세논등, 메탈 할로이드 등과 같은 방전등과 달리 LED는 유해 물질이 없다.

⑦ 연색성, 색온도, 발광스펙트럼

연색성은 현재 백열전구에 비해서 좋지 못하고 형광램프와 비슷하여 계속 개선이 필요하다. 색온도는 백색 LED을 만드는 경우에 Full LED을 사용하는 경우도 있고, 그밖에 다른 청색파장이나, 황색파장의 형광등의 조합으로 만들어서 범위가 넓고, 계속 개발이 되고 있어서, 보통 LED는 4,600[°K]~15,000[°K]로 색온도의 범위가 넓다.

발광 스펙트럼은 청색발광스펙트럼(피크파장 470[nm])과 그것으로 여기된 형광체 발광 스펙트럼(피크파장 575[nm])가 합성된 백색의 발광스펙트럼을 보여준다. 이것은 일반적인 형광램프의 발광스펙트럼과 유사하다.

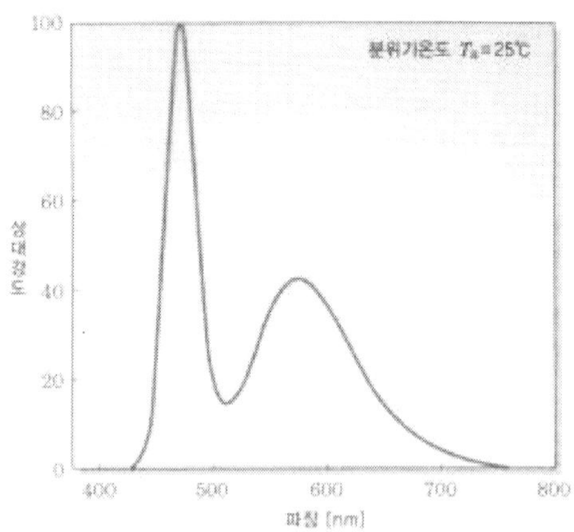

■ 그림 1.3.49 백색 LED 발광스펙트럼

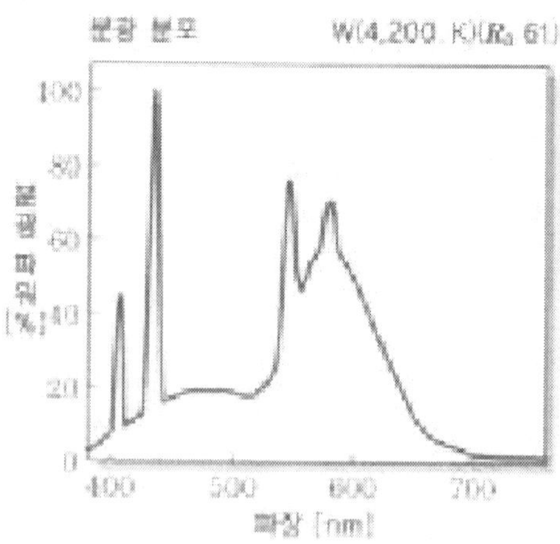

■ 그림 1.3.50 형광램프의 발광스펙트럼

⑧ 지향성

LED는 포탄형의 형상에 수지로 몰드한 포탄형과 PCB기판 위에 반도체를 놓고 납댐 하는 표면 실장형의 SMD형이 있다.

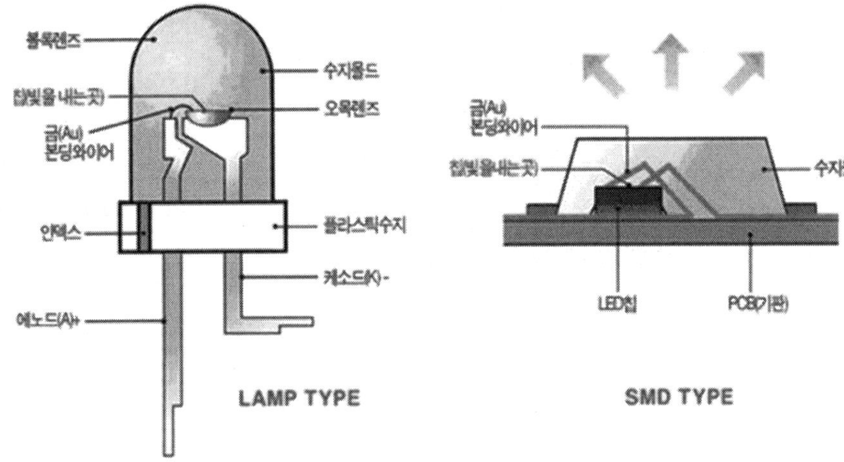

■ 그림 1.3.50 포탄형 LED와 SMD형 LED

포탄형의 경우에 지향성을 가지고 있어서 아래 그림에서 포탄형 소자의 렌즈형상이 빛을 보다 집중할 수 있도록 시야각을 좁게 하면 축상의 발광강도(광도)는 높아지지만 중심을 벗어나면 어두워지는 문제가 생긴다. 반대로 시야각을 넓게 하면 축상의 광도는 낮아지지만 광도는 그다지 낮아지지 않는다. 현재 시야각을 15에서 50으로 장점을 살려서 사용한다.

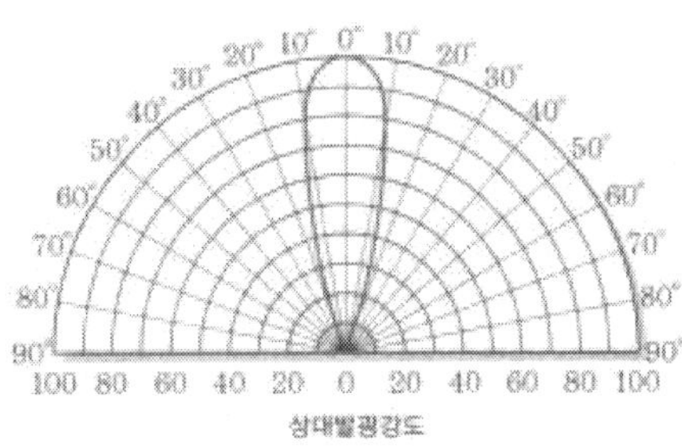

■ 그림 1.3.51 LED램프 지향특성

⑨ 방사특성

방사특성으로서 각도에 따라 볼 수 있는 상대적이 LED의 밝기를 뜻한다. 예를 들어 0에서의 밝기란 LED 다이오드를 정면에서 보았을 때의 밝기와 같다. LED 다이오드는 −60와 +60 사이 120가량의 각도 안에서 빛의 밝기가 뚜렷하고 그래프의 선을 벗어난 그 이하의 각도에서는 빛이 희미하다.

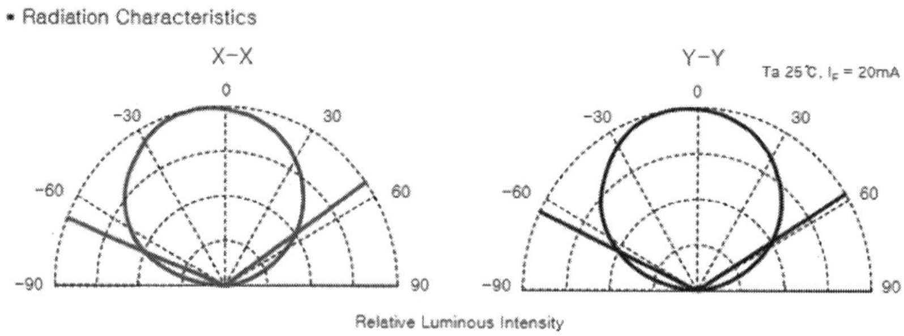

■ 그림 1.3.52 방사특성 그림

⑩ 온도-전압 특성

순방향 전압을 인가하는 경우에 PN접합 반도체는 부특성을 나타낸다. 즉 온도가 높아지면 전압은 낮아지는 특성을 나타낸다.

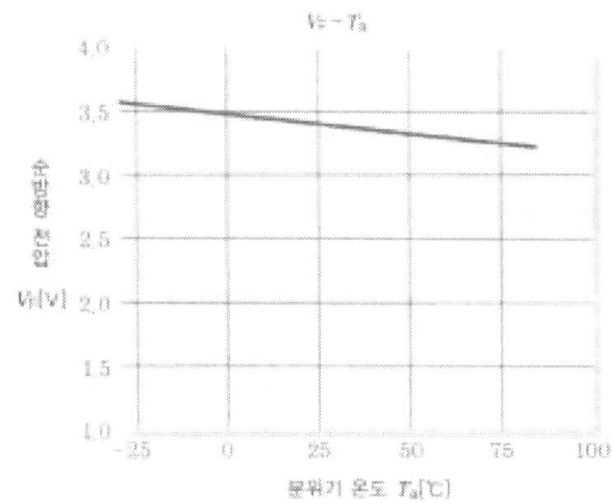

■ 그림 1.3.53 온도-전압 특성

■ 표 1.3.7 각종 LED램프의 특성

	LED 램프 청색 led+황색발광체	백열전구	통상의 형광램프	고휘도 HID램프
발광광도	30~60[lm] (입력1~2W)	800[lm] (60W)	3,100[lm] (40W)	40,000[lm] (400W)
발광효율	30~40[lm/W]	17[lm/W]	68~84[lm/W]	100[lm/W]
(가시광으로의) 에너지 변화율	15~20[%]	8~14[%]	25[%]	20~40[%]
색온도	4,600~15,000[K]	2,400~3,00[K]	4,200~6,500[K]	3,800~6,000[K]
연색성	72	100	61~74	65~70
수명	수 만[h]	1,000[h]	12,000[h]	12,000[h]
응답성	100[ns]	0.15~0.25[ns]	1~2[s]	수분(밝기안정)

■ 참고사항

2013년 7월 16일 산업통상자원부는 국가 에너지 효율을 높이기 위해 2014년부터 국내 시장에서 백열전구 생산과 수입을 전면 중단한다고 밝혔다. 백열전구 퇴출은 세계적인 흐름이다. 2007년 G8 정상회담에서 에너지 절약 정책을 위해 백열전구 퇴출이 결의된 이후 대부분의 OECD 국가에서 단계적으로 백열전구 퇴출이 추진되고 있다. 백열전구의 퇴출 효과는 LED 업계가 볼 것으로 예측되고 있다.

연습문제

1. 백열 전구에 게터(getter)를 사용하는 목적은 무엇인가?
2. 백열전구와 비교하여 LED 전구의 장점을 2가지 이상을 쓰고 설명하라.
3. 텅스텐 필라멘트 전구에서 2중 코일의 주목적은 무엇인가?
4. 백열전구에 사용되는 필라멘트 재료로서 요구되는 조건에 대하여 설명하여라.
5. 파센법칙과 페닝효과에 대하여 설명하여라.
6. 가스 주입 전구와 진공 전구의 특성에 대하여 열거하여라.
7. 백열 전구의 흑화원인과 대책에 대하여 설명하여라.
8. 전구의 동정곡선에 대하여 설명하여라.
9. LED는 pn접합 반도체이다. 발광원리를 설명하라.
10. 형광등에서 안정기의 역할에 대하여 설명하여라.
11. 형광등의 발광원리에 대하여 설명하여라.
12. 저압나트륨등의 특징에 대하여 설명하여라.
13. 형광등의 플리커(flicker) 방지 대책은 무엇인가?
14. 백열전구, 형광등, LED등의 장·단점을 설명하여라.
15. 형광등에서 발생하는 라디오 잡음의 원인과 방지 대책에 대하여 설명하여라.
16. LED type 종류를 들고 설명하라
17. 단색광 LED와 Full LED에 대하여 비교 설명하라.

18. 백열전구는 LED전구로 대체 된다고 한다. 그 이유를 들고 설명하라

19. 형광등의 점등방식에 대하여 설명하여라.

20. 형광등의 흑화현상에 대하여 설명하여라.

21. 형광등의 전압이 정격값 보다 높을 경우와 낮을 경우에 형광등에 어떠한 영향을 미치는가?

22. 발광 현상에서 복사에 관한 법칙이 아닌 것은?

㉮ 스테판-볼츠만의 법칙　　㉯ 빈의 변위 법칙
㉰ 입사각의 코사인 법칙　　㉱ 플랑크의 법칙

23. 발광형상이 없는 것은 무엇인가?

㉮ 온도방사　　㉯ X선
㉰ 전기불꽃　　㉱ 인광

24. 적외선전구는 다음의 어떤 목적에 사용되는가?

㉮ 살균용　　㉯ 건조용
㉰ 조명용　　㉱ 장식용

25. 광원 중 램프효율이 가장 좋지 않은 것은 무엇인가?

㉮ 백열전구　　㉯ 수은램프
㉰ 형광램프　　㉱ 메탈할로이드램프

26. 가스를 넣은 전구에서 질소 대신 아르곤을 쓰는 이유는 무엇인가?

㉮ 값이 싸다.　　㉯ 열의 전도율이 크다.
㉰ 열의 전도율이 작다.　　㉱ 비열이 작다.

27. 가스입 전구에 아르곤가스를 넣을 때, 질소를 봉입하는 이유는 무엇인가?

28. 형광등에서 아르곤을 봉입하는 이유는 무엇인가?

29. 복사루미네선스 중 자극을 주는 조사가 계속되는 동안만 발광현상을 일으키는 것은 무엇인가?

㉮ 형광　　㉯ 마찰　　㉰ 인광　　㉱ 파이로

30. 다음의 법칙은 어느 법칙에 해당되는가 쓰시오. 평등전계하에서 방전개시전압은 기체의 압력과 전극거리와의 곱의 함수가 된다.

31. 일반적으로 '발광되는 파장은 발광시키기 위하여 가한 원복사의 파장보다 길다'라는 법칙은 무엇인가?

32. 형광등의 주위온도는 몇 [°C]일 때 가장 효율이 높은가?

33. 형광등의 관벽온도는 몇 [°C]일 때 가장 효율이 높은가?

34. 방전등의 일종으로서 효율이 대단히 좋으며, 광색은 순황색이고 연기나 안개속을 잘 투과하며 대비성이 좋은 램프는?

35. 방전램프 중에서 분광에너지분포가 주광에너지분포와 가장 가까운 것은 무엇인가?

36. 직류극성을 판별하는데 이용하는 것은?

37. 네온관등의 발광에 이용하는 것은 무엇인가?

38. 투명 네온관등에 네온가스를 봉입하였을 때, 가장 적당한 방전의 색은?

㉮ 등색 ㉯ 황색
㉰ 등적색 ㉱ 백색

39. 방전등의 전압–전류 특성은 마이너스(부특성)이므로 이것을 일정전압의 전원에 연결하면 전류가 급속히 증대되어 방전등을 파괴한다. 이것을 방지하기 위하여 필요한 장치는 무엇인가?

40. EL 등을 설명하라(반도체 발광원리를 중심으로 설명).

41. 온도가 3000[°K]되는 흑체의 전방사에너지는 온도가 1000[°K]일 때 값의 몇 배가 되는지 구하라.

42. 글로우방전과 아크 방전을 구분하여 설명하라.

43. 고휘도 방전등의 종류는 무엇이 있는지(3가지) 설명하라.

Chapter

02

전열공학

1. 전열의 기초
2. 전기가열응용

2.1 전열의 기초

1 전기가열

전열은 전기가열에 의해 전기에너지를 열에너지로 변환하는 것을 말하며, 일반적으로 사용되고 있는 전기가열 방식의 분류와 다른 열원의 특징에 대하여 본장에서 설명한다.

(1) 전기가열의 특징

열원으로서 전력을 사용하는 경우 다른 열원에 비하여 유리한 점은 다음과 같다.

① 매우 높은 온도를 얻을 수 있다

석탄, 석유, 가스 등의 일반적인 열원의 연소에 의해서 얻어지는 온도는 공업적으로 1500[°K] 정도가 한도이다. 아크에 의한 가열이라든가 피열물 자체에 직접 전류를 통하여 가열하는 방법으로는 2000[°K] 이상의 온도를 쉽게 얻을 수 있다. 전류밀도가 큰 플라즈마에 의한 가열에서는 수 10000[°K] 이상의 초고온의 발생이 가능하다.

② 내부가열이 가능하다

연료에 의한 경우에는 물체의 표면에서만 가열되므로 열원과 물체 사이의 열저항에 의한 온도차가 생겨 필요한 가열온도보다 높은 열원이 필요하므로 열효율이 나빠진다. 또한 피열물의 내부를 균일하게 가열하는 것이 곤란하다. 전기가열에서는 직접통전에 의한 가열의 경우이든 유도가열 또는 유전가열의 경우이든 피열물의 내부에 열을 발생시킬 수 있으므로 피열물 자체가 최고온도로 되며, 열절연도 잘 될 수 있으므로 열효율이 좋아지고 온도 상승속도를 빠르게 할 수 있으며 균일가열도 쉽게 할 수 있다.

③ 열효율이 높다

연료를 사용하는 가열에서는 연소 가스, 과잉 공기가 배기구로 유출될 때 유실되는 열 또는 미연소 가스의 함유 열량이 많지만 직접식은 물론 간접식의 전기가열에서는 발생가스가 없고, 또 밀폐 보온을 잘 할 수 있으므로 효율이 높다.

④ 노기제어가 쉽다

전기가열에서는 연소에 의하여 발생되는 오염이나 가스의 발생한다. 전기가열은 연소가스가 없고 노 내부를 진공, 불활성, 환원성가스로 노내의 분위기를 제어하여 산화방지, 침탄 등을 할 수 있다. 전기가열에서는 온도분포가 좋고, 온도의 제어가 쉬우므로 제품의 품질이 균일화되어 불량품이 적으므로 손실이 적다.

⑤ 방사열의 이용이 유효하다

연료를 사용하는 로에서는 방사열을 아래쪽으로 집중하기가 어렵지만 전기가열에서는 방사열을 임의의 방향으로 향하게 하는 것이 매우 쉽다.

⑥ 온도 및 가열시간의 제어가 쉽다

연료를 사용하는 가열에 비해서 전기가열에서는 열원도 부하로서 전기회로의 일부를 구성하고 있기 때문에 공급 전력의 조정이 매우 쉽고, 또한 온도의 분포, 가열온도, 가열시간 등의 조절이 매우 간단하다.

⑦ 제품의 품질이 향상된다

연료를 사용하는 가열에 비해서 전기가열에서는 온도분포가 양호하고 온도제어가 쉬우므로 제품의 품질이 균일화되고 또한 불량품이 적어져서 품질이 좋아진다.

⑧ 환경을 오염시키지 않는다

연료를 사용하는 가열에 비해서 연소 배출물을 발생시키지 않으므로 환경오염이 없으며 또한 비열이 적으므로 로 주위의 작업환경이 양호하다.

(2) 전기가열의 방식

일반적으로 사용되고 있는 전기가열의 방식을 분류하면, 저항가열, 아크가열, 유도가열, 유전가열, 복사가열 등으로 분류되며 또한 각각 그 조합방식이 있다. 이 외에도 실험실용으로는 전자가열방식도 사용되고 있다.

① 저항가열(resistance heating)

저항가열은 전류에 의한 줄열(오옴손)을 이용하여 가열하는 것으로 직접식과 간접식이 있다. 직접식 저항가열은 도전성의 피열물에 직접 전류를 통하여 가열하는 방식이고, 간접식은 저항체(발열체)로부터의 열을 복사, 전도, 대류에 의해서 피열물에 전달시켜 가열하는 방식이다.

② 아크가열(arc heating)

아크열을 가열에 이용하는 것으로서 직접식과 직접식이 있다. 직접식 아크가열은 피열물 자체를 전극으로 하거나 아크의 매질로 삼아 가열하는 방식이다. 간접식은 아크열을 복사, 전도 또는 대류에 의해서 피열물에 전달시켜 가열하는 방식이다.

③ 유도가열(induction heating)

교류 자계 중 전도성 물체에 생기는 와전류에 의한 저항손 또는 히스테리시스손을 이용하여 가열하는 것으로써 직접 피열물 중에 생기는 와전류손에 의해서 가열되는 직접식 유도가열과 전열선 피열물을 도전성의 용기에 넣고 용기에 생긴 와전류손으로 가열하는 간접식이 있다. 가열전원의 주파수에 따라서 저주파 유도가열 및 고주파 유도가열로 나눌 수 있다.

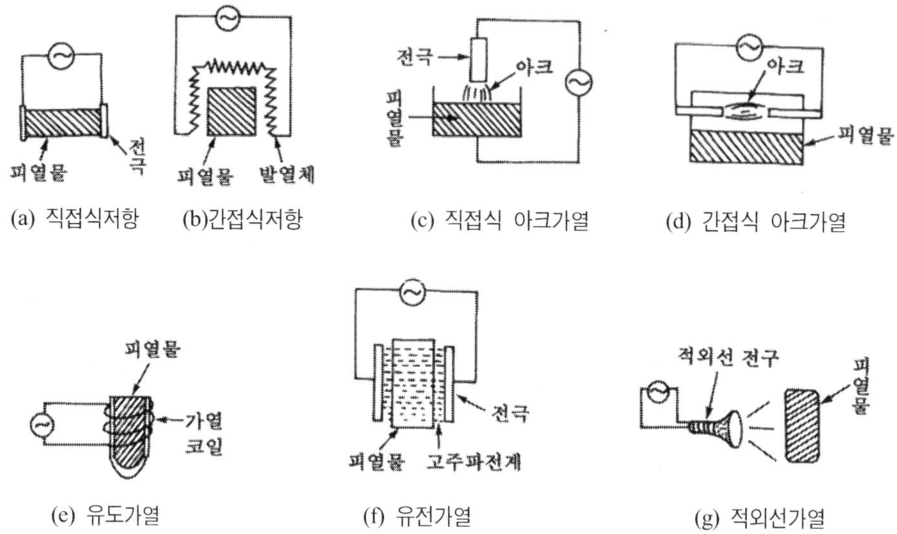

(a) 직접식저항 (b)간접식저항 (c) 직접식 아크가열 (d) 간접식 아크가열

(e) 유도가열 (f) 유전가열 (g) 적외선가열

■ 그림 2.1.1 각종 전기가열방식

④ 유전가열(dielectric heating)

유전가열은 전기적 절연물을 직접 가열하는데 사용된다. 즉, 고주파 전계 중에 절연성 피열물을 놓고, 여기서 생기는 유전체손을 이용하여 가열하는 방식이다.

⑤ 복사가열(radiation heating)

적외선가열이라고도 하며, 발열체로는 적외선전구 또는 비금속 발열체가 사용되며, 복사되는 적외선을 피열물의 표면에 조사하여 사용한다. 적외선전구에 의한 것을 많이 사용한다.

⑥ 전자빔가열(electron-beam heating)

진공 중에서 직류 고전압에 의하여 가속된 전자류를 피열물에 조사하는 가열 방식이다. 고융점 물질의 용접, 절단, 열처리, 증착 또는 플라즈마(plasma) 발생 등의 응용에 전자빔의 유용성이 크게 요구되고 있다. 이 점자빔의 발생은 열음극을 전자 공급원으로 하는 열음극 전자빔과 기체의 전리로 발생하는 플라즈마를 하전입자 공급원으로 하는 플라즈마 전자빔으로 나눌 수 있다.

2 전열의 계산

(1) 열회로와 전기회로(오옴의 법칙)

열의 이동을 생각할 때 열의 흐름과 전류는 매우 흡사하다(그림 2.1.2, 그림 2.1.3). 그림 2.1.2와 같은 봉형태인 물체를 생각할 때 단위시간에 흐르는 열량을 열류라고 한다.

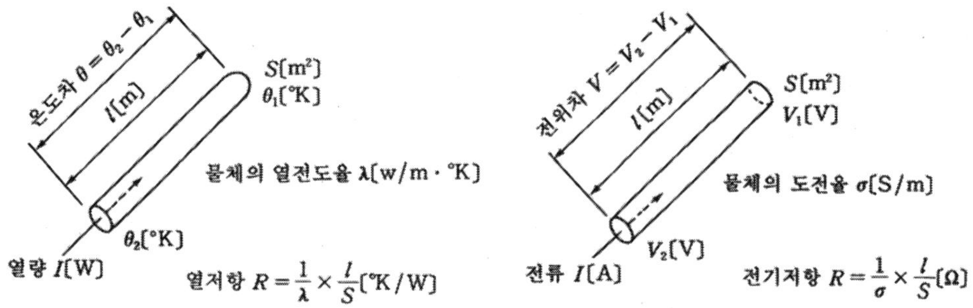

■ 그림 2.1.2 열저항과 전기저항

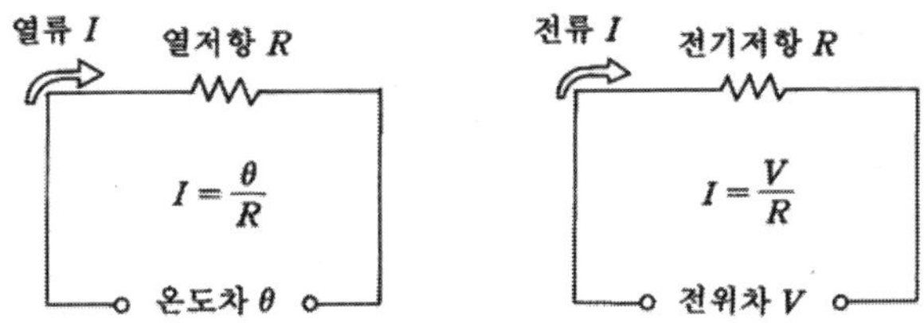

■ 그림 2.1.3 열회로와 전기회로의 오옴법칙

열류는 봉 양단의 온도차가 클수록 크며 단면적도 넓으면 크다. 그러나 봉의 길이는 길수록 작다. 이 관계를 식으로 나타내면 다음과 같이 된다.

$$I = \lambda \times \frac{S}{l} \times \theta \tag{2.1.1}$$

여기서, I : 열류[W]　　　S : 단면적[m²]

l : 길이[m]　　　θ : 온도차[°K]

또한 λ는 재료에 따라 결정되는 비례정수인데 열전도율이라고 하며, 단위는 [W/m·°K]로 나타낸다. λ은 물체의 크기와 재료에 따라 결정되는 값으로

$$R = \frac{1}{\lambda} \times \frac{l}{S} \ [℃ \cdot h/kcal] - 열저항 \tag{2.1.2}$$

이라 하면 식 (2.1.1)은

$$I = \frac{\theta}{R} \tag{2.1.3}$$

가 되며 이 식은 열회로에 있어서의 오옴의 법칙을 나타내고 있다. 여기서, R은 열저항(thermal resistance)이라 하고, 단위는 [°K/W]로 나타낸다.

열회로와 전기회로의 대응관계를 그림 2.1.4에 나타내었다. 전기회로식에서 쓰는 방식과 열회로에서 방식을 비교하여 설명하였다.

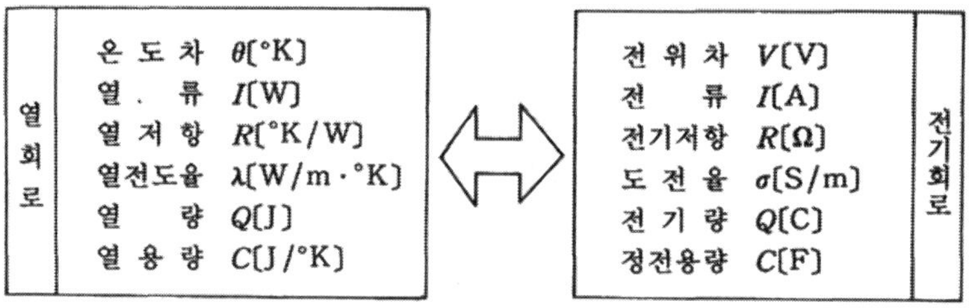

■ 그림 2.1.4 열회로와 전기회로 대응관계

■ 표 2.1.1 열회로와 전기회로의 대응

전기회로계		열회로계	
전 기 량	Q[C]	열 량	Q[J]
전압(전위차)	E[V]	온 도 차	θ [deg]
저 항	R[Ω, V/A]	열 저 항	R [deg/W]
전 류	I[A]	열 류	I[W]
도 전 율	σ [1/Ω·m]	열전도율	k [W/m·deg]
저 항 률	ρ [Ω·m]	열저항률	ρ [m·deg/W]
정전용량	C[F, C/V]	열 용 량	C[J/deg]
시 정 수	$\tau = RC$[s]	열시정수	$\tau = RC$[s]
$E = RI,\ Q = \int I dt$ $I = \frac{dQ}{dt},\ Q = CV$ $R = \frac{l}{\sigma S} = \rho\frac{l}{S}$		$\theta = RI,\ Q = \int I dt$ $I = \frac{dQ}{dt},\ Q = C\theta$ $R = \frac{l}{kS} = \rho\frac{l}{S}$	

(2) 열 량

열량의 단위는 물 1[g]을 14.5[℃]에서 15.5[℃]까지 1[℃] 높이는데 필요한 열량이다. 즉 1[cal]는 물 1[g]을 1[℃]올리는데 필요한 열량을 말한다. 열의 단위계는 SI계에서 나타내는 것으로 되어 있으나 아직 kcal계를 사용하는 경우가 많다. 열의 작업당량에서

1[cal]=4.186[J]≒4.2[J]

1[kcal]=4186.05[J]

즉 1[J]=0.2389[cal]이다

1[BTU]=252[cal]=0.252[kcal]

물 1[lb]을 1[F]올리는데 필요한 열량을 말한다. 즉 1[kcal]=3.969[BTU] 이다.

비열은 1[kg]의 물질을 1[°K] 또는 1[℃]올리는데 필요한 열량을 말하고 단위는 [J/kg·°K], 또는 [kcal/kg·℃], m[kg]의 물질을 θ[°K] 정도 온도를 상승시키는 경우 물질의 비열을 c[J/kg·°K]로 하면

이에 소요되는 열량 Q[J]는 다음과 같다.

$$Q = mc\theta \text{ [J]} \tag{2.1.4}$$

여기서, mc는 물질을 1[°K] 온도를 상승시키기 위한 열량 Q[J]로서 물질의 열용량이라 하며 단위는 [J/°K]로 나타낸다.

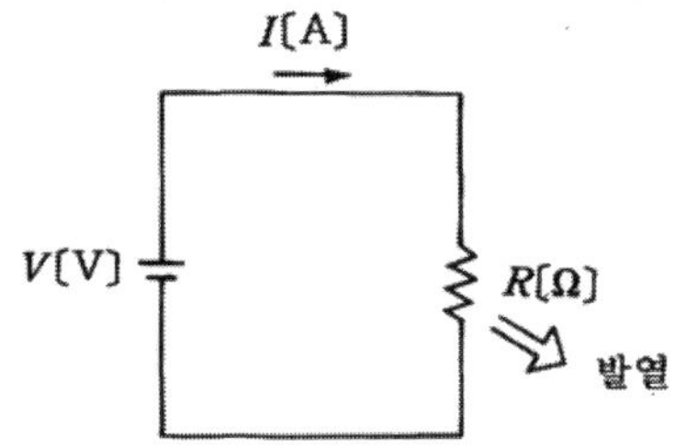

■ 그림 2.1.5 주울의 법칙

그림 2.1.5의 회로에서 저항에 발생하는 열량 Q[J]는

$$Q = I^2 Rt \tag{2.1.5}$$

가 된다. $I^2 R$은 R에서 소비되는 전력인데 전력을 P[W]로 나타내면

$$Q = Pt \tag{2.1.6}$$

로 된다. 식 (2.1.6)의 단위는 [W·s]가 되는데 식 (2.1.5)와 같은 식이기 때문에 [J]와 [W·s]는 같은 단위라고 할 수 있다. 전력력용으로서 사용하는 1[kW·h]는 다음과 같다

1[kW·h]=3600[kW·s]=3600[kJ]=860[kcal]

열의 단위계는 SI계에서 나타내는 것으로 되어 있으나 아직 kcal계를 사용하는 경우가 많다.

■ 표 2.1.2 열관계의 단위 환산표

단위계	SI계	kacl계
열 량	4.186[kJ] 1	1[kcal] 0.24
열용량	4.186[kJ/°K] 1	1[kcal/°C] 0.24
열 류	1.163[W] 1	1[kcal/h] 0.86
열전도율	1.163[W/m·°K] 1	1[kcal/m·h·°C] 0.86
비 열	4.186[kJ/kg·°K] 1	1[kcal/kg·°C] 0.24

물과 같이 얼음이 되었다가 다시 물이 되고, 수증기가 되는 경우에는 물질이 온도는 변화하지 않고 고체, 액체, 기체 상태로 변화하기 위해서는 필요한 열량이 융해열과 기화열이 있다. 얼음의 경우 융해열은 80[cal/g]=80[kcal/kg]이고, 물의 기화열은 539[cal/g]=539[kcal/kg]이 필요하다.

예제 2.1 물의 비열은 1[kcal/kg·°C]이다. 물 3[kg]의 온도를 20[°C] 높이는 데 필요한 열량 [kcal]을 구하라.

풀이 위 식에서 물 3[kg]의 온도를 20[℃] 높이는 데 필요한 열량 Q는

$$Q = mc\Delta\theta$$
$$= 3\times1\times20 = 60[kcal]$$

예제 2.2 0[°C]의 얼음 2.5[kg]을 융해시켜 90[°C]까지 상승시키는 데 필요한 열량 [kcal]을 구하라.

풀이 0[℃]의 얼음 2.5[kg]이 융해하여 0[℃]의 물로 상태 변화를 일으키는데 필요한 융해 열과 0[℃]의 물에서 90[℃]까지 온도 상승을 시키는데 필요한 현열의 합이 필요한 전체의 열량이 된다. 따라서 위 식에 의해 가열 열량 Q는 다음과 같다.

$$Q = \text{융해열}+\text{현열} = mH + mc(\theta_2 - \theta_1)$$
$$= (2.5\times80)+(2.5\times1\times90) = 2.5\times(80+90) = 425[kcal]$$

예제 2.3 0[°C]의 얼음 2[l]를 1기압하에서 비등시키는 데 필요한 열량 [kcal]을 구하라.

풀이 부피와 질량의 단위 관계에서 2[l]=2,000[g]=2[kg]이고, 0[℃]의 얼음 2[l]가 비등 하는 변화 과정에서 각각 필요한 가열 열량은 다음과 같다.

① 0[℃]의 얼음 → 100[℃]의 물 : 융해열(잠열)

$Q_1 = mH = 2000[g]\times80[cal/g] = 160,000[cal] = 160[kcal]$

② 0[℃]의 물 → 100[℃]의 물 : 현열

$Q_2 = mc(\theta_2 - \theta_1) = 2000[g]\times1[cal/g\ ℃]\times100 = 200,000[cal] = 200[kcal]$

③ 100[℃]의 물 → 100[℃]의 수증기 : 기화열(잠열)

$Q_3 = mH = 2000[g]\times539[cal/g] = 1,078,000[cal] = 1,078[kcal]$

따라서 전체 필요한 가열 열량 Q는

$$Q = \text{융해열}+\text{현열}+\text{기화열}$$
$$= Q_1 + Q_2 + Q_3 = 160+200+1,078 = 1,438[kcal]$$

예제 2.4 주강 1[t]을 40분에 용해하는 전기로에 필요한 입력 전류 [A]는 얼마인가? (단, 주강의 초기 온도는 30[°C], 융점은 1530[°C], 비열은 670[J/kg·K], 용해잠열은 314×10^3[J/kg]으로 한다. 또한 로의 효율은 80[%], 역률은 80[%], 공급전압은 3상 200[V]로 한다.)

풀이 $Q = mc\theta + \text{잠열}$

$= 1000 \times 670 \times (1530 - 30) + 314 \times 10^3 \times 1000 = 1.32 \times 10^9 [\text{J}]$

$$I = \frac{Q}{\sqrt{3} \times V \times \cos\theta \times t \times \eta} = \frac{1.32 \times 10^9}{\sqrt{3} \times 200 \times 0.8 \times 40 \times 60 \times 0.8} = 2480[A]$$

전력 P는 전계에너지가 1[s]동안 한 일로써

$$P = \frac{W}{t} = \frac{qV}{t} = IV = I^2R = \frac{V^2}{R} [\text{W}] \qquad (2.1.7)$$

이고, 전력의 단위는 J/s를 와트 [W, Watt]로 표시한다.

전력량 W는 전력 P[W]가 t[s]동안 한 일을 나타내며 다음과 같이 된다.

$$W = Pt = VIt = I^2Rt \ [\text{kWh}] \qquad (2.1.8)$$

단위는 [W·s]이고 [J]과 같으며, 실생활에서는 [Wh], [kWh]를 사용한다.

만약, m[l]의 물을 t시간에 T_1에서 T_2로 상승시키는 경우에 필요한 전열기 용량은 다음이다.

$$\text{전열기 소요용량} = Pt/t = \frac{mc(T_2 - T_1)}{860\eta t} \ [\text{kW}]$$

(여기서 η는 전열기의 효율이다. c는 물이 비열이다.)

전력량[W·s]을 열량 [cal]으로 나타내려면 칼로리와 줄의 관계로부터 전력량의 0.24배를 하면 된다.

$$Q = 0.24W = 0.24VIt = 0.24Pt = 0.24I^2Rt = 0.24\frac{V^2}{R}t \ [\text{cal}] \qquad (2.1.9)$$

예제 2.5 1000[W]의 온수기로 2[°C]의 물 2[l]를 100[°C]까지 높이는 데 걸리는 시간을 구하라. 단, 온수기의 효율은 90[%]이다.

풀이 가열열량과 가열전력의 관계는 앞의 정리에서와 같이 단위에 따라 두 가지 방법이 있다.

$$0.24Pt\eta = mcT(P[\text{W}],\ t[\text{s}],\ m[\text{g}],\ c[\text{cal/g}\cdot℃],\ T[℃])$$

$$\therefore t = \frac{2000 \times 1 \times 98}{0.24 \times 1000 \times 0.9} = 907.41[\text{s}] \fallingdotseq 15[\text{분}]$$

$$\therefore t = 27.8[\text{min}] \fallingdotseq 28[\text{min}]$$

별해 $860Pt\eta = mcT$

$$t = \frac{mcT}{860P\eta} = \frac{2 \times 1 \times 98}{860 \times 1 \times 0.9} = 0.253[\text{h}]$$

$$\therefore t \fallingdotseq 15[\text{min}]$$

예제 2.6 10[Ω]의 저항에 20[A]를 10분간 흘렸을 때의 발열량은 얼마인가?

풀이 $Q = 0.24 I^2 Rt = 0.24 \times 20^2 \times 10 \times 60 = 288$[kcal]

(3) 열의 전달

물체의 온도가 주위온도보다 높으면 주위로 열을 발산하게 되고, 이와 같은 열의 전달은 전도, 대류 및 복사에 의해 이루어진다.

전도는 고체 내부에서 열의 이동에 의한 것이고, 대류 및 복사(방사)는 고온 물체 표면에서 외부로의 열발산으로 행하여진다. 그러나 대류와 복사의 온도에 따른 열전달을 비교하면, 온도가 낮은 경우의 열전달은 주로 대류에 의해 이루어지고, 온도가 높은 경우에는 복사에 의한 방식으로 주로 이루어진다.

① 전도(conduction)

열전달의 매개물은 고체이며, 고체 내부에서 열이 고온부에서 저온부로 이동하는 열의 흐름 방식이다.

전류가 흐르는 전기회로에서의 전기전도는 일반적으로 1차원적인 형태이지만, 열전도는 3차원적인 형태가 대부분이다. 그러나 열이 봉 또는 판 등의 매개물에서 한 방향으로 흐르거나 원통, 구와 같이 대칭적으로 흐르는 경우에는 전기회로로 등가시켜 해석하면 매우 편리하다.

단면적 S가 균일하고 길이가 l인 봉상 막대의 양단의 온도가 θ_1, θ_2 $(\theta_1 > \theta_2)$일 때, 열의 흐름은 열역학 제2법칙에 의해 온도가 높은 곳에서 낮은 곳으로 이동한다.

따라서 봉상 막대에서 외부로 열의 방출이 없고, 고온부(θ_1)에서부터 저온부(θ_2)까지 축방향으로 열의 전도가 일어나는 경우, 단위 시간당 흐르는 열량을 열류라 한다. 즉 열류는 $I = dQ/dt$를 의미하므로 단위는 [J/s]=[W]로 표시된다.

열류는 열이 전달되는 매체의 특성에 따라 다음의 성질을 나타낸다.

- 양단의 온도차 θ[℃]$(= \theta_1 - \theta_2)$가 클수록 크게 흐른다.
- 단면적 S[m^2]가 클수록 크게 흐른다.
- 길이 l[m]이 길면 적게 흐른다.
- 재질에 따라 다르게 흐른다(비례상수 k : 열전도율).

이것을 식으로 표현하면 다음과 같다.

$$I = k \frac{S}{l} \theta \qquad (2.1.10)$$

단, 비례상수 k는 재질에 따라서 정해지는 상수로써 열도전율(thermal conducivity)이라 하고, 단위는 식 (2.1.10)에서 [W/m · ℃]로 유도된다. 또 도전율의 역수가 저항률이므로 열도전율 k의 역수를 열저항률 ρ라 하며, 단위는 [m·℃/W]로 된다.

이상으로부터 식 (2.1.10)은 다음과 같이 나타낼 수 있다.

$$\theta = I \cdot \left(\frac{l}{kS}\right) = I \cdot \left(\rho\frac{l}{S}\right) = RI\ [℃]$$

$$\therefore\ \theta = RI\ (\text{열전도에서 옴의 법칙}) \tag{2.1.11}$$

식 (2.1.11)의 괄호 내는 전기회로의 전기저항에 해당하므로 열저항(thermal resistance)이라 부르고, 단위는 [℃/W]로 표시한다. 즉, 온도차는 열저항과 열류의 곱이 되고, 이것을 열전도에서 옴의 법칙(Ohm's law)이라 한다.

도체에서의 전기전도의 식은 다음과 같으며, 이것을 전기전도에서의 옴의 법칙이라 하고, 열전도의 옴의 법칙인 식 (2.1.11)와 유사한 것을 알 수 있다.

$$V = I \cdot \left(\frac{l}{kS}\right) = I \cdot \left(\rho\frac{l}{S}\right) = RI\,[V] \tag{2.1.12}$$

열의 전도를 전기회로를 변화한 등가회로이고, 전기전도와 열전도의 상호 대응 관계를 앞의 표 2.1.1에 나타낸다.

② 대류(convection)

기체나 액체의 유동에 의해 분자가 열의 운반체가 되어 열의 전달이 이루어지는 방식이다

기체 또는 액체의 유동에 의한 열의 전달을 대류라 한다. 물체 표면에서 가열되거나 열을 받을 때 표면에서 발산 또는 흡수되는 단위 면적당의 열류, 즉 열류밀도는 표면과 주위의 온도차에 의해 결정된다. 따라서 열류밀도를 P[W/m^2]라 하면 대류에 의한 열류는 다음과 같이 된다.

$$I = PS = hS\theta\ [W] \tag{2.1.13}$$

단, 열류 I[W], 고온의 고체와 주위의 유체와의 온도차 θ[℃], 표면적 S[m^2], 열전달을 h[W/m^2·℃]라 한다. 열전달율은 물체 주위에 있는 유체의 물질 및 유속에 따라 변화하는 값이다. 식 (2.1.11)을 다음과 같이 변형하면 아래의 수식이 되고, 열저항이라 한다.

$$\frac{\theta}{I} = \frac{1}{hS} (= R) \tag{2.1.14}$$

이것은 물체 표면에서 방열 또는 수열을 하는 경우의 온도차와 열류 사이의 열저항이고, 열 전도에서의 열저항과 구분하기 위하여 표면 열저항이라고 부른다.

③ 복사(radiation)

빛이나 적외선과 같이 중간 매개물이 없이 전자파 형태의 복사 에너지에 의해 열이 전달되는 방식이다.

물체 표면에서 외부로 전자파의 복사 에너지에 의해 열이 방출되어 전달되는 것을 복사라 한다. 표면의 단위 면적에서 방출되는 복사 에너지는 스테판-볼츠만 법칙에 의해 절대온도 T[K]의 4제곱

에 비례한다. 즉, 물체 표면과 그 주위의 절대온도의 차 T[K], 발열체의 열발산율 Φ이라 할 때, 표면에서 방출되는 단위 면적당의 열류, 즉 열류밀도 I[W/m^2]는

$$I = \Phi a T^4 \text{ [W/m}^2\text{]} \tag{2.1.15}$$

이고, $a = 5.6696\times10^{-8}$[W/m$^2\cdot$K^4]은 스테판–볼츠만 상수이다.

예제 2.7 원형의 단면적이 0.2[m^2], 길이가 5[m]인 봉상 도체에서 한 끝의 온도는 300[°C], 다른 끝의 온도는 100[°C]이다. 이 도체에서 1시간에 50[kcal]의 열이 전달되었을 때, 이 도체의 열전도율 [kcal/h·m °C]을 구하라.

풀이 위에 나온 열전도의 옴의 법칙 식으로부터 열류 I는

$$I = \frac{\theta}{R}\left(\text{열저항} : R = \rho\frac{l}{S} = \frac{l}{kS}\right)$$

이고, 이 식에 열저항 R을 대입하면 열전도율 k는 다음과 같이 얻어진다.

$$I = \frac{\theta}{R} = \frac{kS\theta}{l}$$

$$\therefore k = \frac{lI}{S\theta} = \frac{5\times50}{0.2\times(300-100)} = 6.25\text{[kcal/h}\cdot\text{m}\cdot\text{℃]}$$

(4) 물체의 가열과 냉각

① 비열과 열용량

비열은 물체 1[kg]을 1[°K]만큼 온도상승시키는 데 필요한 열량[J]이며 c[J/°K·kg]으로 표시된다. 지금 m[kg]의 물체를 θ[°K]만큼 온도를 상승시킬 경우, 이에 필요로 하는 열량 Q[J]는 물체의 비열을 c라고 하면 다음과 같이 된다.

$$Q = m\cdot c\cdot\theta \text{ [J]} \tag{2.1.16}$$

$m\cdot c$는 물체를 1[°K]만큼 온도상승시키기 위한 열량이므로 물체의 열용량이라 하며 [J/°K]로 표시된다. 이것은 정전계에 있어 물체의 전위를 1[V] 상승시키기 위한 전기량인 것과 흡사하다. 물체의 열용량을 계산하는 경우 비열로부터 계산하려면 물체의 중량을 알아야 한다. 그러나 열저항과 조합하여 계산할 경우는 치수에 따라 계산하는 것이 편리하다.

물체의 밀도는 ρ[kg/m^3], 체적을 V[m^3]라 하면 물체의 중량 m[kg]은

$$m = \rho V\text{[kg]}$$

로 되며 물체의 열용량 C[J/°K]는

$$C = m\cdot c = c\cdot\rho\cdot V\text{[J/°K]}$$

② 물체의 가열

식 (2.1.9)에 의해 다음과 같이 나타낼 수 있다.

$$\theta = \frac{Q}{C} = \frac{\text{열량}}{\text{열용량}} \ [^\circ\text{K}] \tag{2.1.17}$$

즉, 물체의 온도상승은 가해진 열량에 비례하고 열용량에 반비례한다. 이것은 콘덴서를 충전하는 경우와 같으며, 전위상승은 가해진 전기량에 비례하고 정전용량에 반비례한다.

지금 열용량을 C[J/°K], 열류를 I[W]로 하면 온도상승 θ[°K]는 다음 식과 같이 된다.

$$\theta = \frac{1}{C}\int I\,dt \ [\text{K}] \tag{2.1.18}$$

이것은 정전용량 C를 전류 I로 충전하는 경우의 전위상승과 거의 같다. 이것을 전기회로와 비교하면 그림 2.1.6(a)와 같이 된다. 이상은 물체가 순수한 열용량만을 가지고 있고 외부에 대한 열의 누설이 전혀 없다고 가정했을 때 이지만 실제는 열의 완전한 절연은 없고 반드시 누설이 있으며, 또 누설 열량은 온도상승이 클수록 많아진다.

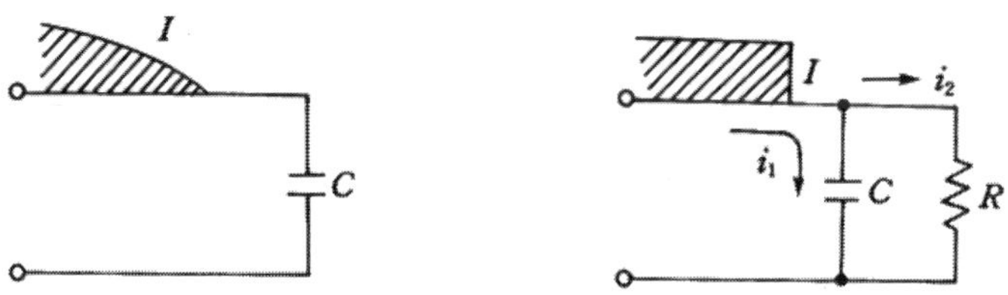

■ 그림 2.1.6 물체 가열의 등가회로

따라서 온도상승은 반드시 가해진 열량에 비례하는 것은 아니다. 전기회로의 경우도 똑같이 콘덴서에 누설이 있으면 그림 2.1.6(b)와 같이 정전용량 C에 병렬로 누설저항 R을 고려하고 이 R을 열저항이라 생각하면 열의 경우도 전기회로와 똑같은 적용이 가능하게 된다. 지금 일정한 열류 I로 가열할 때 의 온도상승은 그림 2.1.7에서 알 수 있는 바와 같이

$$I = i_1 + i_2$$

$$\theta = \frac{1}{C}\int i_1 dt = Ri_2$$

$$\theta = R \cdot I(1 - \epsilon^{-t/RC}) \tag{2.1.19}$$

이 된다.

이것이 일정한 열류로 가열할 때의 온도상승을 나타내는 기본식이며 이것을 그림으로 나타내면 그림 2.1.7과 같다. 이 때 가한 열류 I 가운데 i_1은 열용량 에 흡수된 열류이고 온도상승이 커짐에 따라 외부에 대한 누설열류 i_2는 차차 크게 되며 i_1은 작아진다. 온도상승이 커지면 가한 열류의 전부가 밖으로 누설되어 온도상승이 멈추게 된다. 즉, 이 온도가 최종 온도로서 포화열 온도라고

한다. 식 (2.1.19)에서 $t \to \infty$일 때 포화온도 $\theta = IR$이 된다. 식 (2.1.20)의 R, C는 시간의 차원(dimension)을 가지는 것으로 시정수라고 하고, 온도 상승이 빠르고 늦음을 결정하게 된다.

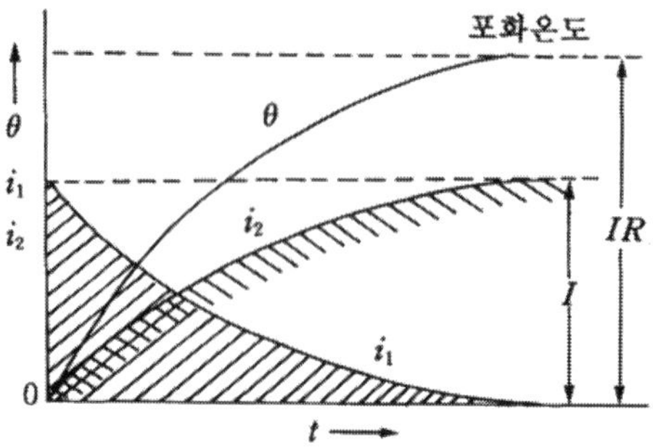

■ 그림 2.1.7 일정한 열류로 가열하는 경우의 온도상승

③ 물체의 냉각

일정한 온도에 있는 물체의 냉각에 대하여 생각해 보자. 물체의 열용량을 C[J/C], 저장되어 있는 열량을 Q[J]라 하면 물체와 온도 θ_0는 식 (2.1.17)에서

$$\theta_0 = \frac{Q}{C}\ [℃] \tag{2.1.20}$$

이다. 만약 물체의 열절연이 완전하다면 열의 누설이 없으므로 물채는 언제까지나 이 온도를 유지하게 된다. 그러나 실제열류의 누설이 있으므로 온도차는 차차 감소해서 외부온도에 가까워진다. 이것은 그림 2.1.8과 같이 정전용량 C에 저장된 전기량이 저항 R을 통하여 방전할 때 전위가 저하되는 것과 같다. 이때의 전위강하, 즉 열의 경우 온도강하는 다음식과 같이 계산된다.

$$\theta_0 = \theta_0 \epsilon^{-t/RC} \tag{2.2.21}$$

이것을 그림으로 나타내면 그림 2.1.9와 같이 된다. 이것은 온도상승 때의 그림을 반대로 한 것과 같다.

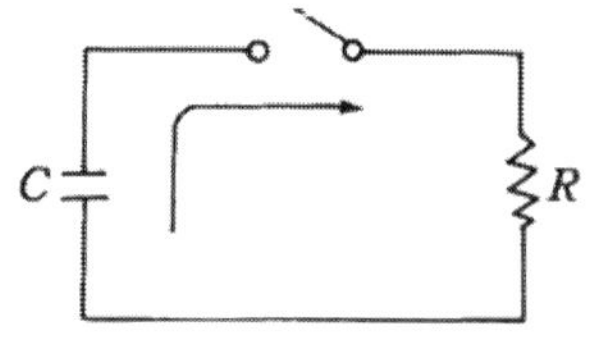

■ 그림 2.1.8 물체 냉각의 등가회로

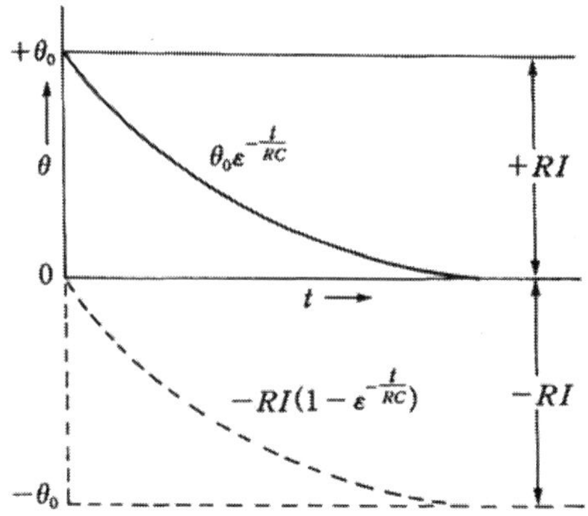

■ 그림 2.1.9 물체 냉각의 온도변화

3 온도의 측정과 제어

(1) 온도계의 종류·원리·측정범위

온도의 검출에는 검출단을 측정 대상 물체의 내부 또는 표면에 접촉시켜 검출단의 온도가 대상 물체의 온도와 같게 하는 접촉식과 검출단을 측정 대상 물체에 직접 접촉하지 않고 대상 물체로부터 나오는 복사(방사)에너지로 온도를 측정하는 비접촉식(방사식)이 있다. 온도계의 종류는 검출 방식에 따라 다음과 같다.

- 접촉방식 : 저항 온도계, 열전 온도계, 압력 온도계, 액체봉입 유리 온도계
- 비접촉 방식 : 광고온도계, 방사(복사)온도계

① 저항 온도계-측온체의 저항값 변화원리 이용함

순수 금속이나 반도체의 전기저항이 온도에 의해 직선적으로 변화하는 특성을 이용한 온도계를 저항 온도계(resistance thermometer)라 한다.

이 온도계에 사용되는 순수 금속은 백금(Pt), 니켈(Ni), 구리(Cu)이고, 반도체 소자는 서미스터(thermister)를 사용한다. 이와 같이 저항 온도계에서 사용하는 저항체를 측온 저항 이라 하며, 순수 금속은 저항률이 온도 변화에 비례하는 정(+)의 온도계수 특성, 반도체 소자인 서미스터는 부(−)의 온도계수 특성이 나타난다.

따라서 저항 온도계는 측온점에 놓인 측 저항의 변화량을 측정하여 온도를 파악하고자 하는 것이며, 측온저항, 보호관, 지시계기로 구성되어 있다. 측정범위는 대략 −200~500[℃]이고, 열전 온도계보다 적다.

온도 t_1 및 t_2에서 금속의 저항을 각각 R_1, R_2, 온도 t_1에서 저항의 온도계수를 α_1이라 할 때, t_1에서 t_2로 온도 상승한 후의 변화된 저항 R_2는 다음과 같다.

$$R_2 = R_1 1 + \alpha_1 (t_2 - t_1) \ \ (t_2 > t_1) \tag{2.1.22}$$

여기서 t_1[℃]에서의 저항 온도계수 α_1은 0[℃]에서의 온도계수 α_0가 주어지면 다음과 같이 수할 수 있다.

$$\alpha_1 = \frac{\alpha_0}{1 + \alpha_0 t_1} \tag{2.1.23}$$

저항의 온도계수 α는 온도 변화 1[℃]에 대한 저항의 변화율을 의미하며, 금속은 정(+, $\alpha > 0$), 반도체 및 절연체는 부(−, $\alpha \langle 0$)의 특징을 가지고 있다. 특히 구리는 0[℃]에서 저항의 온도계수 α_0 및 측정범위를 나타낸 것이다. 저항온도계는 백금과 동, 니켈 등의 순수한 금속, 또한 열전대와 같이 반도체의 저항률이 온도에 따라 규칙적으로 변화하는 것을 이용하는 것이다.

■ 표 2.1.3 측온 저항체의 종류, 온도계수 및 측정범위

종 류	온도계수(α_0)	측정범위[℃]
백 금	0.0038	−183∼630.5
니 켈	0.0064	−50∼300
구 리	0.0043	0∼120
서미스터	−0.02∼−0.05	−30∼150

식 (2.1.22)과 식 (2.1.23)의 관계에서 온도 상승한 후의 온도 t_2는

$$t_2 = \frac{R_2}{R_1}\left(\frac{1}{\alpha_0} + t_1\right) - \frac{1}{\alpha_0} \tag{2.1.24}$$

로 된다. 따라서 주위 온도 t_1에서 저항 R_1을 알고 온도상승 후의 저항 R_2를 측정하면 식 (2.1.24)에 의해 피측온점의 t_2가 구해진다.

예제 2.8 **온도 20[°C]에서 저항의 온도계수 $\alpha_{20} = 0.004$인 저항선의 저항이 100[Ω]이다. 이 저항선의 온도가 90[°C]로 상승될 때 저항 [Ω]을 구하라.**

풀이 $t_1 = 20$[℃]일 때 $R_1 = 100$[Ω], $\alpha_1 = 0.004$이고, $t_2 = 80$[℃]일 때 저항 R_2는 식 (1.20)에 의해 다음과 같이 구한다.

$$R_2 = R_1\{1 + 0.004(90 - 20)\} = 128[℃]$$

② 열전온도계－제벡효과 원리 이용

열전온도계는 열전대의 열기전력이 열접점과 냉접점의 온도차에 각각 비례하여 규칙적으로 생기는 제백효과를 이용하여 열접점과 같은 온도인 피측정 체의 온도측정에 사용되는 것이다. 이종 금속선으로 폐회로를 만들고 두 접점에 온도차를 주면 회로 내에는 열기전력이 발생하여 전류가 흐르는 현상이 나타난다. 이 현상을 제벡효과 (Seebeck effect)라 한다. 제벡효과의 원리를 응용한 것이 열전 온도계(thermoelectric pyrometer)이다.

열전대(thermocouple)의 두 접점 중 냉접점의 온도를 0[℃] 또는 일정한 실온으로 하고 열접점을 피측온점으로 한 다음, 열전대의 회로에 미소전압계를 접속하여 열기전력을 측정하면 피측온점의 온도를 알 수 있다. 열전대의 접점은 손상되기 쉬우므로 열전대를 보호할 수 있는 보호관이 필요하며, 강광, 크롬강 및 니켈－크롬강 재질의 금속 보호관과 석영유리 재질의 비금속 보호관이 있다.

열전온도계의 종류와 측정범위는 아래 표 2.1.4에서 알 수 있다.

■ 표 2.1.4 열전대의 종류와 측정범위

열전대	사용범위[℃]	사용한도[℃]	
		연 속	1회 사용
백금-백금로듐	0~1400	1400	1600
크로멜-알로멜	-200~1000	1000	1100
철-콘스탄탄	-200~700	700	900
구-콘스탄탄	-200~400	400	600

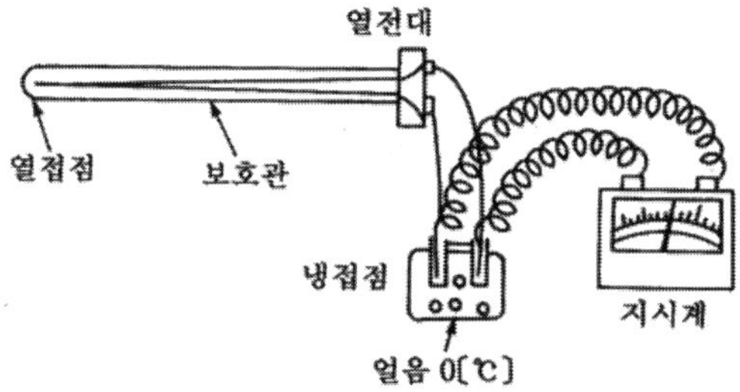

■ 그림 2.1.10 열전온도계의 구조

③ 광고온계-플랭크의 방사법칙 이용

광고온계는 간단하지만 정확한 고온계로서 많이 사용되고 있다. 고온계내 전구의 필라멘트와 피측온체의 휘도를 필라멘트 전류의 가감에 따라 일치시켜 얼핏 보기에 필라멘트가 소실된 것 같은 상태로 되었을 때 필라멘트 전류 또는 브리지회로에 흐르는 전류의 값을 측정하여 피측온체의 온도를 알 수 있도록 되어 있다. 그림 2.1.11은 광고온계의 구조를 나타낸 그림이다. 광고온계는 관측자의 시력을 이용하여 온도를 측정하기 때문에 자시식에는 없는 일종의 "기준자"가 있으며, 최근에 시판되는 광전식 방사온도계 중 다수는 기본적으로 광고온계와 같은 원리이며 사람의 눈을 대신하여 광전셀을 사용, 사람의 판단을 대신하도록 적절한 전자회로를 채용한 것도 있다.

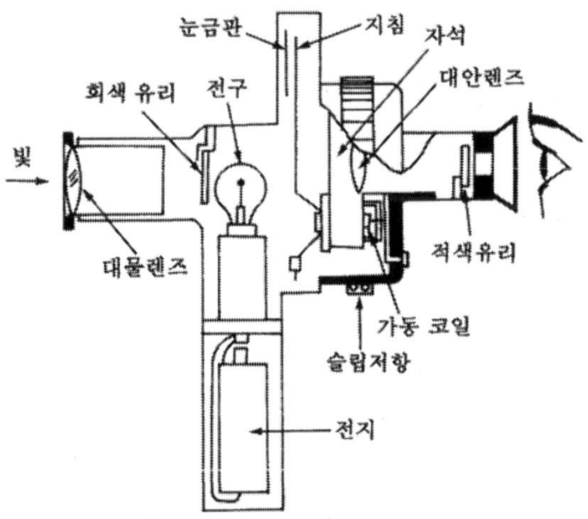

■ 그림 2.1.11 광고온계의 구조

④ 복사(방사)고은도계 – 스테판볼츠만 법칙 이용

서모파일 (thermopile)형 이나 Barometer형 온도계가 가장 오래된 형태인데, 피측온체로 부터의 전방사 에너지를 수열판에 모아서 이것의 온도상승을 열기전력이나 저항치로 변화시켜 측온하는 방식이다. 따라서 원리적으로는 매우 낮은 온도도 측정 가능하며 온도의 축정 범위도 매우 넓다. 이에 비해 실리콘과 황화연, 황화 카드뮴 등의 반도체를 사용한 방사온도계는 광전특성을 이용한 것으로 뚜렷한 분광특성을 가지고 있다. 따라서 축 정 대상의 방사율에 의해 온도지시값이 다르며 온도보정이 필요하며 수백 [℃]까지 축정이 가능하여 측정범위가 넓다. 측정 대상의 방사율에 의한 영향을 줄이기 위해 2개의 파장에 의한 방사에너지의 비율에서 온도를 구하는 2색 온도계가 있다. 2색 온도계는 원리적으로 방사율과 회색감광의 영향을 거 의 받지 않는 장점을 가지고 있다. 일반적으로 방사온도계는 대상물의 좁은 영역(spot)에 대한 온도를 측정 하지만, 최근에는 직선상으로는 면상의 온도분포를 측정하는 장치가 실현 되고 있다. 측정방식은 거울에 의해 기계적으로 대상물의 어떤 영역을 주사하는 방식(기계주사방식)과 고체촬상소자(CCD 리니어 어레이)를 검출 부에 사용하여 전기적으로 주사하는 방식(전기 주사방식)이 있다. 전기주사방식은 고속이며 주사 위치의 분해능이 크다. 또한 연산표시부에는 마이크로 컴퓨터를 내장하여 온도분포를 그래프와 색의 구별에 의해 표시하는 기능을 가진 것도 있다.

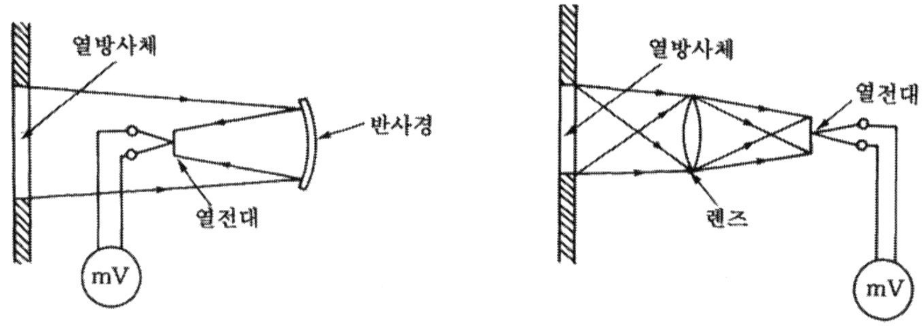

■ 그림 2.1.12 방사고온계의 원리

⑤ 기타

전기식 온도계는 비교적 고온의 측정에 사용하지만 상온에서 400[℃] 정도까지의 측정에는 저항온도계 이외에 수은온도계, 바이메탈식 온도계, 액체팽창식 압력 온도계, 증기압식 압력 온도계 등도 사용된다. 이 가운데 압력 온도계 및 바이메탈식 온도계를 총괄하여 금속온도계라 불리며, 감온부의 열팽창에 따라 Float관이나 바이메탈이 기계적인 변형을 일으켜 지시부의 온도변화에 따라 온도눈금을 지시한다. 따라서 일반적으로 구조가 간단하며 비교적 값이 싸다.

대상물의 최고 온도를 손쉽게 측정할 수 있는 것으로 페인트식 또는 첩부식 온도계가 있다. 측정하는 장소에 페인트를 바르고 라벨을 붙여 라벨이 변색되는 정도로 온도를 측정하는 방식이다. 보통 사용되는 대표적인 온도계의 측정범위를 표 2.1.5에 나타내었다.

■ 표 2.1.5 대표적인 온도계의 측정범위

온도계의 종류		사용가능온도[1]		상용가능온도[2]	
		하한	상한	하한	상한
접촉 방식	[액체 봉입 유리 온도계]				
	수은온도계	−55	650	−35	350
	유기 액체 온도계	−100	200	−100	100
	바이메탈 온도계	−50	500	−20	300
	[압력 온도계]				
	액체 팽창식 압력 온도계	−40	500	−40	400
	증기압식 압력 온도계	−20	200	40	180
	[저항온도계]				
	백금 저항 온도계	−200	500	−180	500
	니켈 저항 온도계	−50	150	−50	120
	동저항 온도계	0	120	0	120
	서미스터 온도계	−50	300	−50	200
	[열전 온도계]				
	PR 열전 온도계	0	1600	200	1400
	CA열전 온도계	−200	1200	0	1000
	IC 열전 온도계	−200	00	0	600
	CC 열전 온도계	−200	350	−180	300
비접촉 방 식	광고온계	700	2000	900	2000
	방사 온도계	50	2000	100	2000

주 1) 사용가능온도라는 것은 온도계에 보통 눈금으로 매겨져 있는 온도를 말한다.
2) 상용온도라는 것은 보통 사용하고 있는 온도를 말한다. 이 온도 범위로는 표의 정도로 장시간에 걸쳐 사용할 수 있다.

(2) 온도제어(temperature control)

가정용 전열기구에 대한 경우 아주 간단한 열전대를 제외하고는 온도제어도 일반적인 프로세스와 시스템으로 구성되어 있다, 그러나 자동온도조절기에 의해 운전하는 경우, 소형 간접 저항 가열방식의 것에는 제어방식으로 간단한 ON－OFF 제어방식이 많이 쓰인다, 그것은 작은 전달지연, 필요없는 시간지연이 적고 용량지연이 크므로 ON－OFF 제어로 충분히 제어 가능 하다. 정밀한 온도제어를 필요로 하는 경우에는 PID제어나 PI제어가 사용되며 편차가 큰 시점 에는 ON－OFF 제어방식을 사용하고 편차가 작게 되면 연속제어로 자동 전환되는 듀얼모드 제어(dual mode control)를 채용하는 경우도 있다.

저항로 등으로 물질을 가열처리하는 경우에는 시간이 경과함에 따라 가열온도를 변화시키는 경우가 많다. 이를 온도의 프로그램제어라 한다. 큰 프로세스 에는 이외의 생산조건도 있으며 온도의 프로그램제어를 자동적으로 하는 경우가 많다. 이는 온도 설정치를 캠기구나 요동 기구로 변환시키기만 하는 것이고, 각각의 구체적 구성은 제조회사에 따라 다르다. 그러나 전기식 제어에는 어느 것이나 포텐셜메터 등 전기요소를 통하게 되고, 이와 같은 기계적 움직임을 전기신호로 변환하는 곳에서의 접촉불량을 억제하는 것이 신뢰성면에서 중요하다. 또한 예전에 계산기제어의 일부로서 행해졌던 프로그램제어를 마이크로프로세스를 이용하여, 간단하게 산업 현장에서 사용하는 것이 가능하게 되었다.

온도제어를 위한 검출단으로서는 열전대가 측은저항체, 광학적 센서 등인 자 시식 온도계 센서는 모두 사용 가능하지 만, 앞에서 기술한 바이메탈이나 압력 식 금속 온도계 센서도 가장 간단한 제어용 센서로서 널리 이용되고 있다.

(3) 열류 측정

전기로 표면에서 방사되어 그 내부를 흐르는 열류값 측정에 있어서는 각부의 열류 밀도를 직접 측정할 수 있는 열류계를 이용하는 것이 편리하다.

① 열류계의 원리

그림 2.13과 같이 열류가 존재하는 물체 표면 또는 물체내에 열류방향에 직교하도록 열전도율 λ [W/m·℃], 두께 d[m]의 박층 열저항판을 설치하고 그 표피 양면간의 온도차를 ΔT라 하면 그 위치에서의 열류밀도 q[W/m^2]은 다음 식과 같다.

$$q = (\lambda/d)\Delta T \tag{2.1.25}$$

따라서 λ나 d의 값은 알 수 있으므로 그림 2.14와 같이 차등 결선된 열전대 군으로 ΔT를 측정하면 q 또는 열류 Q를 구할 수 있다.

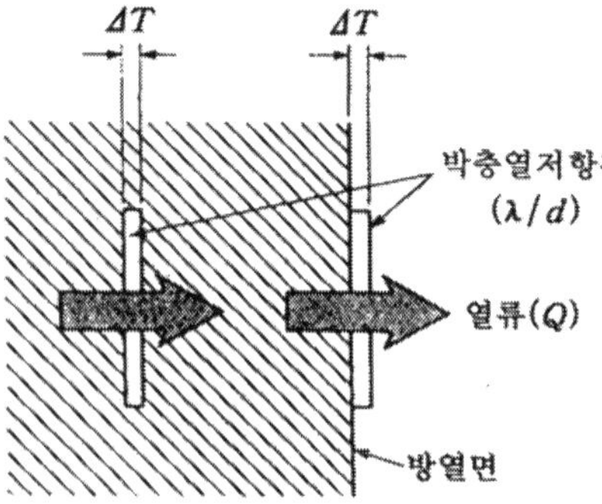

■ 그림 2.1.13 열류계의 원리

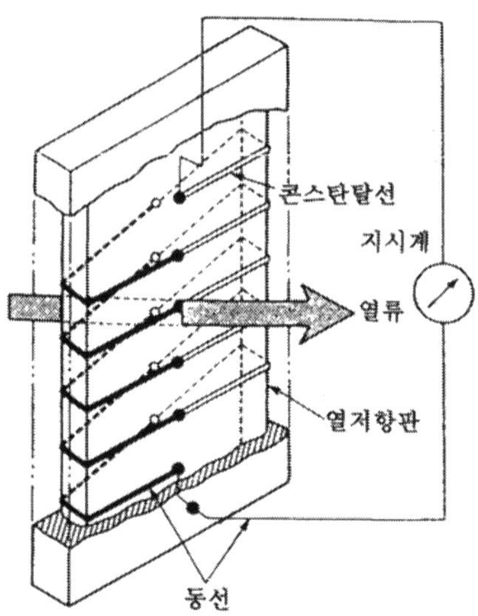

■ 그림 2.1.14 열류 측정계의 구조

4 전열 재료

전열재료에서 직접저항가열이 아닌 간접 저항 가열에서는 발열체가 필요하며 발열체의 온도는 반드시 피열물의 온도보다 높으므로 발열체의 최고 사용온도는 가열온도보다 높아야 하므로 고온에서 고도의 안정성을 요구한다.

발열체 필요한 구비조건은 다음과 같다.

① 내열성이 클 것, 즉 용융, 연화, 산화온도가 높고 산화막이 견고할 것
② 내식성이 클 것, 즉 화학적으로 안정할 것
③ 적당한 저항값을 가질 것, 즉 저항률이 비교적 크고 온도계수가 +이고 작을 것
④ 연성 및 전성이 풍부하여 가공이 쉬울 것
⑤ 가격이 저렴할 것
⑥ 선팽창계수는 작아야 한다.

주위환경과 목적에 따라서 이들의 일부가 생략되는 경우도 있다. 예컨대 적당한 보호가스 중에서는 ①, ②의 조건이 매우 완화된다.

(1) 발열체

① 합금 발열체

가장 일반적으로 쓰이고 있는 발열체로서 니켈·크롬계 합금(니크롬선)과 값이 비싼 니켈 대신 철과 알루미늄을 사용한 철·크롬계 합금(철크롬선) 발열체가 있다. 합금 발열체의 성분 및 사용온도를 표 2.1.6에서 표시한다. 니크롬제 1종은 고온에서 연화되지 않고 강도가 크며 냉간가공이 쉽다.

■ 표 2.1.6 합금 발열체의 성분 및 사용온도

품 종	Ni [%]	Cr [%]	Al [%]	Mn [%]	C [%]	기타 [%]	Fe [%]	최고사용온도 [℃]
니크롬 제1종	77~81	17~21	–	2.0 이하	0.15 이하	2.0 이하	1.5 이하	1100
니크롬 제2종	63~67	15~18	–	2.5 이하	0.20 이하	2.0 이하	나머지	900
철크롬 제1종	–	23~25	4~6	1.0 이하	0.10 이하	3.0 이하	나머지	1200
철크롬 제2종	–	18~20	2~4	1.0 이하	0.10 이하	3.0 이하	나머지	1100

또한 고온가열 후에도 강도가 변화되지 않고 황화성 가스를 제외한 어떤 가스에 대해서도 거의 침식 받지 않으며 호유용 발열체로 널리 쓰이고 있다. 니크롬 제2종은 니크롬 제1종에 비해 내산화성과 고온에서의 강도는 떨어지나 900[℃] 이하의 발열체 또는 고온용 저항으로 적합하고 가공이 쉽다.

철크롬 제1종은 특히 고온사용을 목적으로 한 것이며, 내산성은 크지만 니크롬에 비하여 고온에서 연화되므로 주의가 필요하며, 가공에 어려움이 있어 복잡한 가공을 할 때는 열간 가공을 필요로 하는 경우가 있다. 그리고 고온사용 후의 재가공은 곤란하므로 공업용 고온 전기로의 발열체에 적합하다.

철크롬 제2종은 제1종보다 냉간가공이 약간 쉬우며 고온사용 후의 가공에는 부적당하다. 고온에서 연화되기 쉬우므로 주의할 필요가 있다. 전열기, 전기로의 발열체 및 저항체로서 적합하다.

② 순금속 발열체

순금속발열체는 용융온도가 높은 백금, 몰리브덴, 텅스텐, 탄탈 등이 고온용으로 사용된다. 백금 이외의 금속은 적당한 보호가스 또는 진공 중에서 사용하는 것이 요망된다. 백금은 고온에서 수소를 흡착하므로 보호가스(불활성가스) 중에서 사용하는 것은 피하는 것이 좋다. 백금은 실험용으로 1400[℃] 정도의 온도에서 사용된다.

표 2.1.7에 순금속 발열체의 특성을 나타내었다.

■ 표 2.1.7 순금속발열체

종 류	용점[℃]	저항률[$\mu\Omega \cdot$ cm]	최고사용온도	발열체특성
백 금	1768	10.6(20[°C])		대기 중에서 용융온도 근처까지 안정
몰리브덴	2610	5.0(0[°C])	1800[°C]	수소, 아르곤, 헬륨 중에서 용융온도 근처까지 안정 진공중 1700[°C]까지 안정
텅스텐	3380	5.5(0[°C])	2100[°C]	수소, 아르곤, 헬륨 중에서 용융온도 근처까지 안정 진공중 2000[°C]까지 안정
탄 탈	2886	12.5(20[°C])		아르곤, 헬륨 중에서 용융온도 근처까지 안정

③ 규화몰리브덴 발열체

규화몰리브덴($MoSi_2$)을 주성분으로 한 발열체로서 탄화규소 발열체보다 고온의 대기중 약 1700[℃]에서 사용할 수 있다. $MoSi_2$ 또는 Mo와 Si의 미분을 성형, 불활성 기체 중에서 소결하여 만든다. 장점은 내식성이 크며, 결점은 상온에서 부서지기 쉽고, 충격에 약하며 고온에서 연화되기 쉽다.

④ 탄소질 발열체

이것은 탄소입자(kryptol)를 사용하는 것과 인조폭연을 가공하여 사용하는 방법이 있다. 탄소입자는 로에서 구운 탄소나 인조흑연의 입자로서 지름이 2~8[mm] 정도이다. 전기 저항은 주로 접촉저항에 의하여 결정되며 온도, 접촉압, 가스압 등에 따라 변화하지만 대략 0.5~6[$\Omega \cdot$cm]의 범위이다.

⑤ 탄화규소 발열체

탄화규소(SiC)를 주성분으로 한 발열체로서 특징은 대기중에서 합금 발열체 보다 약 400[℃] 정도 더 높은 온도에서 사용할 수 있다는 것이다. 최고사용온도는 1500[°C] 이고, 결점은 저항 값이 낮은 것을 얻기 곤란하며 연약하다는 점 등이다.

⑥ 산화물 발열체

금속산화물이며 내열성이 높고, 또한 고온에서 비교적 도전성이 좋은 것을 발열체로서 아용할 수 있다. ZrO_2를 주성분으로 하고 CaO, MgO, Y_2O_3를 첨가한 것이 발열체로서 실용되고 있으나, 저항의 온도계수가 크고 부특성 이며 또한 상온에서 저항이 크고 통전이 곤란하다. 이 때문에 미리 탄화규소 발열체 등으로 가열하여 1300[℃]정도에서 ZrO_2가 도전성이 증가될 때 통전을 시작한다. 또한 저항과 온도계수가 부특성이므로 통전의 불안정을 방지하기 위하여 직렬 리액터 를 사용하며 최고 2000[℃]까지 사용할 수 있다.

⑦ 염욕 발열체

염류는 비교적 낮은 온도에서 용융하고 또한 높은 도전율을 나타낸다. 따라서 이것을 액체 발열체로서 이용할 수 있다. 따라서 염류가 피열물이나 용기를 침식시키지 않도록 할 필요가 있다. 금속의 열처리 등 균일하게 급속히 가열할 필요가 있을 경우 등에 사용된다.

저항의 온도계수가 부특성 이므로 전류를 흘릴 경우 미리 염류를 용융하고 직렬로 리액터를 사용한다. 염욕의 한 예로서 $NaNO_3$, KNO_3, $CaCl_2$, NaCl, KCI, KF, Na_2CO_3 또는 이들의 혼합물이 사용되고 있다.

⑧ 밀폐형 발열체

합금 발열체를 운모로 절연하여 금속관내에 내장한 스페이스 히터 또는 석회, 알루미나, 마그네시아(MaO) 분말로 절연하여 금속관에 내장한 시이즈 히터(sheath heater) 등이 있다. 감전의 염려가 없으며 기계적으로 안정되고 화학 적으로 침식되지 않아 내구력이 있으며 설치에 편리하다는 특징이 있다.

(2) 발열체의 수명시험법

① 전열선의 수명시험법

직경 0.5[mm], 단자간의 거리 20[mm]의 시료를 그림 2.1.15와 같이 상단을 상부단자에 고정하고, 하단에 10[g]의 하부단자를 붙여 수은 속에 담그고 금속제 상자 속에 넣어 외부 기류의 영향을 막는다. 이와 같은 방법으로 시료가 시험온도(1200[℃])에 이르는 전류를 2분 정도 간격으로, 통전과 단전을 되풀이 하여 단선될 때까지 통전 횟수를 측정해 서 수명 값으로 한다. 이 시험을 5번 실시한 후 그 평균을 취한다.

② 탄화규소 발열체의 수명시험법

발열체를 수평으로 하고 전류를 통하면서 그 표면온도를 광고온계로 측정한다. 그 값을 발열체의 직경에 따라 표 2.1.7의 온도로 유지하면서 그 저항값과 전력을 기록한다.

다음에 동일 전력으로 표에 표시된 것과 같은 사간 간격으로 통전과 단전을 되풀이 하여 10번째 통전할 때의 저항값을 측정하고, 다음 식에 의하여 저항 증가율을 구한다.

$$\text{저항증가율} = \frac{\text{10번째의 저항값} - \text{최초 저항값}}{\text{최초의 저항값}} [\%] \qquad (2.1.26)$$

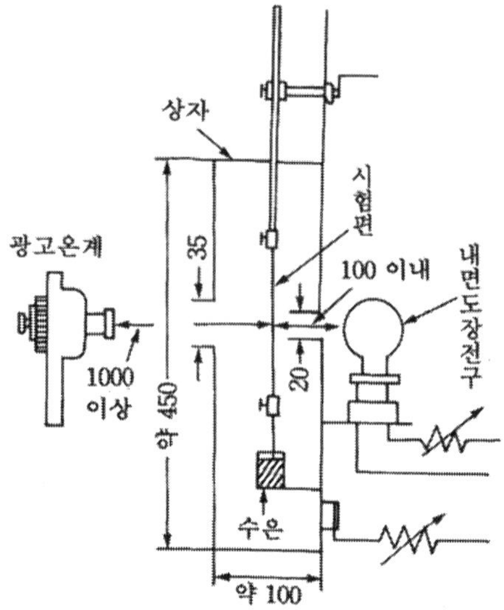

■ 그림 2.1.15 전열선의 수명시험법

■ 표 2.1.7 탄화규소질 발열체의 수명시험 조건

발열부 직경[mm]	8~10	12~14	16
시험 표면온도[℃]	1500	1450	1400
단속 사간[min]	20	20	20

5 단열재와 내화물

(1) 단열재

급열 급냉을 하는 경우는 열용량이 적은 것이 좋으나, 일정 온도를 장시간 유지하는 경우에는 열용량 이 큰 것이 바람직하다. 열의 사용 효율을 높이기 위해서는 가능한 한 열절연을 잘 해야 한다. 동시에 열용량도 적당한 크기의 값을 가져야 한다. 열의 효율을 높이기 위한 열절연에 사용하는 재료를 단열재, 열절연물, 보온재라고 부른다.

절연물의 절연저항은 온도의 상승과 더불어 감소하는 경향을 가진다. 그러나 좋은 열 절연물 일수록 열을 축적하여 온도상승을 계속 일으키므로 절연저항은 많이 감소하게 된다. 그러므로 전열에 이용되는 전기절연물의 종류는 한정되어 있다.

(2) 내화물

가열장치에는 열원과 열절연물 이외에 발열체(열원)의 지지, 피열물의 지지, 용기, 로체의 구축에 필요한 것이 내화물이다. 이와 같은 곳에 사용되는 내화물에는 다음과 같은 구비 조건이 필요하다.

- 사용 온도와 열간하중에 견딜 수 있을 것
- 내식성이 풍부할 것
- 급열과 급냉에 견딜 수 있을 것
- 쉽게 구할 수 있고 값이 저렴할 것

내화물이 사용온도에 충분히 견딜 수 있으려면 용해 연화 온도가 높아야 하고, 또 내화 벽돌과 피열물간에 화학작용이 생기지 않도록 주의를 하여야 한다. 즉, 피열물이 염기성 물질인 경우에는 염기성 벽돌을 사용하여야 한다.

(3) 탄소재료(전극)

탄소재료는 비결정성의 흑생 분말이고, 융점은 3,550[℃]로 가장 높으며 각종 용매에 녹지 않고 화학적으로 안정하지만 흑연보다 활성이 강하다. 비결정성 탄소는 유기물의 불완전연소에 의해 생성된다. 즉, 유기물을 300~400[℃] 정도 가열하면 탄화(carbonization)가 일어나기 시작하고 그 열분해 과정에서 생성되며, 공기 중에서는 500~600[℃] 정도에서 자연 착화하여 연소한다.

비결정성 탄소인 순수 탄소는 전기 저항률이 작고, 저항의 온도계수가 부(−)특성이며, 고온에서 승화작용이 심하고, 기계적 강도가 약하다. 또 수소와 반응하여 아세틸렌(C_2H_2) 기체를 생성하고, 규소와 반응하여 탄화규소(SiC)인 카보런덤을 생성한다. 전기로가 고온으로 관 경우 전류를 공급하는 데는 내열성이 좋은 전극이 필요하다. 전기로용의 전극에는 일반적으로 탄소질인 것이 사용된다. 제강용 아크로와 같이 전류를 조절하기 위해 속도가 빠른 가동 전극을 사용하는 것에는 기계적 강도가 크고, 또한 도전성이 좋은 인조 흑연 전극이 사용된다.

전극이 구비해야 할 조건을 열거하면

- 전기의 전도율이 클 것
- 열의 전도율이 적을 것
- 고온에 견디고, 또한 고온에서 기계적 강도가 클 것
- 피 열물과 화학작용을 일으키지 않을 것
- 값이 저렴할 것

등을 고려할 수 있다.

인조흑연 전극은 주원료인 석유 코크스 또는 피 치 코크스(pitch corkes) 에 피치 타알 등의 점결제를 섞어 가압소성한 무정형 탄소전극을 흑연화로를 이용하여 2300~2500[℃]의 고온에서 가열, 흑연화한 것으로서 주로 제강, 제선용 전기로에 사용한다.

■ 표 2.1.8 소형 전극의 고유저항

종 별	고유저항[$\Omega \cdot$cm]	고유열저항[열오옴 · cm]
흑 연	0.813×10^{-3}	0.71~0.82
탄 소	0.315×10^{-4}	1.9~2.7

(4) 발열체의 설계

① 가열전력

물체를 가열하기 위한 공급열량, 즉 공급하는 총 열량은 다음과 같다.

$$\text{공급 열량[kWh]} = \text{유효열량} + \text{축열량} + \text{손실열량[kWh]} \tag{2.1.27}$$

유효열량은 공급열량이 유효하게 피열물에 흡수되는 열량, 축열량은 가열체(열원, 보온물, 즉 노체)에 축적되는 열량이고, 손실열량은 외부로 방출되는 열량을 의미한다. 따라서 공급 총열량을 가열시간으로 나누면 평균 가열전력이 된다. 즉

$$\text{평균 가열전력[kW]} = \frac{\text{공급 열량[kWh]}}{\text{가열시간[h]}} \tag{2.1.28}$$

$$= \frac{\text{유효열량} + \text{축열량} + \text{손실열량[kWh]}}{\text{가열시간[h]}}$$

이고, 열효율은 다음과 같다.

$$\text{열효율} = \frac{\text{공급열량} - \text{손실열량[kWh]}}{\text{공급열량[kWh]}} = 1 - \frac{\text{손실열량}}{\text{공급열량}} \tag{2.1.29}$$

물체의 가열, 융해, 증발 등이 일어나는 경우의 유효열량은 아래와 같다.

$$\text{유효열량} = (\text{피열물 중량}) \times (\text{비열}) \times (\text{온도상승}) + (\text{잠열}) \tag{2.1.30}$$

② 표면 전력밀도

발열채의 온도를 규정하는 것은 표면 전력밀도[W/cm]이다. 발열체는 고온이므로 대류에 의한 열전달보다는 복사에 의한 열전달이 크기 때문에 표면 전력밀도는 복사밀도라고 할 수 있다. 즉, 표면 전력밀도는 스테판－볼츠만 법칙에 의해

$$Wd = \Phi a(T_1^{\ 4} - T_2^{\ 4}) \ \text{[W/cm}^2\text{]} \tag{2.1.31}$$

이고, $a = 5.6696 \times 10^{-12}$[w/cm^2·K^4]은 스테판－볼츠만 상수이다. 발열체의 전체 표면적 S[cm^2], 가열전력 P[W]라 할 때 표면 전력밀도 W_d는 다음과 같이 표시된다.

$$W_d = \frac{P}{S} \ \text{[W/cm}^2\text{]} \tag{2.1.32}$$

③ 발열체의 굵기 결정

가열전력과 전압이 주어지면 전류를 구하고, 재료와 구조가 정해지면 발열체의 표면 전력밀도와 고유저항이 정해진다. 이들로부터 발열체의 지름이 결정된다. 또는 전압과 전류에 의해서 저항이 결정되므로 지름과 길이를 구할 수 있다.

전열선을 설계를 하는 경우를 생각을 해보자 전력이 $P = EI = I^2R = \dfrac{V^2}{R}$, 전열선의 지름이 d

[cm]이고, 길이가 l[cm], 단면적이 S[cm^2], 저항율이 ρ라고 하면 전열선의 표면전력밀도와 선지름은 다음과 같이 계산된다.

표면전력밀도 $W_d = \dfrac{P}{S} = \dfrac{I^2 R}{\pi dl} = \dfrac{4\rho I^2}{\pi^2 d^3}$ [W/cm^2]

전열선 선지름 $d = \sqrt{\dfrac{4\rho I^2}{\pi^2 W_d}}$ [cm]

예제 2.9 전열기의 열판의 표면 전력밀도는 3[W/cm^2]이다. 900[W] 전열기의 열판 면적[cm^2]을 구하라.

풀이 표면 전력밀도는 식 $W_d = \dfrac{P}{S}$[W/cm^2] 이므로, 열판의 면적 S[cm^2]는 다음과 같이 구해진다.

$$\therefore\ S = \frac{P}{Wd} = \frac{900}{3} = 300\ [\text{cm}^2]$$

연습문제

1. 전기가열의 특징을 5가지 이상을 들어라?

2. 1[BTU]는 약 몇[cal]인가?

   식 : 답 :

3. 500[W]는 약 몇[cal/S]인가?

   식 : 답 :

4. 열회로의 열량, 온도차, 열류는 전기회로의 무엇에 상당하는가?

5. 다음 중 열용량의 단위를 나타내는 것은 무엇인가?

   ㉮ [J/℃ kg] ㉯ [J/℃] ㉰ [J/cm^2 · ℃] ㉱ [J/cm^3 · ℃]

6. 일정 전류가 통하는 도체의 온도상승 θ와 반지름 r과의 관계식은?

7. 100[V], 500[W]의 전열기를 850[V]에서 사용할 때의 전력[W]은 얼마인가?

8. 500[W]의 전열기를 정격 상태에서 1.5시간 사용 시 발생하는 열량[kcal]은 얼마인가?

9. 열전 온도계의 원리 무슨 효과에 의한 것인가?

10. 두 도체 또는 반도체의 폐회로에서 두 접합점의 온도의 차로서 전류가 생기는 현상은?

11. 반도체의 발달로 2종의 금속이나 반도체를 이용하여 열전대를 만들고 이 때 생기는 열의 흡수, 발생을 이용한 전자냉동이 실용화되고 있다. 다음 중 어떤 현상을 이용한 것인가?

12. 보통 사용되는 열전대의 조합은?

㉮ 구리－콘스탄탄　　㉯ 크롬－콘스탄탄
㉰ 비스무스－백금　　㉱ 백금－스테인레스강

13. 공업용 온도계로서 가장 높은 온도를 측정할 수 있는 것은?

㉮ 백금－백금 로듐　　㉯ 크롬웰－알루멜
㉰ 철－콘스탄탄　　㉱ 동－콘스탄탄

15. 복사 고온도계의 온도를 측정하는 계기는?

㉮ 수온 온도계　㉯ 밀리볼트미터　㉰ 밀리암미터　㉱ 전력계

15. 약2,000[^0c]까지 측정할 수 있고 취급 간편한 온도계는?

㉮ 열전 온도계　　㉯ 복사 고온계
㉰ 광 고온계　　㉱ 저항 온도계

16. 플랑크의 방사법칙을 이용하여 온도를 측정하는 것은?

㉮ 광 온도계　　㉯ 방사 온도계
㉰ 열전 온도계　　㉱ 저항 온도계

17. 방사 고온계의 측정 중 잘못된 것은?

㉮ 온도를 직독할 수 있다.
㉯ 피측온물의 크기가 매우 작은(0.1[mm] 정도까지) 경우에도 측정할 수 있다.
㉰ 피측온물로부터 떨어진 위치에서 온도를 기록할 수 있다.
㉱ 온도의 측정 범위(약 900~4,000[℃] 정도)가 넓다.

18. 발열체의 필요조건에 해당되지 않는 것은?

㉮ 압연성이 풍부할 것　　㉯ 내식성이 클 것
㉰ 온도 조정이 용이할 것　　㉱ 내열성이 클 것

19. 발열체의 구비 조건이 아닌 것은?

㉮ 팽창계수가 클 것　　㉯ 적당한 저항값을 가질 것
㉰ 내식성이 클 것　　㉱ 내열성이 클 것

20. 다음 발열체 중 최고사용온도가 가장 높은 것은?

㉮ 니크롬 제1종　　㉯ 니크롬 제2종
㉰ 철크롬 제1종　　㉱ 탄화규소 발열체

21. 최고사용온도가 1,100[℃]이고, 고온강도가 크고 냉간가공이 용이하며 고온용 발열체에 적합한 것은?

22. 니크롬 제2종의 최고사용온도[℃]는?

23. 전극재료의 구비조건을 3가지 이상을 들어라?

24. 합금 발열체의 종류와 각각의 최고사용온도를 설명해라.

25. 순금속 발열체의 종류와 그 중에서 용융온도가 가장 높은 것을 설명해라.

26. 어떤 전열기에서 9분 동안에 900,000[J]의 일을 했다고 한다. 이 전열기에서 소비한 전력[W]을 구하라.

27. 1[KW]의 전열기를 이용하여 20[℃]의 물 4[L]를 80[℃]까지 올리는 데 요하는 시간[min]을 구하라.

28. 1.2[L]의 물을 15[℃]로부터 85[℃]까지 20분간 가열시키고자 할 때, 전열기의 용량[W]을 구하라. 단, 효율은 80[%]이다.

29. 0[℃]의 얼음 2.5[kg]을 융해시켜 40[℃]의 물로 만들려고 한다. 용량 2[KW]의 전열기를 사용할 때 소요되는 시간[min]을 구하라. 단, 전열기 효율은 80[%]이다.

30. 1[kWh]에 대해 25원의 심야 전력을 사용하여 2[kWh] 전열기로 40[℃]의 물 100[L]를 90[℃]로 데우는 데 전기요금을 구하라. 단, 가열장치의 효율은 90[%]이다.

31. 5기압, 150[℃]의 증기를 매시간 1[t]을 발생하는데 소요되는 전기보일러의 전력[kw]를 구하라. 단, 보일러의 효율은 80[%], 5기압에서의 물의 비등점은 150[℃], 기화잠열 500[kcal/kg]이고, 보일러 공급수의 온도는 20[℃]이다.

2.2 전기가열응용

1 전기가열방식

(1) 저항가열

① 저항가열의 원리

저항가열은 저항에서 발생하는 주울열을 이용한 방식으로 주울열은 그림 2.2.1과 같이 저항 체

내를 전자가 이동할 때 원자와 충돌하기 때문에 발생하는 열진동 에너지에 의한 것이다. 발생하는 주울열은 $Q = I^2Rt$[J]로 나타낼 수 있다.

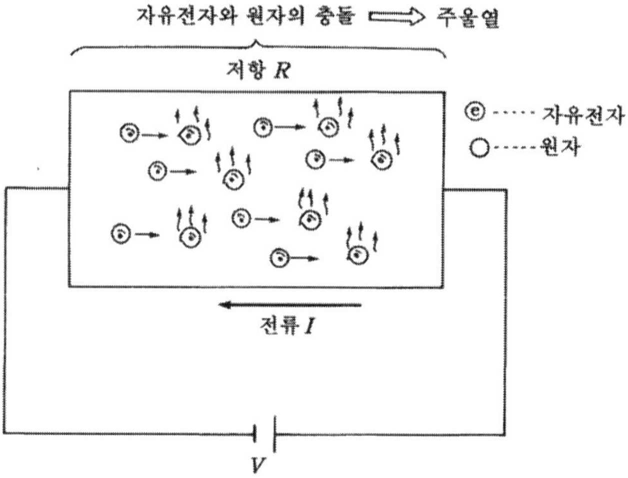

■ 그림 2.2.1 저항가열의 원리

저항가열에는 그림 2.2.2와 같아 피열물에 직접 전류를 흘려 가열하는 직접식 가열과 발열 체를 가열하여 그 열로 피열물을 가열하는 간접식 가열이 있다. 열의 전달방식에는 전도·복사(방사)·대류가 있다.

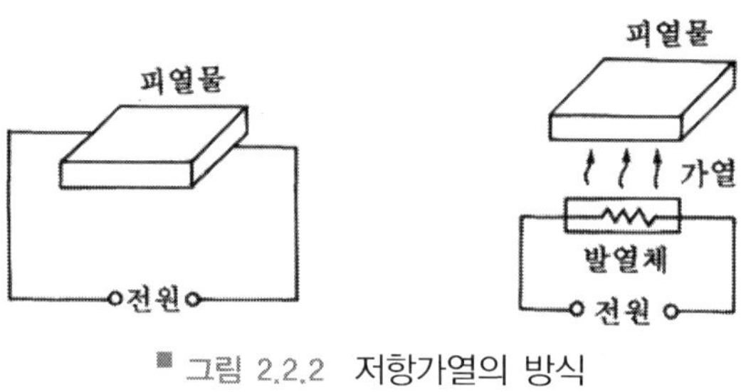

■ 그림 2.2.2 저항가열의 방식

② 전기로

- 직접식 저항로 : 피열물에 직접 전류를 통해서 가열하는 방식인데, 피열물 내에서 열에너지가 발생하기 때문에 가열 효율이 양호하다. 또한 피열물에 도전성이 있어야 하므로 용도가 한정된다. 그림 2.2.3은 흑연화로의 구조를 나타낸 것이다. 흑연화로에는 가느다란 내화연화의 로체로 이루어지며 양단으로부터 흑연 전극이 삽입되고, 속에는 탄소소성품과 코크스분이 들어 있다. 로의 온도를 3000[℃] 정도로 가열하여 무정형 탄소를 흑연의 결정으로 변화시키는 것인데 얻어진 흑연은 아크로에서 흑연 전극으로서 사용된다.

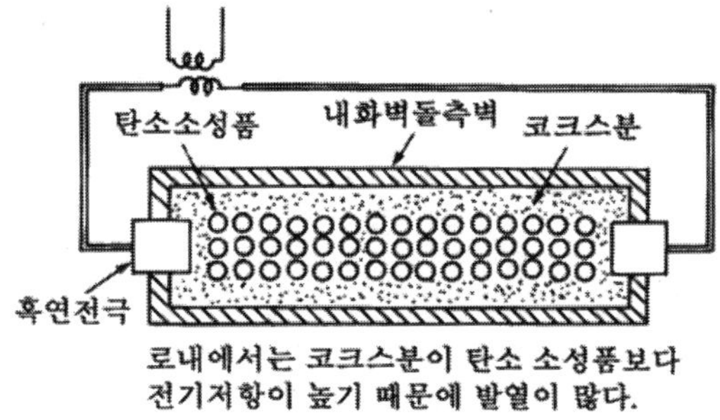

■ 그림 2.2.3 흑연화로

- 간접식 저항로 : 발열체를 이용하여 그 열로써 피열물을 가열하는 방식인데, 즉 다른 저항체(발열체)가 발생하는 열을 피열물에 전달(방사, 전도, 대류)하여 가열하는 방식으로 발열체의 종류에 따라 다음과 같은 것이 있다.
  - 발열체로 : 그림 2.2.4와 같이 발열체를 로벽에 설치하고, 열의 전도, 복사, 대류에 의해 피열물을 가열하는 로이다. 발열체에는 금속 발열체와 비금속 발열체가 있다. 금속 발열체는 니크롬선·철크롬선을 사용하여 1000[℃] 정도까지 비금속 발열체는 탄화규소를 사용하여 1500[℃]까지 가열할 수 있다.
  - 크리프톨로(criptol furnace) : 그림 2.2.5과 같이 전극간에 설치된 탄소 입자를 발열체로 하는 로인데 1800[℃]까지 가열할 수 있다. 피열물은 탄소입자 중에 묻어 소성하든가, 도가니 속에 넣어 용융하기도 한다. 로내 에서는 코크스분이 탄소 소성품보다 전기저항이 높기 때문에 발열이 많다.

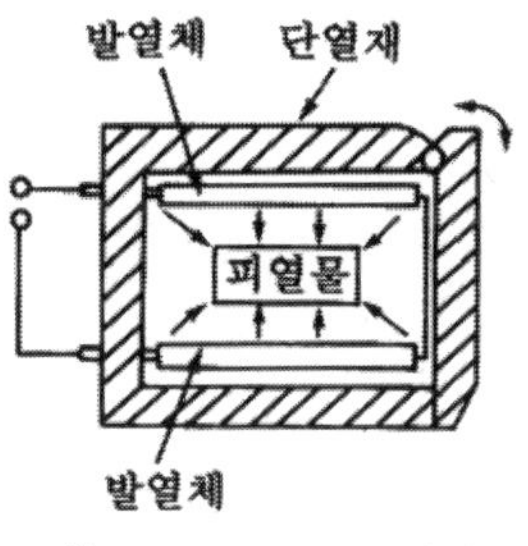

■ 그림 2.2.4 발열체로

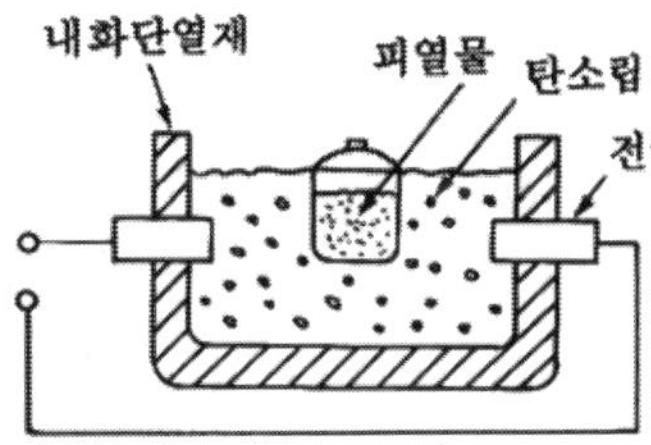

■ 그림 2.2.5 크리프톨로

  - 염욕로 : 그림 2.2.6과 같이 전극간에 설치한 용융염을 발열체로 하는 로로서 1300[℃] 정도까지 가열할 수 있다. 피열물은 용융염 중에 담가 가열하기 때문에, 공기와 접하지 않아 산화를 막을 수 있으므로 금속의 열처리에 이용된다.

  간접식 저항로를 로의 구조에 의해 분류하면 다음과 같다. 연속식은 피열물이 연속적으로 로중을 출입하는 것으로서 그림 2.2.7은 벨트콘베어로의 구조를 나타낸 것이다. 패치식은 피열물의 위치가 일정하다.

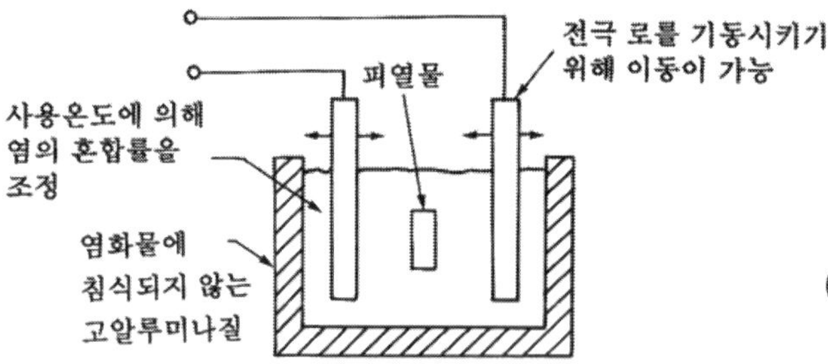

■ 그림 2.2.6 염욕로

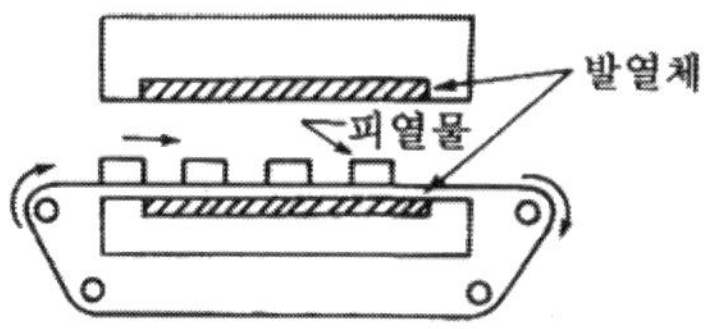

■ 그림 2.2.7 벨트콘베어로

③ 가전제품의 응용

가전제품에서의 가열은 간접식 가열이며, 밀폐형 발열체가 사용된다. 밀폐형 발열체에는 발열코일을 석영관에 넣은 것(그림 2.2.8)과, 운모로 절연하여 금속틀에 넣은 스페이스히터(그림 2.2.9), 보호관에 넣고 그 사이를 절연한 시즈와이어(sheath wire)(그림 2.2.10) 등이 있다.

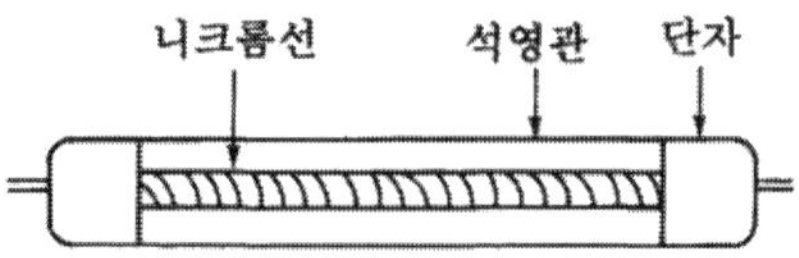

■ 그림 2.2.8 석영관 발열체

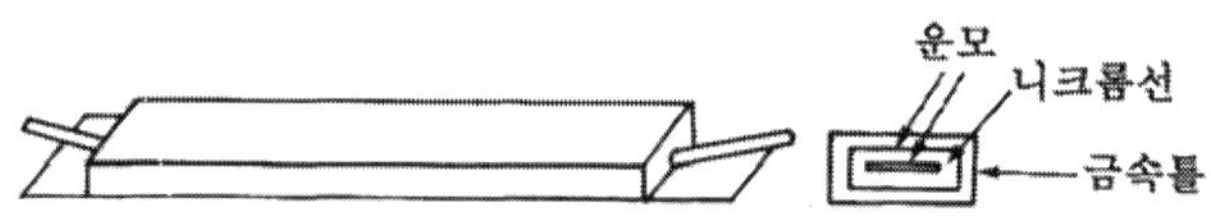

■ 그림 2.2.9 스페이스히터

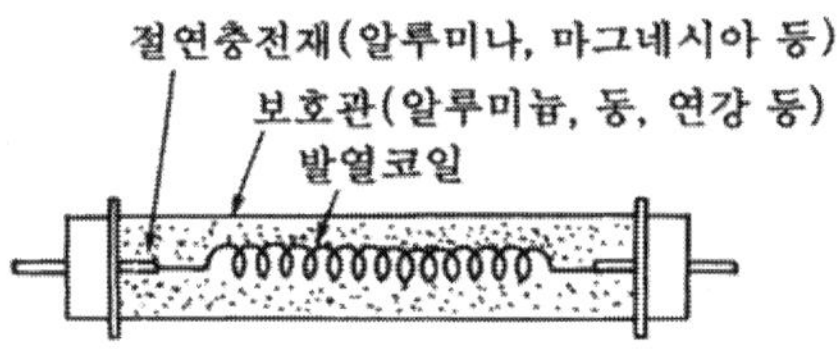

■ 그림 2.2.10 시즈와이어

(2) 아크가열

아크열을 이용하여 가열하는 방식으로 직접식과 간접식이 있다. 아크가열은 아크전극간의 전위차 E[V], 아크 전류 I[A], 매초 발생하는 열량 Q[kcal]라고 하면 다음 식이 된다.

$$Q = 0.24I^2Rt \times 10^{-3}\text{[kcal]}$$

① 아크가열의 원리

2개의 탄소 전극으로 아래 그림(a)와 같은 회로를 만들어, 전류가 흐르고 있는 상태에서 아래 그림(b)와 같이 전극의 간격을 크게 해 가면 전극 사이에서 아크가 발생한다. 전극 사이에는 아크에 의해 전류가 흐르기 때문에 회로의 전류는 지속된다. 기중의 아크 온도는 3000~6000[K] 정도이며, 아크가열은 이 국소방전에서 발생하는 커다란 열량을 이용한 것이다.

아크가열에는 전극의 한쪽이 피열물로 되는 직접식 아크가열과 피열물이 아크열을 받아 가열되는 간접식 아크가열이 있다(그림 2.2.11).

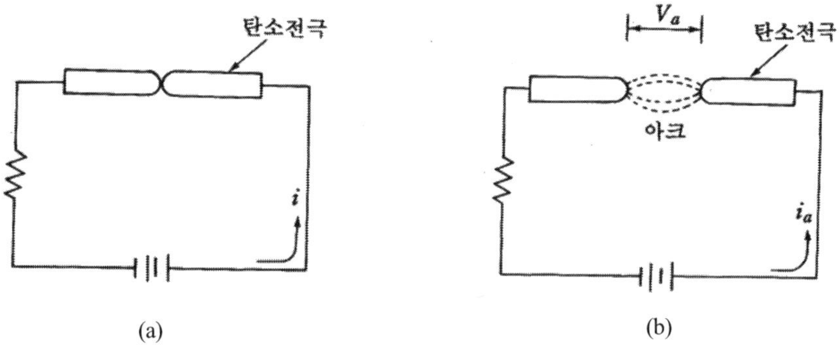

■ 그림 2.2.11 아크방전의 원리

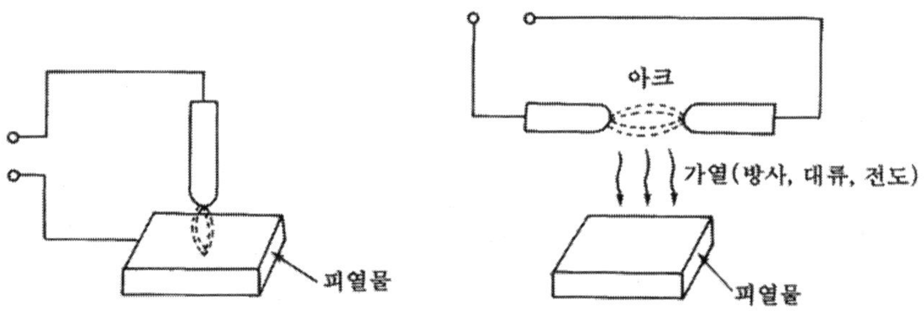

■ 그림 2.2.12 아크가열의 방식

아크방전은 저전압·대전류인데, 그림 2.2.13과 같이 그 특성은 수하특성(부저항 특성)을 갖는다.

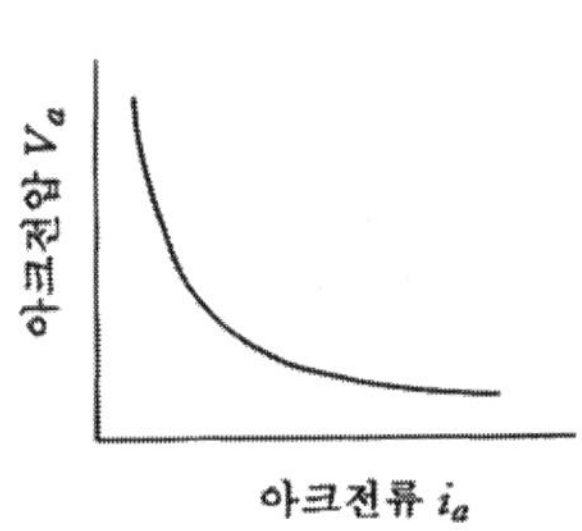

■ 그림 2.2.13 아크의 전압·전류 특성곡선

② 아크로

• 직접식 아크로 : 아크 전류가 피열물 내를 흐르는 것을 말한다. 그림 2.2.14는 스크랩(scrap) 등의 잡다한 원료에 아크를 발생시켜 아크열로 용해하고, 강을 제조하는 제강용 아크로인데 엘로라고도 한다. 엘로에서는 피열물이 중성점의 위치에 있고, 전류는 전극 → 피열물 → 전극으로 흐른다. 원료는 로의 뚜껑을 열고 넣으며, 용탕은 로 전체를 기울여 용탕출구에서 꺼낸다. 통전개시 직후는 스크랩 등의 원료에 아크를 날려 용해하기 때문에 단락을 일으키기 쉬워 전극의 오르내림에 의해 전력을 조정한다. 원료가 용해하면 비교적 전류의 변동은 안정되며 전극의 오르내림은 완만해진다.

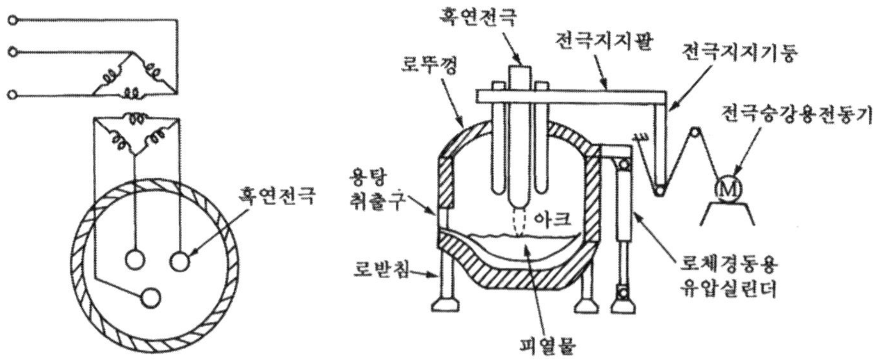

■ 그림 2.2.14 엘로의 구조

그림 2.2.15는 카바이드(carbide)로 이며, 카바이드로는 석회와 석탄을 원료로 하여

$$CaO + 3C = CaC_2 + CO \tag{2.2.1}$$

의 반응을 일으키게 한다. 생성된 카바이드는 로의 바닥에서 굳어지며 CO는 공중으로 방출된다. 카바이드로는 전극의 피열물 내에 매몰되어 있고, 전극간 원료의 저항열에 의한 가열이 이루어진다.

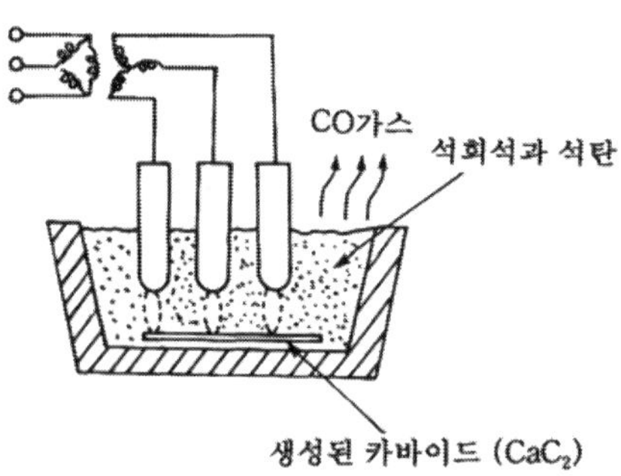

■ 그림 2.2.15 카바이드로

• 간접식 아크가열 : 아크 전류가 피열물에 흐르지 않는 것을 말한다. 그림 2.2.16은 동 또는 그 합금의 용해용으로 사용되는 요동식 아크로(rocking arc furance)이다. 마주한 2개의 흑연

전극에서 발생한 아크열에 의해 간접적으로 피열물을 가열 용해하는 방식이다. 원료는 원통면의 취출구로 넣는다. 용탕의 성분, 온도를 균일하게 하기 위하여 원통형인 로체는 전극을 중심으로 왕복 회전한다.

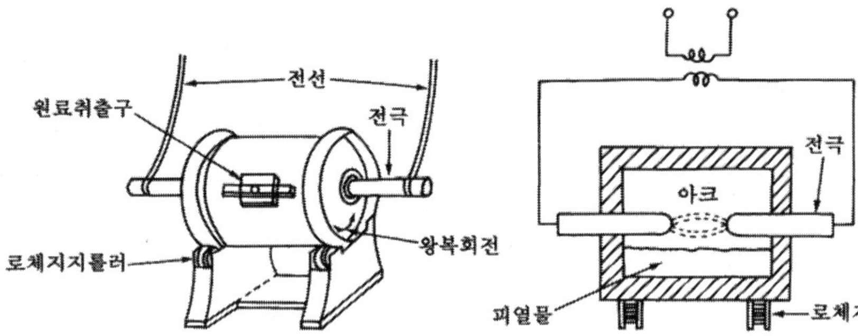

■ 그림 2.2.16 요동식 아크로

(3) 유도가열

① 유도가열의 원리

아래 그림과 같이 금속봉(유도성물체)을 교류전원에 접속시킨 코일 속에 두면(교번자계중에 놓으면), 전자 유도작용에 의해 금속봉내에서 와전류(맴돌이 전류)와 히스테리시스손 발생한다. 유도가열에는 자계를 발생시키는 가열코일이 필요하다.

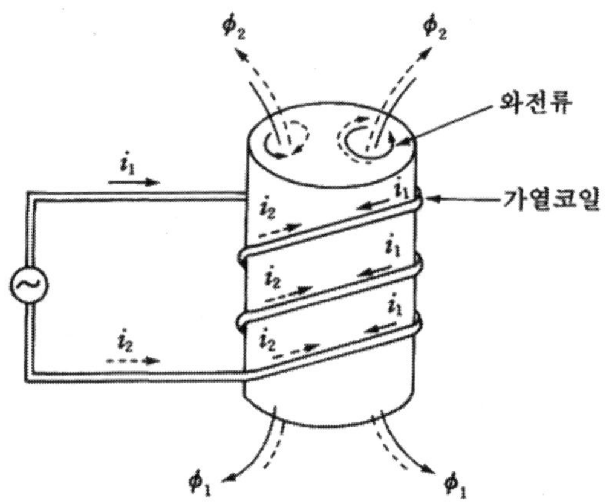

■ 그림 2.2.17 유도가열의 원리

그림 2.2.18(a)와 같이 코일내에 넣은 금속봉 자체가 피열물이 되어 유도가열 되는 방식을 직접 가열방식이라 하며, 피열물은 반드시 도전체이어야 한다. 절연체를 유도가열하려면 그림 2.2.18(b)와 같이 도전성인 용기내에 피열물을 넣고, 용기를 유도가열하여, 그 열의 방사에 의해 피열물을 가열하는 간접 가열방식을 취한다.

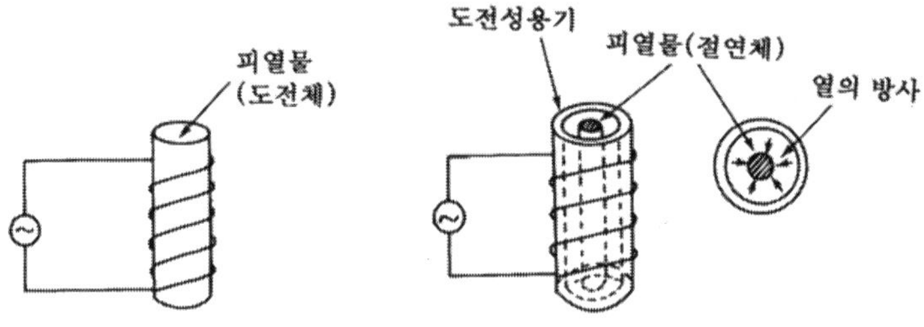

(a) 직접유도가열방식 (b) 간접유도가열방식

■ 그림 2.2.18 유도가열의 방식

② 유도로

유도로는 금속을 용해하거나, 용해한 금속의 온도를 유지 승온시키는 경우에 이용한다.

- 도가니형 유도로 : 그림 2.2.19는 도가니형 유도로를 나타낸 것으로 도가니 속의 용해 금속은 유도 전류와 자계의 전자력(電磁力) 작용에 의해 용탕이 잘 교반된다. 유도코일 주위의 철심은 누설 자속을 작게 하기 위하여 사용한다.

  도가니형 유도로는 전원 주파수에 의하여 저주파 유도로와 고주파 유도로로 분류된다. 저주파 유도로는 상업용 주파수를 사용하여 주철의 용해·유지·승온에, 고주파 유도로는 10~150[kHz]의 주파수를 사용하여 철계(鐵系)·비철금속, 산업폐기물의 용해에 이용되고 있다.

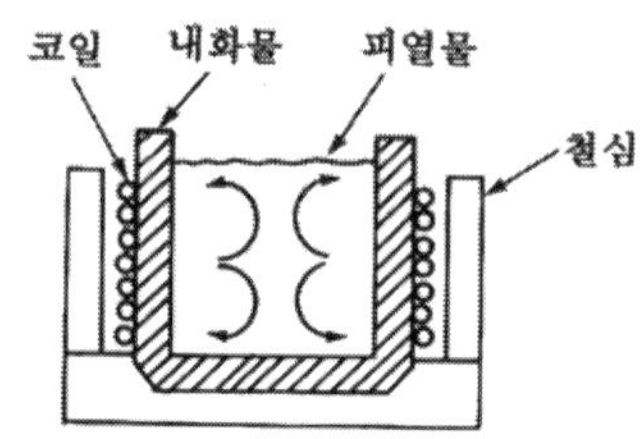

■ 그림 2.2.19 도가니형 유도로

- 고랑형 유도로 : 그림 2.2.20은 상용주파인 저주파(50/60[Hz])로 사용되는 고랑형 유도로이다. 그림 2.36(a)에 나타낸 바와 같이 변압기의 2차 권선에 해당하는 것이 용해되는 금속이고, 2차 권선의 단락 전류에 의해 가열·용해된다.

  용탕 중에는 전자력이 작용하여 자동적으로 교반되지만, 이와 같은 작용이 지나치게 크면 용탕이 꼬여 변압기의 2차회로가 개방되는 것과 같게 된다. 이 때문에 가열부분의 2차회로는 U자형 고랑형으로 하여, 위쪽부분의 탕의 무게에 의해 이를 방지하고 있다.

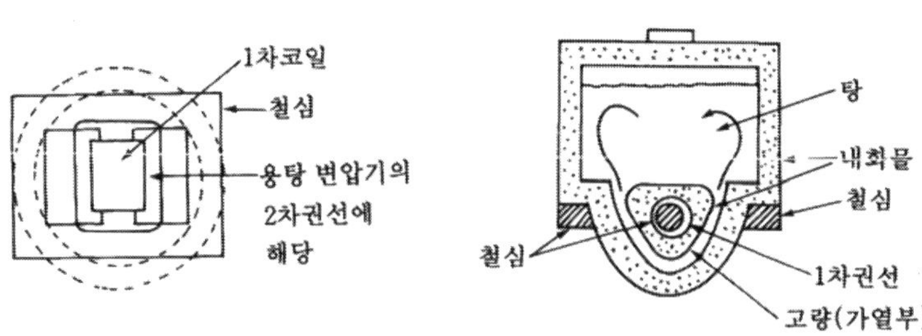

■ 그림 2.2.20 고랑형 유도로

고랑형 유도로는

- 기동시 용량이 필요하다.

• 항상 잔탕이 필요하다.
• 로를 비워 두면 안 된다.

전기효율이 높아 용해 온도가 낮은 비철금속(황동과 아연 등)의 용해, 주철의 보온에 이용되고 있다.

• 저주파 유도로 : 상용주파 교류(50/60[Hz]) 사용
• 고주파 유도로 : 5~20[kHz] 사용

③ 고주파 담금질

코일 안에 피열물을 넣고 가열하면, 피열물 안의 맴돌이 전류의 분포는 표피효과에 의해 주파수가 높아지면 침투의 깊이가 얕아져 표면에 집중한다. 이러한 경향은 그림 2.2.21과 같이 나타낼 수 있다.

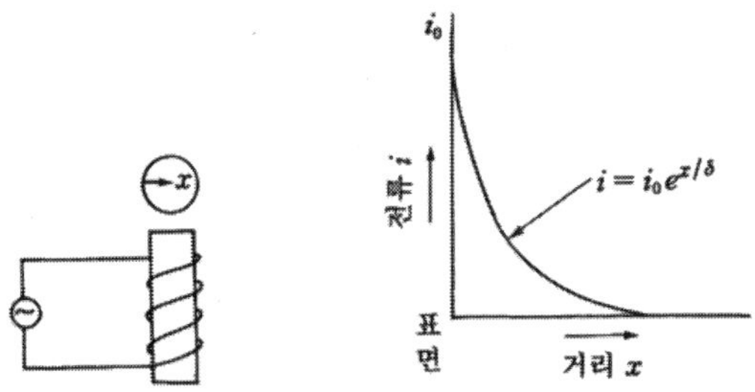

■ 그림 2.2.21 피열물내의 전류분포

이와 같은 침투깊이 δ는 주파수 f[Hz], 투자율 μ[H/m], 도전율 σ[S/m]로 하면

$$\delta = \sqrt{\frac{1}{\pi f \mu \sigma}} \text{ [cm]} \tag{2.2.2}$$

이 되며 재질과 주파수에 의해 결정된다. 따라서 적당한 주파수를 선택함으로써, 표면만을 가열하는 국부가열이 가능해진다.

강을 800[℃] 정도의 온도까지 가열하고, 이것을 급냉하면 내마모성이 강한 강을 얻을 수 있다(담금질). 그러나 기계부품으로는 내부가 부드럽고 표면은 단단한 것이 요구되기 때문에 표면 담금질이 필요하게 된다(그림 2.2.22). 따라서 표면 담금질에 고주파 유도가열이 이용되며, 표면 담금질층의 두께는 사용 주파수, 표면 전력밀도, 가열시간 등에 의해 조정할 수 있다. 고주파 담금질을 위한 가열코일은 피처리물의 형상에 맞추어 그때마다 설계한다. 그림 2.2.23은 강선 담금질용의 가열코일이다.

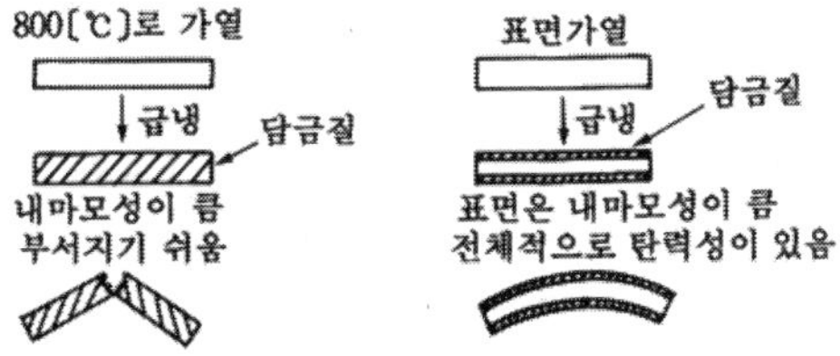

■ 그림 2.2.22 담금질의 방법

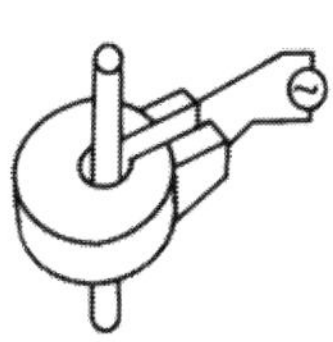
■ 그림 2.2.23 가열코일

④ 유도가열의 응용

가전제품에 응용되고 있는 유도가열기에는 그림 2.2.24와 같은 전자조리기가 있다. 맴돌이 권상인 가열코일에는 20~50[kHz]의 고주파 전원이 공급되어, 톱플레이트에 설치된 냄비바닥에 맴돌이 전류가 유기하면 냄비 자체가 가열된다. 냄비로는 철, 스테인리스, 법랑제 등이 사용되며 알루미늄과 등의 냄비는 가열되지 않는다.

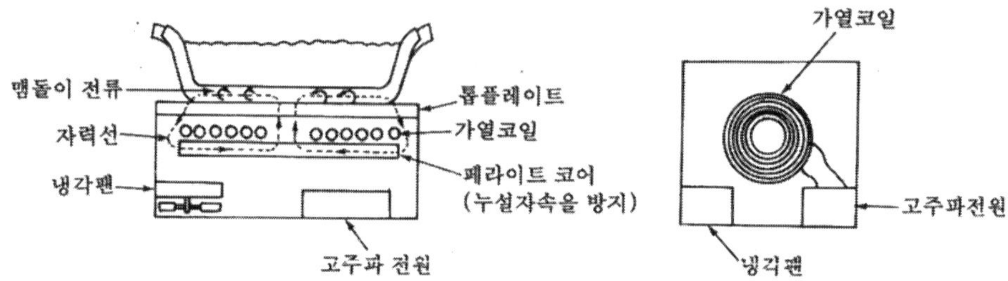

■ 그림 2.2.24 전자조리기

전자조리기의 내부는 발열에 의해 고온으로 되는 것을 방지하는 냉각팬, 고주파 전원을 필요로 한다. 또한, 누설자속을 방지하기 위해 가열코일 밑에 페라이트코어가 설치되어 있다. 이와 같은 가열코일은 그림 2.2.25와 같이 냄비전체를 가열하는 전기 취사기에도 응용되고 있다.

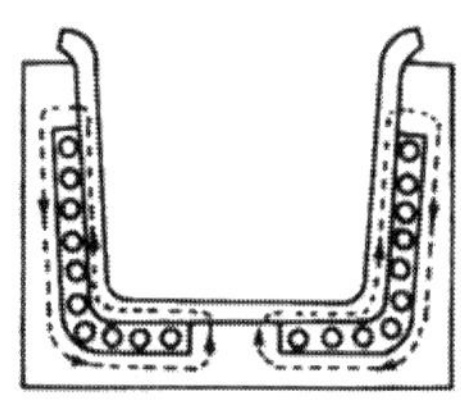

■ 그림 2.2.25 전기취사기

(4) 유전가열

① 유전가열의 원리

아래 그림과 같이 평행판 전극 사이에 유전체(절연체)를 삽입하고, 전계를 가하면 분극이 일어난다. 이것은 유전체 중의 분자가 전기 쌍극자가 되어 전계의 방향으로 배열되기 때문인 것이다. 이같이 유전체손을 이용하는 것이 유전가열이다

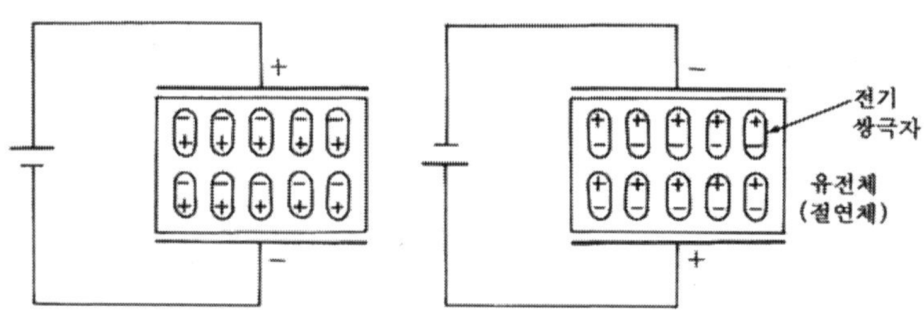

■ 그림 2.2.26 유전체의 분극

전계의 방향을 반대로 하면 전기 쌍극자의 방향도 반전한다. 따라서 그림 2.2.26과 같이 전극간에 고주파 전계를 가하면 전기 쌍극자는 전계의 방향으로 심하게 회전·진동한다. 유전가열은 이 때 분자끼리의 마찰에 의해 열을 발생하게 하는 방법이다.

유전체는 절연체이며, 직접 통전에 의해 내부가열을 할 수 없다. 또한 간접가열에 의해 외부에서 가열하여도 내부로 열이 전달되지 않는다. 유전가열은 피열물(절연체)을 내부로부터 균일하게 가열할 수 있으며, 주파수를 선택함으로써 특정부분만을 선택적으로 가열할 수 있는 방식이다.

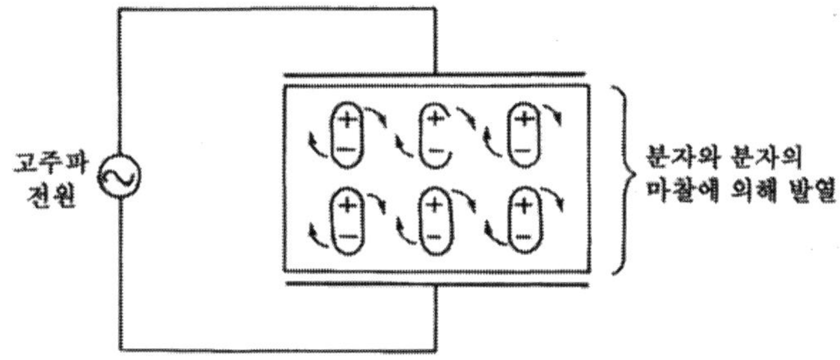

■ 그림 2.2.27 유전가열의 원리

유전 가열(dielectric heating)은 절연성 피열물에 고주파 전계를 인가하여 발생하는 유전체손 에 의한 내부발열로 가열되는 방식이다. 절연성 피열물은 목재, 고무, 면 등의 유전체가 사용 되고, 이것을 전극사이에 놓고 1~100[MHz]의 고주파 전계를 인가하면 내부로부터 균일하게 가열된다. 평행평판 전극 사이에 유전체인 피열물을 삽입하고 고주파 전압을 인가하면 그림 2.2.27과 같이 등가회로와 전류의 벡터도를 나타낼 수 있다.

유전체 손실각 δ라 하면 유전체 손실, 즉 유전체의 소비전력 P는 다음과 같다.

$$P = VI_R = VI_c\tan\delta = wCV^2\tan\delta = 2\pi fCV^2\tan\delta\ [\mathrm{W}] \qquad (2.2.3)$$

유전체에서 정전용량 C, 전계의 세기 E 및 체적 $V_{체적}$은 각각

$$C = \frac{\epsilon S}{d} = \frac{\epsilon_0\epsilon_s S}{d},\ E = \frac{V}{d},\ V_{체적=d \cdot S} \qquad (2.2.4)$$

이다. 이 세가지 관계식 (2.2.4)을 식 (2.2.3)에 대입하여 변형하면, 피열물의 단위 체적당 소비 전력 P가 다음과 같이 구해진다.

$$\begin{aligned} P &= 2\pi f \cdot \left(\frac{\epsilon_0\epsilon_s S}{d}\right) \cdot V^2\tan\delta \cdot \left(\frac{1}{dS}\right) \qquad (2.2.5) \\ &= 2\pi f\epsilon_0\epsilon_s\left(\frac{V}{d}\right)^2\tan\delta \\ \therefore P &= 2\pi f\epsilon_0\epsilon_s E^2\tan\delta\ [\mathrm{W/m^2}] \\ &= \frac{5}{9}f\epsilon_s E^2\tan\delta \times 10^{-12}\ [\mathrm{W/cm^3}] \end{aligned}$$

표 2.2.1은 유전가열의 특징을 장점과 단점으로 구분하여 설명한 것이다.

■ 표 2.2.1 유전가열의 특징

장 점	단 점
① 유전체손에 의해 피열물의 자기발열로 균일 가열을 할 수 있다. ② 온도상승 속도가 빠르고 온도제어가 쉬 우며 선택가열도 가능하다. ③ 전원 차단과 동시에 가열은 멈추고, 주 위물체의 축적된 열애 의한 과열이 없 다. ④ 표면의 소손과 균열이 없다.	① 유전 효율이 고주파 발전기의 효율(50−60)%에 의하여 제한되고, 회로손실도 가해지므로 효율아 나쁘다. ② 피열물이 가하학적 규일가열을 할 수 있다. ③ 전파의 누설에 의해 통신 장애를 일으키므로 장치의 차폐가 필요하다. ④ 설비비가 고가이다.

② 유전가열의 종류

• 고주파 가열 : 1～100[MHz] 정도의 고주파에 의한 가열을 말하는데 간단히 유전가열 이라고도 한다. 유전가열에는 다음과 같은 특징이 있다.

− 열전도를 필요로 하지 않기 때문에 급속가열, 균일가열이 가능하다.

− 선택가열, 국부가열이 가능하다.

− 온도의 응답속도가 빠르기 때문에 온도제어가 쉽다.

피열물은 아래 그림과 같이 평행판 전극 사이에 놓여 있지만, 피열물의 두께가 얇아지면 전기력선이 통과하는 거리를 길게 하여 가열 효율을 좋게 하기 위해 그림과 같은 격자 전극을 사용한다.

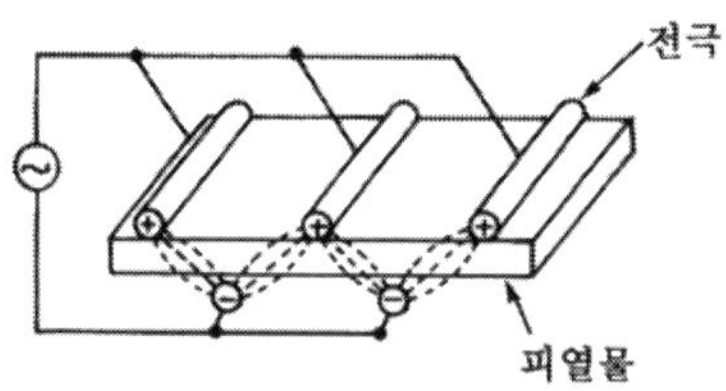

■ 그림 2.2.28 격자 전극

• 마이크로파 가열 : 300[MHz]～30[GHz]의 마이크로파에 의한 가열을 말한다. 마이크로파 가열은 마이크로파를 도파관에 의해 피열물에 조사하여 가열시키는 것으로, 마이크로파의 발생원으로는 그림 2.2.29와 같은 마그네트론이 사용된다.

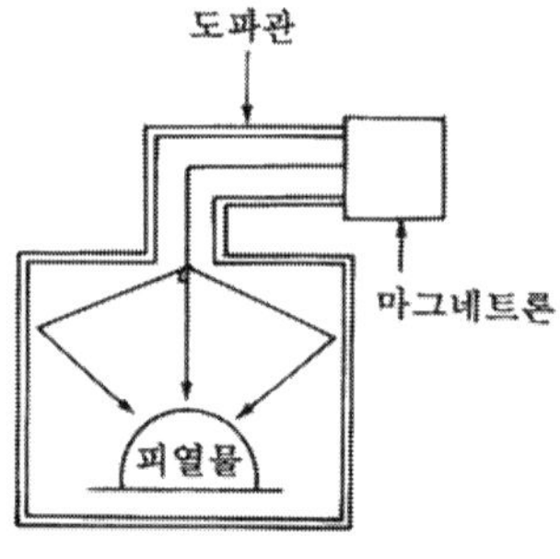

■ 그림 2.2.29 마이크로파 가열

마이크로파 가열에는 다음과 같은 특징이 있다.

– 유전가열보다 가열작용이 크다.

– 형상이 복잡한 것도 비교적 균일하게 가열할 수 있다.

– 온도제어가 쉽다.

마이크로파 가열은 수분에 대한 가열작용이 크기 때문에 전자렌지 같은 식품의 가열조리에 응용되고 있다.

아래 그림은 전자렌지의 구조이다. 마그네트론 발진기에 의해 2450[MHz]의 마이크로파에 의한 조사가 균일하게 이루어지도록 식품은 턴테이블에 의해 회전된다. 가열실의 재질은 스텐레스와 아연동판이 사용되고 있으며, 도어는 사용 중에 마이크로파가 외부로 누설되는 것을 방지하는 구조를 하고 있으며, 도어가 열릴 때 전원을 차단하는 시스템이 설치되어 있다.

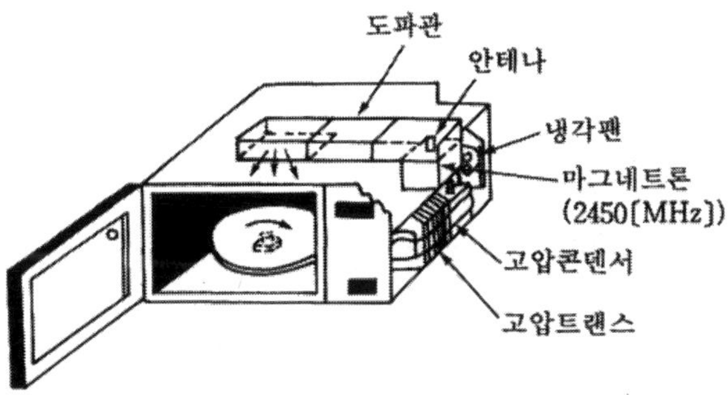

■ 그림 2.2.30 전자렌지

③ ISM 주파수

유전가열에서 사용하고 있는 전자파가 외부로 누설되면 라디오와 TV 등의 통신에 방해를 준다. 전파법에서는 가열과 같은 통신 이외의 공업적 목적에 사용하는 주파수를 ISM[Indusrtial(공업적), Scientific(과학적), Medical(의학적)] 주파수라 하여 규정하고 있다(표 2.2.2 참조).

ISM주파수에 관해서는 누설 전계값에 제한이 없기 때문에, 자유로이 사용할 수가 있다. 마이크로파 가열에서는 2450[MHz]가 사용되고, 유전가열에도 ISM 주파수가 많이 사용되고 있다.

■ 표 2.2.2 ISM주파수대

고주파	마이크로파
13.56[MHz] ± 6.78[kHz]	2450[MHz] ± 50[MHz]
27.12[MHz] ± 162.72[kHz]	5800[MHz] ± 75[MHz]
40.68[MHz] ± 20.34[kHz]	24125[MHz] ± 125[MHz]

④ 유전가열의 응용

- 목재공업의 응용 : 주로 목재의 건조와 접착에 응용되는데 주파수는 4~27[MHz]의이고, 특히 ISM 주파수에 있는 13.56[MHz]가 가장 많이 사용된다. 접착층만의 선택가열에 의해 접착시간

이 대폭 단축되어 진다.

그림 2.2.31은 목재의 감압 건조장치이다. 감압에 의해 비등점이 내려가기 때문에 40[℃] 부근에서 건조할 수 있으며, 균열과 변색이 적은 건조제를 얻게 된다.

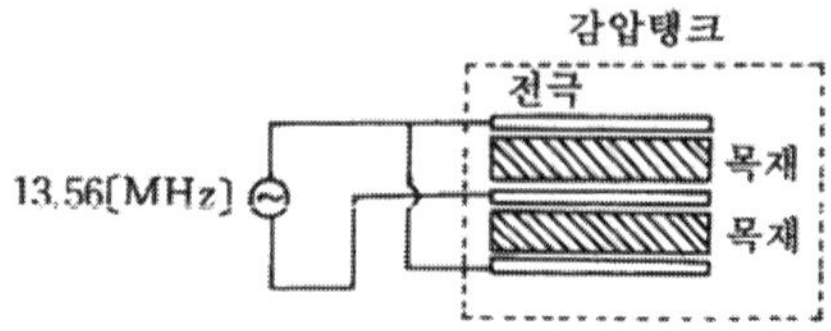

그림 2.2.31 감압 건조장치

- 플라스틱에 응용 : 플라스틱은 열전도가 나쁘므로 내부 발열에 의한 유전가열이 가장 적당하며 예열이나 융착 등에 광범위하게 이용된다. 플라스틱의 경우 염화비닐에 쉽게 가열, 테프론, 폴리에틸렌 등 유전체손 이 적은 재료는 부적당하다.
- 식품, 그 외에 이용 : 냉동품의 해동이며, 완전 해동은 어렵고 −20[℃]의 보존온도일 때 급속이 −4~2[℃] 정도까지 승온시킬 때 사용된다. 이외의 응용에는 가열건조, 피혁건조, 적층유리의 제조, 목재건조, 천의 건조, 돗자리의 살충건조, 세라믹의 건조 등에 사용한다.

다음 표는 유전가열과 유도가열을 비교한 것이다.

표 2.2.3 유전가열과 유도가열의 비교(2가지 경우 공동으로 직류사용 불가함)

항 목	유전가열의 경우	유도가열의 경우
원 리	유전체손 이용	와전류손, 히스테리시스손
적 용	절연체(유전체)	금속(도체), 반도체
전 원	교류 1~200[MHz]	교류 저주파 : 60[Hz], 고주파 : 5~20[kHz]

(5) 적외선 가열

① 적외선 가열의 원리

적외선의 방사에 의해 가열하는 방식을 적외선 가열이라고 한다(그림 2.2.32).

적외선은 전자파의 일종으로서 공기의 매체를 필요로 하지 않으며, 직접 피열물에 방사되기 때문에 가열효율이 높고 가열속도가 빠르다

그림 2.2.32 적외선 가열

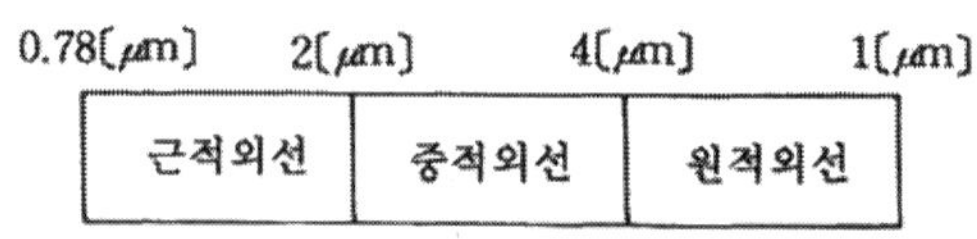

그림 2.2.33 적외선의 파장에 의한 구분

적외선 가열중에서도 원적외선 가열의 이용이 활발하며 그 이유는 다음과 같다.

- 2.5~25[μm] 정도의 원적외선 파장은 플라스틱, 식품, 유기용제 등 유기 화합물의 흡수율이 높은 파장과 일치하며, 높은 가열효율이 된다.

- 원적외선을 이용한 건조·가공·살균 등은 식품의 색과 향기, 맛이 손상되지 않는다.
- 원적외선 히터는 수명이 길며, 내구성이 강한 열원이다.

금속은 일반적으로 적외선을 반사하기 때문에 부적합하므로 적외선 가열에 적합한 재료는 플라스틱, 도료, 목재 등의 유기재료, 세라믹, 식품 등이다.

② 적외선 가열 방식의 장·단점

적외선 방사는 물질에 흡수되어 직접 열에너지로 변환되는 장점으로 온도제어가 쉽고, 손실이 적고, 로의 형태를 다양하게 할 수 있다. 실제 적용하는 데는 온도차 이외에 여러 가지 장·단점을 충분히 검토한 후에 방사원을 선택, 가열설비의 설계를 하는 것이 좋다.

■ 표 2.2.4 열에너지 이동형식의 종류와 특징

분 류	내 용	특 징	이용상의 주의점
전도	열에너지가 매체로 차근차근 전달한다.	고체의 내부까지 전열이 가능하다.	속도가 늦으며 접촉하지 않으면 전도되지 않는다.
대류	가열된 이동 가능 온도차에 따라 이동하여 전달한다.	열이동의 제어가 쉽다.	• 속도가 늦으며 이동 가능 • 매체가 필요하다.
복사 (방사)	열에너지가 전자파 형태로 직접 전달한다.	• 전달시간이 빠르다. • 열량제어가 쉽다.	• 표면만으로의 전열이다. • 피가열물의 흡수특성에 영향의 받는다.

③ 적외선 방사원

- 적외선 전구 : 적외선 전구는 텅스텐선 등의 저항체에 전류를 흘려 그 열방사를 이용한 것으로 그림 2.2.34와 같은 전구유리의 내측을 반사면으로 한 R형과 관형의 2종류가 있다.

  유리와 석영은 4[μm] 이상의 파장인 적외선은 투과하지 않기 때문에 적외선 전구는 근·원적외선 방사원이다.

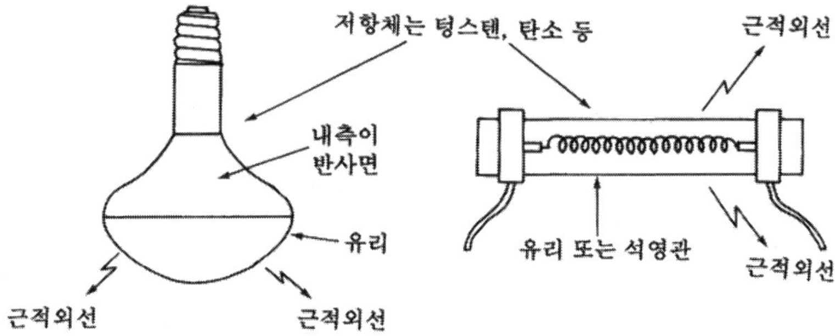

■ 그림 2.2.34 적외선 전구

- 원적외선 히터 : 원적외선은 유기화합물 등에 대해 가열효율이 높기 때문에 그 사용이 확산되고 있다.

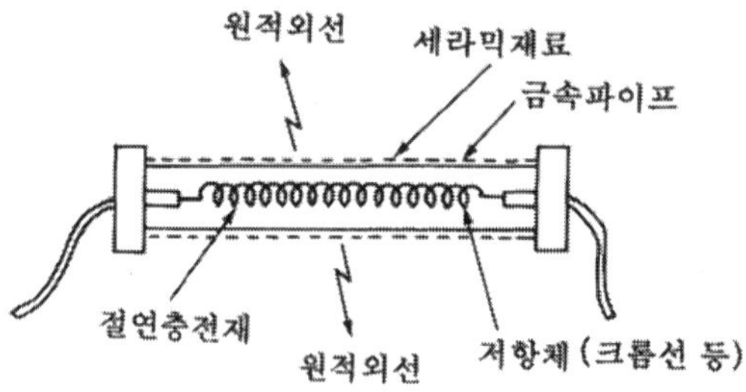

■ 그림 2.2.35 원적외선 히터의 구조

원적외선 히터는 그림 2.2.35와 같이 시즈와이어의 표면에, 원적외선 영역의 방사율이 높은 세라믹스를 도포한 것으로서 원적외선 방사원이다.

④ 적외선 가열장치(로)

적외선 가열장치는 적외선 전구, 또는 원적외선 히터를 면상으로 배열하여 뱅크로 하고, 이 뱅크를 조립함으로써 장치가 형성된다.

- 개방형 : 그림 2.2.36처럼 몇 개의 히터를 한 개의 면에 배열한 가열장치로서 자동차의 도장 등에 이용되고 있다.
- 밀폐형 : 그림 2.2.37과 같이 외형은 상자형이며 히터는 단면뱅크, 양면뱅크 등 피열물에 따라 배치된다. 밀폐형이기 때문에 열의 손실이 적고, 장시간 가열을 필요로 하는 처리에 적합하다.

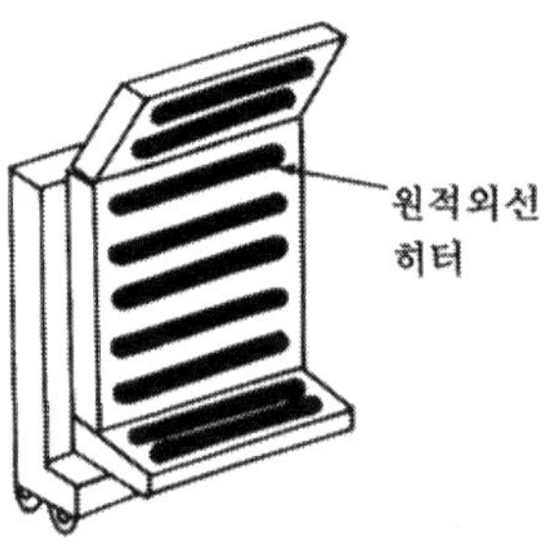

■ 그림 2.2.36 개방형 가열장치

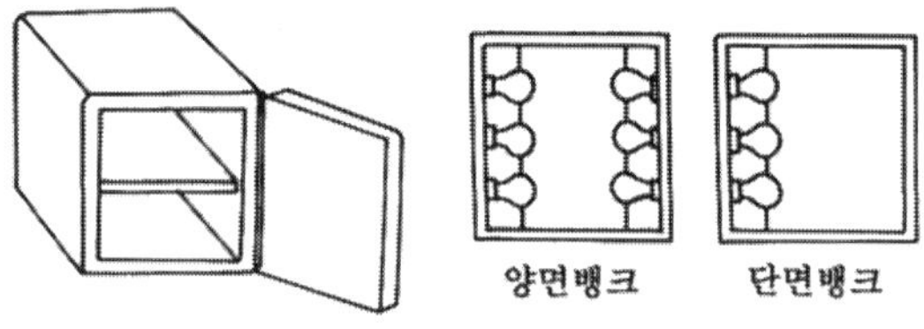

■ 그림 2.2.37 밀폐형 가열장치

- 터널형 : 터널형 가열장치는 그림 2.2.38과 같이 장치의 양단에 입구와 출구가 있고, 콘베어 등으로 연속가열하는 것이다. 히터는 피열물의 형상과 반송기구에 따라 양측면, 천정부 등에 배치된다.

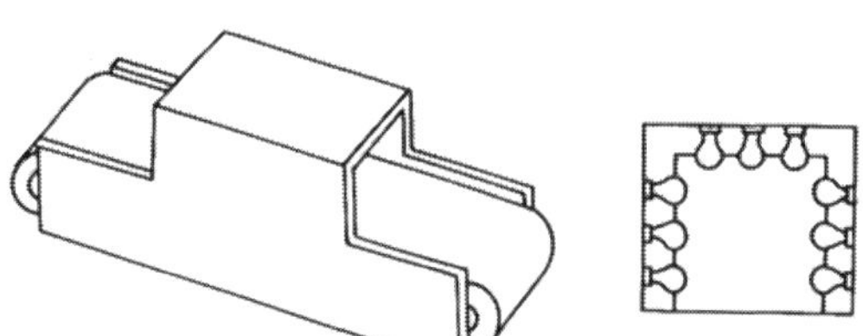

■ 그림 2.2.38 터널형 가열장치

(6) 전자빔 가열

진공중에서 고속으로 가열한 전자를 집속하여 그 전자의 충돌에 의한 에너지로 가열하는 방식을 전자빔 가열이라고 한다(그림 2.2.39).

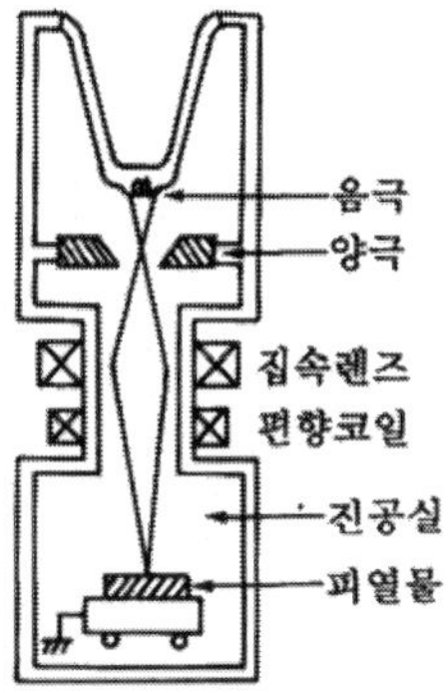

■ 그림 2.2.39 전자빔 가열장치의 구조

① 전자빔 가열의 특징

- 전자빔을 접속하고 국소에 모았을 때의 에너지 밀도는 매우 높아 용접, 용해 등에 이용된다.
- 진공중에서 가열하기 때문에 산화 등의 영향이 적다.
- 진공중에서 가영하기 때문에 피열물의 치수와 형상이 제한된다.
- 빔의 파워와 조사위치 등을 정확하게 제어할 수 있다.
- 빔의 펄스적으로 조사하면 가열범위를 좁게 할 수 있기 때문에 열변질이 적은 가열이 가능하다.
- 빔의 편향에 의해 필요한 부분에 고속으로 가열할 수 있다(국소 표면 열처리).
- 피열물은 일반적으로 도전성이 양호한 금속이 좋으며, 자기를 띠고 있으면 빔의 궤도가 구부러지기 때문에 제거할 필요가 있다.

② 용도

- 전자빔 가공 : 금속, 반도체, 보석의 구멍 뚫기, 절삭 등
- 전자빔 용접 : 용융 폭이 좁고, 용입이 깊다.
- 전자빔 용해 : 고융점 금속에 적합하다.
- 전자빔 증착
- 표면열처리

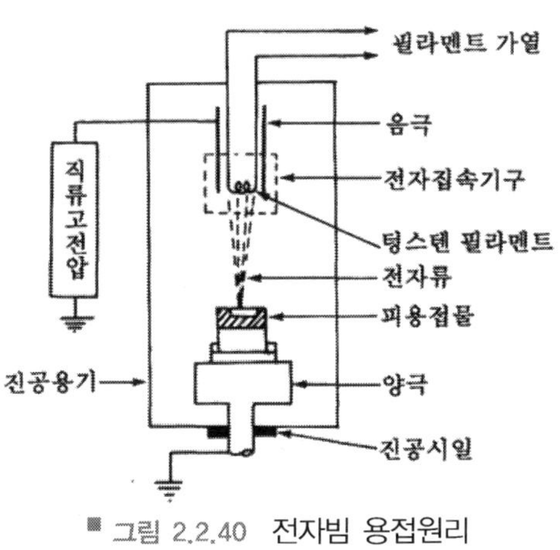

■ 그림 2.2.40 전자빔 용접원리

(7) 초음파 가열

① 초음파의 특성

초음파는 우리가 귀로 들을 수 있는 가청음파와 같이 매질 중의 탄성파이다. 따라서 가청음파의 성질인 반사, 굴절, 투과 및 흡수 등 여러 법칙이 그대로 적용된다. 따라서 일반 음파와 본질적으로 아무런 변화가 없으나 매질, 주파수 및 강도에서 현저한 차이를 나타내며 음파에서는 상상할 수 없는 현상이 나타난다.

- 주파수가 높아 파장이 짧다 : 가청 주파수를 초월한 어떤 주파수도 사용할 수 있으나, 공업적으로는 1[kHz]~200[MHz] 정도가 많이 사용되며 동력적 응용분야에는 수 [MHz] 정도까지 사용하고 있다
- 매질은 공기만이 아니다 : 가청음파의 대부분은 고기중의 파(波)인데 비하여 기체, 액체, 고체 등에 이용되는 것이 많으며 특히 액체, 고체에 많이 이용되고 있다.
- 강도가 세다 : 공기중의 음속에는 10^{-16}[W/cm^2]을 기준으로 하여, 0[dB](10^{-16}[W/cm^2])에서 120[dB](10^{-4}[W/cm^2]) 정도까지의 소리를 들을 수 있으며 그 이상이 되면 귀에 장애를 줄 수 있다. 그러나 초음파의 응용에서는 1[W/cm^2] 이상의 것이 일반적으로 사용되고 있어서 여러가지 특이한 현상이 발생한다.

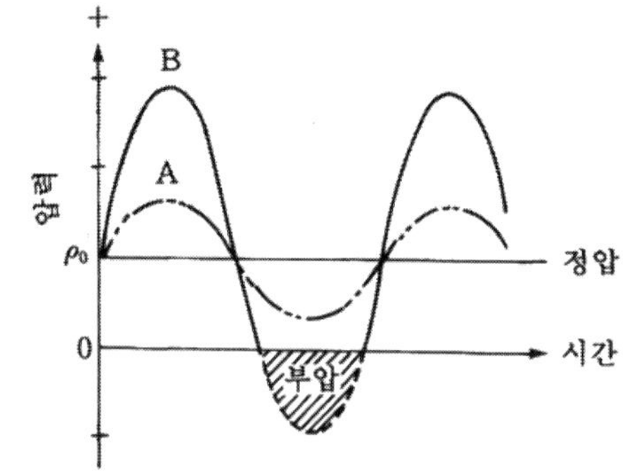

■ 그림 2.2.41 캐비테이션

캐비테이션(cavitation)현상이라고 하며, 초음파의 특이 현상 중 하나이다.

② 초음파의 발생방법

초음파의 발생음원에는 압전현상이나 자기변형(magnetic striction)현상을 이용하는 전기적 방법과 기계적 방법 등 여러가지 방식이 있는데 이를 테면 자기변형형의 니켈 진동자, 페라이트 진동자, 전기변형형의 티탄산바륨 진동자 및 지르콘산티탄산염 진동자 등이 일반적으로 널리 사용되고 있다.

이들의 진동자를 음원으로 하여 사용한 초음파 발생장치는 원리적으로 음성주파수의 전기진동을 스피커에 공급하여 음파진동을 변환시켜 공기중으로 소리를 방사하는 스테레오나 라디오와 같은 원리이다.

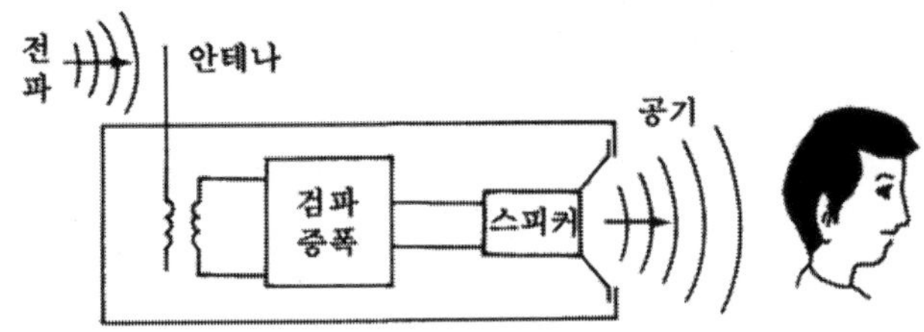

(a) 라디오

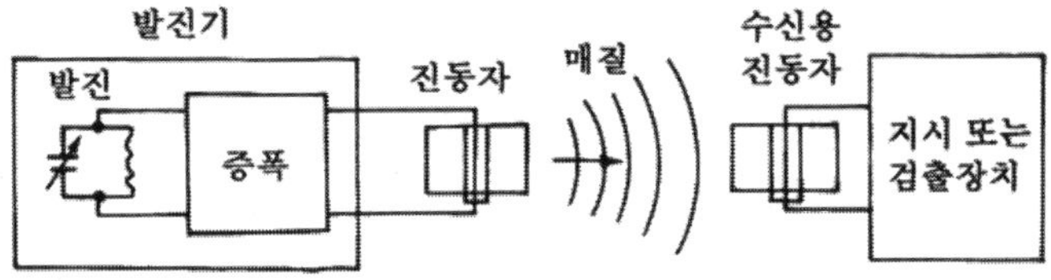

(b) 초음파발생장치

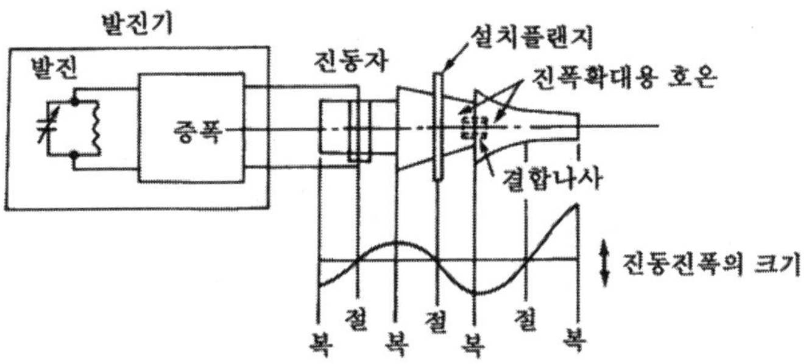

(c) 진폭확대용 혼 부진동자

■ 그림 2.2.42 초음파의 발생방법

③ 초음파의 응용

초음파에는 여러 가지 특유한 성질이 있어 전기공업은 물론 기계공업, 화학공업, 섬유공업, 요업, 군사 및 의학 분야에 이르기까지 다양하게 이용되고 세정기, 센서, 가습기에 이르기까지 널리 응용되고 있다.

(8) 레이저 가열

레이저 광선을 접속하여 피열물을 광에너지로 가열하는 방식을 레이저 가열이라고 한다(그림 2.2.43).

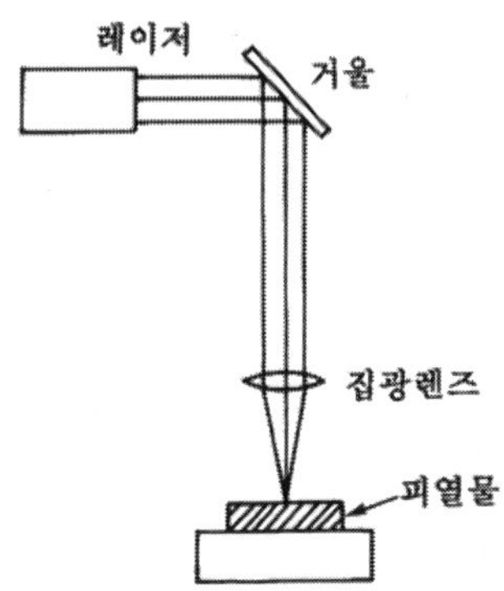

■ 그림 2.2.43 레이저 가열

① 레이저 가열의 특징

- 레이저는 단색광으로 자연광에 비해 작게 집광할 수가 있으며, 에너지밀도를 높게 할 수 있다.

- 대기중에서의 가열이며 전자빔 가열과 같이 진공부분이 필요하지 않다.
- 레이져의 파워와 조사 면적을 광범위하게 제어할 수 있다.
- 미소부분에 대한 조사가 가능하기 때문에 열의 변질이 적은 가공을 할 수 있다.
- 필요한 부분에 대한 고속으로 가열할 수 있다.
- 레이저는 빔을 먼 곳까지 전반할 수 있기 때문에 원격가공이 가능하다.
- 일반적으로 파장이 짧은 레이저는 작은 집광경(集光經)으로 할 수가 있기 때문에 미세가공에 적합하다.
- 피열물은 도전성, 자성, 금속.비금속을 불문한다. 단, 금속재료 중에는 레이저의 반사율이 높은 것이 많기 때문에 반사 방지처리를 해야 한다.
- 에너지 변환 효율이 낮은 결점이 있다.

② 용도

- 레이저 가공 : 구멍뚫기, 절단, 마킹(명판, 공구 등에 정보를 기재)
- 레이저 용접 : 전자회로의 피드선 용접, 열전대의 용접
- 표면열처리 : 담금질

2 전기용접

(1) 전기용접의 원리

용접이란, 금속과 금속의 접촉면을 용융하여 접촉면의 금속원자끼리를 근접시켜 재배열시키는 것인데, 접촉면이 부드러우면 가공해서 금속원자를 결합거리에 급접시키는 것도 가능하다. 금속의 용융에 있어 전기에너지에 의한 가열을 이용하는 방법이 전기용접이다.

(2) 전기용접의 종류

용접법은 형태별로 융접·압접·납접의 2종류로 크게 분류한다. 용접에 사용되는 에너지에는 전기·기계·화학반응·하전입자·방사광 에너지가 있다.

① 저항용접

저항용접이란, 용접하는 금속의 접촉면에 전기를 흘려, 접촉저항에 의한 주울열(저항열)로 용접에 적합한 온도로 가열하고 접촉면을 가압해서 용접하는 방법이다.

금속면을 접촉시키는 방법에 따라 다음과 같이 분류할 수 있다.

- 중첩(겹치기) 저항용접
  - 점용접(spot welding) : 용접물을 겹쳐 봉상 전극으로 가압하고, 전류를 흘려 점상으로 용접하는 방법이다. 얇은 판의 용접에 널이 사용되고 있다(그림 2.2.44).

– 프로젝션용접 (projection welding) : 프로젝션이란 「돌기」를 말하는데, 용접물에 돌기를 만든다든지, 가공시에 만들어지는 울퉁불퉁한 부분과 엣지에 전류를 집중시켜 용접하는 방법이다. 전극은 평판전극을 사용하며 다점동시 용접이 가능하고 왜곡을 적게 할 수 있다(그림 2.2.45).

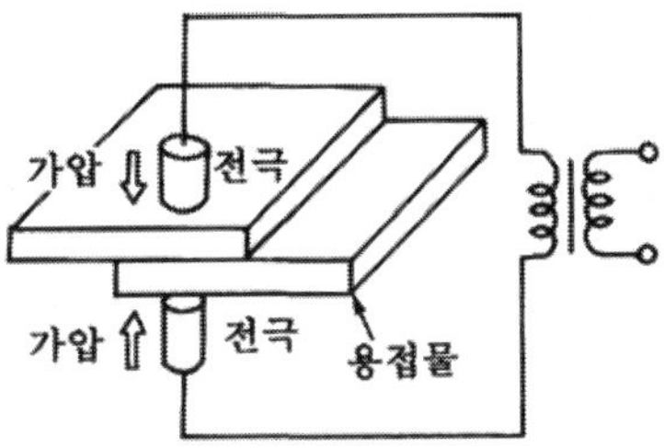

■ 그림 2.2.44 스폿트 용접

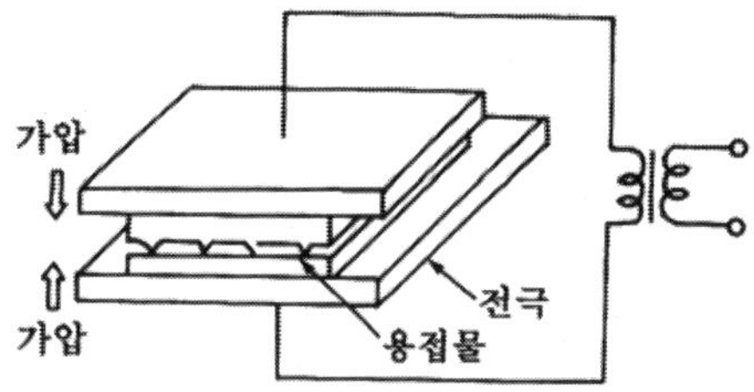

■ 그림 2.2.45 프로젝션 용접

– 시임용접(seam welding) : 한 쌍의 회전원판 전극을 사용하여 연속적으로 스폿트 용접하는 방법이다. 접합부에서 액체 등이 새어나오면 곤란한 기밀용접에서 사용되고 있다(그림 2.2.46).

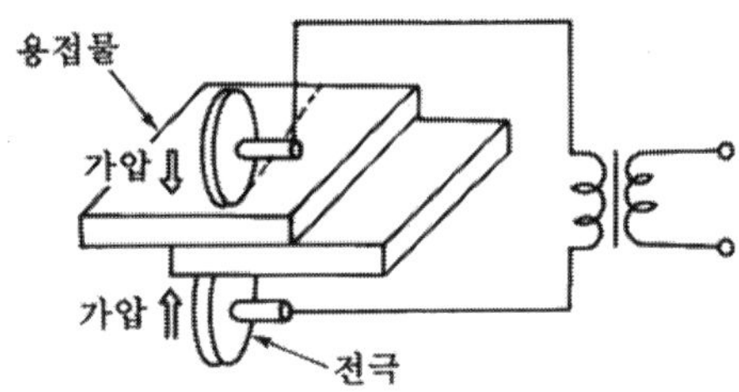

■ 그림 2.2.46 시임용접

• 맞대기 저항용접(upset butt welding)

– 버트용접(butt welding) : 용접물을 맞대어 가압하고, 전극으로 전류를 흘려 주울열과 가압에 의해 용접하는 방법이다. 전선공장에서 강선과 동선 등의 연속선인 가공에 많이 사용되고 있다(그림 2.2.47).

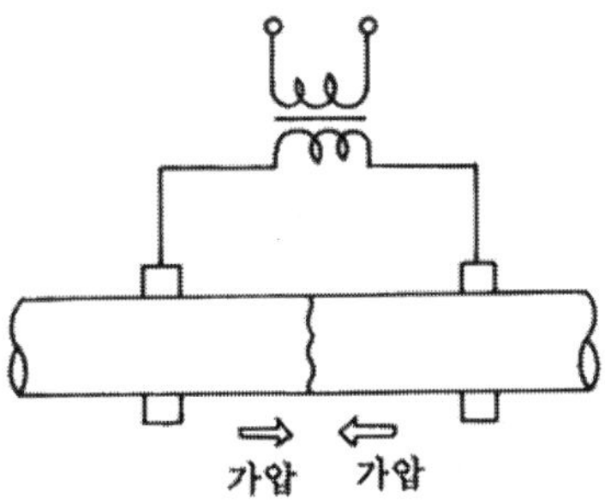

■ 그림 2.2.47 버트용접

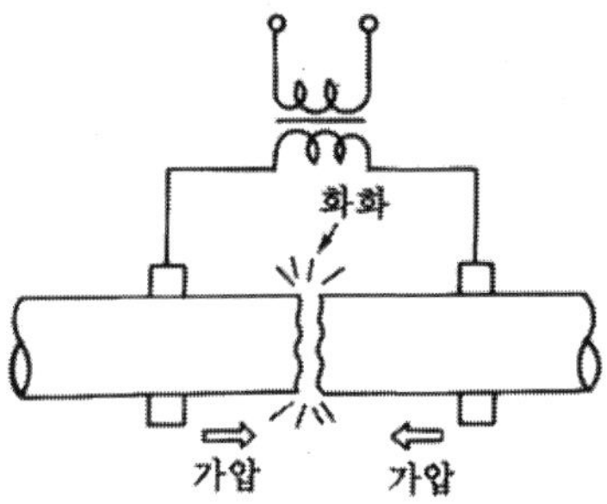

■ 그림 2.2.48 플래시용접

– 플래시 용접(flash welding) : 버트용접하는 두 금속면 사이에 불꽃이 발생되도록 용접하는 방법이다(그림 2.2.48). 용접의 강도와 신뢰성이 높아 레일의 장대화, 자동차에서의 스티어링·샤프트 등의 용접에서 이용되고 있다.

② 방전용접(아크용접)

방전용접에는 탄소방전용접, 원자수소용접, 불활성가스 용접 등이 있다 용접후의 검사로는 비파괴검사–자기검사, X선 및 γ선투과시험, 초음파탐상기에 의한 시험, 육안으로 하는 외관검사 등이 있다. 파괴검사–충격시험, 부식시험 등이 있다.

- 탄소방전용접 : 주로 같은 종류의 철 합금의 용접에 사용하는데 전원은 주로 직류를 사용하고 용접물을 직류전원의 양(+)극에, 탄소전극을 음(–)극에 설치하는데 가스용접에 비해서 용접이 빠르고, 경제적이 이점이 있다.

방전(아크)용접은 아크를 발생시켜 그 열에 의해 용접모재와 용접물을 용융하여 용접하는 것으로 아크의 발생방식에 따라 탄소아크용접과 금속아크용접이 있다. 탄소아크용접은 그림 2.2.49와 같이 용접모재와 탄소 전극 사이에서 아크를 발생시켜 모재의 용접부를 용융시킴과 동시에 모재와 동족의 용접봉을 용입하는 방법으로 주물의 수리와 금속의 절단에 이용된다. 금속 아크용접은 그림 2.2.50과 같이 용접봉 자체를 전극으로 하고 모재와의 사이에서 아크를 발생시켜 용접을 시행하는 방법이며 가장 널이 이용되고 있다.

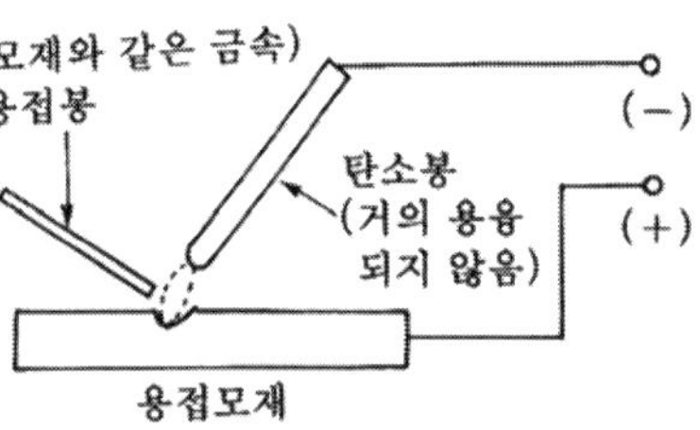

■ 그림 2.2.49 탄소아크용접

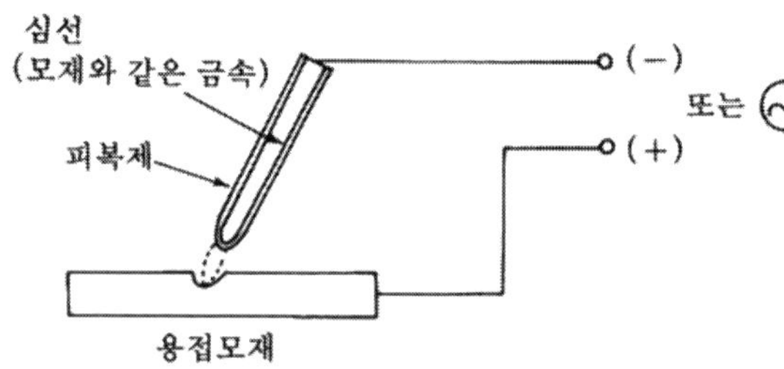

■ 그림 2.2.50 금속아크용접

전원은 탄소아크용접의 경우 일반적으로 직류를 사용하며, 금속아크 용접의 경우는 직류·교류 모두 사용된다. 직류전원을 사용할 경우 전극측을 마이너스(–)로 하여 사용한다.

아크용접용 전원장치는 아크용접에 사용되는 용접용 전원장치에는 교류기와 직류기(또는 교직 양용기)가 있다. 외부 특성에 따라 수하 특성·정전류 특성·정전압 특성을 갖는 기기 중에서 각각의 용접법에 맞는 것을 사용한다. 용접용 전원장치의 출력을 제어하는 방식에는 여러 가지가 있다

용접용 전원의 최고전압은 직류인 경우 50~70[V], 교류인 경우는 70~100[V] 이다.

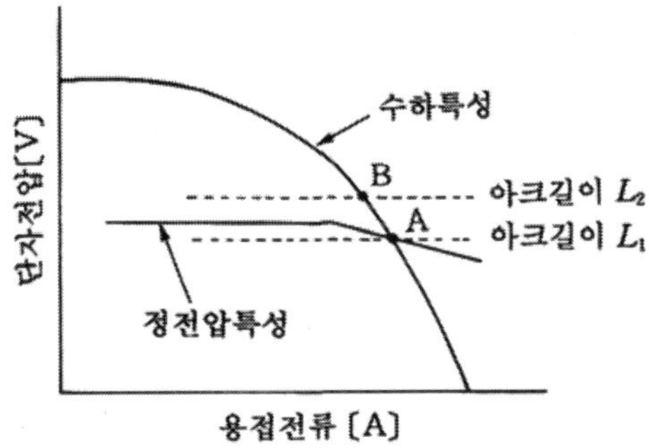

■ 그림 2.2.51 용접전원의 수하 특성

– 교류아크용접기 : 출력의 제어방식에는 대부분의 경우 가동철심형을 이용하고 있다. 피복아크용접봉을 사용하는 수용접용 전원장치가 가장 광범위하게 보급되어 있다. 1차측과 2차측 권선간에 설치된 가동철심에 의해 누설되어 이것이 직류 리액터 역할을 하여 수용접에 요구되는 수하 특성이 얻어진다. 출력의 조절은 가동철심을 조정하면 된다.

– 직류용접용 전원장치 : 크게 나누어 정류기식과 회전기식이 있다. 정류기식은 상용교류전원에 변압기를 연결하여 아크 유지에 필요한 무부하전압을 얻는 경우로 이것을 직류로 정류하여 각종 아크용접법에 적당한 수하 특성, 정전류 특성, 정전압 특성 등의 외부 특성으로 바꾸어 주는 것이다. 이 방식은 대부분 반도체 제어방식인데 사이리스터, power transistor 등이 제어소자로 사용된다. 엔진구동식 전원장치는 전원을 구할 수 없는 공사현장 등에서 사용되고 있다.

• 원자수소용접 : 텡스텐 전극사이에 발생하는 아크사이에 수소(H_2)을 불어넣으면 수소분자는 해리가 되어 수소(H)가 되는데 이것이 모재에 닿으면서 냉각되어 수소분자로 되면서 큰 에너지가 방출되는 열을 이용하여 용접을 하는 방식이다. 경금속, 구리, 구리합금, 스테인레스강 용접에 사용함

• 불활성가스 용접 : 텅스텐 전극과 모재사이에 방전을 발생시키고 그 방전이 일어나는 주위에 불활성(아르곤, 헬륨가스 등)가스를 불어넣어서 용접 발생시에 생기는 산화를 방지하는 방식의 용접으로 용재가 불필요하고 알루미늄, 마그네슘, 스테인레스강, 기타 특수강, 이종금속 용접에 적당하다.

③ 초음파의 금속용접

• 초음파 금속용점의 특징 : 팁(tip)과 앤빌 사이에 용접하려고 하는 두 장의 금속을 끼우고 적당한 압력을 가하면서 접합면에 평행하게 초음파 진동을 주면 2장의 금속은 접합된다. 이때 외부에서 가열하든가 전류를 흐르게 할 필요는 없으나 이 과정에서 접합부의 온도는 융점(절대온도)의 30~50[%] 정도까지 상승된다고 한다. 따라서 고체상에 그대로 접합이 일어나며, 이 온도는 표면 환산 또는 표면층의 용해가 일어나는 온도와 거의 같다.

초음파 용접의 특징은 다음과 같다.

- 초음파 진동에 의하여 표면의 산화 피막이나 흡착층이 파괴되므로 냉간압접이나 전기저항용접에 비하여 표면의 전 처리는 간단해서 좋다.
- 냉간압접 등에 비하여 가압 하중이 적으므로 변형이 적다.
- 가열이 필요하지 않다.
- 고체상태에서의 용접이므로 열적영향이 적다.
- 이종금속의 용접도 가능하다.

• 초음파 금속용접장치 : 금속의 초음파 용접기에는 그림 2.2.52에 나타낸 바와 같이 스폿트용접, 시임용접 및 링용접 세 종류가 있으며 어느 방법이나 초음파 발진기, 초음파 진동계, 팁, 엔빌 및 가압장치로 구성되어 있다. 초음파 발전기에서 발생된 전기 진동에너지는 자기력 혹은 전기력 전동자에 의하여 기계적 전동에너지로 변환되며 코온이나 호온에 의하여 부하와의 기계 임피던스 정합이 이루어진다. 다시 횡진동봉(팁도 포함), 원판 팁, 나사형 진동봉도 각각 공진하도록 하는 크기로 설계되어 있다. 초음파 출력 및 가압력은 피용접물의 재질, 판 두께 및 강도 등에 의하여 결정되며 판 두께가 두껍고 단단한 재질일수록 크다.

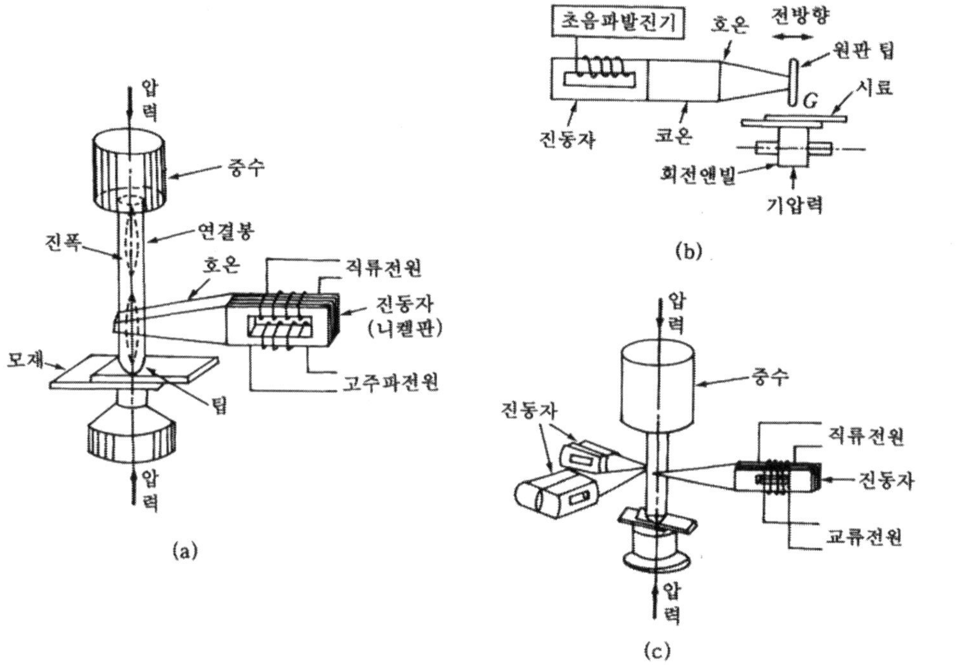

■ 그림 2.2.52 초음파 용접기

초음파 진동자를 효율 좋게 사용하기 위해서는 그 단면적을 1/4파장 이상으로 크게 할 수 없으므로 판 두께가 두껍고 크기가 큰 피용접물에 대해서는 사용할 초음파의 주파수는 낮게 선택한다. 그러나 접합부의 가압흔적을 작게 하기 위한 의미로 허용되는 범위에서 주파수는 높은 쪽이 좋다.

• 플라스틱용접에 응용 : 그림 2.2.53에 나타낸 바와 같이 공구 호온의 선단을 수[kg]~수십[kg] 정 도의 일정한 압력으로 시료를 누른 상태에서 초음파 진동을 시킨다.

공구 호온의 선단에서 플라스틱 시료 중에 전달되는 초음파 진동에너지는 초음파 진동에 의하여 접합면에 접용해리의 상호충돌로 인한 마찰 발열효과 및 접합면에 인가되는 교번정현 응력에 의한 발열효과 등의 작용으로 시료 경계면에서 대부분이 열에너지로 변하며 이 부분이 선택적으로 가열되어 접합경계면이 순간적으로 용접된다. 종래 플라스틱 가공에는 열접착기(heat sealter)와 같은 열관식 또는 고주파에 의한 용착가공이 일반적으로 사용되어 왔으나 열접착기는 시료의 표면에서 가열 응용되므로 두꺼운 물질의 융착은 곤란하다. 그리고 고주파 융착법은 유전체손이 큰 일부의 플라스틱에만 적용이 되나 초음파 용접법은 초음파 진동에 의한 내부 발열을 이용하므로 두꺼운 물질이나 얇은 물질에도 적용이 되고 끝맺음의 용착에 차이는 있으나 불소수지계를 제외하고 모든 열가소성 플라스틱의 용착이 가능하다.

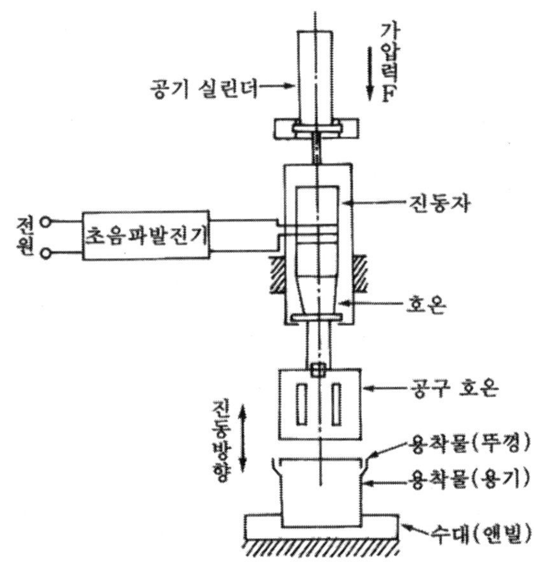

■ 그림 2.2.53 초음파 플라스틱용접의 방법

3 열펌프(Heat pump)

(1) 열펌프의 개요

전기식 히터펌프는 증기압축식 냉동기(이하 냉동기)와 같은 동작원리를 갖는 내온열원기기이다. 저온측과 고온측이 있는 열역학 사이클에서 냉동기는 저온측 열을 흡수(냉각)하는데 비해 히터펌프는 고온측에서 열을 방출(가열)한다 냉각 및 가열을 동시에 하는 히터펌프도 있다. 히터펌프의 저온측 열원에는 공기열원, 물열원(우물. 온천. 각종 배수 등), 기타 열원(배기가스)이 있다. 히터펌프는 사용하는데 따하 공조용과 산업용으로 구별된다. 공조분야에는 주택용 룸에어컨. 패키지 에어컨의 히터펌프화가 있고 빌딩용은 히터펌프를 냉열원 및 온열원으로 이용하는 경우가 급증하고 있다. 산업분야에는 가열, 가온, 탈습, 건조 등에 이용하고 있다. 원리에 대해 살펴보면 냉동기와 히터펌프는 공통의 냉동사이클을 가지며 이상적 냉동사이클은 역 carnot 사이클이다. 그림 2.2.54와 그림 2.2.55는 증기압축 사이클과 원리도를 보여주고 있다

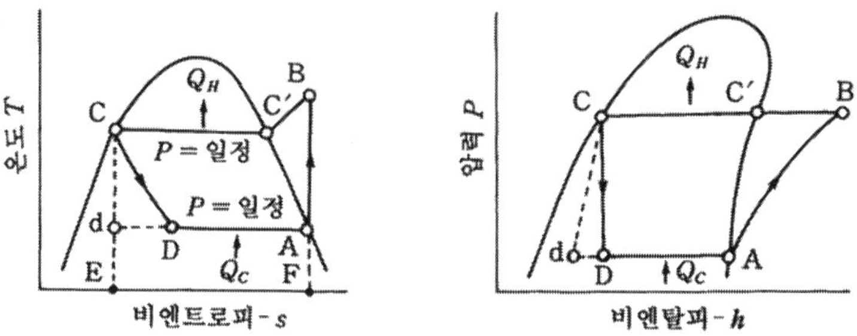

■ 그림 2.2.54 냉동 또는 히터펌프 증기 압축 사이클

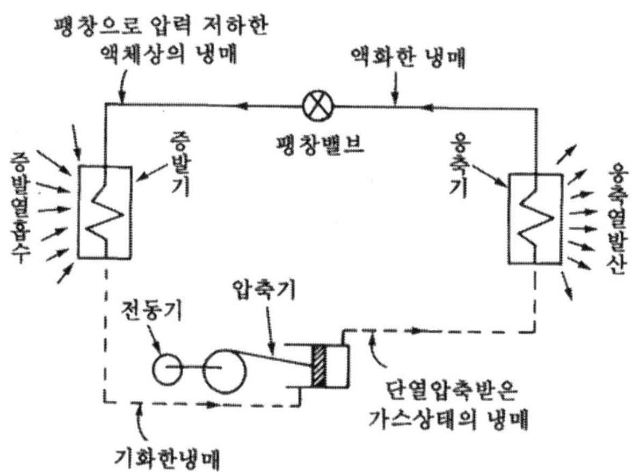

■ 그림 2.2.55 냉동 또는 히터펌프 증기 압축 사이클의 원리도

(2) 전기냉동기

냉동기는 액체가 증발하는데 필요로 하는 기화 잠열을 다른 물체로부터 빼앗는 것을 이용한 것이다. 냉동기에서 열의 운반을 이루는 매체는 다음에 열거한 조건을 구비해야 한다.

- 저온에서 증발할 것
- 기화잠열이 클 것
- 기체비열이 적을 것
- 화학적으로 안정할 것
- 사용재료가 내식성이 있을 것

이상의 조건을 만족하면서 냉매로써 사용되고 있는 것은 SO_2, CH_3Cl(메틸크로하이드), CF_2Cl_2(프레온), NH_3 등이다. 매체의 증발온도는 압력에 따라 변화하므로 압력이 낮으면 증발온도도 낮아진다. SO_2의 비등점은 1기압에서 −10[℃] 정도이다.

그림 2.2.56에 냉동기의 원리를 나타내었다.

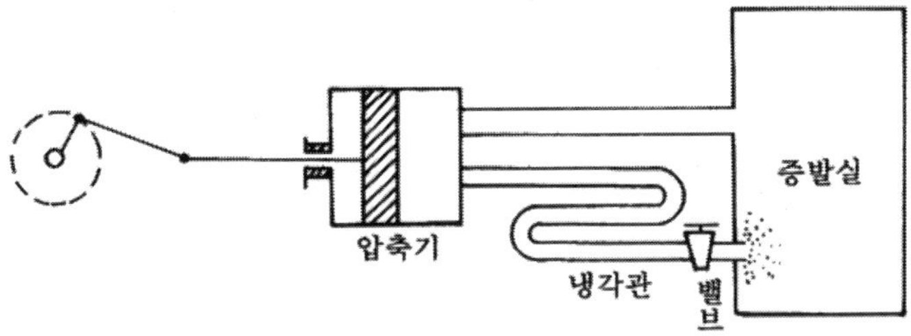

■ 그림 2.2.56 냉동기의 원리

증발실에서 증발하여 주위로부터 열을 흡수한 매체 가스(압력 1.5기압, 온도 −15[℃] 정도)는 압축기에 끌려 들어가 9기압 정도로 압축되며 온도는 60~70[℃] 로 된다. 이것이 냉각관에 보내어지면 증발실에서 흡수한 열량과 압축실에서 얻은 에너지에 상당하는 열량을 내뿜어서 35~40[℃]로 온도가 낮아짐과 동시에 완전히 액화된다. 이와같이 액화된 매체는 다시 밸브를 통하여 증발실로 보내어져 기화하여 주위의 열을 빼앗는다. 냉동기의 압축기는 전동기로 운전되나 항온기에 의하여 자동적으로 ON−OFF된다.

전기냉동기의 냉동실에서 기화열로써 빼앗은 열을 Q_1, 압축기가 행한 일을 W라고 하면, 냉각수에 유입된 열 Q_2는 다음과 같다

$$Q_2 = Q_1 + \frac{W}{J}$$

여기서 대부분의 입력은 압축할 때 소비되는 전력뿐이므로, 열펌프의 열의 운반량 Q_2와 입력의 비는 일반의 열기관과는 다르고 1이상이 된다. 이것을 C.O.P라고 한다.

$$COP = \frac{Q_2}{W/J} = \frac{JQ_2}{W}$$

(3) 열펌프의 응용

① 온천수의 가열

온천의 물이 30[℃] 정도일 때 그대로 사용하기에는 접합하지 않기 때문에 적당한 온도로 가열해야 한다. 종래 니크롬 코일 전열 등으로 가열해 왔던 것을 능률적으로 가열한 응용 예가 열펌프이다. 이에 대한 가열방법은 그림 2.2.57에 나타내었다. 즉, 끓는물 용탕이 풍부한 경우 탕의 일부를 분로하고 이로부터 열량을 흡수하여 욕조에 들어 있는 탕에 부여할 수 있다. 이 장치에는 5마력의 모터를 사용하고 20[kW]의 전열로써 가열한 것과 동일한 효과를 얻을 수 있다.

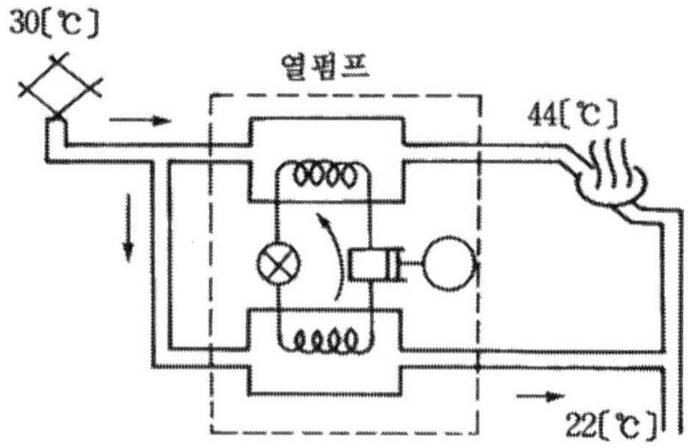

■ 그림 2.2.57 냉온천의 가열

② 열압축기

열압축기는 물을 매개체로 그림 2.2.58과 같이 응축기는 증발기내에 들어 있다. 액화한 액체는 팽창 밸브를 통하지 않고 단지 새롭게 유입해 온 원액에 열을 준 후 버려진다. 따라서 열원이 필요하지 않은 점과 매개체로 물을 사용하므로 고온이 되는 점은 다르지만 그 원리는 다른 열펌프와 같다. 동작원리는 증발 보일러통에 온도 T_1인 증기가 있을 때 이것을 압축기에 흡입시켜 압축하고 T_2로 증발 보일러통내에 있는 응축기에 넣는다.

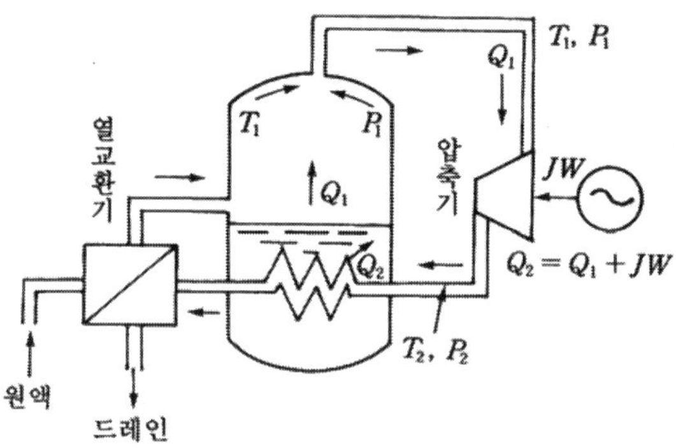

■ 그림 2.2.58 열압축기

하고 T_2로 증발 보일러통내에 있는 응축기에 넣는다. 그 곳에서는 $T_2 - T_1$ 온도차가 있으므로 증발하려고 하는 수용액에 열을 주고 액화되어 버린다. 액화한 것은 열교환기에 들어가서 유입원액과 열교환한 후 버려진다. 이와 같은 원리에 의하여 증발 보일러내에 들어간 액체를 농축할 수도 있고 결정을 얻을 수도 있다. 이러한 방식에 의한 제염장치는 식염을 톤당 2500[kWh]의 전력으로 생산 할 수 있으므로 매우 고효율의 장치가 된다. 용도로는 공조분야 히트펌프, 동절기의 난방과 급탕에 사용, 도금, 도장프로세스에 이용, 식품과 경공업의 탈습, 건조에 사용, 약품의 항생물질, 비타민, 아미노산의 간접증발에 사용된다.

연습문제

1. 저항체(발열체)로 부터의 열의 방사, 전도, 대류 작용으로 가열물에 열을 전달하여 가열하는 방식을 무슨 가열방식이라고 하는가?

2. 전류를 통한 옴손을 이용하여 가열하는 방식을 무슨 가열이라고 하는가?

3. 피열물에 직접 전기를 통한 발열인 직접식저항가열이 아닌 것은?

   ㉮ 염욕로 ㉯ 흑연로 ㉰ 카보런덤로 ㉱ 카비이드로

4. 다음 수식과 같은 반응으로 제조되는 것은?

$$CaO + 3C = CaC_2 + CO$$

   ㉮ 흑연 ㉯ 카바이드 ㉰ 선철 ㉱ 탄화규소

5. 형태가 복잡하게 생긴 금속제품을 균일하게 가열하는데 적합한 가열방식은?

   ㉮ 직접식 저항가열 ㉯ 아크가열
   ㉰ 유전가열 ㉱ 염욕로

6. 유도가열은 다음 중 어떤 원리를 이용한 것인가?

7. 강철의 표면열처리에 적합한 가열방식은?

8. 도체에 고주파 전류를 이용하여 도체의 표면에만 집중되는 현상을 이용한 열처리의 효과는 무슨 효과라고 하는가?

   ㉮ 제벡효과 ㉯ 펠티에 효과 ㉰ 표피효과 ㉱ 핀치효과

9. 유도가열과 유전가열의 공통점은 무엇인가?

   ㉮ 도체만 가열 ㉯ 선택가열가능
   ㉰ 교류만을 사용 ㉱ 반도체가열

10. 적외선을 이용한 건조방식과 관계없는 것은?

   ㉮ 신속하고 효율이 좋다. ㉯ 표면가열이 가능하다.
   ㉰ 가열구조가 간단하다. ㉱ 온도조절이 어렵다.

11. 방직, 염색에 적당한 가열방식은?

   ㉮직접저항가열 ㉯고주파 유전가열
   ㉰유도가열 ㉱ 적외선가열

12. 다음 용접방식 중에 저항용접에 속하는 것은?

   ㉮ 탄소아크용접 ㉯ 가스용접 ㉰ 심용접 ㉱ 단 접

13. 아크용접에 사용되는 가스는?

㉮ 산소 ㉯ 질소 ㉰ 탄소 ㉱ 아르곤

14. 알루미늄과 마그네슘 용접에 적합한 방식은?

㉮ 저항용접 ㉯ 원자수소용접
㉰ 유니온멜트 용접 ㉱ 불활성가스용접

15. 고온발생에 적당하며 효율, 역률 등이 저항로와 유도로의 중간이고 전극성분이 제품에 혼입되기 쉽고, 제철, 제강, 공중질소 고정, 합금에 용해에 사용되는 노는?

㉮ 아크로 ㉯ 유도로 ㉰ 저항로 ㉱ 고주파 유도로

16. 저항용접 종류를 들고 설명하시오.

17. 아크용접의 종류를 들고 설명하시오.

18. 유전가열의 특징은 무엇인가?

19. 발열체의 구비조건을 열거하여라.

20. 내화물의 구비조건을 열거하여라. 유전가열과 유도가열의 공통점은 무엇인가?

21. 적외선가열의 특징에 대하여 설명하여라.

22. 전자빔가열의 특징은 무엇이 있는가?

23. 플라즈마 제트의 장단점을 열거하여라.

24. 냉동기에서 열의 운반을 이루는 매체의 구비조건을 열거하여라.

25. 내부가열에 적당한 전기건조방식은 무엇이 있는가?

26. 레이저가열의 특징은 무엇인가?

27. 열펌프에서 COP는 무엇인지 설며하시오.

28. 방전용접(아크용접)에 대한 대표적인 3가지를 쓰고 설명하시오.

Chapter

03

기타 전기응용

전계, 자계, 정전기, 음파 등의 현상들을 이용하여 전기응용의 다양한 분야에서 이용, 응용되고 있다. 초음파를 이용한 것에는 초음파 세척,초음파 가공, 음향측심기, 초음파 탐상장치가 있으며, 정전현상을 이용한 것에는 전기집진기, 정전도장, 정전선별, 정전기록이 있다. 의학에서의 응용되는 X선, 초음파, 자기현상이 이용되고 있다. 히트펌프를 이용한 것에는 저온건조, 냉장고, 룸 에어콘이 있고, 고주파를 이용한 것에는 고주파 용접이 있다.

본 장에서는 이들 기타의 각종 응용에 대하여 배운다.

1 정전현상의 응용

(1) 정전기

정전기는 양전하와 음전하가 서로 움직이지 않고 있는 상태로 서로 다른 종류의 물질이 마찰하면 발생하는데 물질에 따라서 한쪽이 정(+), 다른 쪽이 부(−)로 대전한다. 겨울에 털 세타를 벗을 때, 복사용지를 비닐봉지에서 꺼낼 때 비닐봉지와 종이 사이에서 발생한 정전기에 의한 비닐봉지는 종이에 흡착하게 된다. 전기적으로 중성인 성질을 나타내다가 정전기를 떤 정전유도된 물질에 근접시키면 그 물질의 양단에 정·부가 같은 양의 전하가 나타난다. 이 현상을 정전유도라 하는데 정전기를 띤 물질이 먼지를 끌어당기는 것은 이 때문이다. 모든 물체는 마찰하면 정전기가 대전하게 되지만 정전현상을 눈으로 확인할 수는 볼 수 없다. 그러나 이러한 정전기가 그 물질 또는 그것에 접촉하고 있는 물질을 통해서 이동을 하게 된다. 정전기에 의한 피해가 늘어나는 것을 방지하기 위한 제전기, 반도체 공정중의 제전손팔지, 습도조절기 등을 사용하고 있다,

정전기 재해에 대한 종류는 다음과 같다.

① 정전기 장해의 종류

정전기에 의한 장·재해(障·災害)는 크게 역학작용과 방전작용으로 나눌 수 있다. 역학작용은 대전물체끼리의 흡인력 또는 반발력에 의한 것으로 체적과 비교해서 표면적이 큰 것, 예를 들면 입자, 실, 시트형인 것에 그 효과가 크게 나타난다.

정전기의 방전작용은 주로 기체의 절연파괴현상으로 대전 물체끼리 또는 대전물체와 전지물체 사이의 전계가도가 절연파괴 강도를 넘었을 때에 발생한다. 그 원인이 되는 전하의 축적은 여러 가지 원인에 의해 일어나는데 큰 원인으로는 마찰 대전에서 고체, 분체에 한정되지 않고 절연액체에서도 발생한다.

② 역학작용에 의한 장해

예전부터 정전기 장해로 알려져 있는 것이 면사, 견사 등의 제조, 처리공정에서 롤러에 감긴다든지 비틀려 맞출 수 없는 등의 현상이다. 직포나 제지공장에서는 천이나 종이가 대전되어 접을 수 없다든지 반대로 달라붙어서 떨어지지 않는 등의 장해가 발생한다.

플라스틱의 성형가공에서는 부스러기가 균형에 붙어서 떼어지지 않는 등의 장해가 많다. 일반적으로 분체는 표면적이 체적과 비교해 크기 때문에 대전되기 쉽고 여러 가지 장해를 발생시킨다. 분체를 덕트, 파이프로 수송할 때 마찰대전이 두드러지기 때문에 파이프 내면에 부착되기도 하고 철망 눈이 막히기도 한다.

일상생활에 있어서도 벽면의 먼지부착, TV 브라운관에서의 먼지부착, 레코드의 먼지 NCKR 등은 자주 경험하는 것이고, 와이셔츠나 스커트가 감겨붙는 것도 같은 현상이다.

③ 방전작용에 의한 장해

전하가 축적되고 그것에 의해 발생하는 전계가 커지면 방전이 발생한다. 일상생활에서 융단 위를 걸은 다음에 문 있는 곳에서의 쇼크와 하차시 차문에 접촉할 때의 쇼크는 인체에 축적된 전하가 손끝과 문 사이에서 방전할 때에 발생하는데 인명에 영향을 미치지는 않지만 기분이 좋은 것은 아니다. 그러나 작업현장에서 이 같은 방전에 의한 쇼크가 있으면 2차 장해가 발생할 위험이 있다.

방전에 의한 생산재해로서, 옛부터 필름제조공정으로 스태틱마크라 불리는 미사용 필름 위에 수지상 방전에 의한 감광상이 발생하고, 생산활동을 저해한다. 인쇄공정에서 대상물이 천연지에서 합성지, 플라스틱필름으로 확대되기 때문에 잉크가 균일하게 묻지 않는다든지 인쇄면 주변에 얼룩이 발생하기도 한다. 또 필름에서의 방전으로 잉크가 비산하는 등의 방해가 일어나고 있다. 최근, 가장 화제가 되고 있는 것은 반도체소자 생산공정에서의 정전기 파괴이다. LSI, VLSI에서처럼 집적도가 높아지고 개개 소자의 소비에너지가 작아지면 정전기에 의한 미소한 방전에너지로도 파괴된다. 대전된 인체에서의 방전에 의한 파괴에 관한 연구가 계속되고 여러 가지 대책이 강구되고 있는데, 집적도의 상승에 따라서 생산공정상의 미소한 대전이라도 파괴되는 경우가 많아지고 있다. 방전에 의해 발생하는 전자파가 전자기기의 오작동을 일으키는 일도 증가하고 있다. 라디오나 TV에는 그다지 문제가 되지 않으나 계측기와 컴퓨터는 오동작으로 인하여 생산관리, 품질관리에 영향을 받는 경우가 있다.

④ 방전에 의한 착화폭발재해

정전기에 의한 가연성 액체의 폭발 사고는 그 재해에 의한 사회적 영향이 크다. 탱커와 탱크로리 등의 폭발 사고원인의 규명이 있어 왔다, 아직도 연구가 많이 진행되고 있다.

석유와 같은 천연액체는 파이프 수송 중에 유동 대전되고 높은 절연성 때문에 대전된 전하가 장시간 보존된다. 대전된 상태에서 탱커에 축적되면 그 공간 전하에 의해 전계가 형성되고, 그 값이 충분히 커지면 석유증기공간에서 방전을 일으킨다. 만약 그 혼합기에서의 조건이 착화범위이고 방전에너지가 착화에 필요한 에너지 이상이라면 착화 폭발할 가능성이 있다.

동일한 일이 액체미립자의 경우에도 발생하고, 슈퍼탱커의 세정시에 발생된 폭발사고는 대전미립자가 만드는 공간 전하전계에 의한 것으로 추정되고 있다. 최근은 분체에서도 같은 사고가 발생하고 있고 사일로의 폭발도 같은 원인에 의한 것이라 추정된다.

(2) 전기집진기

전기집진기는 전극간의 코로나 방전과 쿨롱력을 이용하여 0.1[μm] 정도까지의 미세한 입자를 제거하는 장치이다.

그림 3.1.1(a)은 콧튼집진기의 집진원리인데 화력발전소 등 공업용 집진기(1단식전기집진기)로서 사용되고 있다. 평판, 철망 등으로 만든 집진전극 사이에 2~6[mm]의 강철선인 방전 전극을 두고 집진전극을 정, 방전전극을 부로 하여 40~100[kV]의 직류 전압을 가한다.

집진전극 사이를 지나는 가스중의 입자는 코로나 방전에 의해 부의 이온으로 대전하고, 두전극간의 전계에 의한 쿨롱의 힘에 의해 집진전극에 부착한다. 그림 3.1.1(b)은 기본적인 집진원리를 보여주는데 접지된 전극을 집진전극으로 하고 중심에 선 형태의 방전 전극을 "−" 극성의 고전압을 인가하여 방전전극과 집진전극사이에 코로나방전이 발생하고 방전전극의 전자가 집진전극 쪽으로 향하는 형태이다. 집진전극에 부착된 미립자는 주기적으로 집진전극을 두들김으로써 제거된다. 전기집진기는 공해방지의 측면에서 화력발전소 외에도 시멘트공장, 용광로, 쓰레기소각장 등에 널리 이용되고 있다.

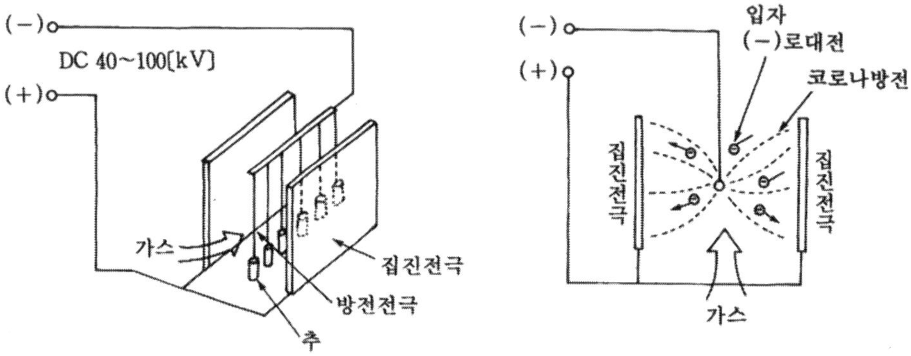

■ 그림 3.1.1 (a) 콧튼 집진기

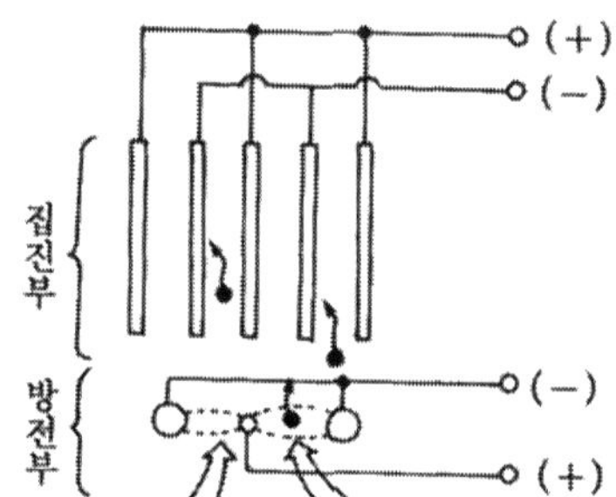

■ 그림 3.1.1 (b) 2단식집진기

또한 그림 3.1.1(b)와 같이 집진전극과 방전전극을 분할한 구조인 집진기(2단식집진기)는 공기청소기로서 병원, 사무실, 가정 등에서 사용되고 있다. 방전부(하전부)는 코로나방전에 의한 방전전극과 동일한 극성의 공간 형태로 분진이 유입되면 양이온이 된다. 대전된 입자가 집진부에 오면 정전력에 의해서 반대전극으로 끌려가게 된다. 인가전압은 방전부가 10~12[kV], 집진부가 5~6[kV]이고 방전부의 인가전압은 집진부의 대략 2배 정도이다.

(3) 정전도장(electrostatic coating)

정전도장은 피도장물을 접지시키고 도료용 분무기로 도료입자를 부(−)의 고전압을 인가하고 도료을 분무상태의 미립자로 "−"로 대전시켜 피도장물과의 사이에 전계(직류고전압의 전계)를 형성시켜서 쿨롱의 힘(정전력)에 의해 피도장면 "+"에 도장하는 방식이다(그림 3.1.2 참조) 다른 도장법에 비하여 경제성과 위생상의 면에서 큰 이점이 있고 앞으로 그 용도가 더욱 확대될 것이다. 대표적인 도장법으로서는 그리드법(grid method), 캡법(cap method) 등이 있다.

직류고압 전원으로서는 진공관, 셀렌 정류기 등이 사용되고 있고 최근에는 정전발전기도 사용된다. 교류전원으로는 상용 주파수, 기타의 고주파 발진기도 이용되고 있다.

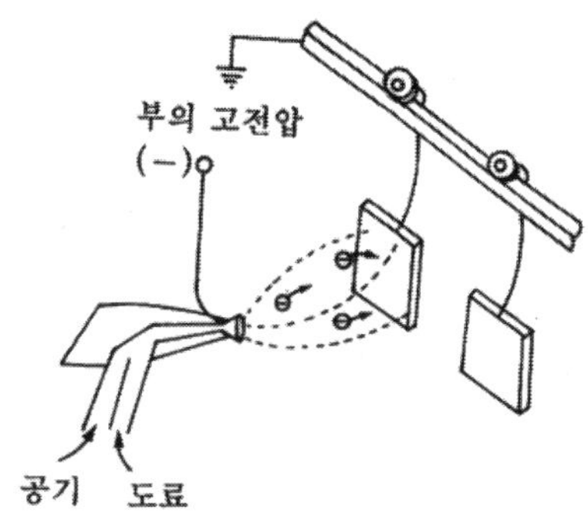

■ 그림 3.1.2 정전도장

(4) 정전선별, 정전식모, 정전기록

① 정전선별

전기적 성질에 의한 정전력의 입자마다의 차이가 관성력 공기역학적 점성력 등을 조합시켜서 입자를 분별 정제하는 기술을 정전선별이라 하고 입경선별을 정전분급이라 한다. 차를 만드는 과정에서, 본차와 목차의 분리, 식품가공에 있어서 이물 제거, 각종 광석의 정제에 실용화되고 있다. 아래그림은 코로나 하전형 정전선별장치를 나타낸 것이다.

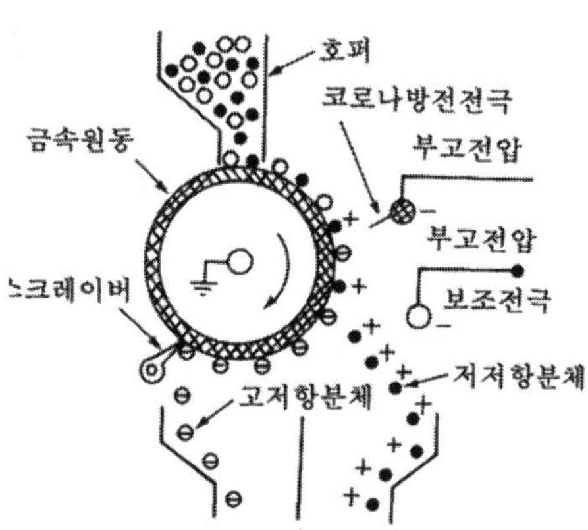

■ 그림 3.1.3 코로나 하전형 정전선별장치

② 정전식모

전계중에 놓여진 섬유상의 유전체가 전계의 방향으로 배열하는 특성을 살려 미리 풀을 붙인 대상물체에 정전력을 이용하여 단섬유를 심는 기술을 정전식모라 한다. 아래그림 장치에서 천이 연속적으로 벨로드상에 식모(植毛)되며 벽지·각종기구·벽면의 식모도 실시되고 있다. 이 방법에서 종이·천을 제조하면 연마재 결정의 장축이 줄면에 수직으로 놓이고 우수한 품질이 된다. 또, 전계의 방향으로 섬유가 배향하는 성질을 이용해서 방사를 행하는 방법도 시도되고 있다. 나무부스러기를 굳힌 퍼티클보드의 제조과정에 있어서 정전력으로 섬유방향을 조정하여 성능을 향상시킨 배향보드를 만드는 시도를 하고 있다.

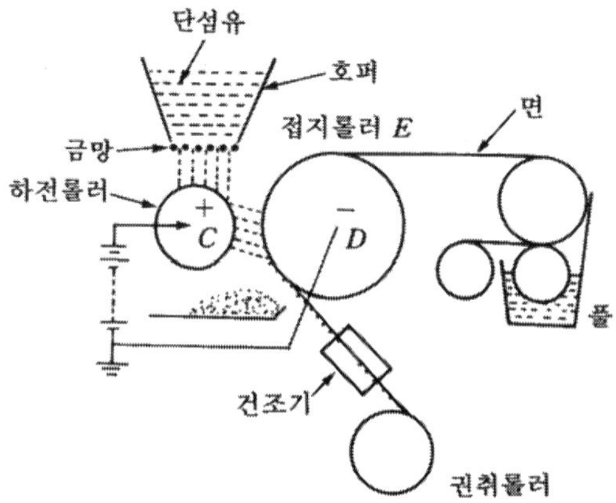

■ 그림 3.1.4 정전식모장치

③ 정전기록(전자사진)

정전기록은 코로나 방전을 이용하여 종이에 문자나 도형에 따라 대전시키고, 거기에 토너(미세한 수지분)를 뿌려 가열 정착시키는 방법으로 전자사전, 복사기, 팩시밀리 등에 응용되고 있다.

그림 3.1.5는 정전기록을 사용한 복사기의 일례이다. 동작은 다음과 같다.

- 셀렌과 산화아연으로 된 감광피막의 드럼에 코로나 방전으로 대전시킨다. 셀렌은 P형의 광도전이 주이기 때문에 정(+), 산화아연은 n형이기 때문에 부(−)로 대전한다.
- 대전된 드럼에 광을 조사하면 내부 광전효과에 의해 표면에 정·부의 캐리어가 발생하고, 표면전하가 중화되어 광의 강약에 대한 전하분포가 된다(노광).
- 드럼 표면에 자기 브러시를 사용하여 토너를 부착시킨다(현상).
- 드럼 위에다 종이를 겹쳐, 토너의 대전극성과 반대의 코로나 방전에 의해 토너를 이행시킨다(전사).
- 히터를 이용하여 토너를 종이에 정착시킨다(정착).

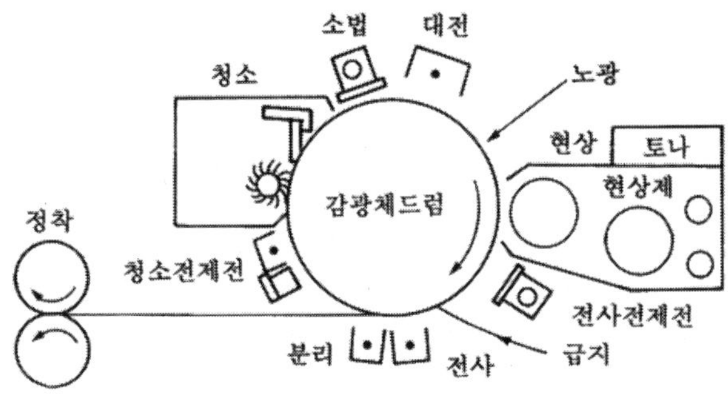

■ 그림 3.1.5 전자사진 복사기의 구조

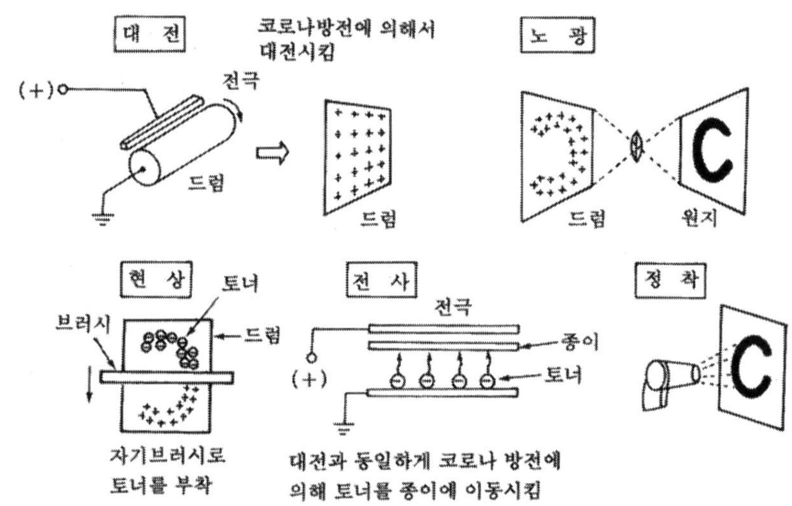

■ 그림 3.1.6 정전기록을 이용한 복사기의 원리

2 의학에 있어서의 전기응용

생체자체로부터 전기가 발생되므로 이의 계측뿐만 아니라 생체의 여러가지 작용이나 상태의 관찰, 질병의 치료 등의 목적으로도 전자기술은 널리 이용되고 있다. 이와 같은 임상진단, 치료, 의학연구 등에 일렉트로닉스를 응용하는 연구를 하는 공학을 의용전자공학이라 하고, 이것을 ME(Medical Electronics)라고 한다.

(1) 생체 발전현상의 계측

① 심전계(electrocardiograph)

심장 근육의 활동에 의한 발생 기전력을 생체 표면의 2점간의 전위차로 검출해서 증폭한 후, 정속도로 움직이는 기록지 위에 기록하는 장치를 심전계라하고, 이렇게 해서 얻은 파형기록을 심전도(electrocardiagram : ECG 또는 EKG)라고 한다.

특수한 심전계로서는 심장 기전력의 벡터도를 브라운관에 그리게 하고 입체적인 해석을 할 수 있도록 한 벡터 심전계, 모체와 태아의 심전도를 식별 측정할 수 있도록 한 태아 심전계 등이 있다.

② 뇌파계(electroencephalograph)

뇌의 활동 전위를 머리에 댄 소전극간의 전위차를 외부로 인도하여 증폭 기록하는 것을 뇌파(electroencephalogram : EEG), 증폭 기록하는 장치를 뇌파계라고 한다. 수많은 부위로부터의 뇌파를 동시에 기록하고 주파수, 파고등에 대한 상호관계, 시간경과에 따른 변화, 외부 자극에 의한 변화 등을 종합적으로 관찰한다.

③ 근전계(electromyograph)

골격근의 수축에 따라 생기는 근동작 전류를 전극으로 검출해서 증폭 기록하는 장치를 근전계라 하며 그 기록 파형을 근전도(electromyogram : EMG)라 한다. 근전도는 근 자체의 질환진단이나 생리학적 연구에 유용할 뿐만 아니라 근의 수축활동을 일으키는 운동 신경계 질환의 진단 등에도 이용된다.

(2) 생체 물리현상의 계측

생체 자체에서의 발전현상(전기발생) 이외에 생체의 각종 물리현상을 전자적 수단으로 계측하는 장치도 여러 가지 있으나, 이것은 모두 변환기(transducer)를 이용하여 각 물리량을 전기량으로 변환한 후 계측하는 것으로 의용전자공학 MI(Medical Electronics)라 한다.

① 심음계(phonocardiograph)

심음계는 심장과 대혈관의 활동에 의한 발생음 중에서 20~1000[HZ]의 주파수 범위에 있는 음향을 흉벽 위에 놓은 마이크로폰으로 받아 증폭 기록해서 심음도를 만드는 것으로 주로 심장질환 진단에 사용된다.

② 전기혈압계(electronic manometer)

생체내의 혈압을 전자적 수단으로 계측하는 장치를 전기혈압계라 하며, 직접법과 간접법에 의한 것이 있다. 직접법이란 플라스틱제 등의 세관을 직접 심장내 등에 삽입하여 압력-전기 변환기로써 혈압을 측정하는 방법이며 간접법이란 직접 혈액에 닿지 않고 간접적으로 혈압을 계측하는 방법이기 때문에 비관혈법이라고도 하며, 팔에 커프(cuff)라고 하는 가압 벨트를 감고 혈압을 측정하는 보통 혈압계를 자동화한 방식의 것이 많다.

③ 맥파계(plethysmograph)

심장의 맥박에 따르는 혈관의 박동 상태를 측정 기록한 것을 맥파도(plethysmogram)라 하고, 맥파를 측정하는 장치를 맥파계라 한다.

④ 초음파 진단장치

초음파를 생체에 투사했을 때의 감쇠도나 반사도가 생체 조직의 음향 임피던스에 따라서 달라지는 것을 이용하여 생체 조직 내의 상황 등을 조사하는 장치를 초음파 진단 장치라고 한다. 초음파 진단장치는 교통사고에 의한 뇌내출혈 유무의 진단을 비롯하여 뇌종양, 담석, 태아의 건강 등의 진단용으로 근래 많이 이용되고 있다.

3 방사선의 응용

방사선은 사진부제에 대해서 감광작용을 가지고 있으므로 인체의 X선사진, 용접부의 비파괴 검사사진 등에 이용된다. 또, 방사선 동위원소에서 나오는 방사선을 이용하여 원소 자체의 분포를 사진으로 찍을 수도 있다.

방사선 기기는 발생장치의 종류에 따라 방사성 동위원소 장비 기기(RI장치 ; radio isotope), 입자가속기 등으로 분류되고, 또 용도에 따라 의료용, 이공학용으로 구별되고 있다.

(1) X선장치

① 의료용

의료용 X선장치는 진단용과 치료용으로 구별되며 진단에서는 X선의 사진작용 및 형광작용을, 치료에서는 신체에 흡수된 X선의 생물학적 작용을 이용한다. 이것은 모두 X선관구, 지지대, 고압발생장치, 침대 등으로 구성되어 있다.

② 이공학용

제품의 비파괴 검사용으로서 방사선에 의한 투과 사진이 이용되고 잇다. 이것은 내부결함의 존재유무, 그 형상의 검출을 할 수 있다. 이 목적에는 인가전압 100~300[kV], 연속 전류 수 [mA]의 장치가 사용된다.

(2) RI장치

① 의료용

의료용 RI장치는 용도에 따라 치료용과 진단용으로 분류된다. 인체의 심부에 존재하는 암의 치료에는 심부선량을 크게 할 필요가 있으므로 Co^{60}(에너지 1.17, 1.33[eV], 반감기 5.2년), Cs^{137}(에너지 0.66[MeV]. 반감기 33년) 등의 에너지가 높은 방사선원이 이용된다. 사용량은 1~10[KCi]가 보통이고 납, 텅스텐, 우라늄 금속 등의 차폐 용기에 넣어서 사용한다. Ra의 경우에는 리듐침으로 해서 인체내부에 삽입하여 사용한다. 진단용 RI장치는 인체의 조직과 친화성이 있는 수명이 짧은 방사성 동위원소를 트레이서(tracer)로 인체에 가한 후 그 이동상태를 신틸레이션 검출기(scintillation detedctor) 등으로 검출하여 기능의 정상여부를 조사하는 것이다.

② 이공학용

비파괴 검사용으로 방사선에 의한 투과사진을 이용하는 라디오 그래피가 있고 Co^{60}, Cs^{137}, Ir^{192} 등이 목적에 따라 사용된다. 방사성 동위원소를 사용하는 두께의 측정 계기는 선원강도가 외부조건의 영향을 받지 않는다는 이점이 있다. 피측정물에 따라서 β선 또는 γ선 중 한 가지가 사용되고, 선원으로는 Kr^{85}, Sr^{90}, Pm^{147}, Cs^{137} 중에서 선택한다. 또, 방사선의 투과, 산란작용을 이용하는 것으로는 밀도계, 적설계, 수분계 등이 있으며, 피측정물에 닿지 않고 간단하게 측정할 수 있다는 장점이 있다.

③ 조사 개질의 응용

Co^{60} γ선에 의한 식품조사를 하며, 의료기기의 멸균, 비연·폐수처리, 폴리에틸렌 등 고분자 재료의 중합반응이나 가교반응의 응용에 실용화되고 있다. X선에 의한 초LSI 최소그래피, 반도체에 각종 이온 주입, 절연층의 형성, 이온빔 조사에 의한 원자혼합의 표층개질 등 반도체 디바이스 분야에서 응용이 시도되고 있다. 또, 대전류 이온빔을 기계재료, 구조재료로 조사하여 내마모성, 내부식성 접착성 등의 향상을 연구하고 있다.

(3) 입자가속기(particle accelerator)

가속기는 입자를 가속해서 높은 에너지를 얻는 것인데 그 형상에 따라 원형가속기와 직선형 가속기로 분류된다. 이 가속기에는 코크로프트 월턴형(cockfroft walton type)과 베타트론(betatron), 사이크로트론(cyclotron), 싱크로트론(synchrotron), 리니어가속기(linear acce lerator), 반데 그래프형(van de graff type), 공진변압기(resonance transformer)등이 있으며, 이것을 변형한 것도 여러가지가 있다.

입자가속기는 연구용에만 사용되었으나 근래에는 의료용, 공업용에도 이용되고 있다. 입자가속기로 가속되는 입자에는 전자, 양자, 중양자, 중이온 등이 있고, 0.1[MeV]~수[BeV]의 에너지를 얻을 수 있다.

4 초음파 응용

(1) 초음파

사람의 귀에 들리는 20[Hz]~20[kHz]보다 높은 주파수의 음파를 초음파라고 한다. 초음파는 파장이 짧기 때문에 지향성이 강하다. 광이 미치지 않는 불투명한 물질과 전파가 들어가지 않는 금속, 해수 중에서도 그림 3.1.7과 같이 전파하는 등의 특징이 있다.

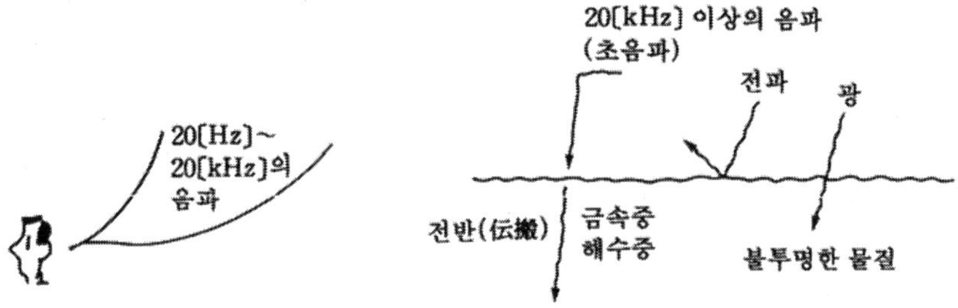

■ 그림 3.1.7 초음파의 특징

(2) 초음파의 특징

초음파라고 하는 것은, 인간의 귀로는 들을 수 없는 약 20[kHz] 이상의 높은 주파수의 음파로 기체 중에 한하지 않고 액체 및 고체중의 탄성파도 초음파라고 한다. 또, 초음파의 이용목적은 인간의 청각과는 무관계하므로 해양계측 기술과 해저의 지층탐사 등이 초음파 기술에 포함되는 일이 많다. 초음파에는 다음 3가지의 특징이 있다.

- 파장이 짧다. : 초음파의 속도는 기체 중에서 340[m/s], 액체 중에서 1500[m/s], 고체 중에서 6000[m/s]의 정도이므로 초음파는 전자파에 비해 극히 낮은 주파수로 짧은 파장을 실현할 수 있다. 따라서, 측정 기술에 있어서는 고분해능이 쉽게 얻어지고 동력적 응용에 있어서는 소공간으로의 에너지 집중이 쉽다.
- 액체·고체 중에서도 잘 전달된다. : 빛이 도달하지 않은 불투명한 물질 중 전파가 들어 갈 수 없는 금속·바닷물 중에서도 잘 통과하여 전달되므로, 이러한 매질중의 탐사·계측·통신에 넓게 이용할 수 있다.
- 힘이 강하다. : 자기변형 재료와 전기변형 재료인 고체의 전기음향변환 재료를 이용하여 초음파를 발생시키므로 수십[MPa] 정도의 강력한 반복 응용을 얻을 수 있고 기계가속에 이용할 수 있다. 또, 액체중에서 이용하면 1기압 이상의 부의 음압이 생겨서 초음파 캐비테이션이 발생하고 액체에 대해서 파괴 등의 강력한 작용을 한다.

(3) 초음파의 발생

① 전기왜형 현상·압전 현상에 의한 것

강유전체에 전계를 가하면 기계적인 왜곡이 발생한다. 이것을 전기왜형현상이라고 하는데 전기왜형의 재료에는 세라믹 계통의 티탄산바륨, 지르콘산연, 티탄산염 등이 있다. 또한, 전계를 가하면 왜곡이 발생하고 반대로 밖에서 힘을 가하면 전기분극이 일어나는 현상을 압전 현상이라고 하는데, 압전 재료에는 수정, 롯셀염 등이 있다. 이 현상을 이용한 전기왜형진동자, 압전진동자에 의해 초음파가 발생하게 된다.

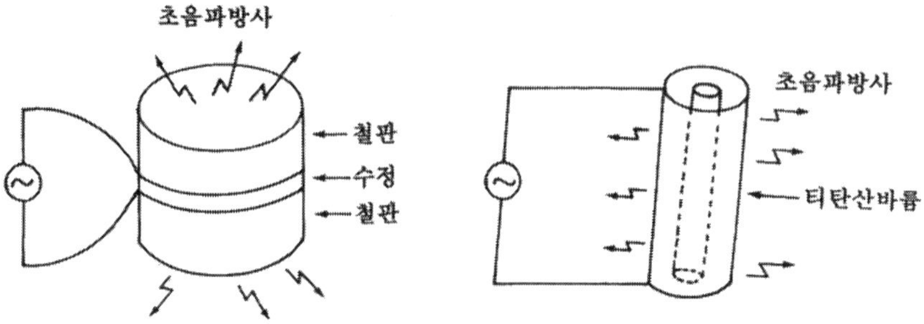

■ 그림 3.1.8 전기왜형*압전현상에 의한 초음파의 발생

② 자기왜형 현상에 의한 것

자성체를 자화할 때 자화의 변화에 따라 기계적 왜형이 발생하는 현상을 자기왜형 현상이라고 한다. 자기왜형 재료는 커다란 자기왜곡을 나타내는 탄성체로서, 자기적, 기계적 에너지 손실이 작은 것이 요구되며 이러한 것으로 니켈, Fe－Al, Fe－Co, 페라이트 등이 사용되고 있다. 그림 3.1.9는 자기왜형 진동자를 나타낸 것이다.

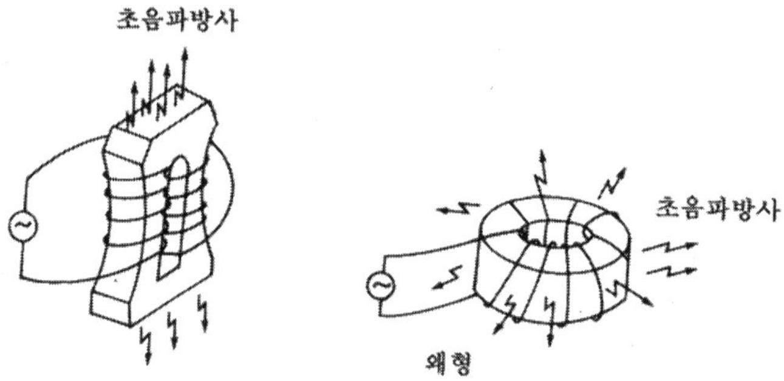

■ 그림 3.1.9 자기왜형 진동자

(4) 초음파세척, 초음파가공

초음파를 액체 중에 초음파를 이용하여 조사하면 초음파의 부의 반주기에 액체를 일순간 파열시켜 무수한 공동(캐비테이션)을 발생시키고 다음의 반주기에서는 그것을 밀고 분쇄하여 파괴하는 현상이 일어나는데, 초음파 세척은 이러한 초음파에서의 현상을 응용한 것 인데 20～50[kHz] 정도의 초음파가 주로 사용되며 미세한 먼지가 없어야 하는 전자부품, 시계부품, 소형기계부품, 보석, 의료기구 등의 세척에 이용되고 있다.

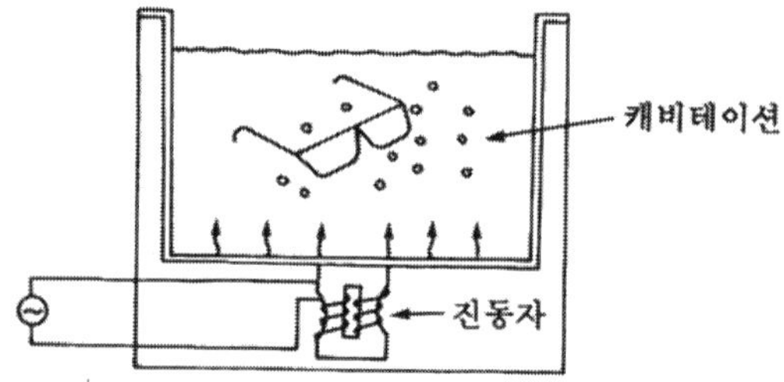

■ 그림 3.1.10 초음파 세척

그림 3.1.11은 초음파 진동을 이용하여 가공물을 깍는 절삭, 구멍 뚫기, 절단 등의 가공을 시행하는 것이 초음파 가공이다. 여기세 사용되는 주파수는 15~30[kHz], 그림에서 호온은 초음파의 단위면적당 출력을 올리는 역할을 하고 있다. 연마유의 연마제에는 카본과 다이아몬드의 분말이 사용된다. 초음파 가공기는 다이아몬드 등 보석류에 구멍 뚫기와 페라이트코어와 전자기기용기판의 가공 등에 사용된다.

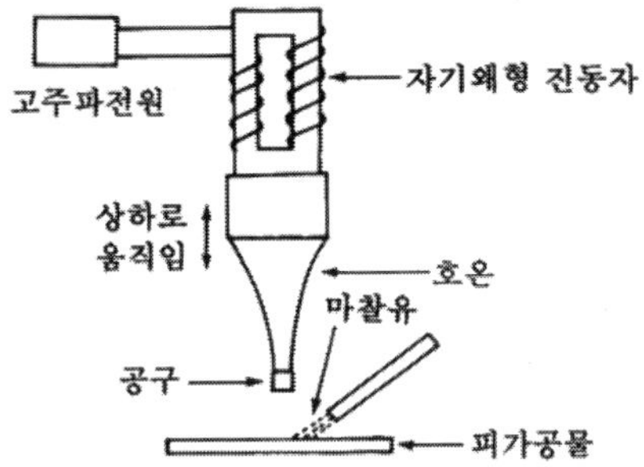

■ 그림 3.1.11 초음파 가공의 원리

(5) 계측에서의 응용

기체에서의 응용으로 공기 중에서는 초음파의 흡수 감퇴가 크므로 10[m] 이내 근거리의 측정에서만 이용할 수 있고 주파수도 수십[kHz] 이하이다. 고속도로 등의 관리를 위한 차량감지, 댐의 수위측정, 고속도로와 풍속측정 등에 사용되고 있다.

액체 중에서의 응용으로 해수 중에서는 전파와 빛을 거의 사용할 수 없으므로 계측에는 유일한 음파가 이용된다. 주요한 기구로는 펄스반사법에 의한 장치로 어류탐지기, 잠수함 탐지기 등이 있다. 바닷속의 단층상과 정면상을 영상화하여 표시하는 해중 영상장치도 개발되고 있다.

고체 중에서의 응용으로 금속내부 상처, 보이드를 검지하는 초음파 탐상기가 있다. 고압용기의 검사에는 재료 내부에서 발생하는 음을 검지하는 방법도 사용된다. 해저의 지층탐사에는 수 [kHz]정도의 음파로 해저지층탐지용 탐지기가 사용된다.

생체 중에서의 응용으로 펄스반사법을 이용해서 생체내의 단층상을 얻는 초음파 단층영상장치는 초음파 진단장치로 사용된다. Array 진동자를 이요하고 전자적으로 고속 주사하는 전자주사 실시간(real time) 진동장치의 출현에 의해 급속히 보급되었다. 도플러법에 의해 심장내혈류의 2차원분포를 단층상으로 표시하는 2D 도플러 심장 진단장치가 있고, 계속 개발이 이루어지고 있다.

■ 그림 3.1.12 초음파의 수중에 응용

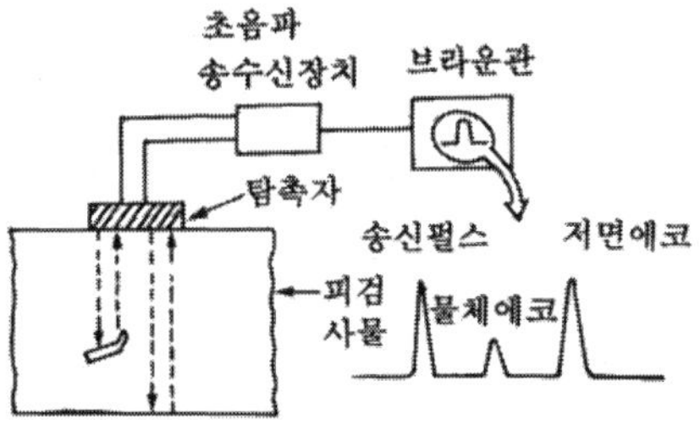

■ 그림 3.1.13 초음파 탐상기

연습문제

1. 전기집진기는 어떤 힘을 이용한 것인가?

㉮ 만유인력　　㉯ 정전기력
㉰ 전자기력　　㉱ 핵 력

2. 정전현상을 이용한 기기는?

㉮ 전자클러치　　㉯ 전자전동기
㉰ 전기집진기　　㉱ 전자펌프

3. 초음파의 특징이 아닌 것은?

㉮ 파장이 짧다.　　㉯ 액체, 고체에서도 전달이 잘된다.
㉰ 힘이 세다.　　㉱ 가열이 필요하다.

4. 정전력을 이용하지 않은 장치는?

㉮ 정전도장　　㉯ 전기집진기
㉰ 유도전동기　　㉱ 전자시진 복사기

5. 초음파를 설명하시오.

6. 전기집진기의 원리를 설명하시오.

7. 정전도장과 정전선별의 차이점을 설명하시오.

8. 정전기 응용이 의학에서 특히 의학용 계측기에 어떻게 이용되는지 설명하시오.

9. 정전기에 의한 재해를 쓰고 피해 대처법을 쓰시오.

10. 방사선을 이용한 응용분야(라디오 오토그래프, X선장치)에 대하여 설명하시오.

Chapter

04

전동력 응용

우리들의 일상생활에서 매일 엘리베이터로 부터 공장 및 산업현장 등 모든 곳의 기계를 움직이는 원동력은 전동기이다. 따라서 본 장에서는 여러 종류의 전동기특성과 응용분야에 대하여 살펴보기로 한다.

4.1 전동력 응용 기초

1 전동력 응용 기초

(1) 전동력 응용개론

동력에너지는 석유, 석탄, 수력, 원자력 등을 직접 또는 간접으로 사용하여 얻어지고 있으며, 근래에는 이 동력원을 직접 기계적으로 이용하는 일이 점차 줄어들고 있다. 이 동력원을 일단 전력으로 변환하여 이것을 다시 동력으로 변환하는 간접적인 이용법인 전동력 응용의 형태로 변하여 가고 있다.

동력원이 전기에너지인 전동력 응용의 장점은 다음과 같다.

① 전동력의 집중, 분배가 쉽고 경제적이다.
② 동력의 전달기구가 간단하고 효율적이다.
③ 전동기의 종류가 많으므로 부하에 알맞은 특성, 구조의 선택이 자유롭다.
④ 전동기의 설치, 위치를 임의로 선택할 수 있으며 또 그 취급조작이 간단하다.
⑤ 개별, 집단운전 또는 복식 개별운전 등이 쉽다.
⑥ 제어가 간단하고 확실성이 있으므로 자동제어, 집중제어 등의 총괄제어 운전이 쉽다.
⑦ 계기나 기록 장치에 의한 작업 상태의 감시가 쉬우므로, 이것을 사용하여 작업 상태를 개 선할 수 있다.
⑧ 전동기의 작업 능률이 좋고 신뢰도와 안전도가 높다.
⑨ 효율이 좋고 경부하시에도 효율의 저하가 적다.
⑩ 화석연료의 열에너지 연료가 필요 없기 때문에 연료의 운반, 저장 등의 노력이 필요 없다.

동력원이 전기에너지인 단점은 다음과 같다.

① 외관만으로는 고장난 곳을 발견하기 어렵다.
② 단락사고 등에 의한 영향이 광범위하게 미치기 쉽다.
③ 이동용 동력기구로서 전선이 부수되기 때문에 불편하다.
④ 전동력을 구사하는 고도의 제어운전을 하는 경우에는 상당한 전문 지식을 가진 기술자가 필요하다.
⑤ 전원의 전압, 주파수 변동에 의한 영향을 받는다.
⑥ 정전시에는 자가용 예비 전원설비가 없는 한 운전을 할 수 없다.

(2) 전동력 방식과 전원

① 전기방식

- 직류방식 : 직류 전동기에는 직류 전원이 필요하고, 그 전압은 보통 100, 200[V], 전차용으로서는 750(500, 600), 1500(1200), 3000(2400)[V]가 사용된다. 또, 실험용, 과학 기계, 자동차, 항공기용 등에는 50[V] 이하의 24, 12, 6, 4, 2[V] 등이 사용되기도 한다.
- 교류 방식 : 유도 전동기의 발명 및 보급이 오늘날과 같은 교류 방식의 발전을 가져왔다. 전압으로서는 110, 200, 220, 380, 3300[V]가 많이 사용되며, 특별한 경우에는11000[V]가 사용되기도 한다. 또, 직류의 경우와 마찬가지로 50[V] 이하의 것도 사용된다. 주파수는 일반적으로 [Hz]이지만, 특수한 응용으로써 100~500[Hz]가 사용되는 경우도 있다.

② 동력 방식

동력 방식이란 공장 또는 공장내 기계의 각 부의 동력을 취하는 방법을 말한다.

- 집단운전 : 하나의 동력원으로 여러 개의 기계를 운전하는 방식을 집단운전(group drive)이라 하는데, 근래에 와서는 전 공장을 한 단위로 하는 것은 적어졌고, 한 공장을 몇 부분으로 구분해서 집단운전을 하고 있다.
- 개별운전 : 1대의 기계를 1대 또는 몇 대의 전동기로 운전하는 방식을 개별운전(individual -drive) 이라고 한다.
- 복식개별운전 : 한 대의 기계를 몇 개의 부분으로 나누어 각 부분마다 한 대의 전동기로 운전하는 방식을 복식개별운전이라고 한다.

2 회전운동의 기본식

(1) 일과 일률

물체에 작용하는 힘을 F[N], 이동거리를 X[m]라 하면 이 사이에 이룬 일 W[J]는

$$W = FX \text{ [J]} \tag{4.1.1}$$

로 표시된다. 이 사이의 시간을 t[s], 속도를 [m/s]라 하면 일률 P[W]는 다음과 같이 표시된다.

$$P = \frac{W}{t} = Fv \text{ [W]} \tag{4.1.2}$$

전동기의 일률을 출력 또는 동력이라 한다.

■ 그림 4.1.1 힘과 운동의 관계

회전운동의 경우는 매초 회전수를 n [rps]이라 하면 각속도 ω는

$$\omega = 2\pi n \text{ [rad/s]} \tag{4.1.3}$$

으로 표시되며 회전반지름을 r [m]라 하면 힘의 회전효과를 표시하는 토크 T[N·M]는 다음 식으로 표시된다.

$$T = Fr \text{ [Nm]} \tag{4.1.4}$$

이 때의 일률은 각속도를 써서 다음과 같이 표시된다.

$$P = Fv = Fr\omega = T\omega \tag{4.1.5}$$

이들의 식을 기본으로 하여 여러가지 부하의 경우에 필요한 동력을 구해 보기로 한다. 전동기는 회전기기이므로 회전운동에 관한 운동역학을 이해해야 한다.

$$\text{각속도 : } \omega = \frac{d\theta}{dt} = \frac{2\pi N}{60} \text{ [rds/s] (여기서 } N\text{[rpm] : 분당회전수)} \tag{4.1.6}$$

$$\text{선속도 : v = } \frac{dl}{dt} = r\frac{d\theta}{dt} = r\omega \text{ [m/s] (여기서 } l = r\theta) \tag{4.1.7}$$

$$\text{각가속도 : } \alpha = \frac{d\omega}{dt} = \frac{d^2\theta}{dt^2} \text{ [rad/s}^2\text{]} \tag{4.1.8}$$

$$\text{선가속도 : a = } \frac{dv}{dt} = r\frac{dw}{dt} = r\frac{d^2\theta}{dt^2} = r\alpha \text{ [m/s}^2\text{]} \tag{4.1.9}$$

표 4.1.1은 직선운동과 회전운동의 비교 대응표를 정리한 것이다.

■ 표 4.1.1 질점의 운동역학에 관한 기본식

직선운동		회전운동	
변위 (거리)	$l = vt$ [m]	각변위 선변위	$\theta = \omega t$ [rad] $l = r\theta$ [m]
속도	$v = \frac{dl}{dt}$ [m/s]	각속도 선속도	$\omega = \frac{d\theta}{dt} = \frac{2\pi N}{60}$ [rad/s] $v = \frac{dl}{dt} = r\frac{d\theta}{dt} = r\omega$ [m/s]
가속도	$\alpha = \frac{dv}{dt}$ [m/s^2]	각가속도 선가속도 구심가속도	$\alpha = \frac{d\omega}{dt} = \frac{d^2\theta}{dt^2}$ [rad/s^2] $a = \frac{dv}{dt} = r\frac{d\omega}{dt} = r\alpha$ [m/s^2] $a = \frac{v^2}{r} = r\omega^2$ [m/s^2]
질량	m [kg]	관성모멘트	J[kgm^2] $= mr^2 = \frac{GD^2}{4}$ [kgm^2]

직선운동		회전운동	
힘	$F=m\alpha$ [N]	구심력 토크(회전력)	$F=ma=\frac{mr^2}{r}=mr\omega^2$ [N] $T=Fr=mr^2\omega^2=J\alpha$ [Nm]
운동에너지	$W=Fl=\frac{1}{2}mv^2$ [J]	회전운동에너지	$W=T\theta=\frac{1}{2}J\omega^2$ [J]$=\frac{1}{8}GD^2\omega=\frac{GD^2}{730}N^2$[J]
일률	$P=\frac{dW}{dt}=F\frac{dl}{dt}$ $P=Fv$ [W]	일률(동력)	$P=\frac{dW}{dt}=T\frac{d\theta}{dt}$ $P=T\omega=0.1047N$ [W]

① 관성모멘트

가만히 정지 또는 등각속도로 회전하는 물체에 대한 각변위 또는 각속도를 바꾸어 회전운동을 변화시키려면 처음의 정지 또는 운동상태를 지속하려는 관성에 대항하는 회전력이 필요하게 된다. 이것을 회전력에 저항하는 관성모멘트(inertia moment) 또는 회전관성이라 한다.

회전체의 질점들을 r_1, r_2, r_3, $\cdots$ r_n이라면 회전체의 총운동에너지는 다음 수식으로 된다.

$$W=\frac{1}{2}m_1v_1+\frac{1}{2}m_2v_2+\frac{1}{2}m_3v_3+\frac{1}{2}m_4v_4+\ \cdots\ +\frac{1}{2}m_nv_n$$

$$W=\frac{1}{2}(\Sigma m_ir^{2_i})\omega^2 \tag{4.1.10}$$

관성모멘트를 J라 하면 특정한 물체와 회전축에 대한 일정한 값을 갖는다.

$$J=\Sigma m_ir^{2_i}\ [\text{kgm}^2]$$

$$W=\frac{1}{2}J\omega^2\ [\text{J}] \tag{4.1.11}$$

② 플라이휠효과와 기계적동력

전동기에서는 각속도 대신에 1분당의 회전력 N[rpm] 사용하고, 관성모멘트 대신에 플라이 휠 효과 GD^2을 사용한다. 물체(회전체)의 총질량이 m인 회전반지름 r인 경우에 $m=G$, 직경 $D=2r$이라고 하면 다음과 같은 식이 나오게 된다.

$$J=mr^2=G\left(\frac{D}{2}\right)^2=\frac{GD^2}{4}\ [\text{kgm}^2] \tag{4.1.12}$$

$$W=\frac{1}{2}J\omega^2=\frac{GD^2}{8}\omega^2=\frac{GD^2}{8}\left(\frac{2\pi N}{60}\right)^2=\frac{GD^2N^2}{730}\ [\text{J}] \tag{4.1.13}$$

플라이 휠 효과는 GD^2으로 나타나고 질량 G가 직경 D에 집중됨을 나타낸다.

위의 식에서 $4J=GD^2$으로 나타낸다. 전동기의 기동시에 가속도를 필요로 하는데 효과가 크고, 전동기 회전부에 설치하는데, 효율과는 관계가 없고, 부하의 급변동시에 충격을 완화시키기 위한 것이다. 회전체의 회전력인 토크 T와 기계적 동력 P사이의 관계식은 다음으로 나타낸다.

$$T = J\alpha = J\frac{d\omega}{dt}\,[\mathrm{Nm}]$$

$$P = T\omega\,[\mathrm{W}] = T\left(\frac{2\pi N}{60}\right) = 0.1047\,TN\,[\mathrm{W}] \qquad (4.1.14)$$

1[kgm]=9.8[Nm]이므로, 위 식은 다시 다음으로 쓸 수 있다

$$P = T\omega = 9.8\,T'\omega = 1.026\,T'N\,[\mathrm{W}] \qquad (4.1.15)$$

예제 4.1 관성모멘트가 200[kg·m²]의 회전체의 플라이휠 효과 GD^2을 구하라.

풀이 수식 $4J = GD^2$으로부터

$$4J = GD^2 = 4\times 200 = 800\,[\mathrm{kg\cdot m^2}]$$

예제 4.2 $GD^2 = 200[\mathrm{kg\cdot m^2}]$인 플라이휠이 2000[rpm]으로 회전시 축적에너지[J]는?

풀이 수식 $W = \frac{1}{2}J\omega^2[\mathrm{J}] = \frac{GD^2N^2}{730}[\mathrm{J}] = \frac{200\times 2000^2}{730} = 1,095,890\,[\mathrm{J}]$

예제 4.3 전동기 출력이 8,000[W], 900[rpm]으로 회전하고 있는 전동기의 토크 $T'[\mathrm{kg\cdot m^2}]$는? 단, 효율은 85[%]이다

풀이 수식 $P = T\omega = 9.8\,T'\omega$로부터

$$T' = \frac{P}{9.8\times\frac{2\pi N}{60}} = 0.975\frac{P}{N} = 0.975\times\frac{8000}{900} = 8.67\,[\mathrm{kg\cdot m}]$$

③ 관성체의 기동과 토크-이너셔 비

전동기로 관성체를 운전하는 경우, 전동기의 축으로 합산한 관성 모멘트 J, 각속도 ω, 전동 기가 발생하고 있는 토크 T, 부하의 소요토크(부하토크) T_L, 마찰 풍압 및 제동력 등에 의한 제동 토크 T_B라 할 때, 운동방정식은 다음과 같다.

$$J\frac{d\omega}{dt} = T - (T_L + T_B) \qquad (4.1.16)$$

여기서 $\omega = \dfrac{2\pi N}{60}$ 이다. 따라서 각가속도와 회전수의 시간적 변화는 다음과 같아진다.

$$\frac{dN}{dt} = \frac{T-(T_L + T_B)}{\dfrac{2\pi J}{60}} \tag{4.1.17}$$

위의 수식에서 처음 기동시에는 (관성모멘트가 클때는) 전동기의 기동토크 T를 크게 해야 한다. 전동기의 전동기의 발생토크와 관성모멘트이 비를 토크 이너셔 비라고 한다.

④ 토크 - 이너셔 비

$$\sigma = \frac{T}{J} \tag{4.1.18}$$

토크 이너셔 비의 값이 크면 기동시간을 짧고, 가속도가 크다. 반면에 값이 작으면 기동시간이 길고, 가속도가 작다. 이 비는 전동기의 가속성능을 나타낸다.

■ 표 4.1.2 전동기 가속, 감속, 등속(일정속도) 시의 조건

가 속	$T-\left(T_L + T_B + J\dfrac{d\omega}{dt}\right) > 0$
감 속	$T-\left(T_L + T_B + J\dfrac{d\omega}{dt}\right) < 0$
등 속	$T-\left(T_L + T_B + J\dfrac{d\omega}{dt}\right) = 0$

전동기로 부하를 운전하는 경우, 전동기 토크와 부하 토크의 평형점에서 운전되므로 안정된 운전 상태를 얻으려면 전동기의 특성과 아울러 부하의 속도특성을 알아야 한다.

이것은 평형점보다 늦은 속도에서는 전동기 토크가 부하 토크보다 커서 가속 토크가 생기고 빠른 속도에서는 반대로 부하 토크가 크기 때문에 부하 토크에 의하여 제동 토크로 작용하는 것이다.

전동기와 부하의 속도-토크 특성이 그림 4.1.2(a)와 같이 전동키 토크 T_M과 부하 토크 T_L의 특성을 갖는다고 하면, 전동기는 가속하는 토크가 발생하고 부하는 제동토크로 작용하므로 두 토크의 차 $T_M - T_L$이 양(+)일 때는 가속이 되고, 음(-)일 때는 감속하게 된다. 따라서 평형점의 속도 w_1보다 낮은 속도에서는 가속되고, 빠른 속도에서는 감속되어 항상 w_1으로 수렴되어 안정된 운전이 이루어진다.

따라서 전동기의 안정된 운전조건은 그림 4.1.2(a)에서 전동기 토크와 부하 토크의 차 $T_M - T_L$의 곡선이 평형 속도 $w - w_1$에서 음(-)의 기울기일 때가 된다. 즉,

$$\frac{\partial(T_M - T_L)}{\partial\omega} < 0 \qquad \therefore \ \frac{\partial T_M}{\partial\omega} < \frac{\partial T_L}{\partial\omega} \tag{4.1.19}$$

이 된다.

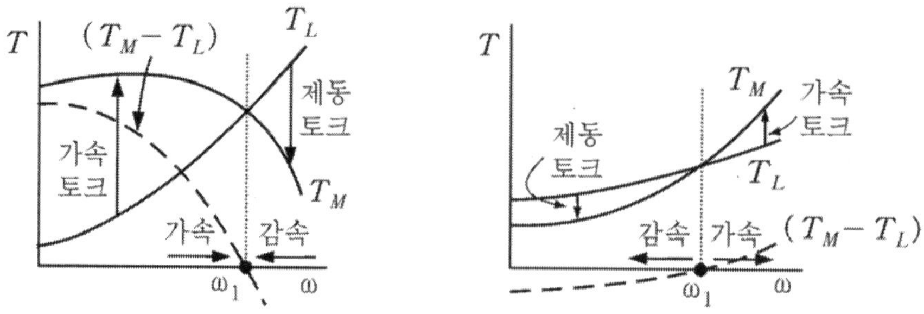

(a) 안정　　　　　　　　(b) 불안정

■ 그림 4.1.2　정상운전시의 안정운전 조건

한편 그림 4.1.2(b)와 같이 평형점 w_1보다 낮은 속도 범위에서는 전동기 토크보다 부하 토크가 크고 빠른 속도범위에서는 부하토크보다 전동기토크가 크다. 따라서 w_1보다 낮은 속도범위에서는 부하 토크에 의하여 제동작용으로 감속하여 정지하게 되고, 빠른 범위에서는 가속하여 w_1보다 증가하게 되어 안정된 운전을 할 수 없게 된다.

연습문제

1. 전동기의 토크 단위는 무엇인가?

㉮ [kg·m^3]　　㉯ [kg·m^2]　　㉰ [kg·m]　　㉱ [kg·m/s]

2. 질량[kg·mass]의 질점이 한 회전축에서 r[m] 떨어져서 각속도 w[rad/s]로 이 축 둘레는 회전할 때 갖는 운동에너지 W[J]는?

㉮ $\frac{1}{2}mrw^2$　　㉯ $2m^2\omega^2$

㉰ $\frac{1}{2}mrw$　　㉱ $\frac{1}{2}mr^2w^2 2mw^2$

3. 전동기의 출력 P[kW], 속도 N[rpm]인 전동기의 토크[kg·m]는 무엇인가?

4. 플라이휠 효과가 GD^2[kg·m^2]인 전동기의 회전자가 n_2[rpm]에서 n_1[rpm]으로 감속할 때 방출한 에너지[J]는?

㉮ $\frac{GD^2(n_2-n_1)^2}{730}$　　㉯ $\frac{GD^2(n_2^2-n_1^2)}{730}$

㉰ $\frac{GD^2(n_2-n_1)^2}{373}$　　㉱ $\frac{GD^2(n_2^2-n_1^2)}{373}$

5. 자동제어용 전동기에서 토크 이너샤(torque inertia) 비가 클수록 기동 시간은 어떻게 되나?

6. 전동기 부하를 운전할 때, 운전이 안정하기 위해서는 전동기 및 부하의 각속도–토크 특성에 만족해야 할 조건은? (단, M, L은 각각 전동기, 부하를 표시)

㉮ $\left(\frac{\partial T_M}{\partial \omega}\right)_M > \left(\frac{\partial T_L}{\partial \omega}\right)_L$　　㉯ $\left(\frac{\partial T_M}{\partial \omega}\right)_M = \left(\frac{\partial T_L}{\partial \omega}\right)_L$

㉰ $\left(\frac{\partial T_M}{\partial \omega}\right)_M < \left(\frac{\partial T_L}{\partial \omega}\right)_L$　　㉱ $\left(\frac{\partial T_M}{\partial \omega}\right)_M > \left(\frac{\partial T_L}{\partial \omega}\right)_L$

3 전동기의 선정

(1) 전동기의 선정 방법

전동력을 합리적으로 이용하기 위해서는 용도에 알맞은 전동기를 선택하여야 한다.
이렇게 하기 위해서는 다음과 같은 선정방법을 들 수 있다.

- 부하의 토크 및 속도특성에 적합한 특성의 것을 선정할 것
- 운전형식에 적당한 정격 및 냉각방식에 따라 선정할 것
- 사용장소의 상황에 알맞는 보호방식의 것을 사용할 것
- 용도에 적합한 기계적 형식의 것을 선정할 것
- 가급적 표준출력의 것을 선정할 것
- 고장이 적고 신뢰도가 높으며 운전비용이 낮을 것

① 부하의 토크 및 속도특성에서 본 전동기의 선정

부하의 토크 및 속도특성과 전동기의 토크 및 속도특성이 가까울수록 전동기의 용량은 작아도 되고 속도제어도 효율 좋게 할 수 있다. 속도에 관계없이 일정한 토크가 필요한 부하를 정토크부하라고 한다. 송풍기, 회전기, 펌프, 인쇄기 등과 같은 기계가 이에 해당하는 것이다. 보통 정토크부하는 속도가 거의 일정한 것이 많다. 이러한 부하에 적당한 전동기로는 직류분권 전동기, 권선형 유도전동기, 분권정류자 전동기 등을 들수 있다.

부하토크에 관계없이 거의 일정한 속도를 필요로 하는 부하를 정속도부하라고 한다.

이는 동기 전동기, 직류타여자 전동기 및 3상 유도전동기 등의 정속도특성의 전동기가 사용된다.
정출력부하는 속도와는 관계없이 일정한 출력을 필요로 하는 부하로 일반적으로 부하토크가 증가하면 속도가 떨어지는 토크–속도특성을 가지고 있으며 이에는 직류직권 정도기, 단상 및 3상 정류자 전동기 등이 있다.

② 사용장소에 따른 보호 방식

사용장소에 따라 다음과 같은 보호방식을 채택한다.

• 방수형 : 옥외용 또는 선박의 갑판용
• 수중형 : 수중범프용, 선박내부용
• 방식형 : 화학공장 등 부식성 가스가 많은 곳
• 방폭형 : 탄광이나 화학공장
• 방습형 : 습기가 많은 곳

(2) 전동기 정격의 선정조건

전동기의 형식, 종류를 선정한 후에는 정격의 선정이 필요하다. 이 때 고려할 사항은 부하가 요구하는 기동토크, 최대토크에 충분히 견딜 수 있는지, 또한 기기의 수명으로 보아 온도상승 한도가 규격내에 들어 있는지의 여부 그리고 직류기에서는 정류작용에 무리가 없어야 하는 것 등이다. 이와 같은 사항들을 만족시키기 위해서는 요구되는 조건보다 여유가 있는 것을 선정하는 것이 좋겠으나 특성과 운용 등을 고려하여 요구조건에 필요한 최소한도로 적합한 것을 선정하는 것이 좋다. 이렇게 하기 위해서는 어떻게 하는 것이 좋은지 각 사항에 따라 검토해 보기로 한다.

① 전동기의 입출력

• 입력

직류전동기 $P_i = E_s I$[W] (4.1.20)

단상교류전동기 $P_i = E_s I\cos\theta$ [W] (4.1.21)

3상교류전동기 $P_i = \sqrt{3}\, E_s I\cos\theta$ [W] (4.1.22)

(여기서, P_i : 입력, E_s : 공급전압, I : 선전류, $\cos\theta$: 역률)

• 출력

전동기에서 발생되는 기계적 동력을 출력이라 함 이것을 P_m이라 하면

$$P_m = wT = 2nT = 1.027nT \qquad (4.1.23)$$

$$T = \frac{P_m}{1.207n} = 0.975\frac{P}{n} \text{ [kgm]} \qquad (4.1.24)$$

(여기서, P_m : 전동기의 기계적 동력인출력, n : 회전속도[rpm],
T : 토크[N·M], T' : 토크[kg·m])

② 전동기의 효율 및 속도변동률

• 전동기의 효율: 전동기의 효율은 출력과 입력의 비를 말하며 다음 식으로 표시할 수 있다.

$$n = \frac{P_m}{P_i} \times 100 \text{ [\%]} \qquad (4.1.25)$$

그리고 전동기의 총손실을 P_L이라 할 때 규약효율 n'는 다음과 같다.

$$n' = \frac{P_i - P_L}{P_i} \times 100 \text{ [\%]} \qquad (4.1.26)$$

전동기의 손실은 부하와 관계없는 고정손, 부하에 의해서 변화하는 부하손으로 나눌 수 있다.

- 속도변동률: 부하변동에 따른 속도변동의 정도를 나타내는 것을 속도변동률 E_s라 하면 다음과 같이 정의한다.

$$\epsilon_s = \frac{N_0 - N_i}{N_i} \times 100\ [\%] \tag{4.1.27}$$

(여기서, N_0 : 무부하 속도, N_1 : 정격부하에서의 속도)

유도 전동기의 슬립 s는 다음 식으로 나타낼 수 있다.

$$s = \frac{N_0 - N}{N_0} \times 100\ [\%] \tag{4.1.28}$$

(여기서, N_0 : 동기속도로 무부하 속도와 근사, N : 임의의 부하에서의 속도)

따라서 위 식으로부터 다음과 같이 계산된다.

$$\epsilon_s = \frac{s}{100 - s} \times 100\ [\%] = s[\%] \tag{4.1.29}$$

③ 전동기의 온도상승

전동기를 운전할 경우 손실이 따르며 입력의 일부가 손실되고 나머지가 기계적 동력으로서 이용된다. 이 손실은 열이 되어 전동기의 온도상승을 초래하게 된다. 정상상태에 도달한 후의 온도상승에 관해서는 다음 식이 성립된다.

$$P_L = hST$$

$$T = \frac{P_L}{hS}\ [℃] \tag{4.1.30}$$

여기서, T : 최종상승온도[℃]　　　P_L : 손실[W]

h : 방열계수[W/m^2 deg]　　　S : 방열면적[m^2]

즉, 최종 온도상승 T는 손실에 비례하므로 동일한 전동기라도 출력이 커지면 손실이 커져서 T는 올라간다. 전동기는 자기회로를 구성하는 강자성 재료로 되어 있는 철심이나 자극 등 철의 부분과 전기회로를 구성하는 동의 부분으로 되어 있다.

이와 같이 구성재료인 철과 동 사이에는 단락이 생기지 않도록 절연을 할 필요가 있다. 이 때문에 절연재료를 사용하지만 절연재료는 금속부분에 비하여 열적으로 약하므로 온도가 높아짐에 따라 수명이 짧아진다. 또한, 너무 고온으로 되면 절연이 파괴되어 위험하다. 따라서 사용하는 절연재료에 관하여 최고 허용온도를 규정하고 있다.

■ 표 4.1.3 전기기기의 절연종별에 따른 최고 허용온도

절연종별	Y종	A종	E종	B종	F종	H종	C종
최고 허용온도 ℃	90	105	120	130	155	180	>180

(3) 전동기의 사용

전동기의 시간적인 사용 상태를 사용이라 하고, 다음과 같이 분류하고 있다.

① **연속 사용** : 설정된 조건으로 일정한 부하를 걸고, 일정한 온도상승에 도달하는 시간 이상 연속 운전되는 사용 상태이다.

② **단시간 사용** : 회전기의 온도상승이 최종치에 도달하지 않는 범위에서 일정 부하를 지정시간 연속운전한 후 회전기를 일단 정지하고, 다음 기동시까지 전동기의 온도를 주위 온도와 같에 강하시키는 사용 상태이다.

③ **단시간부하 연속 사용** : 단시간 사용과 같으나 이 경우는 무부하운전을 계속하는 형태로 되어 있다. 따라서 다음 부하시까지 전동기의 온도를 무부하시의 온도로 강하시키면 된다.

④ **단속 사용** : 일정한 부하로 전동기의 온도상승이 최종치에 도달하지 않는 범위에서 일정 부하로 어느 시간 계속 운전한 후에 전동기를 정지하고, 온도가 주위 온도까지 강하하지 않는 동안에 다시 전과 같은 부하로 운전을 한다. 이 후 불규칙한 간격으로 위와 같은 정지와 운전을 되풀이 하여 사용하는 상태이다.

⑤ **단속부하 연속 사용** : ④와 거의 같으나 정지하지 않고, 무부하운전으로 한다. 따라서 온도도 무부하 온도까지 강하되지 않은 동안에 다음 부하운전을 하는 형태이다.

⑥ **변부하 연속 사용** : 회전기를 정지하는 일이 없이 변동하는 부하로 연속운전하는 사용 형태이다.

⑦ **변부하 단속 사용** : 부하의 크기, 부하시간 및 정지시간이 다 같이 일정하지 않은 사용 형태이다.

⑧ 부하기간, 정지기간으로 구성되는 사이클이 열적 평형(발생열량=방산열량)에 도달하는 것보다도 짧은 일정한 주기로 반복되는 사용 형태이다.

⑨ **반복부하 연속 사용** : 부하기간과 무부하 운전기간으로 구성된 사이클이 열적 평형에 도달하는 기간보다 짧은 주기로 반복되는 사용 형태이다.

(4) 정 격

회전기의 정격이란 그 기기에 대해서 지정된 여러 가지 조건 하에서 기기를 사용할 수 있는 한도를 표시하는 것으로, 보통 이 사용 한도는 기기의 출력으로 표시한다. 이것을 정격출력이라 하고 정격출력을 발생하기 위한 전압, 전류, 회전속도, 주파수 등을 각각 정격전압, 정격속도, 정격주파수라고 한다. 일반적으로 한국공업규격에서는 다음과 같이 3가지로 나누고 있다.

① **연속 정격** : 지정 조건 하에서 연속 사용할 때 규정으로 정해진 온도상승, 기타의 제한을 넘지 않는 정격이다.

② **단시간 정격** : 지정된 일정한 단시간의 사용 조건으로 운전할 때, 규정으로 정해진 온도상승(기기는 처음 차가운 상태에서 기동하는 것으로 한다), 기타의 제한을 넘지 않는 정격이다.

③ **반복 정격** : 지정 조건 하에서 반복 사용하는 경우 규정으로 정해진 온도상승, 기타의 제한을 넘지 않는 정격이다.

(5) 전동기의 진동과 소음

① 전동기의 진동

전동기의 운전시에 생기는 진동은 기계적인 원인과 전자력적인 원인이 있다.

기계적 원인으로는 다음과 같다

- 회전자의 정적, 동적 불평형
- 베어링(축받이)의 불평등
- 상대기계와의 연결불량 미설치불량

전자력적인 원인으로는

- 회전자의 편심
- 회전시 공극의 변동
- 회전자 철심의 자기적 성질의 불평등
- 고조파 자계에 의한 자기력의 불평형 등이다.

전동기의 진동측정은 상하진동, 횡진동, 축진동을 측정하여 그 진폭을 기록한다. 측정된 진폭에 의하여 진동계급을 표 4.1.5에서와 같이 5계급으로 나눈다.

■ 표 4.1.5 진동계급

계 급	V5	V10	V15	V20	V30
진폭[mm]	0.005 이하	0.010 이하	0.015 이하	0.020 이하	0.030 이하

진동은 전동기가 어떠한 용도로 사용되든 적은 것이 좋으며 또, 진동원인을 잘 살펴 손질을 하면 적게 할 수도 있다. 일반적으로 보통 전동기의 진동은 그다지 문제되지 않고 있으나 공작기계의 공작 정밀도를 높이고자 할 때에는 정밀도에 따라 진동의 진폭을 제한하여야 하므로 공작기계의 요구에 따라 진동측정 규정과 진동계급의 구분이 필요하다.

고정밀도의 그라인더의 주축은 진폭이 0.02[mm] 이하의 진동이 요구되므로 전동기 구입시에 진동한계를 지정할 필요가 있다.

② 전동기의 소음

전동기가 발생하는 소음을 원인별로 나누어 보면 다음과 같은 3가지가 있다.

- 기계적 소음: 진동, 브러시의 습동(요동), 로울러 베어링 등의 원인에 의한 것
- 전자적 소음: 철심의 여러 부분이 주기적인 자력, 전자력 때문에 진동하여 소리내는 것
- 통풍소음: 팬, 회전자의 에어덕트 등의 팬작용으로 일어나는 소음

공장, 공사장에서 소음이 크면 작업자의 능률, 피로에 영향을 주므로 전동기의 소음은 낮을수록 좋다. 소음레벨의 예를 들면 사람의 대화가 50~60[phone] 정도, 사무실이 50[phone], 조용한 주택가

가 40[phone] 정도이다. 이러한 측면에서 주택전용지에서 주간에 50[phone], 야간에 45[phone]이 되도록 제한을 둔다.

(6) 전동기의 속도-토크 특성구분

① 정속도특성(분권특성)

토크가 증가하여도 속도가 별로 크게 변하지 않는 특성을 나타낸다.

전동기의 종류에는 유도전동기, 직류분권전동기, 교류분권정류자 전동기, 동기기가 있다 일정한 회전속도(정속도)의 속도-토크 특성을 요구하는 부하에는 팬, 송풍기, 펌프, 컴 퓨레서 등이 있다

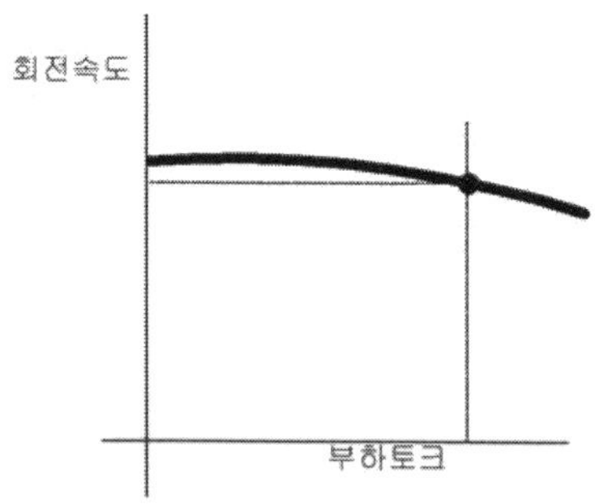

■ 그림 4.1.9 정속도 특성곡선

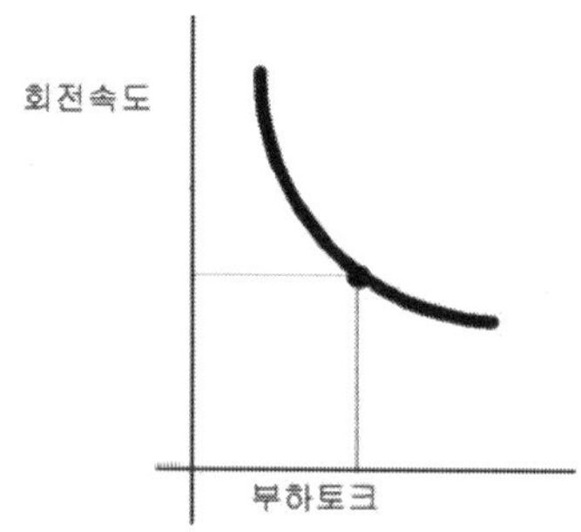

■ 그림 4.1.10 변속도 특성곡선

② 변속도특성(직권특성)

토크가 증가하면 속도가 급격히 감소하는 특성을 나타낸다.

전동기의 종류에는 직류직권전동기, 직류가동복권전동기, 교류직권정류자 전동기, 2차 저항이 큰 유도전동기가 있다. 토크가 크면서 부하가 커지면 속도가 떨어지고, 부하가 작아지면 속도가 상승되어 전원에 대하여 비교적 정출력특성을 요구하는 부하는 전차 하 역용크레인 등이 있다.

(7) 부하의 속도-토크 특성

마찰, 유체, 중력부하 등의 부하의 기계특성에는 정토크부하와 제곱토크부하가 가장 많다.

① 정토크 부하

속도의 변화에 따라서 토크가 거의 변하하지 않는 부하를 말한다.

동력 : P = Fv = Tω (ω가 변화하여도 T가 거의 변화하지 않는 부하이다)

여기서 F : 힘, v : 속도, T : 토크, ω : 각속도이다

부하의 종류에는 권상기, 크레인, 압연기, 롤러, 컴퓨레서 등이 있다

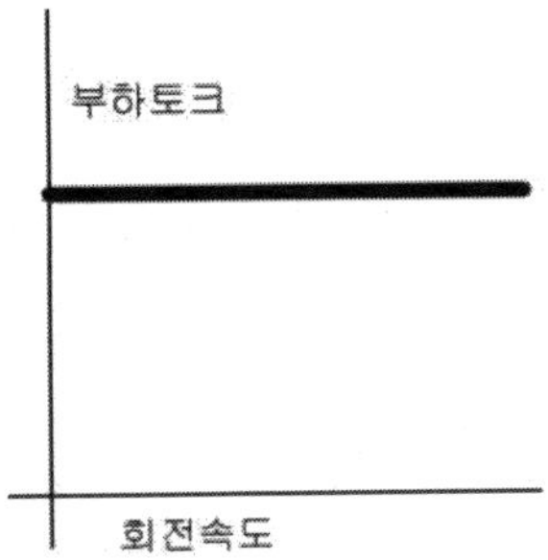

■ 그림 4.1.11 정토크 부하

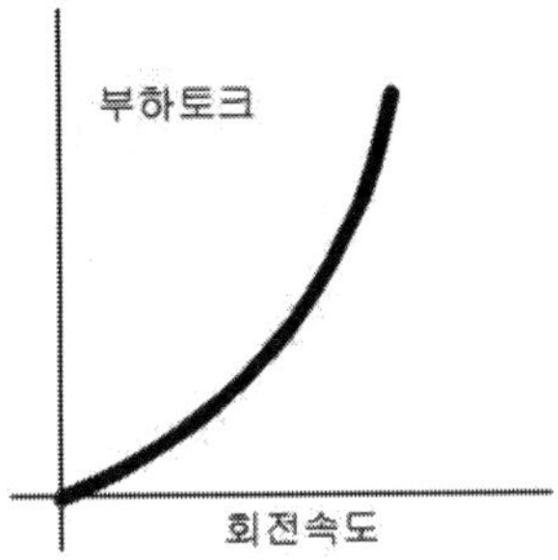

■ 그림 4.1.12 제곱토크부하

② 제곱토크 부하

토크가 속도의 제곱에 비례하여 변하는 것으로 물과 같은 유체를 이송하는 기계들이 해당된다.

- 동력 : $P = K' QH = K'' N^3$
- 토크 : $T = K''' N^3$

  여기서 H : 압력, Q : 유량, N : 회전속도 이다.

부하의 종류는 펌프, 송풍기, 배의 스크루 등이 있다.

연습문제

1. 전동기의 절연종별 종류에서 저압전동기 E형, 고압전동기 B종의 절연허용온도 [℃]?

2. 전동기를 보호하기 위해 사용하는 것으로 시동전류에 의해 녹아서 끊어지지 않게 한 퓨즈는?

   ㉮ 플러그퓨즈 ㉯ 통형퓨즈
   ㉰ 미니퓨즈 ㉱ 시간지연퓨즈

3. 전동기의 진동이 생기는 원인을 3가지 이상 쓰고 설명하라

4. 습기나 수분이 많은 곳에 사용하는 전동기와 부식성가스가 많은 곳에 사용하는 전동기는?

5. 전동기의 출력이 8000[W], 900[rpm]일 때 전동기의 토크[kg·m]는?

6. 다음 중에서 정토크 부하에 해당하는 것과 제곱토크 부하에 해당하는 것을 골라라?

   ㉮ 인쇄기 ㉯ 펌프
   ㉰ 기중기 ㉱ 송풍기

4.2 전동기의 종류 및 특성

1 전동기종류 및 특성

전동기는 크게 직류기와 교류기로 나눌 수 있다. 여기서는 대표적인 전동기에 대해서 알아보자.

■ 표 4.2.1 전동기 종류

전동기	직류전동기	• 직권전동기 • 분권전동기 • 복권전동기 • brushless • stepping
	교류전동기	• 유도전동기(단상, 3상–권선형, 농형) • 동기전동기 • 리니어 모터

(1) 직류전동기(DC motor)

직류전동기의 구조는 계자(field), 전기자(armature), 정류자(commutator) 및 브러시(brush)로 구성되어 있나. 직류 전동기의 계자와 전기자는 교류전동기에서 고정자(stator) 및 회전자(rotor)와 동일한 기능을 한다. 브러시는 외부의 직류전원과 정류자 사이의 접촉자로 전류가 전기자 코일에 흐를 수 있는 통로 역할을 한다.

정류자는 각 세그먼트(segment)가 전기자 권선에 직접 연결되어 있고 전기자와 함께 회전하며, 전기자 권선에 전류를 한 방향으로만 흐르게 하는 역할을 한다. 또 각 세그먼트는 일정하게 브러시와 동시에 접촉하면서 분리되는 구조로 되어 있다.

계자는 실제는 권선(winding)으로 감겨져 전자석을 이용하고, 직류전원에 접속되어 자속을 일정한 방향으로 나오게 하는 역할을 한다, 이 때 계자 권석에 전류를 흘리는 것을 여자(excite)한다고 한다.

외부의 직류전원에서 브러시, 정류자를 거쳐 전기자 권선에 전류를 흘리고 동시에 계자 권선에도 전류를 흘려주면 자속의 상호작용으로 전기자 권선에 각각 시계방향의 토크가 발생하므로 코일 전체가 시계방향으로 회전한다. 그리고 반회잔한 다음에도 동일한 방향으로 토크가 발생하므로 시계방향으로 회전한다. 이와 같이 하여 코일에 전류가 흐르는 동안에는 시계방향으로 계속해서 회전하게 된다.

직류전동기의 계자가 평균자속밀도 B[Wb/m^2]인 평등자계 내에 길이 l[m]의 전기자도체가 있고 여기에 전류가 I[A]를 흘려주었을 때 다음의 기계적 특성이 나타난다.

• 도체에 작용하는 힘 : $F = BIl$ [N] (4.2.1)

• 한 개 도체에 작용하는 토크 : $\tau = F \times \dfrac{D}{2} = BIl \times \dfrac{D}{2}$ [N] (4.2.2)

• 전동기 토크 : $T = Z\tau = Z \cdot BIl\dfrac{D}{2} = \dfrac{PZ}{2a\pi}\Phi I_a = K_1 \Phi I_a$ [N • m] (4.2.3)

(여기서 Z : 전기자 전도체수, P : 극수, Φ : 한 극의 자속, I_a : 전기자 전류, a : 전기자 병렬 회로수)

전기자가 기계력에 의해 속도가 증가하면 전기자 도체가 자속을 끊으므로 이 도체에 기전력이 유도된다. 이 유기기전력은 공급전압 V와 방향이 반대가 되므로 역기전력 E라고도 한다.

따라서 공급전압 V[V], 전기자 회로의 저항을 $R_a[\Omega]$이라 할 때, V와 E의 관계식, 전동기의 토크, 출력 및 회전수는 다음과 같다.

$$V = E + I_a R_a \tag{4.2.4}$$

$$\therefore\ VI_a = EI_a + I_a^2 R_a \tag{4.2.5}$$

(여기서 VI_a : 전기자 입력, $I_a^2 R_a$: 전기자 회로의 저항손, EI_a : 전동기의 출력)

• 도체에 발생하는 역기전력 : $e = Blv$[V] (4.2.6)

• 한 개 도체의 역기전력 : $e = Blv = Bl \cdot \left(\pi D \dfrac{N}{60}\right) = \dfrac{P}{60} N\Phi$[V] (4.2.7)

• 전동기 역기전력 : $E = \dfrac{Z}{a} e = \dfrac{PZ}{60a} N\Phi = KN\Phi$[V] (4.2.8)

• 전동기 토크 : $T = \dfrac{PZ}{2a\pi}\Phi I_a = K_1 \Phi_a = \left(\dfrac{60}{2\pi N}\right) EI_a$[N · m] (4.2.9)

• 전동기 출력 : $P = T\omega = EI_a$ [W] (4.2.10)

• 회전수 : 식 (4.2.4)와 식 (4.2.7)에 의해 $V = KN\Phi + I_a R_a$이므로

$$\therefore\ N = K_2 \cdot \frac{V - I_a R_a}{\Phi}\ \text{[rpm]} \tag{4.2.11}$$

• 효율 : $\eta = \dfrac{\text{출력}}{\text{입력}} \times 100 = \dfrac{EI_a}{VI} \times 100$[%] (4.2.12)

직류전동기의 종류에는 계자 권선과 전기자 권선의 연결 방식에 따라 분권, 직권, 복권으로 분류된다.

① 분권전동기

분권전동기는 계자 권선과 전기자 권선이 공통전원에 병렬로 접속되어 있는 전동기이다. 그러므로 단자전압 V가 일정하면 계자전류 I_f는 전기자전류 I_a와 서로 관계가 없다. 두 권선이 공통전원에 접속되지 않은 것은 타여자전동기라 하며 특성은 분권전동기와 같다.

$$I_f = \frac{V}{R_f} = \text{일정} \tag{4.2.13}$$

따라서 계자자속 Φ가 일정하고 전원에서 흘러 들어가는 전전류 I는 다음과 같다.

$$I = I_f + I_a \quad (4.2.14)$$

자속 Φ가 일정한 경우의 회전속도 및 토크 특성은 각각 다음 식으로 표시된다.

$$N = K_2 \cdot (V - I_a R_a) \text{ (식 (4.69)로부터 } R_f \text{ 일정 } \rightarrow \Phi\text{일정)} \quad (4.2.15)$$

$$T = K_1 \Phi I_a = K_2 I_a \ (\because \Phi = \text{일정}) \quad (4.2.16)$$

$$\therefore N \propto (V - I_a R_a), \ T \propto I_a \quad (4.2.17)$$

분권전동기의 특징 및 용도는 다음과 같다

- Φ 일정, V 변화 : $N \propto (V - I_a R_a)$에서 $V \gg I_a R_a$이므로 속도는 거의 단자전압에 비례하여 변화하고, 이 특성을 이용하여 속도제어에 이용한다.
- Φ 일정, V 일정 : 부하전류가 증가함에 따라 속도는 직선적으로 감소하고, 그 변화는 매우 적고 일정한 것으로 볼 수 있다. 따라서 부하나 토크의 변화에 대하여 정속도 특성을 갖는 전동기이다. 따라서 용도는 압연기, 제지, 송풍기, 펌프 등이다.
- R_f의 조정에 의한 Φ 변화 : 계자자속 Φ, 2Φ일 때 부하전류가 증가함에 따라 각각 회전수는 일정하지만, Φ일 때보다 2Φ일 때 회전수는 적다. 반면에 $R_f(I_f) \rightarrow 0$에 가까워지면 식 (4.2.11)에서 분모의 $\Phi \rightarrow 0$이 되어 속도는 대단히 높아지고 원심력에 의하여 전기자가 파손될 우려가 있다. 따라서 계자권선의 단선이 되지 않도록 접속에 주의를 해야 한다.

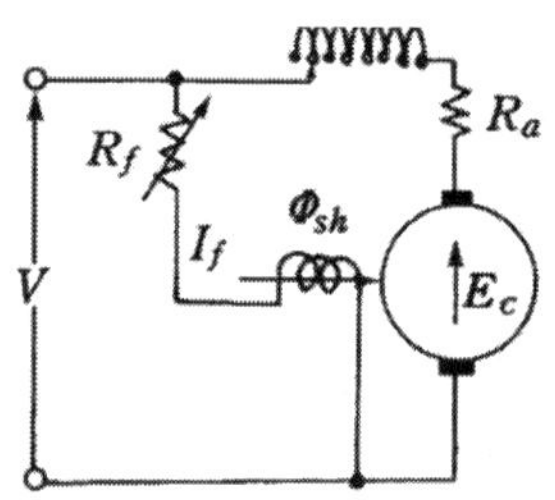

■ 그림 4.2.1 직류분권전동기

② 직권전동기

직권전동기는 그림 4.2.2와 같이 계자 권선과 전기자 권선이 직렬로 접속되어 있는 전동기이다. 따라서 전류 관계는 다음과 같다.

$$I_f = I_a = I \quad (4.2.18)$$

직권전동기의 특성은 자기회로의 미포화영역과 포화영역으로 나누어 식 (4.2.22)와 식 (4.2.25)의 결과를 각각 나타내었다.

- 미포화 영역 : 전기자 전류 I_a가 적게 흐르는 경우 ($\Phi \propto I_a$)

$$N = K_2 \cdot \frac{V - I_a(R_a + R_f)}{\Phi} \text{ [rpm]} \quad (4.2.19)$$

($\because$ 식 (2.11)의 $R_a \rightarrow R_a + R_f$)

$$= K_2 \cdot \frac{V - I_a(R_a + R_f)}{I_a} \text{ [rpm]} \quad (\because \Phi \propto I_a) \tag{4.2.20}$$

$$\fallingdotseq K_2 \cdot \frac{V}{I_a} \quad (\because V \gg I_a(R_a + R_f))$$

$$T = K_1 \Phi I_a = K_3 {I_a}^2 \quad (\because \Phi \propto I_a) \tag{4.2.21}$$

$$\therefore \; N \propto \frac{1}{I_a}, \quad T \propto {I_a}^2 \left(= \frac{1}{N^2} \right) \tag{4.2.22}$$

- 포화 영역 : 전기자 전류 I_a가 크게 흐르는 경우(Φ = 일정)

$$N = K_2 \cdot \frac{V - I_a(R_a + R_f)}{\Phi} \text{ [rpm]} \tag{4.2.23}$$

$$= K_3 \cdot V - I_a(R_a + R_f) \text{ [rpm]} \quad (\because \Phi \text{ 일정})$$

$$T = K_1 \Phi I_a = K_2 I_a \quad (\because \Phi \text{ 일정}) \tag{4.2.24}$$

$$\therefore \begin{cases} N \propto V - I_a(R_a + R_f) \\ T \propto I_a \end{cases} \tag{4.2.25}$$

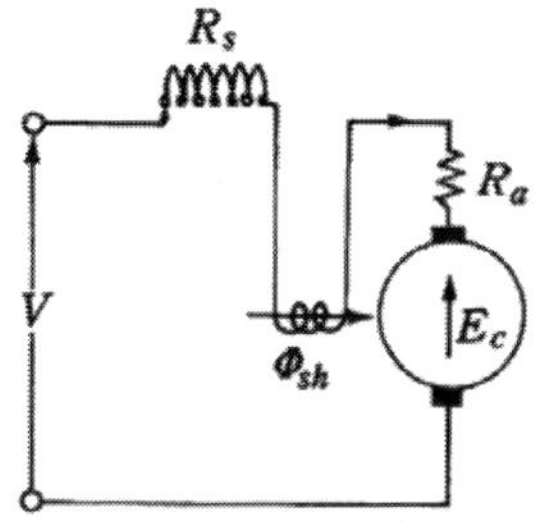

■ 그림 4.2.2 직류직권전동기

직권전동기의 특징 및 용도는 다음과 같다

- 직권전동기는 일반적으로 전기자 전류가 적게 흐르는 미포화 영역에서 작동한다.

  그림 4.2.2와 식 (4.2.19)에서 알 수 있는 바와 같이 부하전류 $I(=I_a)$가 0에 가까워질수록 반비례하여 속도는 매우 빨라진다. 따라서 직권전동기는 안정된 운전을 하기 위하여 최소 부하가 항상 걸려 있어야 한다.

- 직권전동기는 토크가 증가하면 속도가 낮아지므로 변속도 특성이 있으며, 어떤 범위 내에서는 회전수와 토크의 곱에 비례하는 정출력 특성이 있다. 이것이 전차, 기중기 등에 사용되는 이유이다.

  또한 직권전동기의 토크는 전류의 제곱에 비례하므로 기동시 전류를 안전한 값으로 제한하면 충분히 큰 토크를 발생시킬 수 있다. 이와 같이 자주 기동시켜야 하는 전차, 기중기의 적용에 적합한 특징이다.

③ 복권전동기

복권전동기는 분권과 직권의 계자 권선을 모두 포함하고 있는 구조이다. 또 복권전동기는 분권 계자자속과 직권 계자자속이 합하여지도록 연결되어 있으면 가동복권 전동기, 상쇄되도록 연결되어 있으면 차동복권 전동기로 나누어진다.

복권전동기는 분권과 직권 전동기에서 대응할 수 없는 속도 조정을 요구할 때 적합하다.

가동 복권전동기는 무부하 상태에서도 분권 계자 권선이 있으므로 자속의 일부가 존재하게 되어 직권전동기에서와 같은 무구속 속도에 도달하지 않으며, 직권 계자 권선도 있기 때문에 기동 토크도 상당히 커서 전원에 대한 위험도 줄어든다. 이와 같은 특징 때문에 권상기, 공작기계 등의 전동기로 사용된다.

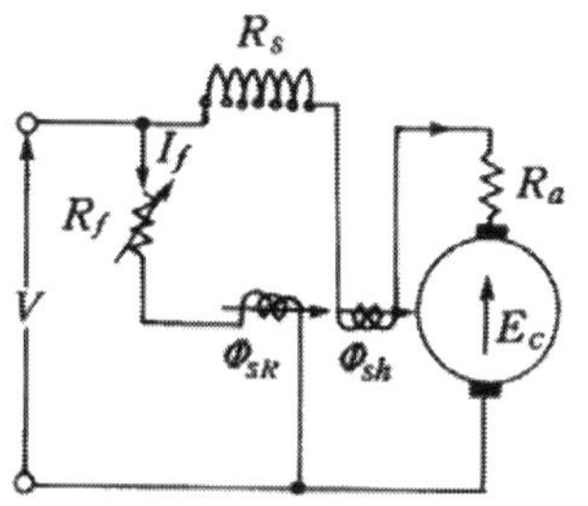

■ 그림 4.2.3 직류복권전동기

(2) 교류전동기-3상 유도전동기의 특성

대칭 3상권선에 평형 3상교류가 흐르면 동기속도 N_s와 같은 속도로 회전하는 회전자계가 발생하지만 회전자는 N_s보다 느리게 회전해야 자속을 끊게 되고 전자유도법칙과 전자력에 의해 토크가 발생하여 지속적으로 회전한다.

또 고정자 권선에서 발생하는 회전자계의 의하여 자체의 유기기전력이 발생하고, 또 이 회전자계의 의해 회전자에도 우기기전력이 발생한다. 따라서 유도전동기는 변압기로 볼 수 있다. 즉 고정자가 1차권선, 회전자가 2차권선에 해당한다. 따라서 유도전동기의 고정자를 1차, 회전자를 2차라고도 부른다.

① 동기속도 : $N_s = \dfrac{120f}{P}$ (4.2.26)

② 슬립 : 전동기의 회전속도 N이 동기속도 N_s보다 어느 정도 느린가를 표시하는 척도이고, 슬립 s는 부하증가에 따라 증가하며 보통 3~4[%] 정도이다.

$$s = \frac{N_s - N}{N_s}\begin{cases} s = 1 : N = 0\,(\text{전동기 정지}) \\ s = 0 : N = N_s\,(\text{동기속도, 이상적인 무부하 상태}) \end{cases} \tag{4.2.27}$$

회전자계와 회전자의 상대속도 : $N_s - N = sN_s$

③ 유기기전력

- 고정자 권선에서 회전자계에 의한 자체의 유기기전력

$$E_1 = 4.44 K_{w1} f n_1 \Phi \text{[V]} \quad (4.2.28)$$

- 고정자의 회전자계에 의한 회전자(정지시)의 유기기전력

$$E_2 = 4.44 K_{w2} f n_2 \Phi \text{[V]} \quad (4.2.29)$$

- 고정자의 회전자계에 의한 회전자의(회전시)의 유기기전력

$$E_2{}' = 4.44 K_{w2} s f n_2 \Phi = s E_2 \text{[V]} \quad (4.2.30)$$

[회전자 유기기전력(2차)의 주파수 : $f' = sf$]

K_{w1}, K_{w2} : 고정자 및 회전자 권성의 권선계수

n_1, n_2 : 고정자의 한 상에 직렬 접속된 권수 및 회전자의 권수

Φ : 한 극의 자속

④ 2차 입력 P_2, 저항손 P_{c2}와 기계적 출력 P

- 2차 입력 : $P_2 = m_2 E_2 I_2 \cos\theta$ [W]
- 저항손 : $P_{c2} = sP_2$ [W]
- 기계적 출력 : $P = P_2 - P_{c2} = (1-s)P_2$ [W]

∴ (2차 입력) : (2차 저항손) : (기계적 출력)

$= P_2 : P_{c2} : P = 1 : s : (1-s)$

⑤ 동기와트 : 토크 T를 2차 입력 P_2로 표시한 것을 의미한다.

$$T = \frac{P}{w} = \frac{P}{2\pi n} = \frac{(1-s)P_2}{2\pi(1-s)n_s} = \frac{P_2}{w_s} = P_2\left(\frac{60}{2\pi N_2}\right) \text{[N·m]} \quad (4.2.31)$$

$$\therefore T = 0.975\frac{P_2}{N_s} \text{[kg·m]} = 0.975\frac{P}{N} \text{[kg·m]}$$

⑥ 동기와트로 표시한 토크 T라 하면 T는 2차 입력 P_2와 같으며, 간이 등가회로에서 2차 입력 P_2, 2차 전류 $I_1{}'(=I_2)$ 및 토크 T는 다음과 같다.

$$P_2 = m_1 I_1{}'^2 \cdot \frac{r_2{}'}{s} \quad (4.2.32)$$

$$I_2{}' = \frac{V_1}{\sqrt{\left(r_1 + \frac{r_2{}'}{s}\right) + (x_1 + x_2{}')^2}} \quad (4.2.33)$$

$$\therefore T = P_2 = \frac{m_1 V_1^2 \cdot \frac{r_2{}'}{s}}{\left(r_1 + \frac{r_2{}'}{s}\right) + (x_1 + x_2{}')^2} \quad (4.2.34)$$

⑦ 비례추이

식 (4.2.34)에서 슬립 s와 토크 T의 관계를 나타낸 것이 그림 4.2.4(a)의 곡선 ①이다.

이 식에서 V_1, m_1, r_1, x_1 및 x_2가 일정하면 토크는 r_2'/s에 따라 변화한다. 그런데 그림 4.2.4(a)의 곡선은 ②와 같이 유도전동기의 각 산의 권선 저항 r_2'인 권선형 회전자 각 상에 슬립링을 거쳐 저항을 접속하고 각 상의 저항을 kr_2'로 변화를 주었을 때 슬립도 ks로 바뀌어 토크 T_n의 값을 항상 일정하고 슬립과 회전속도가 바뀌게 된다.

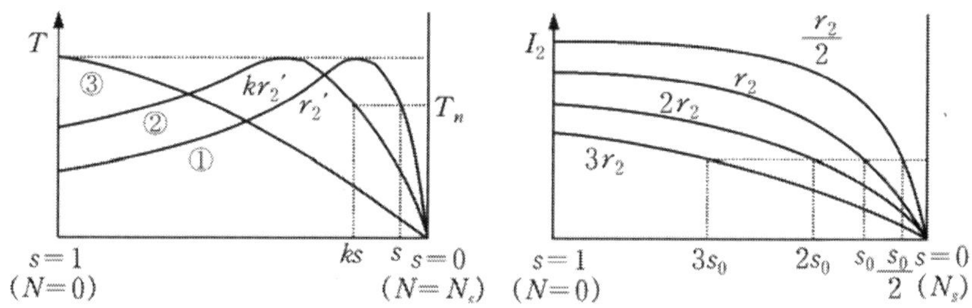

(a) 슬립-토크 특성 (b)슬립-전류 특성

■ 그림 4.2.4 유도전동기의 비례추이

이와 같이 유도 전동기는 동일 조건하에서 2자 저항만을 변화시키면 동일한 토크를 발생하는 점이 곡선 ①에서 곡선 ②로 2차 저항에 비례하여 추이하며, 이 관계를 토크의 비례추이(proportuonal shlfting)라 한다.

이와 같은 비례추이는 그림 4.2.4(b) 와 같이 I_1', 즉 2차 전류 I_2에도 성립한다.

동일한 전류나 토크를 발생하는 점은 2차 저항을 증가시키면 좌측으로 이동하고 슬립이 증가하면 속도는 감소한다. 또 2차 저항을 감소시키면 우측으로 이동하고 슬립은 감소하여 속도는 증가한다. 또 기동시에는 $s=1$, 증 회전자가 정지상태에서 기동토크가 부하토크보다 작은 경우에는 회전하지 못하므로 회전자, 즉 2차에 저항을 삽입하여 비례추이를 시켜 기동토크를 크게 해야 기동이 가능해 진다.

이와 같이 권선형 유도전동기에서는 비례추이를 이용하여 기동 및 속도제어를 할 수 있다.

(3) 동기전동기

유도전동기와 같은 교류기는 일반적으로 자극(계자)이 고정되어 있고 전기자가 회전하는 회전전기자형 이지만, 동기 전동기는 이와 반대로 전기자가 고정되어 있고 자극이 회전하는 회전계자형이다. 따라서 회전자(rotor)가 계자권선, 고정자(stator)가 전기자 권선으로 되어 있다.

또 회전자의 구조를 따라 일반 동기전동기인 돌극형(salient pole tyope)과 고속도 및 우도전동기인 원통형(cylinedrical pole type)전동기로 구분한다.

동기전동기는 극수 P, 주파수 f인 교류를 공급하면 회전자가 동기속도 N_s는 다음과 같다.

$$N_2 = \frac{120f}{P} \tag{4.2.35}$$

동기 전동기는 동기속도 이외의 속도에서는 회전력을 발생하지 못하므로 전압을 고정자 권선에 인가하는 것만으로 기동을 할 수 없다. 따라서 동기 전동기를 운전하려면 정지 상태에서 동기속도까지 이르도록 특별한 기동장치(소형 전동기 또는 자극에 장치한 기동권선)가 필요하다.

동기전동기에 부하를 걸면 회전자는 무부하의 위치보다 부하각 δ만큼 뒤져서 운전을 계속하는 특성이 있다. 또 부하가 갑자기 변동해서 증가된 부하토크보다 전동기의 발생토크가 부족하게 되면 회전자는 순간적으로 감속하므로 동기속도 이하가 되고, 이때 회전자의 관성에 의해 부하각이 증가하면 전동기의 발생 토크는 부하토크보다 크게 되므로 회전자는 가속되어 부하각이 감소한다. 이와 같이 회전자가 일정속도에서 진동하는 현상을 난조(hunting)라 한다. 난조를 방지하는 방법은 자극 표면에 슬롯을 파서 저항이 적은 단락 권선을 설치한 제동권선을 이용하거나 플라이휠을 설치하는 방법이다.

표 4.2.2는 동기 전동기의 장단점과 용도를 나타내었다.

■ 표 4.2.2 동기전동기의 장단점과 용도

	장 점	단 점
①	속도가 일정하다.	기동토크가 적다.
②	항상 역률1로 운전이 가능하다.	속도조정을 할 수 없다.
③	필요시 앞선 전류를 통할 수 있다.	여자용의 직류전원이 필요하므로 설비비가 고가
④	유도전동기에 비해 효율이 좋다.	난조를 일으킬 염려가 없다.
용도	• 저속도 대용량 : 시멘트 공장의 분쇄기, 압축기, 송풍이 및 동기조상기 등 • 소용량 : 전자시계, 오실로그래프 및 전송사진 등	

2 전동기의 기동 제어

(1) 전동기의 기동제어

전동기를 기동할 때 전동기를 직접 전원에 접속하는 직입기동 방식은 전전압기동 이라고도 하며 이 방식은 직류기에서는 역기전력을 0으로부터 속도상승에 따라 증가하고, 교류기에서는 임피던스가 정지시에는 적고 속도의 상승에 따라 커지므로 기동 초기에는 큰 전류가 흐른다.

기동시에 흐르는 전류를 기동전류라 하며 직류기는 정격전류의 10~40배, 교류기는 5~10배로 되며 이 때문에 기동시 전동기를 접속한 계통에 전압강하가 생겨서 전동기와 같은 계통의 접속부하에 나쁜 영향을 미친다. 그리고 전동기에서는 전기자권선의 손상, 정류의 악화, 브러시의 손상이 생기며 또한 기동토크가 극단적으로 크게 되므로 부하의 관성이 큰 경우 축에 비틀림 응력이 걸려서 축을 파손시키게 된다. 이와 같은 나쁜 영향을 방지하기 위하여 전전압기동은 소출력기의 경우만 실시하고 거의 모든 경우 기동전류를 억제하며 기동하는 대책을 강구한다.

① 직류 전동기의 기동제어

직류 전동기의 전기자전류 I_a는 아래의 3개 수식 맨 위에 표시된다. 속도가 0일 때는 $K_a\phi\omega = 0$이므로 기동전류는 아래의 3개 수식 중간식으로서 나타낼 수 있다. 전기자저항 R_a는 매우 적으므로 이 기동시의 전류는 정격전류의 10~40배까지도 도달한다. 이 때문에 기동시의 토크는 아래의 3개 수식 맨 아래식으로 되며 자속을 일정하다고 한다면 기동전류와 같이 정격토크의 10~40배가 된다.

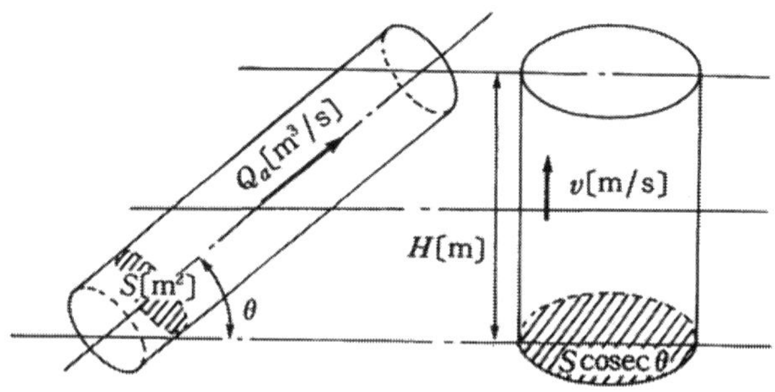

■ 그림 4.2.5 액체펌프에 필요한 동력

$$I_a = \frac{V - E_c}{R_a} = \frac{V - K_a \Phi \omega}{R_a}$$

$$I_a = \frac{V}{R_a}$$

$$T = K_a \Phi I_a = K_a \phi \frac{V}{R_a}$$

이 때문에 기동전류를 억제할 필요가 있는 경우에는 단자 전압 V를 변화하는 방법, 전기자에 직렬로 가변저항을 삽입하여 전류를 억제하는 방법 등이 있다. 일반적으로 기동전류는 정격전류의 1~2배 정도로 억제하여 기동한다. 전기자회로에 저항을 삽입하여 기동하는 방법을 저항기동법이라 하며 많이 사용되고 있다. 단자 전압을 변화하여 기동하는 방법은 전압을 낮게 하여 기동하므로 저감전압 기동법이라고도 한다.

- 저항기동법 : 그림 4.2.6에 표시하는 바와 같이 전기자회로에 직렬로 가변저항 R_a를 접속하여 속도의 상승과 더불어 저항이 감소하면서 기동하고 최종적으로 $R_s = 0$으로서 운전하는 방법이다. R_s를 기동저항기(starting rheostat)라 한다. 직렬가변저항 R_s는 그림 4.2.6에 표시하는 바와 같이 노치로서 순서에 따라 바꿔가며 각 단의 저항값을 지정한 최대전류 I_{max}과 최소전류 I_{min}사이의 기동전류가 되도록 설정한다.

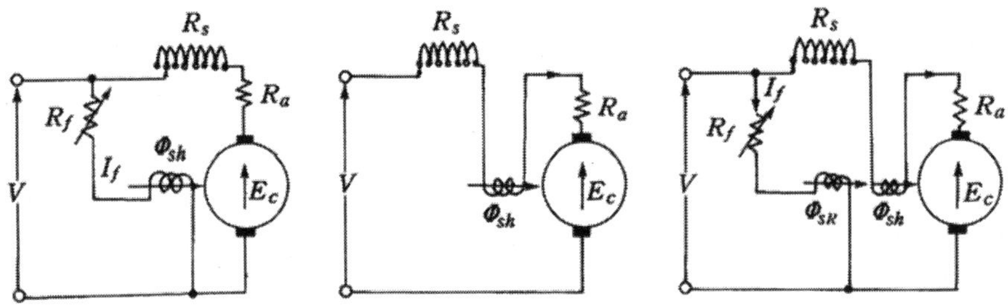

■ 그림 4.2.6 직류기의 저항기동법

• 저감전압기동법 : 전동기에 가하는 단자 전압을 낮게 하여 전기자전류를 억제하여 기동하는 방법을 저감전압기동법이라고 한다. 그림 4.2.7에 나타낸 바와 같은 직·병렬기동법과 그림 4.2.8에 나타낸 바와 같이 가변전압전원을 써서 낮은 전압으로 기동하여 속도의 상승과 더불어 전압을 높이면서 기동하는 가변전압전원을 사용한 기동법이 있다.

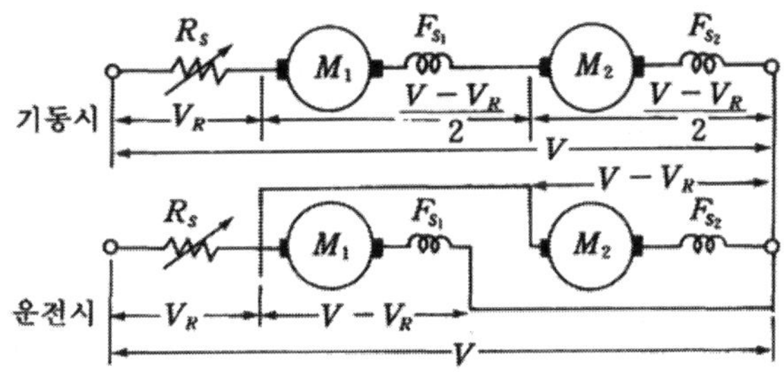

■ 그림 4.2.7 직병렬기동법

가변전압전원으로서 직류전동 발전기, 다이리스터 위상제어 정류회로, 직류 사이리스터초퍼회로 등이 사용된다. 특히 타여전동기의 전기자전압을 가변전압전원을 사용하여 제어하는 것을 레오너드(Leonard)방식이라 하며 이 가변전압전원에 사이리스터 위상제어회로를 사용한 것을 정지레오너드방식이라 한다.

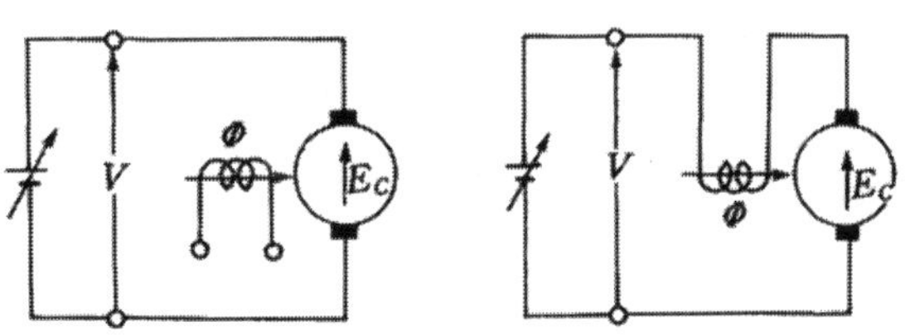

■ 그림 4.2.8 가변전원에 의한 기동법

② 유도 전동기의 기동제어

• 농형유도 전동기의 기동법 : 농형유도전동기의 기동토오크는 전압의 제곱에 비례한다. 단자전압을 감소하면 기동토크도 따라서 감소하게 된다.

• 직입기동법(전 전압기동법) : 전동기의 기동전류에 대하여 전원 용량이 충분히 크고 영향을 받지 않을 만큼의 여유가 있는 경우, 유도 전동기를 직접 전원에 접속하여 기동하는 직입기동을 한다. 일반적으로 5[kW]이하의 전동기는 기동전류가 전부하전류의 4~6배 정도이며 관성도 작아 기동시간이 짧으므로 전원에 미치는 영향은 적다.

2중 농형 등 특수농형 유도 전동기에서는 기동전류가 어느 정도 억제되고 기동토크도 크므로 보통 10[kW] 정도의 것까지도 직입기동법이 사용된다.

– $Y-\Delta$기동법 : 대체로 5~15[kW] 정도의 저압유도 전동기에서는 1차 권선을 Δ접속으로 하지만 이 권선을 기동시 Y접속으로서 상전압을 $\frac{1}{\sqrt{3}}$로 감압하여 기동하고 속도가 상승되어 운전속도에 가깝게 도달하였을 때 Δ접속으로 바뀌고 큰 기동전류를 흘리지 않고 기동할 수 있다. 이 방법에 의하면 토크는 전압의 2승에 비례하므로 기동토크도 $\frac{1}{3}$로 감소한다.

– 기동보상기법 : 그림 4.2.9에 나타낸 회로에서 우선 전자접촉기 C와 S를 닫아 유도 전동기를 단권변압기의 2차측에 접속하여 기동하고 기동 후 S를 열어 단권변압기를 리액터 작용이 되도록 하여 충분히 속도가 상승되었을 때 M을 닫고 C를 열어 전동기가 직접전원에 접속된 상태에서 운전한다. 이 경우 단권변압기를 기동보상기(starting compensator)라 하며 이와 같은 기동법을 기동보상기법이라 한다.

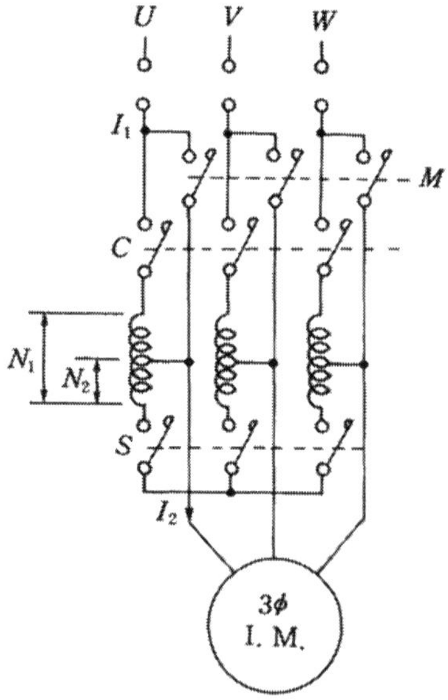

■ 그림 4.2.9 기동보상기법

기동보상기를 통하여 기동하게 되면 권수비를 $a=\frac{N_1}{N_2}$라 하면 기동보상기의 전원측의 전류 I_1은 직입기동일 때의 $\frac{1}{a^2}$로 되어 기동토크도 직입기동일 경우의 $\frac{1}{a^2}$로 된다. 기동보상기법은 감압전압탭으로부터 전원에 접속을 바꿀 때 큰 과도전류가 생기는 경우가 있다.

이 전류를 억제하기 위하여 기동보상기로서 기동된 후에 리액터를 통하여 운전하고 리액터를 단락한 후 전원에 접속을 바꾸는 콘돌퍼 기동방식(kondorfer starting system)이 사용되고 있다. 이 기동방법은 기동전류를 단권변압기의 탭으로 바꿀 수 있으며 기동토크도 요구에 따라서 설정되며 원활한 기동이 가능하지만 값이 비싸다.

– 1차 직렬임피던스 기동법 : 기동보상기는 고가이고 조작이 복잡하므로 그림 4.2.10에 타나낸 바와 같이 유도전동기의 1차 권선과 전원 사이에 임피던스를 접속하여 기동전류를 억제하여 기동하고 기동이 종료된 후 임피던스를 단락하여 직접 전원에 접속하는 방법을 1차 직렬임피던기스동법이라 하며, 임피던스 대시에 저항을 사용하는 방법을 1차 저항기동법이라 한다.

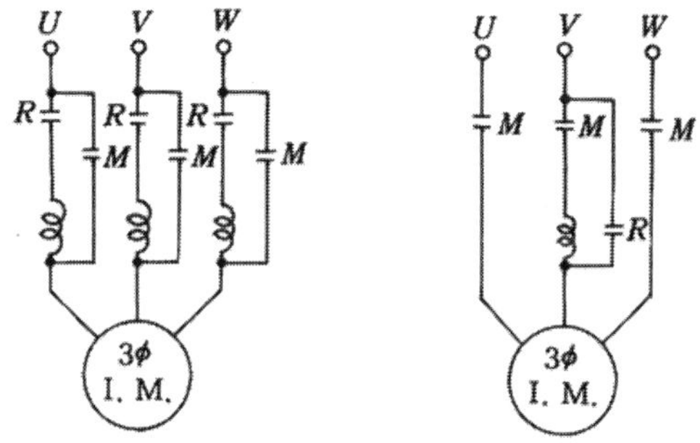

	R	M
기동	ON	OFF
운전	ON	ON

	R	M
기동	OFF	ON
운전	ON	ON

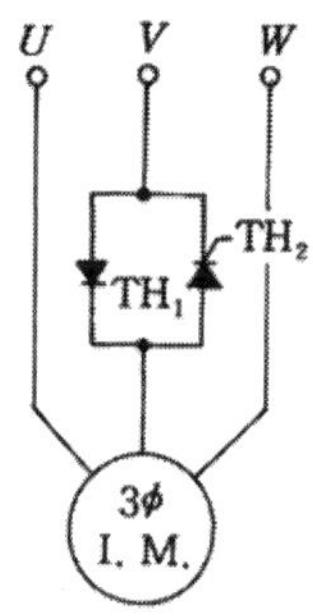

■ 그림 4.2.10 직렬 임피던스기동법

• 권선형 유도 전동기의 기동법

– 2차 저항기동법 : 유도 전동기의 비례추이특성을 이용하여 기동하는 방법으로 그림 4.2.11에 나타낸 바와 같이 회전자회로에 슬립링을 통하여 가변저항을 접속하고 그 저항값을 속도의 상승과 더불어 순차적으로 바꾸어 작게 하면서 기동하는 방법으로 토크나 전류는 다 같이 정격값의 100~150[%] 정도의 범위로 억제하여 기동한다. 이와 같은 기동법을 2차 저항기동법이라 한다. 2차 삽입저항으로는 금속저항기가 많이 사용되지만 대용량의 전동기 경우는 액체저항기를 사용한다.

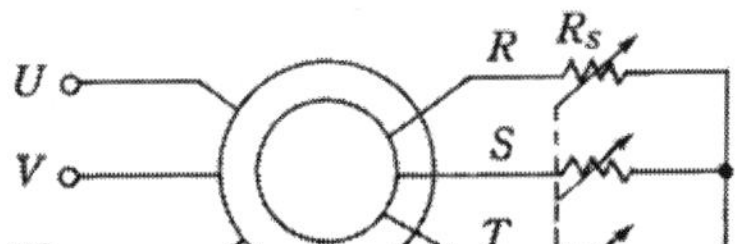

■ 그림 4.2.11 2차 저항 기동법

– 2차임피던스기동법 : 그림 4.2.12에 나타낸 바와 같이 회전자회로에 고정저항 R_2와 리액터 L_2 또는 과포화 리액터를 병렬로 삽입하는 방법으로 기동초기의 슬립이 큰 범위에서는 회전자회로의 주파수가 높기 때문에 리액터의 리액턴스가 크므로 대부분의 2차 전류는 저항에 흘러서 2차 저항기동의 상태로 기동한다. 이 때문에 기동초기에는 저전류 고토크로 기동하고 속도가 상승되면 리액턴스가 작아지므로 리액터쪽으로 전류가 많이 흐르고 동기속도 근처에서 서서히 2차 단락의 상태로 이행하므로 비교적 양호한 기동을 할 수 있다.

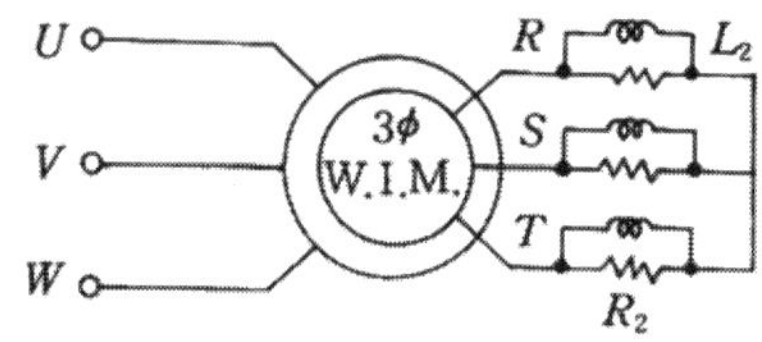

그림 4.2.12 2차 임피던스기동법

• 단상유도전동기의 기동법 : 순단상유도 전동기는 기동토크 없이 기동할 수 없으며 어떤 방향으로나 약간이라도 회전하면 그 방향으로 가속하는 토크가 생겨서 회전하기 시작한다. 이 때문에 단상유도 전동기를 기동할 경우 필요한 기동토크를 확보함과 동시에 회전방향이 항상 일정방향으로 회전하도록 하여야 한다. 이렇게 하기 위해 단상유도 전동기로서 운전하는 단상유도 전동기 본래의 권선, 즉 주권선 이외에 기동시 다소 불평형한 채로 2상 상태를 만들어서 회전자계를 발생하는 보조권선을 설치하는 방법을 사용한다.

– 분상기동형 : 아래의 그림 4.2.13과 같이 주권선 W_M과 보조권선 W_A을 전기각 2π로 하여 배치하고 보조권선은 주권선의 약 $\frac{1}{2}$로 하여 인덕턴스를 작게한다. 주권선보다 상당히 가는 선을 사용하여 저항을 높게 하면 단자전압 $\dot{V}$에 대한 주권선전류 $\dot{I}_M$의 뒤진 역률각 ϕ_M보다 보조권선전류 $\dot{I}_A$의 뒤진역률각 ϕ_A쪽이 작게 되어 보조권선전류가 주권선전류보다 $\phi_M - \phi_A$만큼 앞선상으로 된다.

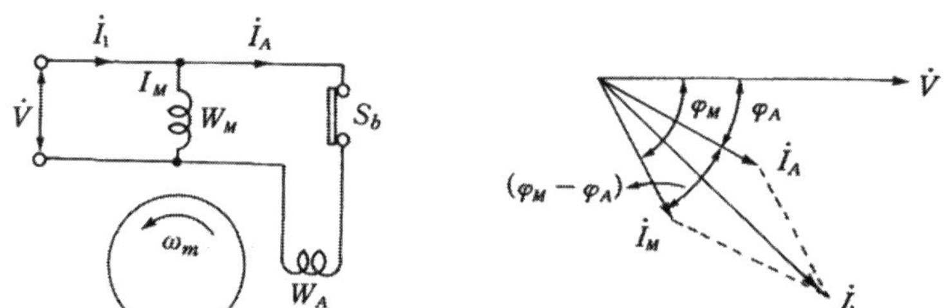

그림 4.2.13 분상기동형의 접속 및 벡터

– 콘덴서기동형 : 이 방식에서는 보조권선의 권수를 주권선의 1~1.5배 정도로 하고 기동시만 그림 4.2.14에서와 같이 콘덴서를 접속한다. 콘덴서는 기동이 극히 짧은 기간만 사용하

므로 염가이고 소형의 전해콘덴서를 쓸 경우가 많다. 단자전압 V_1에 대하여 주권선전류 I_M은 ϕ_M만큼 뒤진 위상으로 되지만 보조권선전류 I_A쪽이 I_M보다 $\psi_M+\psi_A$만큼 앞선 위상으로 되어 회전자계가 생긴다.

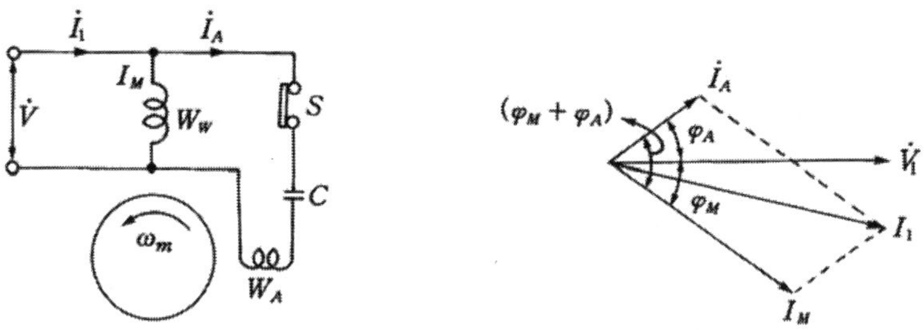

■ 그림 4.2.14 콘덴서기동형의 접속 및 벡터

– 세이딩코일형(shading coil type) : 그림 4.2.15와 같이 단상교류여자된 자극의 일부에 W_s로 나타낸 것과 같은 나동선으로 만든 단락된 링코일을 설치한다. 이 링코일을 세이딩코일이라고 한다. 이와 같은 구조로 하면 세이딩코일을 실시한 부분의 자속이 다른 부분보다 뒤진 위상으로 된다. 따라서 세이딩코일을 실시하지 않는 쪽으로부터 세이딩코일을 실시한 방향으로 회전자계가 생기고 그 방향으로 회전자가 회전한다. 이 형은 기동토크가 비교적 적고 전동기의 출력도 기껏해야 수 10[W]의 것이 사용된다. 이러한 것은 구조가 간단하고 염가이므로 소형에 많이 사용되고 있다.

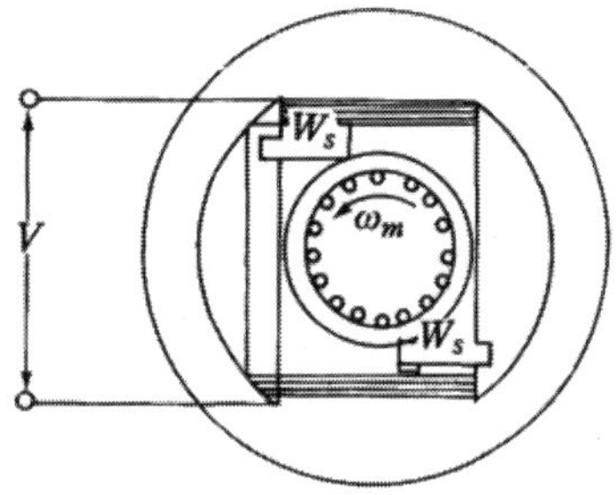

■ 그림 4.2.15 세이딩코일형

■ 표 4.2.3 단상유도전동기 종류, 기동전류, 기동토크, 정동토크 및 용도

종 류	기동전류[%]	기동토크[%]	정동토크[%]	용 도
분상기동형	500~700	125이상	175~300	복사기, 계산기
콘덴서기동형	500~700	250이상	175~300	냉장고
콘덴서전동기	350~400	140~160	200~300	세탁기, 선풍기
반발기동형	300~400	300이상	175~300	펌프
셰이딩코일형		40~100	130~200	플레어어, 레코드

③ 동기 전동기의 기동법

동기 전동기는 그 자체로서 기동할 수 없으며 어떠한 방법으로 동기속도에 가깝게 가속한 후 자극을 여자하여 동기속도로 끌어 올려야 한다. 이와 같이 동기속도 부근까지 가속하는 방법에는 다음과 같은 기동 방법이 있다.

- 자기기동법 : 가장 널리 사용되고 있는 것으로서 자기기동법(self starting method)이 있다. 처음에 계자회로를 열어놓고 전기자권선에 기동보상기로 낮게 한 전압을 가하면 제동권선이 농형회전자권선의 역할을 하여 유도 전동기로서 기동한다. 이와 같이 기동된 후, 속도가 상승하여 동기속도 가까이 도달하였을 때, 계자회로를 닫고 계자를 여자하면 회전자는 동기속도로 인입하게 된다. 기동시에 동기 전동기에 전원전압을 인가하면, 계자권선은 일반적으로 코일의 권수가 많으므로 회전자계에 의하여 계자권선에 높은 전압이 유기되어 절연을 파괴할 염려가 있다. 따라서 기동시에는 계자권선을 적당한 저항을 통하여 단락하든가 또는 권선을 여러 개로 분할하고 개방하여 고전압의 발생을 방지한다.
- 3상 기동권선을 사용하는 방법 : 돌극형 동기전동기의 자극에 농형제동권선 대신 3상 권선을 설치하고 슬립링을 통해서 외부저항을 접속하여 권선형 유도전동기와 같은 기동을한다. 이 방식으로 하면 대단히 큰 기동토크를 얻을 수 있다.
- 기동 전동기를 사용하는 기동법 : 동기 전동기와 기계적으로 결합한 유도 전동기나 직류 전동기에 의하여 기동하여 동기속도 근처까지 가속하는 방법이다. 유도 전동기를 사용하는 경우에는 극수를 동기 전동기의 극수보다 2극만 작게 하면 동기 전동기의 동기속도 이상으로 가속할 수 있으므로 쉽게 동기속도로 인입시킬 수 있다.

3 전동기의 속도제어

전동기의 속도토크특성을 변화시켜서 부하의 속도토크특성과의 평형점을 제어하여 속도를 조정하는 방법을 속도제어라고 한다. 속도제어에는 정속도제어와 가변속도제어가 있다.

(1) 직류전동기 속도제어

전동기의 속도 n은

$$n = k_2 \frac{V - I_a R_a}{\Phi} [r.p.s] \tag{4.2.36}$$

로 표시되므로 계자자속 Φ, 전기자회로의 저항 R_a, 공급전압 V 중에서 어떤 하나를 변화시키면 속도는 변화한다. 따라서 속도제어법에는 다음 3가지 방법이 있다.

① 계자제어법

이것은 자속 Φ를 변화시키는 방법으로 분권이나 복권 전동기에서는 그 분권 권선에 직렬로 저항을 접속하고 여자 전류를 조정하여 Φ를 변화시킨다. 이러한 목적에 사용하는 저항기를 속도조정기(speed regulator)라고 한다.

② 직렬저항제어법

이것은 전기자에 직렬로 저항을 접속하여 R_a의 값을 변화시켜 전압강하 I_aR_a를 변화시키는 방법이다.

③ 전압제어법

이것은 전기자에 가하는 전압V를 변화시키는 방법으로 이 때 자속Φ는 변하지 않도록 타여자 방식으로 해야 한다.

(2) 분권 전동기의 속도제어

① 계자제어법

그림 4.2.16(a)와 같이 계자저항기 FR을 조정해서 계자전류를 변화하면 자속 Φ가 변화한다. 예를 들어 Φ가 $\frac{1}{2}$, $\frac{1}{3}$이 되면 그림 4.2.16(b)와 같이 속도는 각각 2배, 3배로 증가한다. 분권 계자전류는 매우 적으므로 계자저항기에 흐르는 전류도 적기 때문에 전력 손실도 적고 조작도 간편하다. 그러나 저항을 아무리 감소시켜도 계자권선 자신의 저항과 포화로 말미암아 속도를 어느 정도 이하로는 낮출 수 없다. 또, 계자저항기의 저항을 지나치게 증가시켜 계자전류가 매우 적게 되면 전기자 반작용 기자력이 계자 기자력보다 우세하게 되어 중성점의 이동이 심하게 된다. 따라서 보극이 없는 전동기는 정류작용이 잘 되지 않게 된다. 그러므로 매우 간편한 방법이지만 너무 넓은 범위의 속도제어는 이 방법으로 곤란하다.

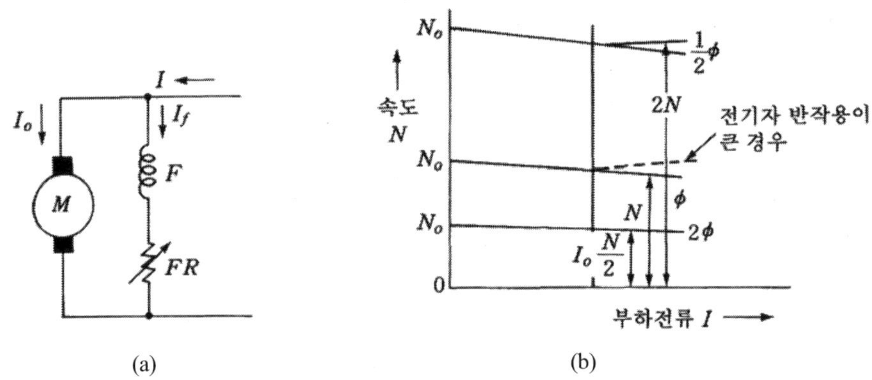

■ 그림 4.2.16 분권 전동기의 속도특성

② 직렬저항제어법

그림 4.2.17(a)와 같이 전기자회로에 직렬저항 R_s를 넣어 부하전류에 의한 전압강하를 증가시켜

속도를 변화시키는 방법이며 속도특성은 그림 4.2.17(b)와 같다. 이 방법은 $R_s = 0$일 때가 최고 속도이므로 속도를 아주 낮게 변화시킬 수 있는 것이 특징이다. 그러나 저항기에 큰 전류가 흐르므로 많은 열손실이 생기고 효율이 떨어지므로 경제적인 방법이라고는 할 수 없다.

단시간 동안 속도를 매우 낮게 할 필요가 있는 경우라든가 소형 전동기의 속도를 정밀하게 제어하고자 하는 경우 등에 적당하다.

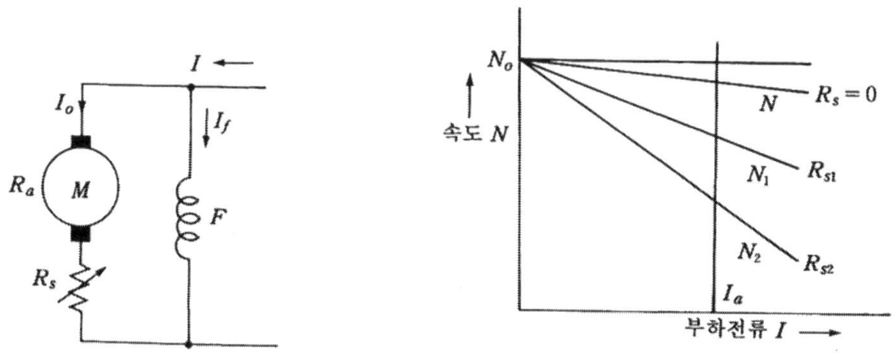

■ 그림 4.2.17 분권전동기의 속도특성

③ 전압제어법

이 방법은 전동기의 공급 전압V를 조정하는 방법으로 제어범위가 넓고 손실도 거의 없으며 제어법으로는 이상적이지만 설비비가 많이 드는 것이 결점이다.

- 워어드 레오나드 방식(Ward Leonard system) : 이 방식은 그림 4.2.18에 나타낸 것처럼 M은 주전동기이며, 이것의 계자권선 F_3는 직류모선에 접속되어 일정한 세기로 여자된다. 보조 발전기 G는 보조 전동기 M_1으로 돌려지고 G의 단자전압 V가 M의 전기자에 공급된다. G의 계자권선 F_2는 직류모선에 접속되어 있고 그 계자전류는 R_{f2}에 의하여 조정되며 또한, 개폐기 S에 의하여 계자전류의 방향을 바꿀 수도 있게 되어 있다. 따라서 M에 공급된 전압은 정방향과 역방향 양쪽으로 매우 넓은 범위에 걸쳐 조정되므로 주전동기의 속도와 회전방향을 자유로이 변화시킬 수 있다.

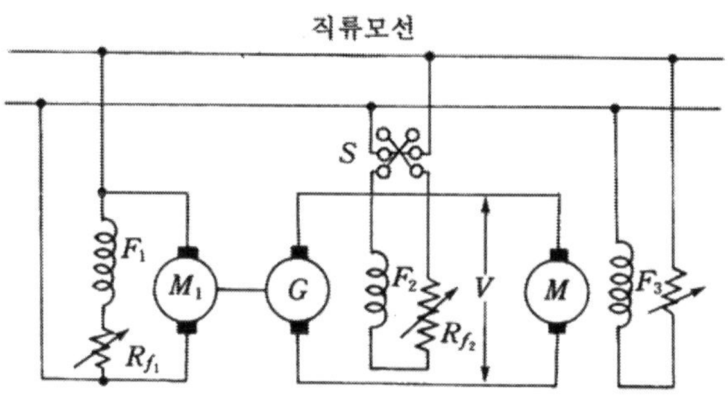

■ 그림 4.2.18 워어드 레오나드 방식

최근 직류 전동기의 단자전압 및 계자전류의 변화를 교류전원에서 SCR을 통하여 변환된 직류를 위상제어에 의하여 조정하고 단자전압이나 계자류의 평균치를 변화시켜 속도를 제어하는 정지 워어드 레오나드 방식(static Ward Leonard system)도 개발되었다.

- 일그너 방식(Illgner system) : 워어드 레오나드방식은 보조발전기가 직류전동기로 동작되는데 이 전동기는 교류 전동기를 사용해도 된다. 따라서 직류 전동기 대신 유도 전동기를 사용하고 그 축에 큰 플라이 휘일(fly wheel)을 붙인 것이 일그너 방식이다.

이 방식의 장점은 주전동기의 토크가 갑자기 증가하면 직류 발전기의 부하전류도 갑자기 증가하여 이에 따른 유도 전동기의 부하가 증가하여 속도가 낮아진다. 그러면 플라이 휘일에 저축된 운동에너지를 방출하여 유도 전동기를 돕게 되므로 입력은 얼마 증가하지 않아도 된다. 이 방식은 전동기부하가 급변하여도 전원에서 공급되는 전력의 변동이 적다는 것이 특징이며 큰 압연기나 권상기에 사용된다. 제철, 제관작업 등에 적합하며 첨두부하값이 감소하고 최대토크감소, 전류의 동요가 감소된다.

■ 표 4.2.4 직류전동기 속도제어법

구 분	제어특성	특 징
계자제어법	정출력제어	속도범위가 좁다.
전압제어법	정토크제어 워드레오나드방식 일그너방식	제어범위 넓다. 손실이 적다. 정역운전 가능 설비비가 많다(단점).
직렬저항법		효율이 나쁨

(3) 직권 전동기의 속도제어

① 계자제어법

직권 전동기의 계자제어법은 그림 4.2.19(a)와 같이 계자권선에 병렬로 접속한 저항 R_f를 조정하여 계자전류를 변화시키는 방법이 있고 그림 4.2.19(b)와 같이 계자권선의 중간에 내놓은 탭(tap)접속을 바꾸어 계자를 약하게 하는 방법이 있다.

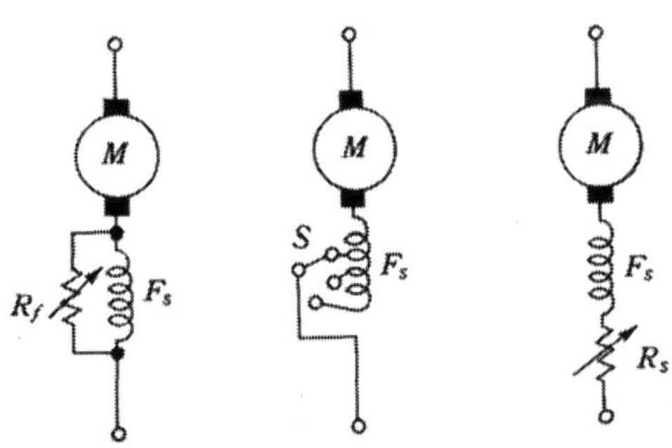

■ 그림 4.2.19 계자 및 저항제어법

② 직렬저항제어법

그림 4.2.19(c)와 같이 전기자회로에 저항을 넣어 속도를 저하시키는 방법으로 분권전동기의 속도 제어에서처럼 효율이 나쁜 것이 결점이지만 다음의 직·병렬제어법과 병용하여 많이 사용하는 방법이다.

③ 직·병렬제어법

이 방법은 전압제어법의 일종이다. 그림 4.2.20과 같이 같은 정격의 전동기를 사용하는 경우 이들의 전동기 2대를 직렬로 연결하면 한 전동기에는 $\frac{1}{2}$의 전압이 가해지고 병렬로 연결하면 전 전압이 가해지므로 속도를 조정할 수 있다. 이것만으로는 속도의 변화가 원활하지 못하므로 저항제어법도 병용한다. 이 방법은 전차의 운전 등에 적용되는데 제어기(controller)의 손잡이를 돌려서 간단히 속도제어를 할 수 있다.

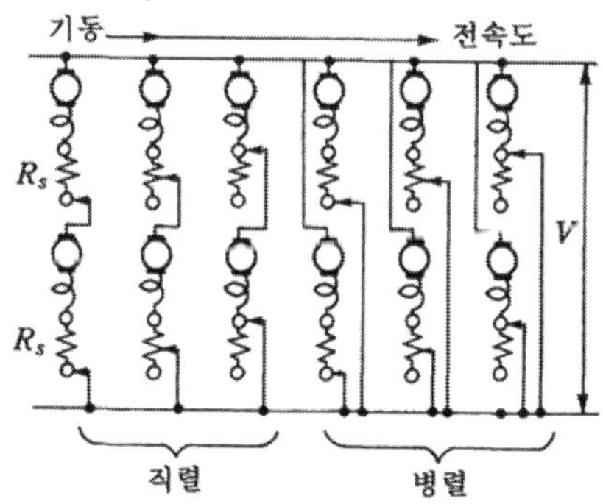

■ 그림 4.2.20 직·병렬제어법

(4) 복권 전동기의 속도제어

복권 전동기도 분권권선에 저항기를 직렬로 연결하면 속도를 제어할 수 있다. 그러나 복권 전동기는 분권권선 외에 직권권선이 있으므로 분권권선의 기자력이 대부분인 경우에는 계자저항기로 속도제어를 할 수 있으나 직권권선의 기자력이 큰 경우에는 넓은 범위의 속도 제어가 불가능하다. 따라서 복권 전동기의 속도 제어는 그때마다 검토하지 않으면 안 되지만 복권 정도기는 원래 큰 기동토크를 얻는 것이 목적이기 때문에 속도를 넓은 범위로 조정할 필요가 있는 경우에는 사용되지 않는다.

(5) 유도 전동기의 속도제어

유도 전동기는 구조가 간단하고 유지, 보수가 쉽다. 전부하에서도 수[%] 정도의 슬립으로 회전하므로 직류분권 전동기와 아주 유사한 속도특성을 가지고 있다. 그러나 직류 전동기에 비하여 유도 전동기의 속도는 동작상태의 광범위한 범위에 대하여 효율적이고 연속적으로 쉽게 가변시킬 수 없다.

유도 전동기의 속도는 회전자계의 동기속도 N_s를 변경하거나 혹은 슬립 s를 변화시킴으로써 가변시킬 수 있는 방법이 있다. 유도 전동기의 효율은 대략적으로 (1−s)에 비례하기 때문에 속도제어의 어느 방법도 슬립의 변화에 의존하므로 본질적으로 비효율적이다. 반면 전원주파수가 일정하면 동기속도를 변경하므로써 속도를 가변시켜 전동기의 속도는 불연속적으로 가변된다.

전동기의 회전속도 N은 슬립 s에 의하여 다음과 같이 된다.

$$N_s = \frac{120f}{P} \tag{4.2.37}$$

$$N = N_s(1-s)$$

(여기서, P : 극수, f : 전원주파수)

동기속도를 변경하기 위해서는 극수를 변경하거나 전원주파수를 변화시키는 방법이 있다. 슬립을 변화하는 방법에는 전원전압을 바꾸는 방법, 2차회로의 저항을 변화하는 방법, 2차 회로에 적절한 주파수의 전압을 삽입하는 방법이 있고 이를 2차여자라고 하며 전자 커플링을 사용하는 방법도 있는데 이들 내용은 다음과 같다.

① 극수변환(pole changing method)

농형 유도 전동기의 속도는 고정자권선의 접속을 바꿈으로써 바꿀 수 있다.

$N_s = \dfrac{120f}{P}$ [rpm]에서 극수에 반비례하기 때문에, 즉 코일의 접속을 바꾸어 극수를 2대 1의 변속배로 변환할 수 있다. 그림 4.2.21(a)는 8극의 접속도에서 전류는 a단자에 들어가서 4개의 코일을 직렬로 흘러 d로 나오기 때문에 자극은 N,S로 표시한 것과 같이 8개가 된다. 또한 그림 4.2.21(b)와 같이 단자 a와 d를 접속하여 단자 A로 하고 전류가 여기로 들어가 코일의 중간단자 B로 나오면 자극 N, S로 4개가 되고, 전류회로는 두 회로로 된다. 이 방법으로 하면 비교적 효율이 좋으므로 자주 속도를 바꿀 필요가 있고, 또한 단계적으로 속도변경이 되어도 좋은 부하, 즉 소형의 권상기, 승강기, 원심분리기, 공작기계 등에 많이 쓰인다.

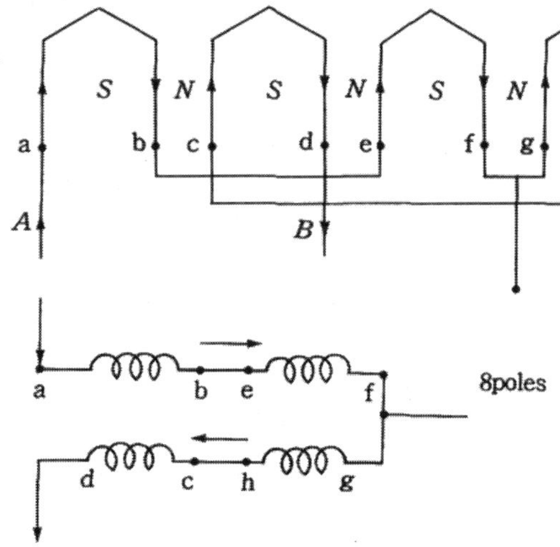

(a)

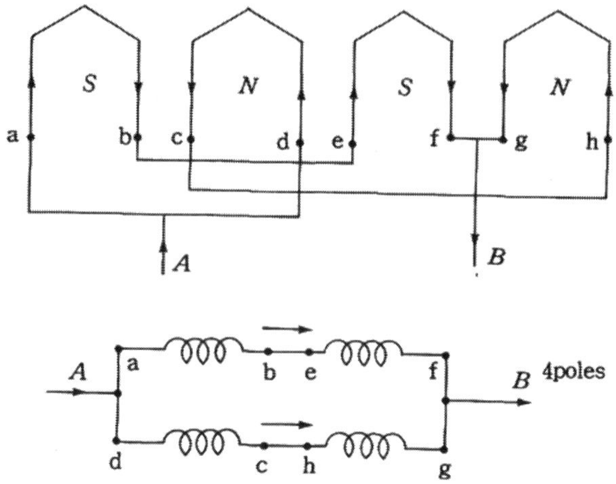

(b)

■ 그림 4.2.21 극수를 바꾸는 법

② 전원주파수를 변화하는 방법

- 인버터의 동작원리 : 전원주파수 f[Hz]를 변화시키면 동기속도가 f에 비례하여 변화한다. 그러나 주파수를 변화시키기 위해서는 전동기에 접속된 전원이 필요하게 된다. 이러한 것은 전력전자기술의 발전에 의해 주파수변환기를 전원으로 갖는 것이 가능하게 되었다. 예를 들면 효율이 좋은 가변속제어가 가능한 인버터장치(inverter device)가 있는데, 인버터란 직류전원을 교류전원으로 변환하는 것으로 역변환장치라고도 한다. 직류전원은 일반적으로 얻을 수 없으므로 주파수가 일정한 상용전원을 정류하는 회로(순변환장치 혹은 정류기)를 부속시켜야 한다.

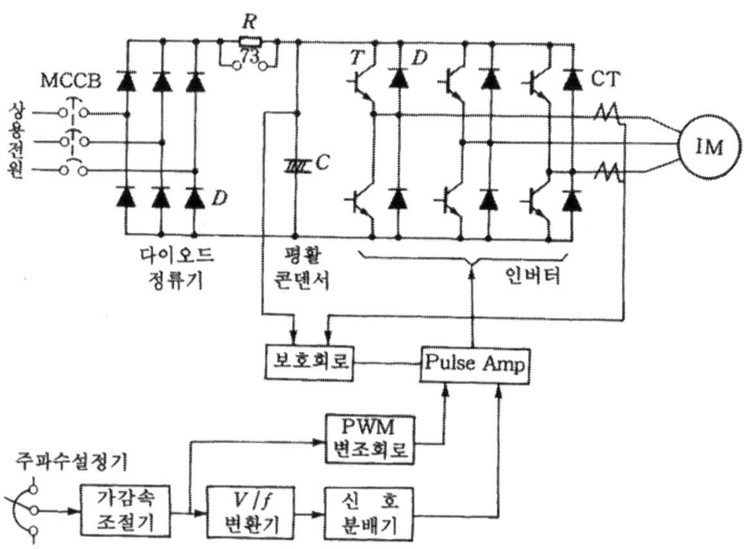

■ 그림 4.2.22 트랜지스터 전압형 인버터회로

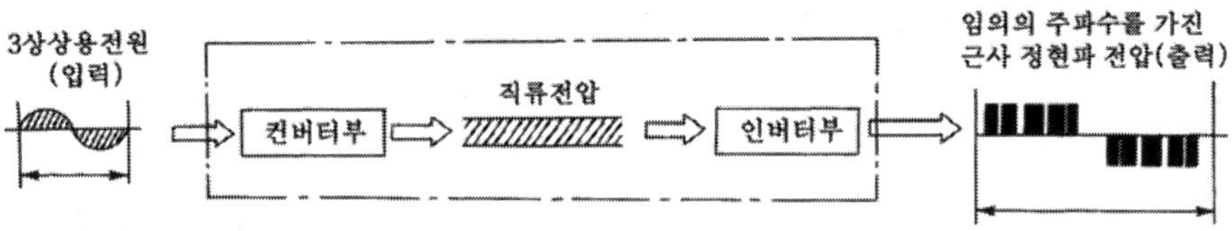

■ 그림 4.2.23 인버터에 의한 전압파형 변화

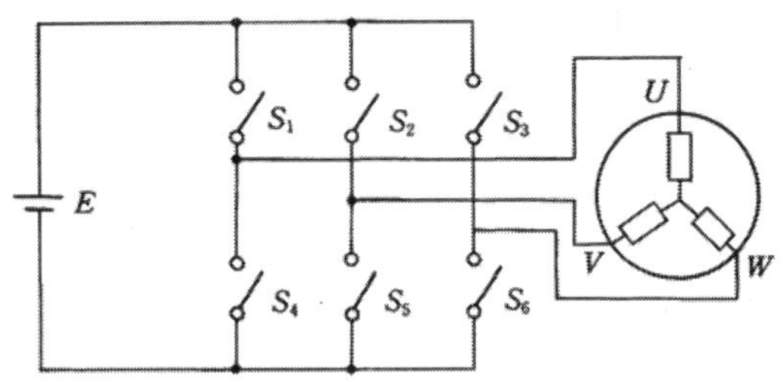

■ 그림 4.2.24 인버터의 스위칭(switching)회로

그림 4.2.22는 인버터의 기본회로이며 그림 4.2.23은 인버터에 의해 변환된 전압파형이다. 정류기로서 3상 전파 다이오드 정류기를 사용하여 일정한 직류 전압을 얻어 트랜지스터 인버터에 의해 가변주파수의 교류전력을 만든다. 그림 4.2.24는 산업용으로 사용되는 인버터의 스위칭 회로를 나타낸 것이다.

그림 4.2.23은 인버터 동작설명을 위해 트랜지스터를 스위치로 표시한 구성도이다. 그림 4.2.24는 6개의 스위치 온－오프(on－off)의 기간과 순서 및 이 결과로 얻어지는 출력, 즉 선간의 교류 전압을 나타낸다.

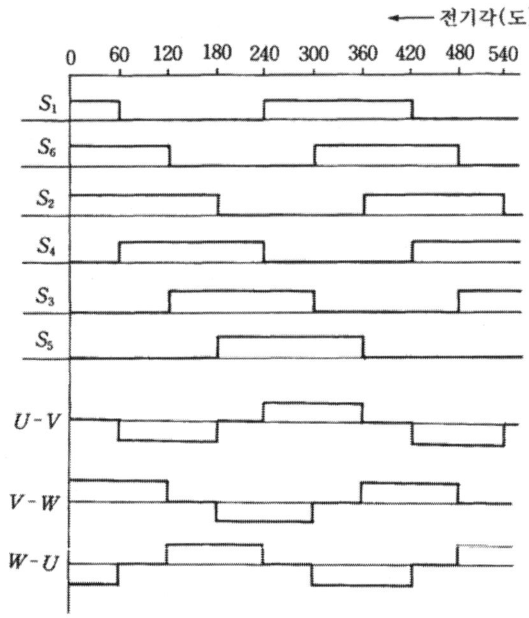

■ 그림 4.2.25 전력용 트랜지스터의 스위칭에 의한 출력전압

다음에 주파수를 연속적으로 변화시키기 위해서는 스위치의 on－off순서는 변하지 않고 on－off기간폭을 연속적으로 변화시킨다. 이 결과, 주기 T가 연속적으로 변화하여 주파수 f를 연속적으로 변화시킬 수 있다는 것을 이해할 수 있다. 출력 전압을 변화시키기 위해서는 직류전압을 변화시킬 필요가 있으나, 온(on)기간 중의 펄스폭(pulse width)을 단속적으로 재단하여도 평균적으로 전압을 변화시키는 것이 된다. 그림 4.2.25에 주파수와 전압의 제어를 포함한 스위치 on－off 신호의 예와 출력전압의 예를 나타낸다. 펄스폭을 좁게 하면 출력전압은 작게되며, 넓게 하면 출력전압은 크게 된다. 또한 주기를 짧게 하면 주파수는 높아지며 길게 하면 주파수는 낮게 된다.

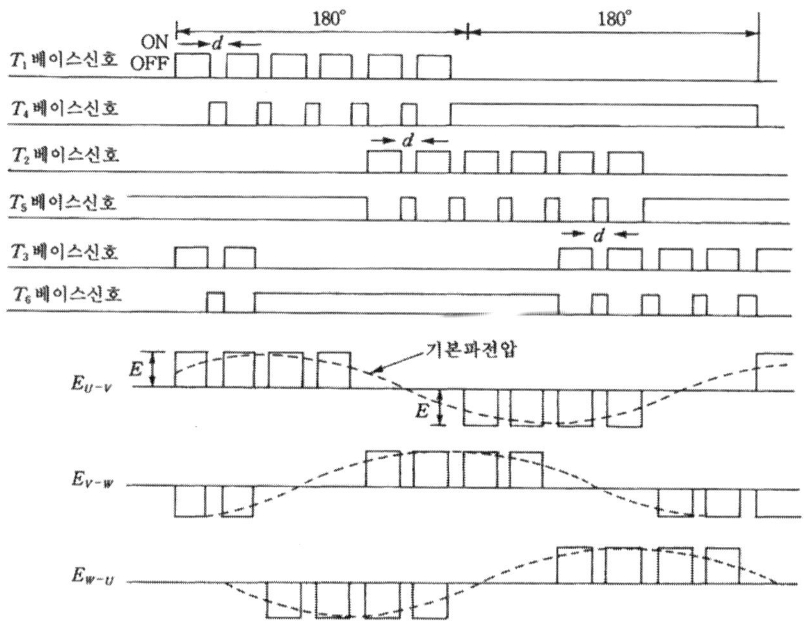

■ 그림 4.2.26 파워 트랜지스터의 베이스신호와 출력전압의 관계

- 인버터에 의한 속도제어 : 그림 4.2.27은 상용운전에 의해서 유도전동기의 등가회로이다. 인버터에 의한 가변주파수 운전에서는 각 리액턴스 성분은 입력주파수에 비례하여 변화한다. 전동기의 정격주파수 f_0, 인버터에 의한 입력주파수를 f로 하고, $f/f_0 = u$로써 치환하면 그림 4.2.28의 등가회로가 된다.

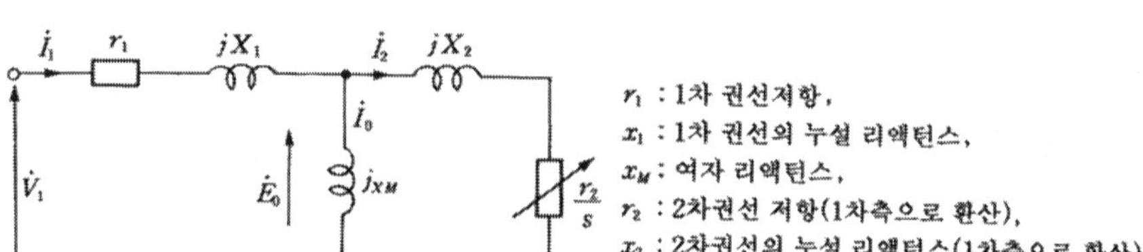

■ 그림 4.2.27 유도전동기의 등가회로(상용운전)

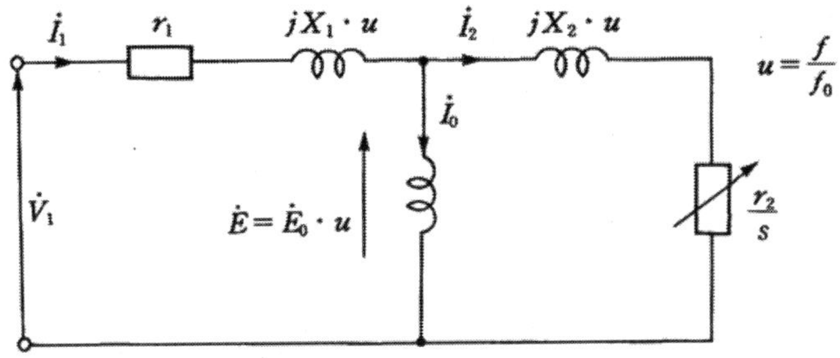

■ 그림 4.2.28 유도전동기의 등가회로(인버터운전)

전동기에서 회전자계의 자속 Φ는 1차전압에 비례하고 그 주파수에 반비례한다. 따라서 주파수를 바꾸어 속도제어를 하는 경우 자속을 일정하게 유지하기 위해 주파수와 그 전압을 동시에 바꾸어 V_1/f를 일정하게 해야 한다.

이 때 전압을 일정하게 하고 주파수만 낮추면 자속 Φ는 증가하여 그 자속 Φ를 만들기 위해서 여자전류가 현저히 증가하게 된다. 다음에 주파수가 변화할 때 최대 토크가 어떻게 변화하는가를 살펴보면 이미 설명한 바와 같이 최대 토크 τ_m의 식은 다음과 같다.

$$\tau_m = \frac{m_1 V_1^2}{2r_1 + \sqrt{r_2^1 + (x_1 + x_2{}')^2}} \tag{4.2.38}$$

식 (4.2.38)에 의해 r_1이 x_1 및 $x_2{}'$에 비하여 대단히 적기 때문에 생략되면 x_1, $x_2{}'$는 모두 주파수에 비례하기 때문에 V_1/f가 일정하게 되도록 주파수와 전압을 변화하면 최대 토크τ_m은 그림 4.2.29와 같이 거의 일정하게 속도제어가 된다.

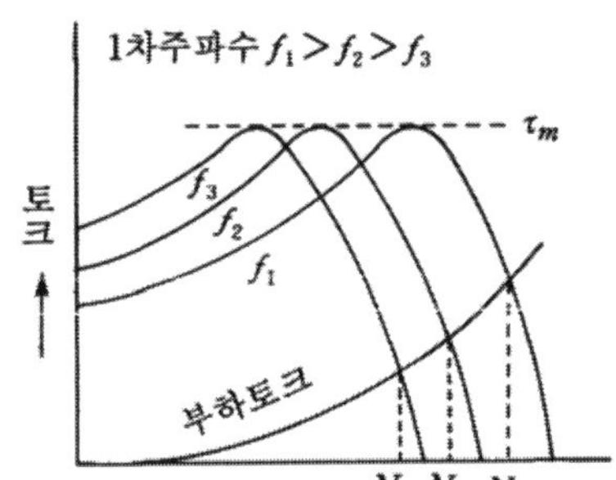

■ 그림 4.2.29 V/f를 일정하게 하기 위한 조건

- V_1/f 일정제어 : 실제의 인버터에서는 입력 전압 V_1을 변화시키나 설명의 편의를 위해 유기전압 E가 주파수에 비례하는 것으로 가정한다. 그림 4.2.29의 회로에 대하여 다음과 같은 식이 유도된다.

$$I_0 = \frac{\dot{E} \cdot u}{jX_m \cdot u} = \frac{\dot{E}}{jX_m} \text{ [A]} \tag{4.2.38}$$

$$I_2 = \frac{E_0 \bullet u}{\frac{r_2}{s} + jX_{2 \cdot u}} = \frac{s \cdot u}{r_2 + jX_2 \cdot (s \cdot u)} \cdot E_0[A] \tag{4.2.39}$$

$$I_1 = I_0 + I_2 = \frac{1}{jX_m} + \frac{s \cdot u}{r_2 + jX_2 \cdot (s \cdot u)} \cdot E_0[A] \tag{4.2.40}$$

$$\tau = \frac{3 \cdot P}{4\pi f_0} \cdot \frac{r_2 \cdot (s \cdot u)}{r_2^2 + X_2^2(s \cdot u)^2} \cdot E_0^2 \ [\mathrm{N \cdot m}] \tag{4.2.41}$$

(여기서, P : 극수, 무부하전류 I_0 : 주파수에 관계없이 일정)

또한, 입력전류 I_1 및 토크 τ는 단위주파수 u 및 슬립 s에 관하여 독립적인 함수로 보는 것보다는 $s \times u$(=슬립주파수)의 함수로서 보는 쪽이 편리하다. 식 (4.2.40) 및 식 (4.2.41)로부터 $(s \times u)$의 크기가 같은 점에서 주파수에 관계없이 입력전류 I_1및 토크 τ가 같게 되는 것을 알 수 있다.

③ 1차 전압제어

유도 전동기의 토크가 전압의 2승에 비례하여 변화하는 성질을 이용하여 부하시에 운전하는 슬립을 변화시키는 방법이다. 그림 4.2.30은 1차 전압을 변화하는 경우의 토크-슬립곡선을 표시한 것이다 1차 전압이 V_1일 때 속도는 N_1으로 운전한다고 하면 1차 전압을 V_2로 낮출 때에는 토크는 전압의 2승으로 낮아지므로 속도 N_2로 운전할 수 있다. 즉, 1차 전압이 변화하는 것에 의해 전동기의 속도를 N_1에서 N_2로 바꿀 수가 있다.

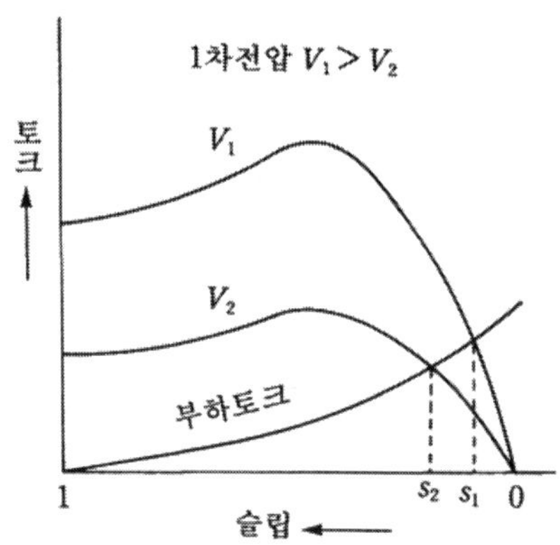

■ 그림 4.2.30 토크-속도곡선

- 사이리스터를 이용하는 방법 : 그림 4.2.31과 같이 유도 전동기의 1차측에 사이리스터를 접속하고 전압의 1[Hz] 동안 주기마다 제어각 α가 변하는 것에 의해 전압을 바꾸는 방법으로 정속도특성으로 한다.

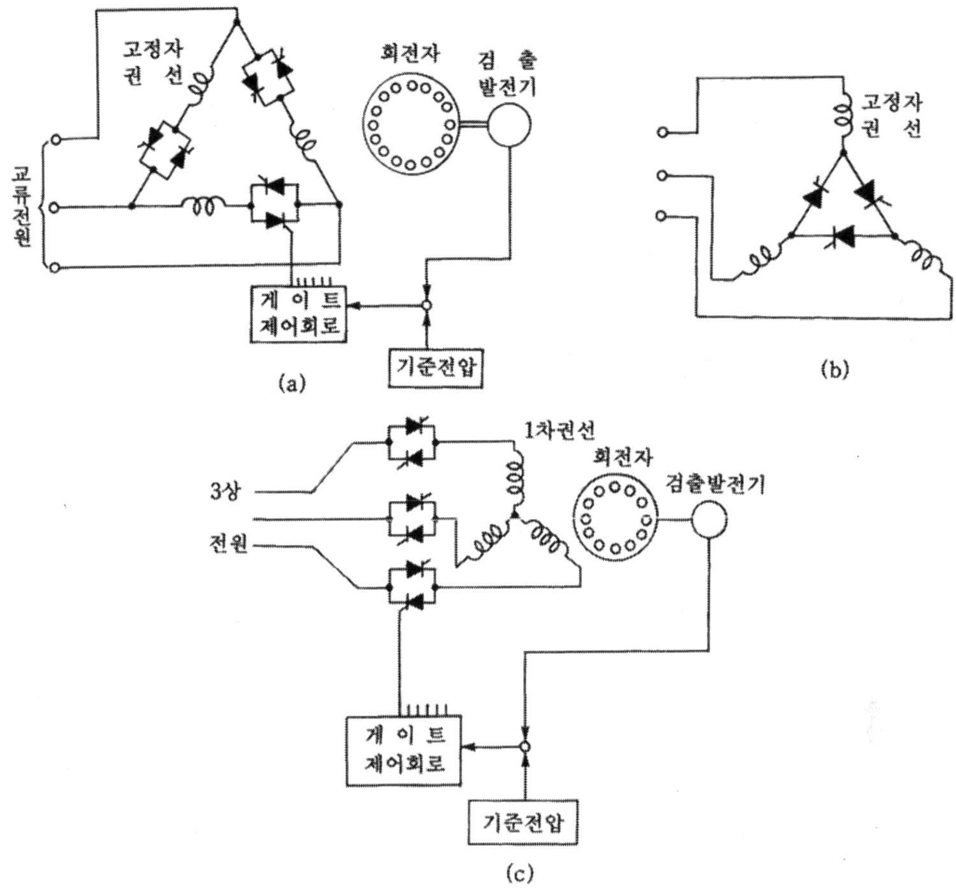

■ 그림 4.2.31 1차 전압제어

• 과포화 리액터를 이용하는 방법 : 아래의 그림 4.2.32에서 X_s는 1차측에 접속된 직류여자의 과포하 리액터로 여자권선에 흐르는 직류가 약간만 변화하여도 그 리액턴스 X_s가 크게 변화하는 리액터이다. 앞에서 말한 1차 회로의 임피던스를 변화시키는 방법의 하나라고 볼 수 있다.

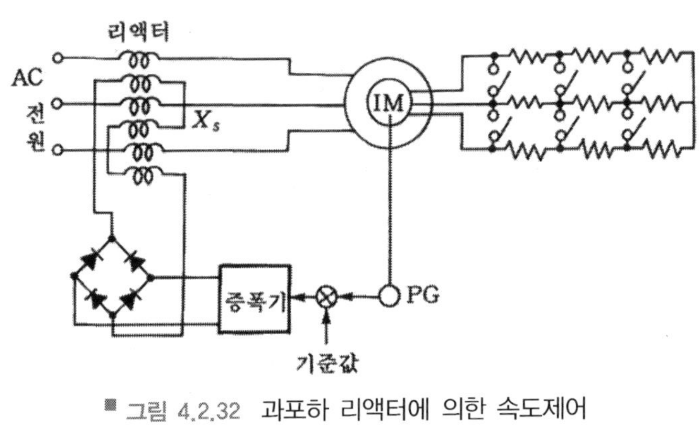

■ 그림 4.2.32 과포하 리액터에 의한 속도제어

④ 2차 저항제어

이것은 권선형 유도 전동기에서만 사용할 수 있는 방법으로 2차회로의 저항의 변화에 의한 토크-속도특성의 비례추이를 응용한 것이다. 그림 4.2.33과 같은 접속에 의하여 속도제어가 행하여진다. 그림 4.2.34는 2차 저항의 변화에 따른 토크-속도특성을 나타낸 것이다. 부하가 그림에서 점선으로 표시되나 토크-속도특성을 가지면 2차 저항의 값에 따라 속도가 $n_1 \sim n_3$으로 3개의 속도운전이 됨을 알 수 있다. 물론 회전자저항의 변화에 의하여 연속적인 속도제어가 가능하다. 이 방법은 직류 분권전동기에서 전기자와 직렬로 저항을 삽입하여 속도제어를 하는 방법과 유사한 특성을 갖고 있다.

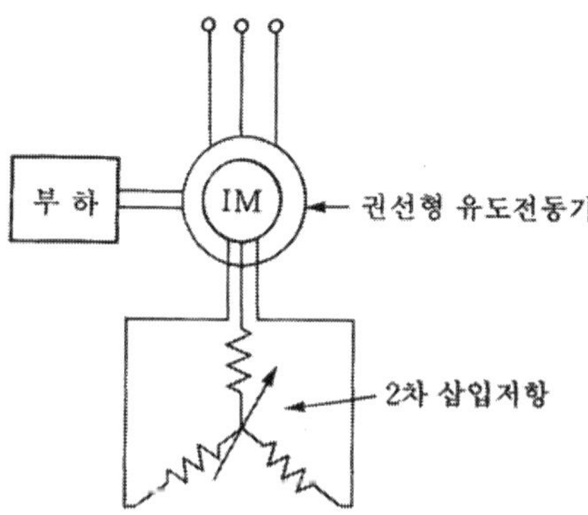

■ 그림 4.2.33 2차 저항제어

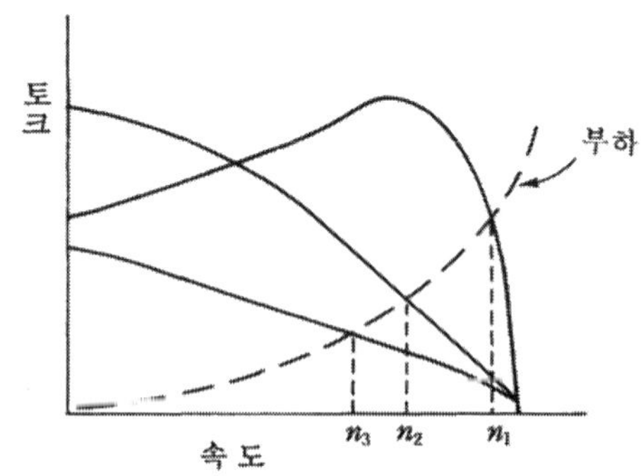

■ 그림 4.2.34 2차 저항에 의한 속도제어

이 방법은 전류가 큰2차 회로에 저항을 삽입하여 제어하므로 2차 저항원이 현저하게 커져서 효율이 낮게 되는 결점이 있다. 그러나 이 방법은 조작이 간단하고 동기속도 이하의 속도제어를 원활하고 광범위하게 할 수 있으므로 기중기, 권상기 외에 널리 사용되고 있다. 그러나 이 방법에 의한 속도제어의 한도는 동기속도의 40[%] 정도까지로 이것보다 저속도에서는 약간의 토크의 변동에 의하여 속도가 현저하게 변화하므로 안정된 운전이 될 수 없다.

⑤ 2차 여자제어(secondary excitation control)

유도전동기의 2차 전류의 크기는 2차회로의 임피던스와 2차 유기기전력 E_2로 정하여지며 회전자 권선에 2차 기전력 sE_2와 같은 주파수의 전압 E_c를 2차 기전력과 반대방향으로 가하고 전원회로의 임피던스를 무시하면 2차 전류I_2는 다음과 같다.

$$I_2 = \frac{sE_2 - E_c}{r_2} \tag{4.2.42}$$

2차 역률각 $\theta_2 = 0$이면 유도전동기의 토크(동기와트)는

$$P_2 = E_2 I_2 \cos\theta_2 \tag{4.2.43}$$

이며 1차 전압이 V_1이 일정하게 되면 E_2도 일정하게 되어 $\cos\theta_2 = 1$이 되므로 P_2(동기와트)는

I_2에 비례한다. 식 (4.2.42)에서 I_2및 r_2가 일정하면 $sE_2 + E_c$가 되므로 E_c만으로 부하토크에 상당하는 2차 전류를 올릴 수 있다면 $sE_2 = 0$이 되어 전동기는 부하를 갖고 동기속도로 회전된다. 계속 E_c를 증가시키면 sE_2가 일정하게 되기 위해서 sE_2는 (−)의 값이 되므로 s는 −)가되며 동기속도보다 높은 속도가 된다. 이와 같이 2차 유기전압과 동상, 또는 반대 위상의 외부 전압을 2차 회로에 가해 주면 전동기의 속도를 동기속도보다 낮게 또는 높게 조정할 수 있다. 2차여자제어에는 크레머(kramer) 방법과 셀비어스(scherbious) 방법이 있다.

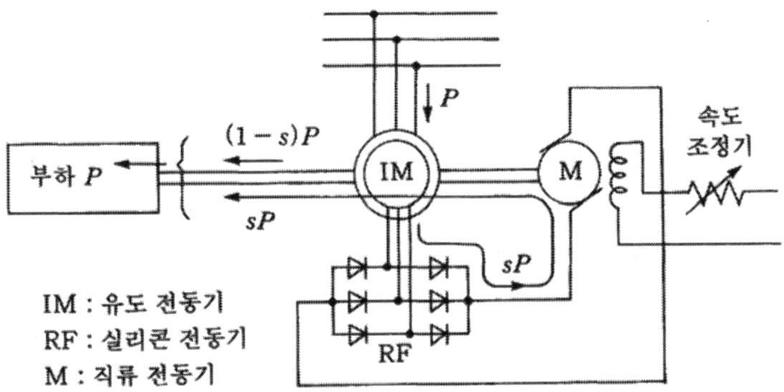

■ 그림 4.2.35 크레머 방식

그림 4.2.36은 전동발전기 대신 사이리스터를 사용한 것이고 정지셀비어스(static scherbious) 방식이라 한다. 동일전류에 대한 전동기의 기계적 출력은 감속과 함께 감소하므로 정토크의 속도제어법이며 펌프, 블로워 컴프레서 등에 사용된다.

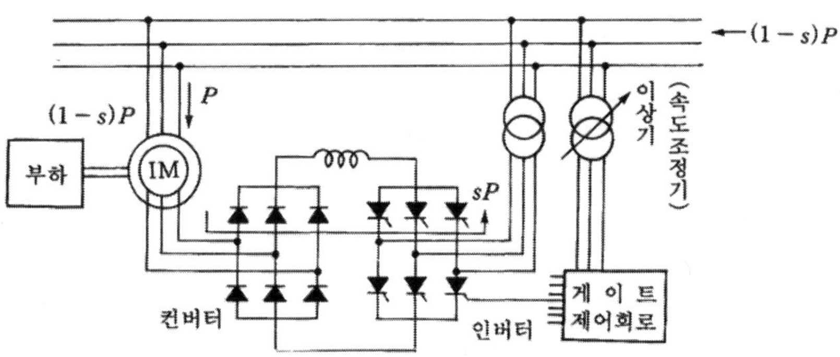

■ 그림 4.2.36 정지 셀비어스 방식

4 전동기의 전기제동

(1) 직류 전동기의 전기제동

전동기가 회전하고 있을 때 전원을 열어도 회전부분의 관성에 의하여 급히 정지하지 않는다. 그러나 전동기로 운전하는 기계의 종류에 따라서는 그 기계를 원활하게 정지시켜야 하거나 그 속도가 위험한 고속도가 되는 것을 막아야 할 필요가 있다. 이와 같은 경우에 운동에너지를 어떠한 방법으로든 원활하게 소비시켜야 된다. 이것을 제동(braking)이라 하고 기계적 제동과 전기적 제동의 두 가지 방법이 있다. 기계적 제동에는 수동, 압축공기 등으로 제동기를 작동시키는 방법이 있다. 전기적 제동에는 다음과 같은 발전제동, 회생제동, 역전제동 등 3종류가 있다.

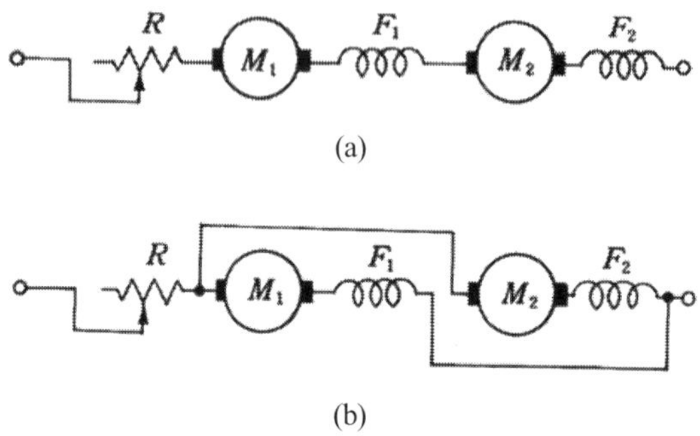

■ 그림 4.2.38 전차용 직권 전동기의 속도제어의 예

① 발전제동(dynamic braking)

운전 중의 전동기를 전원으로부터 끊어서 발전기로서 작용시켜 회전체의 운동에너지를 전기에너지로 바꾸어 이것을 저항 속에서 열에너지로 소비시켜 제동하는 방법이다.

분권전동기의 발전제동법은 그림 4.2.39(b)와 같이 전동기를 전원으로부터 끊어서 그 단자간에 저항 R을 연결하여 발전기로부터 발생한 전력을 R내의 주울(Joule)열로 소비시킨다.

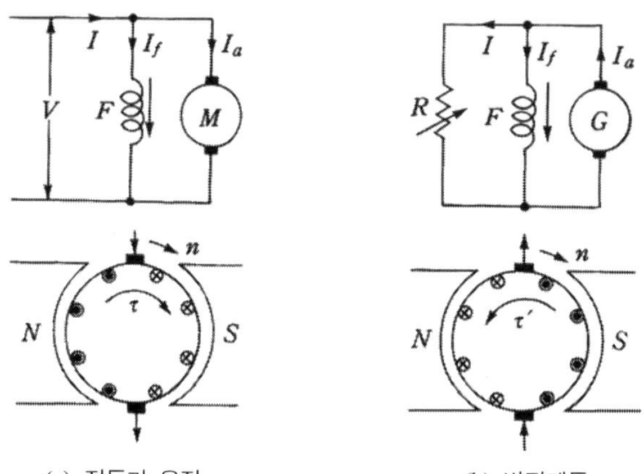

■ 그림 4.2.39 분권전동기의 발전제동

직권전동기의 경우에는 그림 4.2.40(b)에서와 같이 운전중의 전동기를 전원으로부터 끊어서 단자간에 저항 R을 넣어 발전기로 하면, 유도기전력에 의하여 저항중을 흐르는 전류에 의한 계자권선의

기자력은 전동기일 때의 기자력과 반대방향으로 되므로 잔류자속을 상쇄시켜 유도기전력은 즉시 저하하여 제동력이 생기지 않는다. 따라서 직권 전동기에서는 그림 4.2.40(c)와 같이 운전중의 전동기를 전원을 오프시킴과 동시에 계자권선과 전기자와의 접속을 반대로 하여 전기자에 저항 R을 접속시키면 흐르는 전류에 의한 기자력은 잔류자기를 강화시켜 발전기로부터 발생한 전력을 저항 속에서 열로 소비시킨다. 복권전동기의 경우에도 직권계자의 방향을 반대로 하여야 한다.

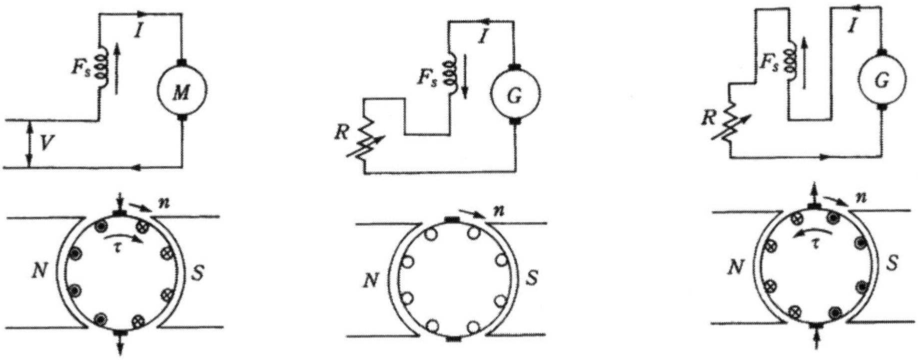

(a) 전동기 운전 (b) 계자의 접속을 변경하지 않은 경우 (c) 발전제동(계자의 접속을 변경)

■ 그림 4.2.40 직권전동기의 발전제동

② 회생제동(regenerative braking)

전동기가 갖는 운동에너지를 전기에너지로 바꾸어 이것을 전원으로 변환하여 제동을 행하는 경제적인 방법이다. 이 방법은 전기자에 가해진 전압 이상으로 역기전력이 증가되면 전동기가 발전기로서 부하를 부담하게 되므로 계자저항기의 저항을 줄여서 자속을 증가시키면 회생전류가 얻어진다. 전기기관차가 언덕을 내려갈 때 등에도 이 방법이 응용된다.

분권전동기의 경우에는 그대로의 접속으로 계자전류를 증감키면 발전기가 되나, 직권 전동기의 경우에는 그대로의 접속으로 계자전류를 증가시키면 발전기가 되나, 직권 전동기의 경우에는 계자권선을 끊어서 타여자로 하던가, 또는 계자권선이 전원과 병렬이 되게 접속을 바꾼다. 어느 경우나 같은 방향의 계자전류를 흐르게 하여야 한다.

③ 역전제동(plugging)

전동기를 전원에 접속된 상태로 전기자의 접속을 역으로 하여 회전방향과 반대방향의 토크를 발생시켜서 이를 급속한 정지 또는 역전시키는 방법이다. 이 역전제동 방법은 절환되는 순간 과대한 전류가 흐르며 정지를 목적으로 할 경우에는 정지직전에 전원을 끊어야 한다.

④ 와전류제동

전동기 축에 동심으로 설치한 구리의 원판을 자계 내에서 회전시켜 구리동판에 생긴 와전류에 의해서 제동력을 얻는 방식이다.

(2) 유도전동기의 전기제동

회전중의 유도 전동기를 빨리 정지시키기 위하여 혹은 기중기 등으로 무거운 물체를 내리고 있을 경우, 내리막길을 내려가는 전기기관차 등의 경우에 위험한 고속도를 막기 위한 제동법에는 기계적 제동법과 전기적 제동법이 있다. 전기적 제동법에는 회생제동, 발전제동, 역전제동, 단상제동 등이 있다.

① 회생제동(regenerative braking)

이 제동법은 기중기나 긴 언덕길에 사용되는 전기기관차 등에 사용되는 것으로 유도 전동기를 전원에 접속한 상태에서 동기속도 이상의 속도로 운전하여 유도 발전기로서 동작시켜 그 발생전력을 전원에 반환하면서 제동하는 방법이다. 기계적 제동과 같은 마찰에 의한 마모나 발열이 없어 전력의 회수가 되므로 유리하다.

② 발전제동(dynamic braking)

이 제동법은 전동기의 회전을 정지시키고자 할 때 사용된다. 먼저 전동기를 전원에서 끊고 그림 4.2.41과 같이 접속하여 1차측에 직류 전압을 가하여 여자하면 1차 권선에 의하여 만들어진 회전자계 대신에 고정된 자극이 되므로 전동기는 회전전기자형 교류발전기가 된다. 이 때 발생된 교류전력이 권선형회전자인 경우에는 그림과 같이 2차 단자간에 접속한 가감저항기 R로 소비시키고 농형회전자일 경우에는 농형권선내에서 소비시켜서 제동한다.

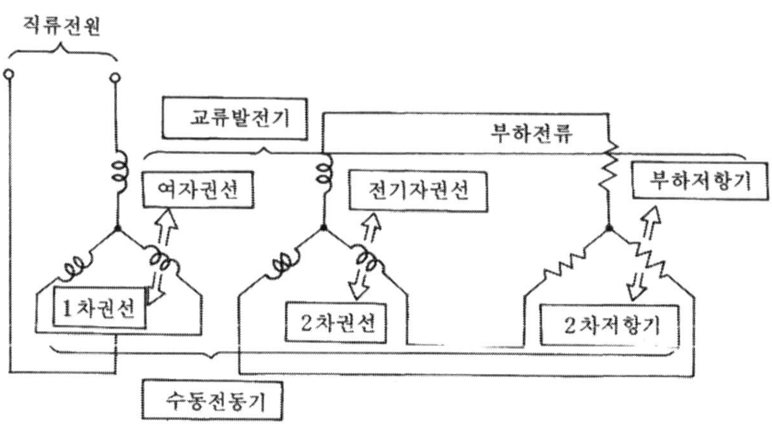

■ 그림 4.2.41 발전제동법의 접속

③ 역전제동(plugging)

이 제동법은 전동기의 회전을 특히 급속하게 정지시키고자 할 경우에 사용된다. 회전중 전동기의 1차 권선 3단자 중 임의의 2단자의 접속을 바꾸면 상회전의 순서가 반대로 되어 회전자에 작용하는 토크의 방향이 역으로 되므로 전동기는 제동되어 급속히 감속하기 때문에 정지하기 직전에 전원을 끊는다.

④ 단상제동

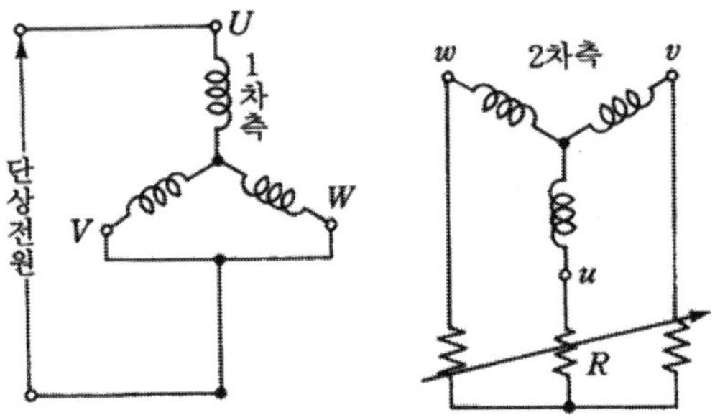

■ 그림 4.2.42 단상제어법의 접속

그림 4.2.42와 같이 권선형 유도 전동기의 1차측을 단상교류로 여자하고 2차측에 적당한 크기의 저항 R을 넣으면 회전과는 역방향의 토크가 발생하므로 제동된다.

(3) 유도 전동기의 운전상 유의사항

유도 전동기는 전동기 중 가장 구조가 견고하고 기동도 쉽고 고장도 비교적 적지만 운전할 때 다음과 같은 주의가 필요하다.

① 권선형 유도 전동기에서는 기동저항을 너무 급속히 감소시키면 저항체의 과열, 접점의 소손이 생기므로 1차측 전류계의 지시를 보아 기동중의 전류가 과대하게 되지 않도록 조작한다.

② 원통형 베어링의 것에서는 기동전에 베어링의 오일링이 기름에 젖어 있는가, 오일링이 잘 돌아가게 되어 있는가를 살펴본다.

③ 유도 전동기는 공극이 대단히 좁으므로 베어링메탈의 마모에 의하여 공극에 부동(不動)이 생긴다든지 고정자와 회전자가 접촉되는 일도 있다. 이를 경감하기 위하여 벨트의 장력을 적절히 유지한다.

④ 장시간 과부하가 걸려서 대전류가 흐르는 것을 피한다.

연습문제

1. 단상유도전동기의 기동토크가 가장 큰 것은 어느 것인가?

   ㉮ 콘덴서 기동형　　㉯ 반발기동형

   ㉰ 분상기동형　　㉱ 세이딩 코일형

2. 농형유도전동기의 기동법 3가지를 쓰고 설명하라.

3. 권선형 유도전동기의 2차 저항 기동을 설명하라.

4. 직류전동기 속도제어에서 가장 효율이 낮은 것은?

㉮ 저항제어 ㉯ 워드레너드제어
㉰ 계자제어 ㉱ 정지워드레너드제어

5. 전원으로 일그너 방식을 사용하는 것은?

㉮ 시멘트공장분쇄기 ㉯ 제지용초지기
㉰ 배의 스크루 ㉱ 제철용압연기

6. 일그너방식의 속도특성과 사용처를 쓰시오?

7. 엘리베이터에 사용되는 전동기 종류는?

㉮ 직류직권전동기 ㉯ 직류분권전동기
㉰ 동기전동기 ㉱ 3상유도전동기

8. 섬유공장에서 실을 감는데 사용되는 포트모터는 어느 전동기에 속하는가?

9. 직류전동기의 속도제어에 사용되지 않는 방식은 무엇인가?

㉮ 전류제어 ㉯ 전압제어 ㉰ 저항제어 ㉱ 계자제어

10. 부하전류가 증가하면 가장 급격히 속도가 감소하는 전동기는 다음 중에서 어느 것인가?

㉮ 직류 분권전동기 ㉯ 직류 복권전동기
㉰ 3상 유도전동기 ㉱ 직류 직권전동기

11. 직류 직권전동기는 다음 중 어느 부하에 적당한가?

㉮ 정토크 부하 ㉯ 정속도 부하
㉰ 정출력 부하 ㉱ 변출력 부하

12. 직류전동기의 저항기동을 하는 이유는 무엇인가?

㉮ 속도를 제어하기 위하여 ㉯ 전압을 작게 하기 위하여
㉰ 전류를 제안하기 위하여 ㉱ 편리하고 간단하기 때문에

13. 전동기 제동방법에 쓰이지 않는 것은?

㉮ 마찰제동 ㉯ 계자제동
㉰ 와전류제동 ㉱ 역전제동

14. 속도를 10 : 1 정도로 제어하려고 할 때 적당한 속도제어 방식은 무엇인가?

㉮ 계자제어 분권전동기 ㉯ 권선형 유도전동기의 2차저항 제어
㉰ 레오나드제어 ㉱ 농형 유도전동기의 전압제어

15. 워드 레오나드 방식과 일그너 방식의 차이점은 무엇을 이용한 것인가?

16. 제철용 압연기에 쓰이는 전동기의 속도제어 방식은 무엇인가?

17. 유도전동기의 속도제어가 아닌 것은?

㉮ 2차저항 제어　　㉯ 계자제어
㉰ 공급 단자전압 제어　　㉱ 극수 변환

18. 농형 유도전동기의 기동에 있어 다음 중 옳지 않은 방법은?

㉮ 전전압 기동　　㉯ 리액터 기동
㉰ $Y-\Delta$기동　　㉱ 2차저항에 의한 기동

19. 선박의 전기추진에 많이 사용하는 속도제어 방식은 무엇인가?

㉮ 극수변환 제어방식　　㉯ 전원주파수 제어방식
㉰ 2차저항 제어방식　　㉱ 크레머 제어방식

20. 가장 속도가 빠른 전동기를 필요로 하는 것은?

㉮ 엘리베이터　　㉯ 제지 권취기
㉰ 하역용 크레인　　㉱ 포트 모터

21. 전동발전기 혹은 정지형 인버터에서 2차 전력을 전원에 변환하는 방식의 전동기 속도제어 방식은?

㉮ 일그너 방식　　㉯ 세르비스 방식
㉰ 크래머 방식　　㉱ 워드 레어나드 방식

22. 유도전동기 속도제어 방식에서 2차여자 방식 2가지를 쓰고 설명하라.

23. 교류, 직류를 모두 사용할 수 있는 전동기는?

㉮ 3상유도전동기　　㉯ 직권전동기
㉰ 콘덴서 기동 전동기　　㉱ 히스테리시스 전동기

24. 3상 유도전동기를 급속히 정지 또는 감속시킬 경우, 가장 손쉽고 효과적인 제동법은 무엇인가?

25. 전동기의 전기자를 전원에서 끊고 전동기를 발전기로 동작시켜 회전 운동에너지로 발생하는 전력을 그 단자에 접속한 저항에서 열로 소비시키는 제동방법은?

26. 3상 유도전동기의 플러깅(plugging)이란 무엇인가?

27. 가정용 전기기기에 가장 많이 사용되는 전동기는?

28. 전기기기에서 E종 절연물을 사용한 전동기의 허용 최고온도[℃]는?

29. 단상 유도전동기(4가지)의 기동방식에 대하여 설명하라.

30. 동기전동기의 기동법에서 자(자체)기동법을 설명하라.

31. 직류전동기의 속도제어법에 대하여 설명하라.

32. 유도전동기의 속도제어법(5가지)에 대하여 설명하라.

33. 전동기의 제동법의 종류와 각각에 대하여 설명하라.

34. 유도전동기와 직류기의 회생제동을 비교하라.

35. 크레이머 방식과 셀비우스 방식의 차이점에 대하여 설명하라.

36. 전동기의 진동의 발생의 원인에 대하여 설명하라.

4.3 전동력 응용의 실제

전동력 응용의 실제 예로는 하역, 송풍기, 펌프, 압연기, 열펌프 등이 있다.

- 하역 : 하역(cargo work)이란 원래 선박에서 하물(荷物)을 싣고 내리는 작업을 말하고 여기에 사용하는 기계를 하역기계라고 한다. 오늘날에는 이 뜻이 확대되어 철도 화물을 싣고 내리는 일, 공장, 사업장, 광산, 토목, 건축 현장 등에서 인력 대신에 물자를 취급하는 기계를 모두 하역기계라 한다. 즉, 비교적 근거리의 물자 이동에 사용되는 기계를 일컫는다. 하역기계 중 가장 눈에 많이 띄는 것은 기중기이다. 이것은 수직방향과 비교적 근거리 내에서는 종횡, 수평방향으로의 운반을 할 수 있고, 처음부터 고저의 차가 있는 수평에서는 콘베이어, 수직에서는 권상기, 엘리베이터가 사용된다.
- 송풍기 : 광산 등에서 환기용으로 사용되는것과 노의 연소용으로 사용되는 것이 있다. 통풍을 주목적으로 하는 비교적 저압의 것을 통풍기(fan)라 하고, 중압인 것을 송풍기(blower)라고 하며, 고압인 것을 압축기(compressor)라고 한다.
- 펌프 : 물을 이동시키거나 뿜어 올리는데 사용하는 것을 보통 펌프라고 하나 특수한 것으로 화학약품을 취급하는 것도 있다. 또, 공기 압축기는 공기를 취급하는 펌프라고 할 수도 있다.
- 열펌프 : 열펌프는 열을 한 쪽에서 다른 곳으로 이동시키는 작용을 하는 것이므로 이것을 응용해서 빌딩 등의 공기조화(air conditioning)를 하여 연중 냉난방장치로 사용하는 일이 많다. 냉장고나 냉동 제품의 제조나 저장에 사용되는 것이 냉동기이다.
- 압연기 : 압연기가 많이 사용되는 곳은 제철 공장으로 압연기는 제품의 종류에 따라 여러 가지의 크기가 있다. 특히 압연기에는 제품의 품질을 일정하게 하기 위한 각종 자동제어장치가 설치되어 있다.

1 하역기계

(1) 기중기

기중기(crane)는 하역기계 중에서 가장 널리 사용되며 종류도 많다. 대표적인 것들은 다음이다

① 천정 기중기(travelling crane)

공장이나 발전소 등의 옥내에서 자재, 제품의 운반, 기계의 설치, 분해청소 등에 널리 사용되고 있다. 그림 4.3.1에서와 같이 건물의 천정 바로 밑의 양쪽에 설치된 기중기보(beam) 위에 주행레일을 부설하고 거더(girder)가 차량으로 이 레일위를 움직이게 되어 있다. 그리고 거더 위에 부설된 레일 위를 크래브(crab) 또는 트롤리(trol−ley)라고 하는 권상기를 설비한 차가 가로로 주행하도록 되어 있다.

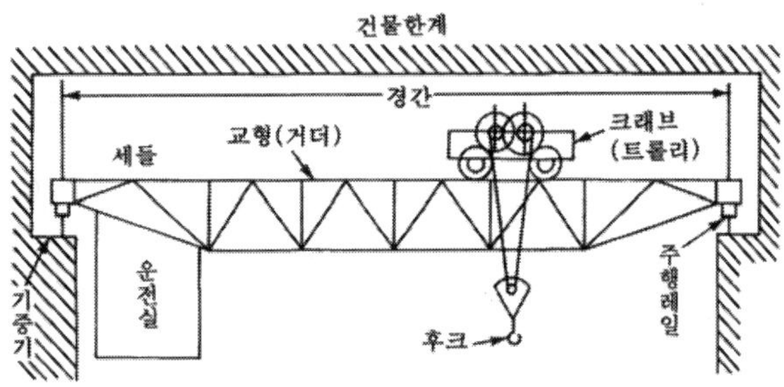

■ 그림 4.3.1 천정 기중기

② 지브 기중기

지브 기중기(jib crane)는 기중기 본체, 또는 지지주에서 선회할 수 있는 암(arm 이것을 jib라고 한다)이 나와 있고, 그 끝에 로프로후크(hook) 또는 그래브 바켓(grab bucket)을 매단 것 같은 구조의 것을 말한다. 하역물을 매단 채로 선회, 주행을 할 수 있다. 보통 암벽 등의 하역에 사용되기 때문에 부두 기중기라고도 한다. 그 중에는 고정식으로 부앙(俯仰)이나 주행은 할 수 없는 것도 있다. 구조가 간단하여 경량이고, 건설비가 싼 특징이 있으므로 천정주행 기중기와 마찬가지로 많이 사용된다.

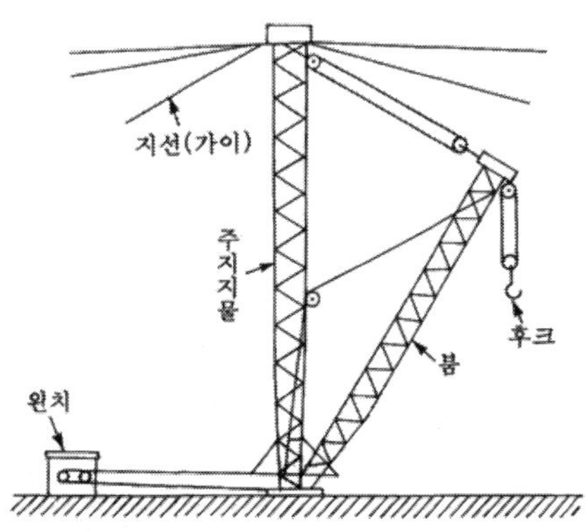

■ 그림 4.3.2 데리크 기중기

③ 탑형 기중기(tower crane)

탑형 기중기는 오래 전부터 조선용으로 많이 사용된 기중기로서 그림 4.3.3과 같이 수평으로 회전하는 보(beam) 위를 트롤리가 이동하여 조작하는 구조로 되어 있다. 특히 고양정과 큰 선회 반경을 가지고 있는 것이 특징이다. 수평 보(beam)의 한 끝에 권상실이 있고 권상 및 트롤리의 횡행은 모두 권상실에 있는 로프로 하게 된다.

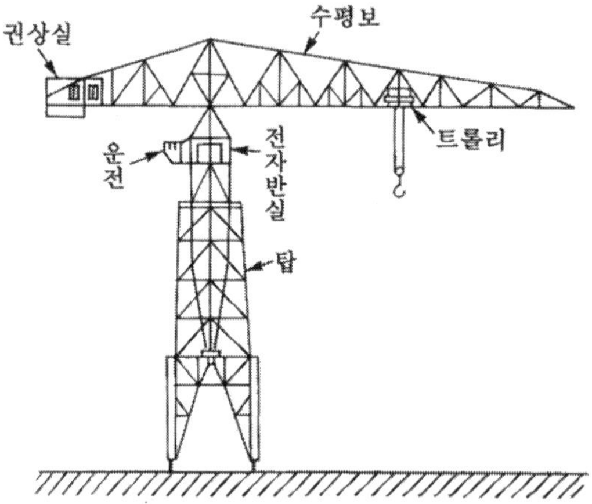

■ 그림 4.3.3 탑형 기중기

④ 갠트리 기중기(gantry crane)

갠트리 기중기는 아래의 그림 4.3.4와 같이 생긴 것으로 옥외에 시설한 천정 기중기라고 생각하면 된다. 이것은 옥외의 경우에는 기중기 보가 없기 때문에 따로 강철제의 다리를 만들어 지상에 시설한 레일 위에 주행하는 구조로 되어 있다. 그 외는 거의 천정 기중기와 같고 이 기중기는 다리형 기중기 또는 브리지 트랜스포터(bridge transportor)라고도 한다. 광석, 석탄, 중량물 등의 운반에 주로 사용된다.

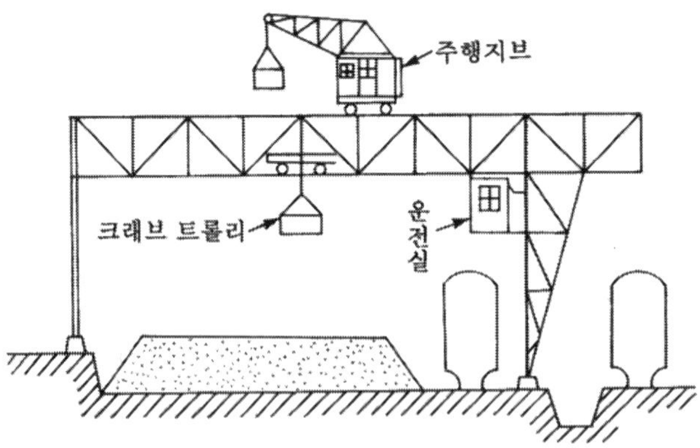

■ 그림 4.3.4 갠트리 기중기

기중기에 사용되는 권상용, 가로주행용 및 주행용 전동기의 용량은 다음과 같이 산정한다.

권상용 동력 : $P_1 = 9.8\,W_1 \times 1000 \times \frac{V_1}{60} \times \frac{1}{\eta_1} \times 10^{-3} = \frac{W_1 V_1}{6.12\eta_1}$ [kW] (4.3.1)

$\begin{cases} W_1[t] : \text{권상하중}, \; V_1[\text{m/min}] : \text{권상속도} \\ \eta_1 \quad : \text{권상기의 기계효율}(0.6 \sim 0.8) \end{cases}$

가로주행 동력 : $P_2 = \frac{W_2 V_2 C_2}{6,120\eta_2}$ [kW] (4.3.2)

$\begin{cases} W_2[t] \quad : W_1 + \text{트롤리 중량}, \; V_2[\text{m/min}] : \text{가로주행 속도} \\ C_2[kg/t] : \text{가로주행 저항}(25 \sim 35\,[\text{kg/t}]) \\ \eta_2 \quad : \text{가로주행 장치의 기계효율}(\text{1단 } 0.92, \text{ 2단 } 0.8) \end{cases}$

주행용 동력 : $P_3 = \frac{W_3 V_3 C_3}{6,120\eta_3}$ [kW] (4.3.3)

$\begin{cases} W_3[t] \quad : \; W_2 + \text{거더 중량}, \; V_3[\text{m/min}] : \text{주행속도} \\ C_3[\text{kg/t}] : \text{주행 저항}, \; \eta_3 : \text{주행 장치의 기계효율} \end{cases}$

단, 주행용 동력에서의 η_3, C_3는 각각 가로주행용 동력의 η_2, C_2와 거의 같다.

(2) 권상기(winder)

권상기는 기중기의 권상장치와 같이 와이어 로프를 사용해서 하물을 권상하는 장치로 탄광, 건축, 토목 등 넓은 용도로 사용되고 있다. 그림 4.3.5와 같이 그대로를 매단 로프를 드럼(drum)으로 감아 올리는 장치이며 그림 4.3.5(a)는 불평형 감기로 한 개의 드럼에 로프, 카아, 탄차, 석탄 등의 전중량에 의한 토크가 걸린다. 그림 4.3.5(b)는 2개의 드럼을 사용한 평형감기로서 카아 및 탄차의 무게는 평형을 이루고 석탄 및 로프의 불평형 무게에 의한 토크가 드럼에 걸리게 된다. 운반하는데 시간절약이 된다.

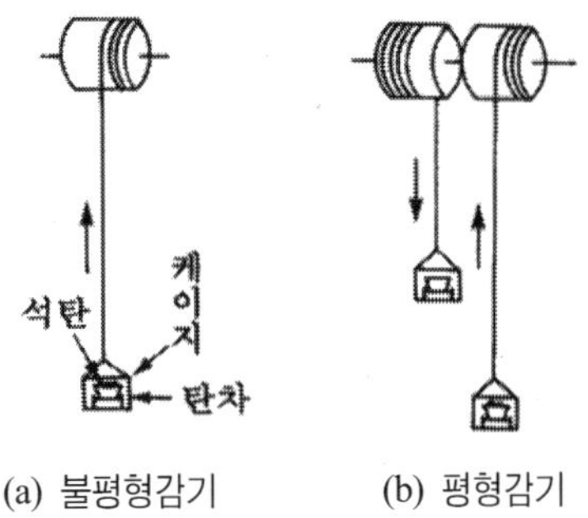

(a) 불평형감기 (b) 평형감기

■ 그림 4.3.5 평형 및 불평형 감기

(3) 엘리베이터(elevator)

엘리베이터는 그림 4.3.6과 같이 트랙션시이브(traction sheave)에 카아(car)와 균형추를 와이어로프로 두레박식으로 걸고 전동기로 트랙션시이브를 구동하여 마찰력에 의해서 운전한다.

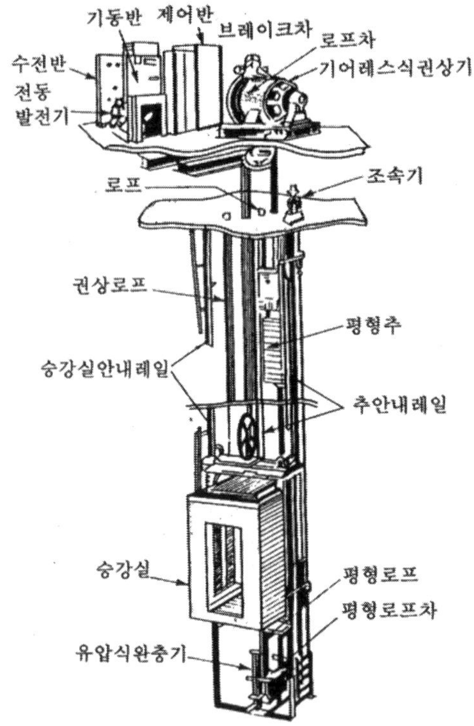

■ 그림 4.3.6 엘리베이터의 구조

엘리베이터의 전동기 용량 산정은 정격속도와 정격부하로 운전하는 경우에는 권상기용 전동기의 용량 결과식 아래의 식 (4.3.4)와 같다.

$$P = 9.8\,W \times 1000 \times \frac{V}{60} \times \frac{1}{\eta} \times 10^{-3} = \frac{WV}{6.12\eta}\,[\mathrm{kW}] \tag{4.3.4}$$

$$\begin{cases} P[\mathrm{kW}]: \quad \text{전동기 용량}, & W[\mathrm{t}]: \text{적재중량} \\ V[\mathrm{m/min}]: \text{승강속도}, & \eta: \text{권상장치의 기계효율} \end{cases}$$

효율 η는 기어드식 1 : 1 로핑의 경우 0.5~0.6, 2 : 1 로핑의 경우 0.45~0.55, 기어드식 1 : 1 로핑의 경우 0.85, 2 : 1 로핑의 경우 0.80이 된다.

평형추를 사용하는 엘리베이터는 식 (3.6)에서 평형추에 의한 평형을 C(0.4~0.6)를 고려하여 다음의 일반적인 전동기 용량에 관한 식이 된다.

$$P\,[\mathrm{kW}] = \frac{WVC}{6.12\eta}\,[\mathrm{kW}] \tag{4.3.5}$$

$$\left(P[\mathrm{PS}] = \frac{P[\mathrm{kW}]}{0.735},\ P[\mathrm{HP}] = \frac{L[\mathrm{kW}]}{0.746}\right)$$

안전장치에 대하여 알아보자.

엘리베이터는 안전 운행을 하기 위하여 여러 가지 안전장치가 필수적이다.

① **제동장치** : 전원 차단시 전동기의 회전을 급제동시키는 브레이크(brake) 장치

② 인터록 장치 : 출입문의 완전 폐쇄 후 기동할 수 있는 개폐문의 인터록 장치

③ 조속기(governor) : 엘리베이터가 일정속도 범위를 초과하였을 때 제동 및 정지하도록 지시하는 장치

④ 비상정지장치 : 일정속도 범위의 초과를 조속기에 의해 지시받았을 때 제동 및 장치하도록 지시하는 장치

⑤ 완충기(buffer) : 승강실 또는 평형추가 승강로의 바닥에 충돌할 때 충격을 완화 시켜주는 장치

⑥ 리미트 스위치(limit switch) : 최상층과 최하층에 설치되어 전기회로를 열어주는 안전장치

⑦ 기타 : 비상시 외부와의 연락을 취할 수 있는 인터폰과 승강실의 내부에서 외부로 탈출할 수 있는 천장의 탈출구 등으로 구성되어 있다.

예제 4.4 12층 빌딩에 설치된 적재 중량 2000[kg]의 엘리베이터를 승강 속도 50[m/min]으로 운전하기 위한 전동기의 출력 [kW]을 구하라. 단, 평행률은 0.5이다.

풀이 엘리베이터의 일반적인 전동기 출력은 식에서

$$P=\frac{WVC}{6.12\eta}=\frac{2\times50\times0.5}{6.12\times1}=8.17[\text{kW}]=10.96[\text{HP}]$$

예제 4.5 한사람의 몸무게를 60[kg]으로 보고 10명이 탔을 때, 운전속도 100[m/min] 일 때, 필요로 하는 동력을 [HP]와 [PS] 단위로 나타내어 계산하라. (단, 엘리베이터 무게는 무시한다.)

풀이 공식에 의해서 엘리베이터의 전동기 출력[kW]을 구한다.

$$P=\frac{WVC}{6.12\eta}=\frac{(0.06\times10)\times100\times1}{6.12\times1}=9.80[\text{kW}]$$

[HP]로 계산하면 $P[\text{HP}]=\dfrac{9.8}{0.746}=13.14[\text{HP}]$

[PS]로 계산하면 $P[\text{PS}]=\dfrac{9.8}{0.735}=13.33[\text{PS}]$

(4) 에스컬레이터

일반용 에스컬레이터의 경우 아래 그림은 에스컬레이터의 구조로 다수의 계단은 2열의 계단쇄사슬에 연결되고 이것을 전동기와 결합한 감속구동기로 운전한다. 또, 계간 치차와 동일한 축의 치차보다 쇄사슬을 매개로 하여 동력이 난간에 전달되고 계단과 같은 속도로 동일한 방향으로 난간이 이동한다.

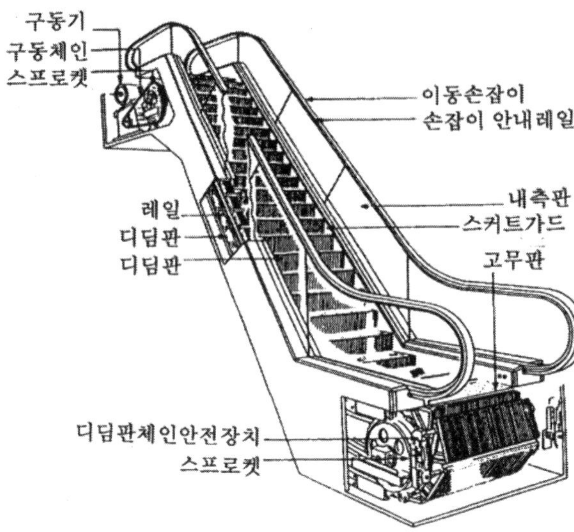

■ 그림 4.3.7 에스컬레이터의 구조

엘리베이터에 비해서 속도는 늦지만 수송량은 크다. 전동기는 높은 토크의 농형 유도 전동기가 사용되고 소요동력은 다음 식으로 구할 수 있다.

$$\text{소요동력} = \left(\frac{H}{\eta}\frac{270\sqrt{3}\,Sv}{2\times 6120} + P_0\right) \tag{4.3.6}$$

여기서, H : 계단높이[m] η : 권상기의 효율(0.9~0.95),

S : 계단폭[유효 난간폭이 1200[mm]의 것에서 1.0[m], 800[mm]의 것에서 0.6[m]]

v : 계단 속도[30[m/min]] P_0 : 무부하손[계단높이 1[m]마다 약 0.15[kW]]

에스컬레이터의 안전장치로서 구동쇠사슬이 절단되었을 때, 계단쇠사슬이 절단 또는 일정 이상으로 늘어났을 때, 과부하전류가 흘렀을 때 등에는 즉시 전동기의 전원이 차단되고 전자브레이크가 작동하여 운전을 정지하는 것 이외에 여러 가지 안전장치가 설치되어 있다. 스피이럴 에스캘레이터, 휠체어용 계단 부착 에스컬레이터 등이 있다.

(5) 콘베이어

① 콘베이어의 종류

콘베이어는 각종 물품을 연속적으로 운반하는 장치이며 구조가 비교적 간단하고 소비전력이 적음에도 불구하고 운반능력이 크다. 그 종류는 많지만 일반적으로는 다음과 같이 분류된다.

- 벨트 콘베이어
- 체인 콘베이어
- 롤러 콘베이어
- 스크류 콘베이어
- 진동 콘베이어
- 유체 콘베이어
- 공기 콘베이어

② 전동기

콘베이어용 전동기에는 기계의 성질상 과혹한 환경에 대하여서도 견고하고 보수가 쉬운 3상 유도 전동기가 주로 사용된다. 대용량의 벨트 콘베이어를 복수의 전동기로 구동하는 경우에는 권선형이 이용되는 것도 있지만, 일반적으로 농형 유도전동기를 사용한다. 대표적인 적용을 표 4.3.1에 나타내었다.

■ 표 4.3.1 콘베이어용 전동기의 적용

종 류		적용범위
단차 전동기	(0.4~40[kW])	소용량 콘베이어
농형 유도 전동기 (IM + 감속기) (IM + 유체계수 + 감속기)	(~220[kW])	중·소용량 콘베이어 대·중용량 콘베이어
권선형 유도 전동기	(~1500[kW])	대용량 콘베이어
변속 전동기 (기계적 변속장치 부착) (와전류계수 부착) (직류기, 인버터 구동교류기)	(0.4~30[kW])	배합용·정량절충용 콘베이어

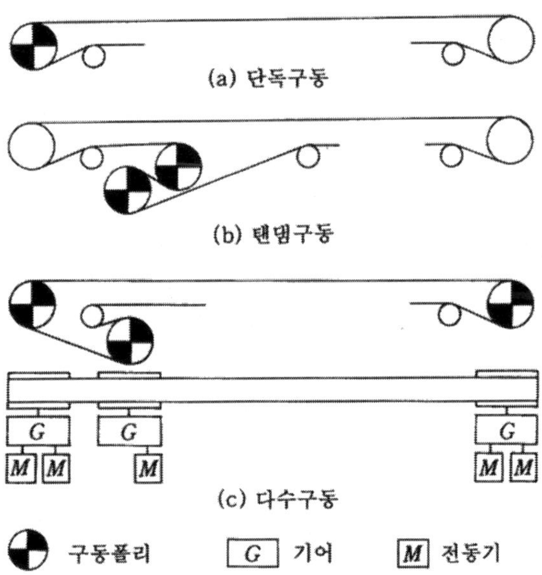

■ 그림 4.3.8 벨트 콘베이어 구동방식

벨트 콘베이어의 구동방식은 위 그림 4.3.9로 나타내었다. 캐리어에는 그림 4.3.10(a)와 같은 조형 캐리어(산물용), (b)와 같은 평형 캐리어(포장물이나 대형의 산물)가 있다.

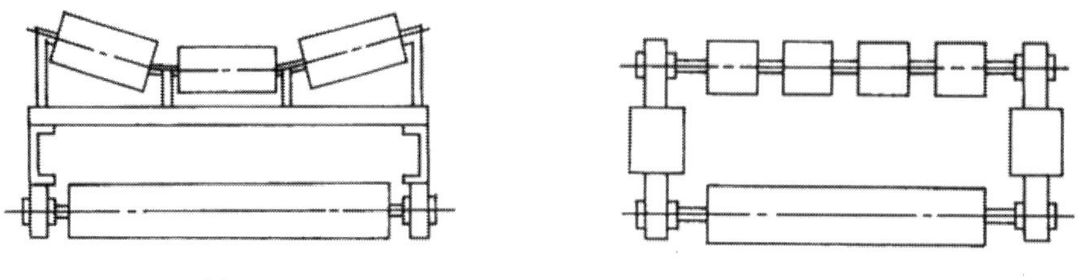

(a) (b)

■ 그림 4.3.9 캐리어의 구조

2 송풍기 및 공기 압축기

기체를 어느 압력에 대항하여 유동시키는 것을 송풍기라 하며 기체에 주는 압력의 크기에 따라서 통풍기(fan), 송풍기(blower) 그리고 공기압축기(air compressor)의 3가지로 나눌 수 있다.

① 통풍기

통풍기는 통풍을 목적으로 단순히 기체만을 유동시키는 것으로 풍압이 0~50[mmAq] 정도의 것이다.

- 프로펠러팬(propeller fan) : 프로펠러형의 날개를 가지고 100[mmAq] 이하의 저압으로 풍량이 많은 경우에 사용된다. 또, 회전날개에 의하여 기체에 원심력을 주어 압력이 생기도록 하여 기체를 유동시키는 것으로 보통 회전이 빠르고 2극 또는 4극의 유도전동기나 동기전동기가 사용된다.
- 다익통풍기(multi-vane fan) : 가장 많이 사용되는 것으로 풍압 200[mmAq] 이하에 사용된다. 폭이 넓고 지름방향으로 깊이가 얕으며 회전방향으로 경사진 여러 개의 날개를 가지고 있다.
- 터보통풍기(turbo fan) : 풍압이 50~500[mmAq]의 넓은 범위에 사용된다. 다익통풍기와 반대로 폭이 좁고 깊이가 깊은 날개를 회전방향과 반대 방향으로 뒤로 경사진 통풍기로서 효율이 좋고, 소음이 적고, 소형으로 값이 비싸며 용도는 보일러 통풍기, 광산통풍기 등에 사용되고 있다.

② 송풍기

- 회전송풍기 : 풍압이 100~300[mmHg] 정도로 풍량이 적은 경우에 사용 된다
- 터보송풍기(turbo blower) : 터보 통풍기와 같은 형태이지만 토출 풍압이 약 25[mmHg] 이상인 고압 터보팬을 말하며 주로 철제 케이싱을 가지고 있으며 압력에 따라 안내 날개를 설치한다. 풍량이나 풍압을 가감할 필요가 없는 송풍기에서는 농형 유도전동기가 사용되고, 50[kW] 이상의 중용량 송풍기에는 기동특성이 좋은 권선형 유도전동기가 사용된다. 그 이상이 대용량 터보 송풍기에는 동기전동기가 사용되는 일도 있다.

③ 공기압축기

송풍기 중 풍압이 대략 10[mAq] 이상의 높은 것을 압축기라 하는데 풍량이 많고 압력이 작은 경우는 터보형이 사용되고 풍량이 적고 압력이 높은 경우에는 왕복압력기가 사용된다.

- 터보압축기 : 통풍기, 송풍기와 같으나 압력을 높인 것으로 고압으로 하기위하여 단수를 증가하고 필요에 따라 냉각기를 구비하고 있다. 분출압력은 2~15[kg/cm^2] 이상, 분출용량 100[m^3/min] 정도이다. 구동 전동기의 기동토크는 40[%]이면 충분하다.
- 왕복압력기(resprocating compressor) : 실린더내에서 피스톤 왕복운동 시키는 것이고 매우 높은 고압을 얻을 수 있는 것이 특징이며 분출압력 5[kg/cm^2] 이상, 분출용량 200[m^3/min] 이하에 적당하다. 크랭크축으로 가동되고 구동 전동기는 12~20극 전후의 것이 많다. 대용량인 것에 동기전동기가 사용된다. 단면적이 A[m^2], 송풍관의 풍량 Q[m^3/min], 풍압 H[mAq]일 때, 전 압력 F와 유속 관계는 다음과 같다(여기서 풍압 H[mAq]는 $H'=9800$H[N/m^2]이다).

$$F = \text{압력} \times \text{단면적} = 9800HA \text{ [N]} \quad (4.3.7)$$

$$v = \frac{\text{유량}}{\text{단면적}} = \frac{1}{60}\frac{Q}{A} \text{ [m/s]} \quad (4.3.8)$$

여기서, 이론동력 L_w[kW], 축동력 L[kW], 전동기용량 P[kW]을 구한다.

$$\text{이론동력 } L_w = F_v = 9800 \times \frac{1}{60}QH \text{ [W]} = \frac{QH}{6.12} \times 10^3 \text{ [W]} \quad (4.3.9)$$

$$\text{축동력 } L = \frac{L_w}{\eta} = \frac{QH}{6.12\eta} \text{ [kW]} - \text{송풍기효율 } \eta\text{임} \quad (4.3.10)$$

$$\text{전동기 용량 } P = K\frac{QH}{6.12\eta} \text{ [kW]} - \text{전동기의 여유계수 } K\text{임} \quad (4.3.11)$$

예제 4.6 풍량 $Q=200$[m^3/min], 전풍압 $H=50$[mmAq]일 때, 축류팬 전동기 소요동력 P[kW]을 구하라. 팬의 효율은 80[%], 여유계수는 1.2이다.

풀이 공식에 의해서

$$P\text{[kW]} = \frac{KQH}{6.12\eta} = \frac{1.2 \times 200 \times 0.05}{6.12 \times 0.8} = 2.45 \text{ [kW]}$$

(여기서, 풍압 $H=50$[mmAq]$=0.05$[mAq]이다.)

3 펌 프

펌프(pump)는 액체에 에너지를 주어 압력이 생기도록 하여 그를 수송하는 기계로서 원심력 펌프와 용적형 펌프로 구별된다.

① 원심력펌프(centrifugal pump)

액체가 가득찬 용기중에서 날개차로 회전시켜 날개차로부터 받는 원심력에 의해서 낮은 곳에 있는 액체를 높은 곳으로 올리는 것이다. 비교적 양정이 낮은 것에 적당하며 농사용, 화력발전소의 냉각수용 등에 널리 쓰인다.

- 볼류트 펌프(volute pump) : 날개차의 외주에 바로 와실이 있으며 일반적으로 원심력펌프라 하면 볼류트펌프를 말하며 저양정용이다.
- 터빈펌프(turbine pump) : 날개차의 외주에 안내날개(guide vane)가 있고 바깥쪽에 와실이 있으며 고양정용이다.

② 용적형펌프(displacement pump)

일정한 용적내에 흡입된 액체의 용적이 차차로 또는 급격히 감소하여 수송되는 펌프로 회전펌프와 왕복펌프가 있다.

- 회전펌프(rotary pump) : 회전펌프는 회전자가 움직임으로써 액체가 이동할 수 있는 에너지를 주게 된다. 따라서 양수량은 양정의 크기에는 관계없이 펌프의 회전속도에 비례하고 양정이 일어나면 소요토크도 거의 일정하며 소요동력도 속도에 비례하다. 구동용 전동기의 속도 제어는 정토크특성의 제어가 바람직하다. 이는 왕복펌프에서도 같은 원리이다.
- 왕복펌프 : 실린더 중에서 피스톤이 왕복운동 또는 플런저(plunger)의 왕복운동을 이용한 것으로 소용량 또는 양정이 높은 경우에 사용된다. 단면적 A[m]의 파이프에 양수량 Q[m/min]을 양정 H[m]까지 올릴 때, 펌프로 물을 올리기 위한 전 압력 F와 유속 v는 다음과 같이 구할 수 있다.

$$F = \text{압력} \times \text{단면적} = rH \times A = 1000HA \text{ [kgf]}$$

($\because$ 물의 비중량 $r = 1000$ [kgf/m^3])

$$\therefore F = 9.8 \times 1000HA = 9800HA \text{[N]} \tag{4.3.12}$$

$$v = \frac{\text{유량}}{\text{단면적}} = \frac{1}{60} \cdot \frac{Q}{A} \text{ [m/s]}$$

따라서 펌프의 이론동력 L_w[W]는 다음과 같이 얻어진다.

$$L_w = F_v = 9800 \times \left(\frac{1}{60}QH\right) \text{[W]} \tag{4.3.13}$$

$$\therefore L_w = 0.163QH \times 10^3 \text{[W]} = \frac{QH}{6.12} \times 10^3 \text{[W]}$$

펌프에 의해 물을 올릴 때 소요되는 동력은 이론동력(수동력), 축동력, 전동기 동력은 다음과 같이 구해진다.

- 이론동력(수동력)(L_w) : 펌프에 의하여 순수히 물을 수송하는 데 필요한 동력이고, 수동력이라고도 한다.

$$L_w[kW] = 0.163QH = \frac{QH}{6.12}\ [\text{kW}] \quad (4.3.14)$$

- 축동력(L) : 전동기에 의하여 펌프를 운전하는 데 필요한 동력으로서 펌프가 회전할 때 회전차의 축에 걸리는 동력(펌프 효율 n)

$$L = \frac{Lw}{\eta} = \frac{QH}{6.12\eta}\ [\text{kW}] - \text{펌프 효율 } \eta\text{임} \quad (4.3.15)$$

$$\text{전동기 용량 } P = K\frac{QH}{6.12\eta}\ [\text{kW}] - \text{전동기의 여유계수 } K\text{임} \quad (4.3.16)$$

펌프의 운전은 기동토크가 그다지 크지 않아도 되므로 보통 직류전원이 있는 곳에서는 선박용으로 국한하여 분권전동기를 사용한다. 교류에서는 주로 농형 또는 특수 농형의 3상 유도전동기가 사용된다. 또 고속 대용량의 경우는 권선형 유도전동기를 사용하고, 가정용의 소용량 펌프에서는 단상 유도전동기를 사용한다.

예제 4.7 양수량 Q=6[m/min] 총양정 H=7.5[m]를 양수하는 데 필요한 수동력 L_w[kW], 축동력 L[kW] 및 구동용 정동기의 출력P[kW]를 구하라. 단, 펌프의 효율 n=75[%], 여유계수 K=1.1 이다.

풀이 이론동력, 축동력 및 전동기 출력은 위의 수식에 의하여 각각 다음과 같이 구해진다.

- 이론동력 : $L_w = \frac{QH}{6.12} = \frac{6\times7.5}{6.12} = 7.35\ [\text{kW}]$
- 축동력 : $L = \frac{QH}{6.12n} = \frac{6\times7.5}{6.12\times0.75} = 9.80\ [\text{kW}]$
- 전동기 출력 : $P = \frac{KQH}{6.12n} = \frac{1.1\times6\times7.5}{6.12\times0.75} = 10.78\ [\text{kW}]$

③ 열펌프와 냉동기

고온의 열원에서 열을 빼앗아 저온의 열원에 주고 그 사이에 열에너지를 역학적 에너지로 바꾸어 일을 하는 사이클을 열기관 사이클이라고 한다. 이와 반대로 외부에서 일을 하여 저온의 열원에서 열을 빼앗아 고온의 열원에 주는 사이클을 열펌프(heat pump)사이클이라 한다. 그림 4.3.12는 이 원리를 나타낸 것이다. 이 사이클에 사용하는 냉매로는 프레온(Freon : CF_2Cl_2), 암모니아(NH_3) 등이며 냉매의 증기는 압축기에서 단열 압축을 받고 응축기에서 응축되어 액체로 되어서 팽창밸브를 지날 때 압력이 저하하여 증발기에 들어가고 외부에서 증발열을 흡수하여 증발한 다음, 다시 압축기에 되돌아가 사이클이 끝난다. 증발기가 외부에서 열을 흡수하는 작용을 응용한 것이 냉동기(refrigerator)이다. 또, 응축기가 외부에 내는 열을 이용하면 난방장치가 되고 이 2가지 기능을 조합해서 사용하는 것이 열펌프, 즉 공기조화장치이다.

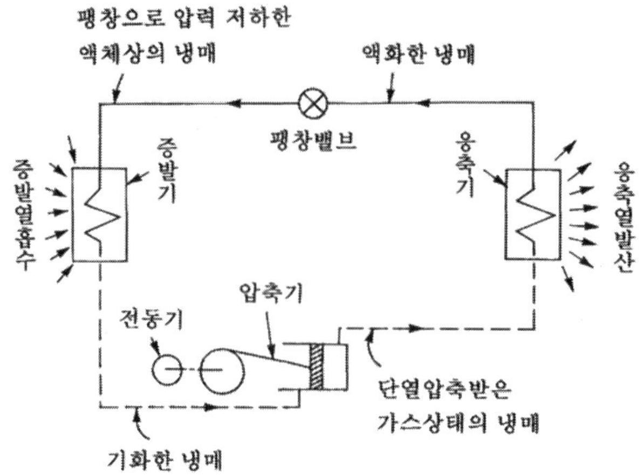

■ 그림 4.3.10 냉동사이클의 원리도

- 열펌프 : 사용방법에 따라 냉동과 가열의 병용, 냉동과 가열의 교대이용, 압축기로 이용하는 경우 등으로 분류된다.
  - 냉동과 가열의 병용 : 냉동이나 제빙 등에 사용하며 냉동기의 응축기에서 발생되는 열을 욕탕의 가열에 사용한다.
  - 냉농과 가열의 교대이용 : 인체에 쾌적한 공기조화 그리고 제품의 품질관리나 전가기기의 성능을 유지하기 위해서 실내온도나 습도를 조정하는 공기조화에 사용된다.
  - 압축기로 이용 : 소금, 설탕, 비료 등의 수용액에서의 석출하여 연유, 과즙 등을 농축시키기 위한 증발에 열펌프를 압축기 전용으로 이용하며 이와같은 압축기를 열압축기라 한다.
- 냉동기 : 냉동기의 응용으로는 냉장고, 제빙, 식품의 냉동 및 냉장 그리고 냉방 등을 들 수 있다.
  - 냉장고 : 일반적인 냉장고는 가정용, 공업용, 냉동 쇼케이스 등이 있다. 가정용은 내용적이 0.05～0.2[m^3] 정도, 전동기 용량 80～130[W]의 것이 많다. 방열에는 글라스 울(glass wool), 응축기는 자연통풍기, 냉동기는 전밀폐 형식을 사용하고 있다. 업무용에는 전동기 용량 0.375～7.5[kW], 방열에는 탄화콜크, 냉각기는 파이프쿨러 전자동 방식이 사용되며 내용적은 0.8～18[m^3] 정도이다. 공업용은 어류, 육류, 야채 등을 장기간 보관하는 경우에 사용되며 방열은 탄화콜크, 냉각기에는 파이프쿨러, 냉 매에는 암모니아 가스를 사용한다.
  - 제빙, 냉동, 냉장 : 제빙은 철판으로 만든 용기에 맑은 물을 채운 제빙관을 냉각코일로 냉각중인 제빙탱크속에 빙점 강하작용을 시키기 위해 사용하는 염화칼슘 또는 식염의 수용액중에 담가 교반하면서 결빙시킨다.
  - 냉방 : 냉방장치에는 유닛식과 중앙식이 있다. 중앙식은 빌딩, 백화점 등에 사용되며 냉동기는 기계실에 설치하고 조절된 공기를 덕트로써 각 방으로 송풍하는 방식이다. 또한 냉수를 팬코일 유닛으로 보내기도 한다.
  - 냉동기용 전동기 : 냉동기용 압축기, 송풍기, 냉각용 펌프 등에는 전동기가 필요하다. 압축

기용에는 기동토크가 큰 것이 사용되며, 보통 소형 냉동기에는 반발기동형 단상유도 전동기가 사용된다. 가정용 냉장고와 같이 소음이 문제가 되는 곳에는 소음이 적은 콘덴서 전동기가 사용된다. 중형 냉동기에는 보통 3상 농형 유도전동기가, 대형에는 3상 권선형 또는 동기전동기가 사용된다.

4 압연기

압연 공업에서는 일반적으로 선철을 제조하는 제선작업과 용강작업과 각종 강재를 만드는 압연작업의 3종류로 구별할 수 있다. 여기서는 압연 작업의 중심이라고 할 수 있는 압연기(rolling mill)에 대해서 말하기로 한다.

압연방법에 따라 분류하면 재료를 가열 상태로 압연하는 열간 압연(hot rolling)과 박철판의 압연 등에 상온으로 재료를 압연하는 냉간 압연(cold rolling)이 있다. 압연기의 롤 스탠드(roll stand)의 구조에 따라 분류하면 롤의 분류에 따라 2중롤식, 3중롤식, 4중롤식이 있으며, 롤이 6본, 12본롤을 가지고 있는 6중, 12중롤식 등도 있다.

취급하는 제품에 따라 압연기를 분류하면 노에서 나온 강괴를 처음에 압연하는 것을 분괴 밀(blooming mill), 후판을 만드는 후판 밀(plate mill), 구조용 재형강을 만드는 대중형 밀, 작은 각재, 환재를 압연하는 소형 밀, 선재를 압연하는 선재 밀(wire rod mill), 30[cm](12″) 이상의 폭이 넓은 대강을 만드는 스트립 밀(strip mill), 폭이 좁은 대강을 전문으로 만드는 스켈프 밀(skelp mill), 박판을 만드는 박판 밀 (sheet mill) 등이 있다.

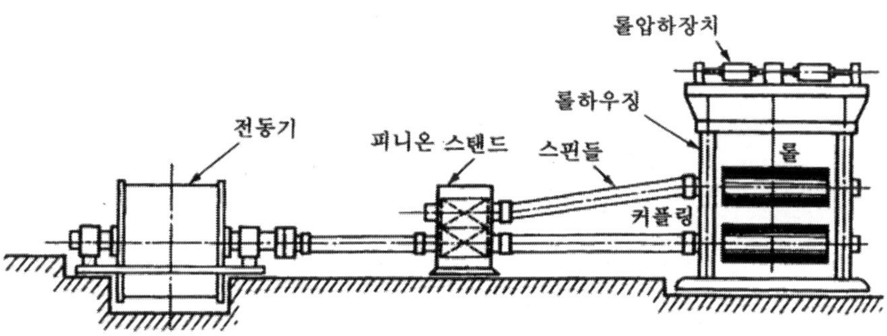

■ 그림 4.3.11 2중롤 스탠드

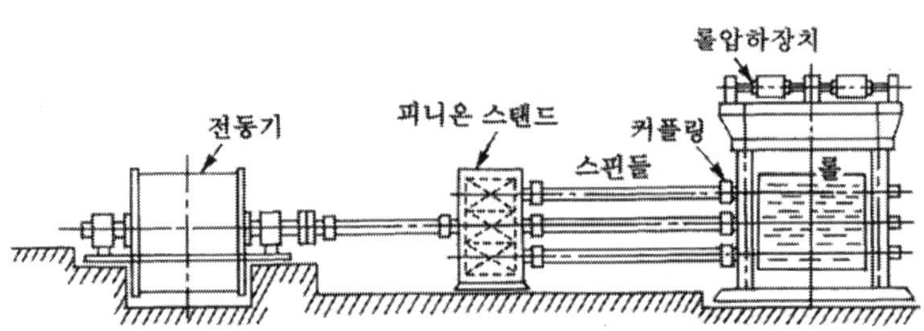

■ 그림 4.3.12 3중롤 스탠드

강괴용 압연기의 분괴밀에는 일그너(Ilgner)방식의 직류전동기가, 그리고 후판밀에는 교류전동기가 사용된다. 소형강용 압연기의 대강밀에는 레오너드방식의 직류전동기, 강관밀에는 교류전동기 그리고 선재밀에는 주파수변환 방식의 고속도 유도전동기가 사용된다. 대형강용 압연기의 후판밀 및 형광밀에는 동기전동기, 박판밀에는 레오너드방식의 직류전동기가 쓰이고 스트립밀에는 변속용 유도전동기 등이 사용되고 있다.

연습문제

1. 권상기는 다음에 분류하는 동력 중의 어느 것에 속하는가?

㉮ 마찰 동력　　㉯ 축적된 에너지 동력
㉰ 유체 동력　　㉱ 가속 동력

2. 크레인용 전동기에 필요한 특성으로 다음 중 옳은 것은?

㉮ 플라이휠 효과가 크고 최대토크가 클 것
㉯ 플라이휠 효과가 크고 최대토크가 작을 것
㉰ 플라이휠 효과가 작고 최대토크가 작을 것
㉱ 플라이휠 효과가 작고 최대토크가 클 것

3. 기중기에 사용되는 직류 직권전동기의 특징은?

㉮ 부하전류로서 여자 되며, 일정 단자전압에서 부하전류에 따라 토크가 급증한다.
㉯ 중부하에서 자속이 격감하여 회전속도가 높다.
㉰ 부하전류와 토크는 반비례한다.
㉱ 중부하에서는 자속이 격감하여 회전속도가 낮다.

4. 엘리베이터에서 사용되는 전동기의 종류는 무엇인가?

㉮ 직류 직권전동기　　㉯ 직류분권전동기
㉰ 단상 유도전동기　　㉱ 3상 유도전동기

5. 엘리베이터용 전동기로서 필요한 특성은 무엇인가?

㉮ 기동전류가 적을 것　　㉯ 가속도 변화 비율이 클 것
㉰ 기동토크가 작을 것　　㉱ 관성모멘트가 작을 것

6. 펌프 운전용 전동기가 특수 전동기로 사용하는 이유는 무엇인가?

㉮2 차저항을 조정할 수 있다.　　㉯ 속도를 조정할 수 있다.
㉰ 기동 전력이 작다.　　㉱ 동기속도로 운전할 수 있다.

7. 2차저항 제어를 하는 권선형 유도전동기의 속도특성은?

㉮ 가감 정속도 특성　　㉯ 가감 변속도 특성
㉰ 다단 변속도 특성　　㉱ 다단 정속도 특성

8. 권상 하중 5[t], 12[m/min]의 속도로 물체를 들어 올리는 권상기용 전동기의 용량은 몇 [kW]인가? (단, 전동기를 포함한 기중기의 효율은 70[%]이다.)

㉮ 약 7 ㉯ 약 14
㉰ 약 19 ㉱ 약 25

9. 중량 100[kg]의 물체를 매분 50[m]의 속도로서 감아올리는 데 요하는 권상기용 전동기의 정격출력은 얼마인가? (단, 권상기의 효율은 60[%]이다.)

㉮ 1.38[kW] ㉯ 1.45[kW]
㉰ 1.57[kW] ㉱ 1.58[kW]

10. 양수량 50[m/min], 총양정 13[m]의 양수 펌프용전동기의 소요출력[kW]은 약 얼마인가? (단, 펌프의 효율은 80[%]이다.)

11. 전동기의 출력 P[kW], 속도 N[rpm]인 전동기의 토크[kg·m]는?

12. 전동기의 출력이 8000[W], 900[rpm]으로 회전하고 있는 전동기의 토크[kg·m]는? (단, 효율은 85[%]로 한다.)

13. 중량 1[ton]의 물체를 매분 40[m]의 속도로 권상하는 데 요하는 전동기의 용량[kW]은? (단, 권상기의 효율은 60[%]이다.)

14. 권상하중 10[t], 권상속도 8[m/min]의 천정 권상기의 권상용 전동기의 소요동력[kW]은 얼마나 되겠는가? (단, 권상장치의 효율은 65[%]이다.)

15. 2층 건물에 엘리베이터 적재무게 900[kg], 승강속도 50[m/min]를 설치할 때 전동기의 용량[kW]는? (단, 효율은 80[%]이다.)

16. 양수량 $Q=6[m^3/min]$, 총 양정 $H=8.0[m]$를 양수하는데 필요한 구동용 전동기의 출력 P[kW]는 대략 얼마인가? (단, 펌프 효율 $\eta=75[\%]$, 여유 계수 $\alpha=1.15$이다.)

17. 발전소에 설치된 60[t]의 천정 주행 기중기의 권상속도가 2[m/min]일 때 권 상용 전동기의 용량은? (단, 효율 $\eta=75[\%]$이다.)

18. 전동기의 사용장소에 따른 보호 방식에는 무엇이 있는가?

19. 통풍기, 송풍기, 압축기는 무엇에 의해 구분하는가?

20. 제트팬 환기 방식에 대하여 설명하여라.

21. 유도전동기의 운전상 유의사항에 대하여 열거하여라.

22. 엘리베이터용 전동기로서 필요한 특성은 무엇인가?

23. 5층 건물인 백화점에 설치된 적재 중량 1[t]의 엘리베이터의 승강속도를 35[m/min]으로 할 때, 전동기의 이론출력을 각각 [kW], [PS] 및 [HP]의 단위로 구하라.

24. 지하수 개발을 위해 시추한 결과 시추공 1개당 1시간에 13[m^3]의 지하수가 솟아 나왔다. 이것을 높이 5[m]의 지상탱크로 퍼 올리려고 한다면 5[kW]의 전동기로 시간당 몇 분씩 운전하면 되는가? (단, 펌프의 효율은 75[%]이고, 손실계수는 1.1이다.)

Chapter

05

전기철도

1. 철도일반 개요
2. 철도 운전설비와 전기차량
3. 전기철도 주전동기와 전동기제어
4. 열차제어 및 열차운전

5.1 철도일반 개요

1 철도의 의의, 계획

(1) 철도의 정의

철도(railway, railroad)는 일정한 공간을 교통의 수단으로 주행로 위를 전용의 차량이 유도되는 형태로 일정한 가이드 웨이(guide way)에 유도되어 여객, 화물 운송용의 차량을 운전하는 제반설비이며 육상교통설비이다. 강색철도(cable railway), 가공색도(aerial cableway), 모노레일(monorail) 및 트롤리버스(trolley bus), 신교통시스템, 자기부상철도 등의 특수철도를 포함한다. 레일을 부설한 선로 위에 동력을 이용한 차량을 운행하여 대량의 여객과 화물을 수송하는 육상 교통기관이다.

(2) 철도의 특징

① 안전성 : 부지 위의 레일에 의하여 주행이 유도되어 인명과 재산을 안전하게 수송한다.
② 신속성 : 자동차나 선박보다 신속하다.
③ 정확성 : 기상조건의 영향을 거의 받지 않으며 교통혼잡에 정시성을 기한다.
④ 대량수송성 : 육상 교통기관 중에서 많은 차량을 적은 에너지로 일시에 수송 가능하다.
⑤ 장거리성 : 육상 교통기관으로 전국에 일관된 운행설비나 영업시스템이 확보된다.
⑥ 저렴성 : 대량 수송에 따른 수송능력 이 높으므로 저렴하게 수송할 수 있다.
⑦ 편리성 : 항공기나 선박보다 작은 점유공간으로 이용자의 수요에 대응한다.
⑧ 쾌적성 : 장시간의 여행에도 쾌적하고 승차감이 양호하다.
⑨ 저공해성 : 배기가스에 의한 대기오염, 소음, 진동 및 자연환경 파괴 등이 적다.
⑩ 기타특성 : 소량의 수송에 부적합하고 자동차보다 기동성아 작으며 개인적인 자유스러운 여행의 제한, 화물수송의 고급화 및 분산집배수송이 곤란하다.

(3) 철도의 역사(세계 철도의 기원)

① 철도의 탄생

- 1804년 : 1765년 J. Watt가 발명 한 증기 기관차를 영국의 Richard Trevi－thick이 처음 운전하였다.
- 1813~1814년 : William Hedley(1813), George Stephonson(1814) 등이 증기기관차 제작에 성공하여 광산철도에 이용한 것이 동력상의 철도 기원이다.
- 1881년 : Siemens－Halske사가 베를린 근교 리히테페르테에서 영영을 개시함(전기철도의 사용화함)

② 우리나라의 전기철도

1886년 3월에 미국인 James R. Morse에게 경인선 철도 부설권을 특허하여, 1897년 3월 기공식을 거행하였으나 1898년 5월 경인철도합자회사를 일본인에게 인계하였다. 1899년 9월 18일 제물포~노량진간 33.2[km] 경인선이 개통되었다.

- 1927~1930 : 직류 1500[V] 경원선의 전철화
- 1972~1975 : 교류 25[kV] 중앙선, 태백선, 영동선의 전철화

(4) 철도의 분류(기술상의 분류)

① 동력에 의한 구분으로는 증기철도, 전기철도, 내연기철도 등이 있다.

② 궤간에 의한 구분

- 표준궤간철도 : 궤간이 1435인 철도
- 광궤철도 : 궤간이 1435[mm] 보다 넓은 철도(1675[mm], 1500[mm])
- 협궤철도 : 궤간이 1435 [mm] 보다 좁은 철도(1067[mm], 1000[mm], 871[mm], 762[mm])

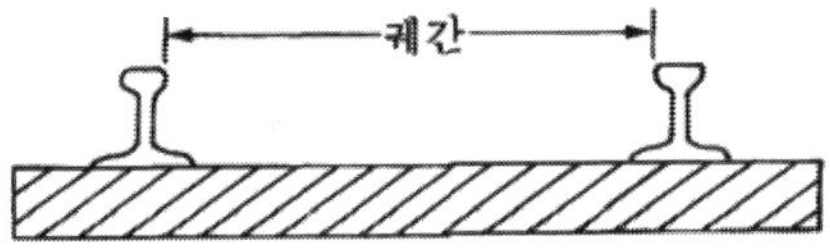

협궤 = 1067[mm]
표준궤 = 1435[mm]

■ 그림 5.1.1 궤간

③ 궤도의 수에 의한 구분으로는 단선철도, 복선철도, 복복선철도, 다선철도가 있다.

④ 구동 및 지지방식에 의한 구분

- 점착식 철도 :차륜과 레일간의 마찰, 즉 점착력에 의하여 주행(30~50[%]사용)
- 치차철도 : 급구배에서 사용되며 차량의 치차(gear wheel)가 걸려 주행
- 강색철도 : 급구배에서 사용되며 강색(cable)으로 견인
- 기타 : 가공철도, 모노레일(단궤철도), 무궤도철도(트롤리 버스) 등. 부설지역에 의한 구분으로는 평지철도, 산악철도, 시가철도, 해안철도, 교외 철도 등이 있다.
- 시공기면 위치에 의한 구분으로는 지표철도, 고가철도, 지하철도 등이 있다.

(5) 철도계획

① 철도투자계획

수송력 증강계획은 차량의 신조 및 개조, 복선화, 복복선화, 배선의 변경, 전산화 등이 있으며, 기존설비의 근대화는 노후화된 설비의 개량으로 안전운행 의 확보이다. 또, 수송 서비스의 개량은

차량 및 역의 냉난방화, 에스컬레이터 설치, 대합시설의 정비, 장애자시설의 확충이고, 신선건설계획은 수요중대시 신선건설계획이 필요하다.

② 철도계획의 특징

장기간에 걸쳐 라이프 사이클(life cycle)을 가지고, 많은 사람들과 직·간접으로 이해관계를 가진다. 대규모의 투자를 필요로 하며, 효과 및 영향이 지역사회에 광범위하고 복잡하게 미친다.

③ 철도계획의 내용

목표설정, 세력권의 설정, 경제조사 및 현황분석, 수송수요 예측, 설비기준 책정, 운전계획 및 수송능력 검토, 투자비 소요판단, 투자평가, 효과분석, 종합 판단 등을 열거할 수 있다.

④ 수송수요의 예측

- 수송수요의 요인 : 사회적, 경제적 요인인 자연요인, 열차회수, 속도, 차량수 운임의 유발요인, 자동차, 선박, 항공기 등의 타교통기관의 수송서비스요인 등이 있다
- 예측시행의 기본적 단계 : 과거의 경향과 장래의 예측에 관한 기본적 사실을 규명하고, 과거 수요의 변동요인을 분석하며, 이전 예측과 현재의 수요가 다른 요인을 해명하며, 장래 수용에 영향을 줄 것으로 생각되는 인자를 탐색하고 장래의 수요 예측, 예측의 정밀도와 그 오차의 원인 검토 및 필요에 따라 가까운 장래의 예측을 수정 한다.

⑤ 수송능력의 산정

- 선로용량 : 한계용량은 기존선 수송능력의 한계를 판단하는 데 사용되며, 실용용량을 한계용량에 선로 이용률를 곱하여 구한 일반적인 선로용량이다. 또한, 경제용량은 수송력 중강대책의 선택이나 착공시기에 대한 지표가 되는 것으로 최저의 수송원가가 되는 선로의 열차횟수를 말하며, 선로용량(1일)은 단선이 70~100회, 복선이 120~140회, 복선전철(일반열차 혼입시)이 200~280회, 복선전차 전용선이 340~430회 등이다
- 선로용량 산정시 고려사항
  - 열차의 속도(운전시분)
  - 열차의 속도차
  - 열차종별의 순서 및 배열

2 전기 방식에 의한 분류

(1) 직류식

서울시내 및 부산시내의 노면 전차에 600[V]가 있었으나, 전부 폐지되고 서울역에서 종로 도심을 관통하여 청량리 등에 이르는 7.8 [km] 구간에서 60[Hz], 22[kV]로 수전하여 DC 1500[V]이기로 변성해

서 운전 동력으로 공급하는 방식이 채용되었다. 교통량의 급격한 증대로 교류 고압식이 점점 증가되고 있다. 전압의 구분으로 600[V], 750[V], 1500[V], 3000[V]가 있다. 우리나라는 1500[V]을 사용한다.

직류 방식의 경우 전기차의 직류 전동기에 전차 선전압을 직접 인가할 수 있기 때문에, 차량의 주회로 구성이 간단하고, 차량 경비가 적게 든다. 반면, 급전전압을 그다지 높게 할 수 없으므로 필연적으로 집전전류가 크게 되고, 전압강하 때문에 변전소 간격에 제약을 주므로 지상 설비비가 비교적 많이 든다. 전압강하를 줄이고, 건설비를 줄이는 데는 2개소 이상의 변전소를 트롤리 선 또는 급전선을 개재하여 연결, 전기차에 복수의 변전소로 급전하는 병렬 급전이 효과적이고, 직류 급전회로의 표준방식이 되고 있다.

대도시권의 통근선 등 수송량이 많은 구간에서는 차량 경비를 점하는 비율이 큰 것, 지하철에서는 터널단면을 작게 하여 얻어지는 것 등의 측면에서 직류 방식이 적용되고 있다.

(2) 단상교류식

그림 5.1.2(a)와 같이 교류 전동기를 사용하는 경우 상용 주파수(50 및 60 [Hz])와 전철용 전동기는 제작이 곤란하였으므로, 미국은 25[Hz], 11[Kv], 스위스, 스웨덴, 독일은 $16\frac{2}{3}$[Hz], 15[kV], 프랑스는 50[Hz], 25[kV]를 채용하였다.

우리나라도 1973년도부터 중앙선(155.2[km]), 영동선(61.7[km]) 등이 점차 전철화 되어 60[Hz], 22[KV]와 154[KV]의 3상 전압을 수전하여 단상 교류 250(V) 로 변성해서 사용하고 있다. 전기차에 탑재한 변압기에서 주전동기의 단자전압에 적당한 전압으로 강압할 수 있기 때문에, 전차선 전압을 임의로 선택하는 것이 가능하다. 따라서 차량경비는 비싸지만, 지상 설비비가 싸게 된다. 일본의 신간선 등과 같은 고속열차는 대출력으로 인장력이 큰 것, 집전 전류는 작은 쪽이 바람직한 것 등의 이유로 교류 방식이 적용되고 있다. 교류 급전회로에서는 주파수 및 위상각의 문제 때문에 일반적으로 병렬급전이 곤란하고, 3상 전력망에 대한 전압 불균형, 통신선에 대한 유도장해 등에 관한 대책이 필요하다.

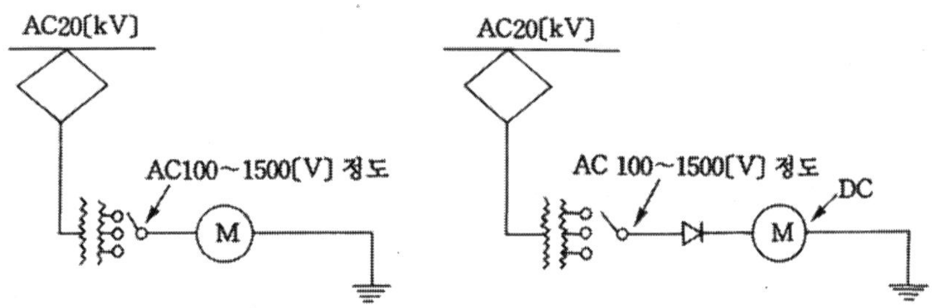

(a) 단상 교류 (b) 단상 교류– 직류식

■ 그림 5.1.2 전기 방식

(3) 3상 교류식

3상 교류방식은 전차선 설비나 집전장치가 복잡하게 되고, 전선 상호간의 절연 때문에 전압을 높이는데 한계가 있는 등 불리한 점이 많아 전기철도에서는 일부 국가에서만 사용하고 있다.

■ 표 5.1.1 전기방식(직류식과 교류식) 비교

항 목	직류식	교류식
전 압	600[V], 750[V], 1500[V], 3000[V]	60[Hz], 25[kV]
전 류	교류식에 비해 전압이 낮아서 전류가 크다.	직류식에 비해 전압이 높아서 전류가 작다.
전압강하	크다.	낮다.

(4) 집진방식, 운전속도에 의한 분류

① 가공식(over head system)

공중에 전차선의 가선(조가선)을 이용하여 전차선(trolley wire)을 설치하고 집전장치를 통하여 전력을 공급받는 방식으로서 레일을 귀로로 하는 가공 단선식과 전원선 양극 모두를 가공 전차선에 접속하는 가공 복선식이 있다. 가공방식 중의 가공 단신식은 고속운선에 적합하고, 대부분의 전기철도는 이 방식을 채택하고 있다.

② 강체식(rigid system)

강체식은 전차선을 조가선이 없는 대신에 강체에 전차선을 끼워 가선하는 방식이다.

강체 단선식은 공간이 불충분한 터널이나 복잡한 지하철에서 좁은 공간의 활용 및 안정성을 위하여 개발된 가선방식이고 주로 도시 지하철에 적용되고 있다. 강체 복선식은 모노레일에 적용되며 주행궤도의 구조물에 강체 구조로 한 급전용과 귀선용의 정·부 도전레일을 갖추고 있다.

③ 제3궤조식(third rail system)

주행레일 외에 전기차에 전력을 공급하기 위하여 제 3의 급전레일, 즉 도전레일(conductor rail)을 노면 위에 설치하고 집전 슈(current collective shoe)에 의해 전력을 공급받는 방식으로 주행레일을 귀선으로 이용한다. 도시의 지하철도 또는 저전압을 사용하는 비교적 짧은 구간의 터널 등에 사용된다.

(5) 운전속도에 의한 분류

① 완속전철

흔히 볼 수 있는 전철로 운전속도가 200[km/h] 미만의 경우를 완속전철이라 하고, 시가지 철도, 도시철도, 도시간 철도 등을 운행하는 전철로 이용된다.

② 고속전철

고속전철은 운전속도 200[km/h] 이상에서 레일 전착 방식의 속도 한계까지로 정의 되어 있다. 현재 속도 한계는 대략 380[km/h]로 보고 있지만 이 한계는 기술의 발달로 상향될 수 있을 것으로 보인다.

우리나라는 1992년 천안-대전간 시험 구간의 착공2004년 4월 개통으로 일본(신간선), 프랑스(TGV), 독일(ICE), 스페인(AVE)에 이어 세계 5번째로 운전속도 300[km/h]를 자랑하는 고속철도(KTX)의 보유국이 되었다. 일본은 400[km/h]로 운전하고, 중국은 500[km/h]을 목표로 하고 있다.

③ 초고속전철

초고속열차인 자기부상열차는 직선형 모터(linear motor)방식으로 회전운동 없이 레일과 비접촉하여 구동하는 방식이다. 속도 500[km/h] 이상의 미래형 자기부상열차가 개발되고 있다

3 선 로

(1) 선로의 구성

① 철도선로

철도선로는 열차를 안전하게 유도하는 설비로서, 이것을 분류하면 궤도를 지지하는 노반과 열차운행을 위해 세워진 유도설비인 궤도로 나누어진다. 궤도를 올려놓은 대지는 그 형상이 여러가지이며, 지질의 종류도 여러가지가 있으므로 평원지대에 선로를 부설할 때는 그 지면을 고르게 하기 위하여 높은 곳을 깎아 낮은 곳을 성토한다. 산악지대에서는 가급적 곡선이나 구배를 작게하기 위하여 계곡에는 교량을 놓고 험준한 산에는 터널을 뚫는다. 그림 5.1.3은 선로 단면의 예이다.

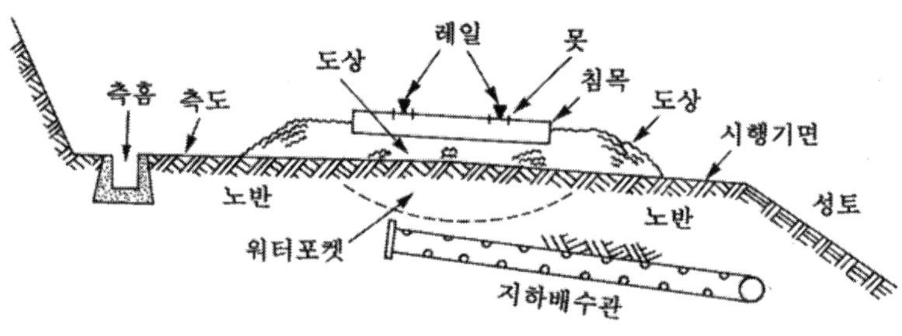

■ 그림 5.1.3 선로 횡단면의 예

② 궤 도

궤도(track)는 레일 (rail), 침목(=혹은 청목(sleeper)), 도상(ballast)의 3개 요소로 구성된다. 레일은 그림 5.1.4와 같은 단면을 가지며 수레바퀴인 차륜의 플랜지와 단면으로부터 받는 횡압력과 수직

압력을 지탱하여 차륜을 안정하고 고속으로 운전될 수 있도록 인도한다.

레일은 보통 탄소강을 사용하지만(탄소함유량 1.3～3[%]) 마모가 심한 곳이나 교환작업이 힘든 곳에는 망간(Mn3～11%)과 같은 특수강이나 보통강을 열처리한 것 등이 사용된다.

침목은 레일의 궤간을 올바르게 유지하고 동시에 레일위치의 상·하, 좌·우의 어긋남을 방지하고 레일과 협력하여 차륜의 상·하, 좌·우의 하중을 도상을 통하여 균등하게 대지로 전달한다. 침목은 원래 밤나무와 같이 단단한 나무를 사용하였으나 근래에는 PS 콘크리트(prestressed concrete)로 바꾸어 가고 있다.

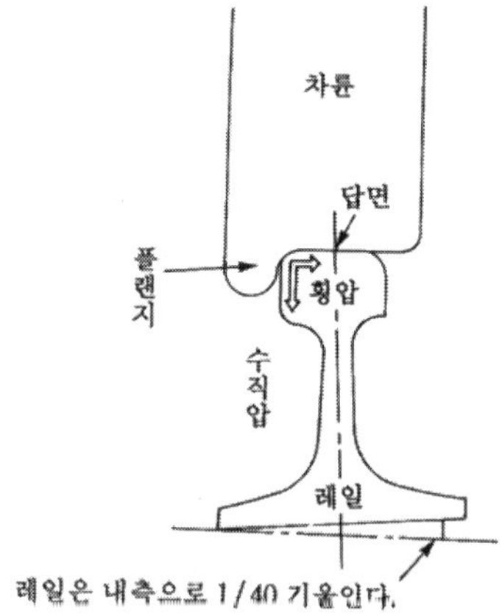

■ 그림 5.1.4 레일과 차륜의 단면도

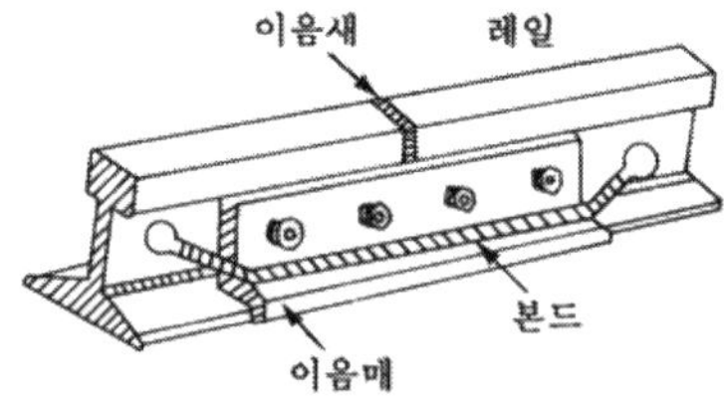

■ 그림 5.1.5 레일의 계목

콘크리트제의 침목을 사용할 경우에는 레일과 침목 사이에 방진고무(gum bed)를 넣어 충격에 의한 콘크리트의 파괴를 방지하는 것과 동시에 레일의 누설전류를 억제할 필요가 있다.

레일은 온도의 차에 의한 레일(궤조) 신축을 고려하여 이음매에 10[mm] 정도의 틈을 두고 레일의 좌우에서 이음매판을 볼트로 조인다. 이것을 유간(clearance)라 한다. 이음매의 접촉부는 접촉저항이 커서 이를 줄이기 위해서 동선을 꼬아서 엮은 레일본드를 레일에 용착시켜서 사용한다. 레일은 귀선회로, 신호회로 역할을 하기 때문이다.

(2) 침목

① 침목의 구비조건

- 레일과 견고한 체결에 적당하고 열차하중을 지지할 수 있는 강도를 가져야 한다.
- 탄성, 완충성, 내구성 등이 풍부해야 한다.
- 수평방향의 도상저항이 크고 도상 다지 작업에 편리한 치수이어야 한다.
- 취급이 쉬우며 내구년한이 길고 경제적이어야 한다.

② 목침목

- 장점 : 레일의 체결이 쉽고 가공이 편리하며, 탄성이 풍부하고 완충성이 크다. 또한, 보수와 갱환작업이 쉬우며 전기절연도가 크고, 비교적 염가이며 구입하기가 쉽다.

• 단점 : 목재이므로 자연부식으로 인하여 내구년한이 짧으며, 하중에 의한 기계적 손상을 받기 쉽다. 또한, 증기기관차의 경우 화상과 소손의 우려가 있으며, 충해를 받기 쉬워 약물 을 주사하여 사용해야 한다.

③ 철침목

• 장점 : 내구년한이 길고 재질이 강인하며, 도상저항이 타종 침목에 비해 대단히 크고, 레일의 체결이 견고하므로 궤간유지가 확실하다. 따라서 횡압에 견딜 수 있으므로 급곡선에 적당하며, 보수노력이 절감된다.
• 단점 : 고가(콘크리트 침목의 약 2배)이며 습지, 특히 해안지대에서는 부식되기 쉽다. 또한, 레일의 체결장치가 복잡하고, 전기절연성을 필요로 하는 개소에는 부적당하며, 방식 을 고려해야 한다.

④ 콘크리트 침목

• 장점 : 부식의 염려가 없으며 배수가 불량한 도상에서도 적당하고, 기상의 변화에 대한 저항력이 크며, 자중이 커서 궤도안정에 효과적이다. 그리고 보수비가 적고 내구년한이 길다.
• 단점 : 중량이 무거워 취급이 곤란하고, 부분적인 파손이 심하며, 레일의 체결이 복잡하고 균열발생의 염려가 크다. 또한, 전기절연성이 목침목보다 작고, 인력 다지기시 침목에 심한 손상을 주고, 가격이 비교적 비싸다.

(3) 도상과 복진지

① 도상재료의 구비조건

충격과 마찰에 강해야 하며 단위중량이 크고, 능각이 풍부하며 입자간의 마찰력이 커야 한다. 또, 입도가 적정하고 도상 작업이 쉬워야 하며, 점토 및 불순물의 혼입률이 적고 배수가 양호해야 한다. 그리고 풍화에 강하고, 잡초육성을 방지해야 하며, 재료공급이 쉽고 경제적이어야 한다.

② 도상의 두께

열차하중과 속도, 통과 톤수의 등급에 따라 다르며, 침목하면에서 기공기면까지 15~30[cm] 정도가 적정하다.

③ 레일의 복진

복진(creeping)이란 열차의 주행과 온도변화의 영향으로 레일이 궤도의 전후방향으로 이동하는 현상이다.

④ 복진의 원인

• 열차의 견인과 진동에 있어서 차량과 레일간의 마찰에 의한다.
• 차륜이 레일 단부에 부딪쳐 레일을 전방으로 민다.

- 기관차 및 전동차의 구동륜이 회전하는 반작용으로 레일이 후방으로 밀리기 쉽다.
- 온도의 상승에 따라 레일이 신장되면 양단부가 양측 레일에 밀착한 후 레일의 중간부분이 약간 치솟아 차륜이 레일을 전방으로 떠민다.

⑤ 복진방지방법

- 레일과 침목간의 체결력을 강화한다.
- 레일 앵커를 부설한다.
- 침목의 이동을 방지한다.

4 곡선구간

일반적으로 철로는 직선으로 가야 하지만 가능한 직선적으로 부설되는 것이 이상적이다 지형에 따라 곡선이나 구배를 둘 필요가 있다. 너무 급한 곡선으로 하면 차량의 안정성이 나빠져 최악의 경우에는 탈선의 위험이 있고, 또, 너무 급한 구배를 두면 차량이 공전하거나 활주할 위험이 있다. 따라서 곡선이나 구배는 선구의 수송조건에 따라 일정한 한도를 정하여 그 이하가 되도록 선로선정을 한다.

곡선의 곡률정도를 표시하는 데는 곡선의 원호로 하여 그 원호의 반지름을 [m]으로 표시한다. 또한, 구배는 수평거리에 대한 고저차를 천분율로 표시한다. 예컨대 1[km]의 선로가 동일한 구배에서 올라가거나 내려갈 경우에는 고저차를 [m]으로 표시하면 된다.

차량이 곡선부를 달릴 때에는 원심력을 받아서 차량의 안정을 해치게 되어 승객의 쾌적감을 나쁘게 하므로 곡선 안쪽의 레일을 바깥쪽보다 낮게 하여 차량 전체를 곡선의 중간쪽으로 기울이게 하여 원심력과 평행시킨다. 이것은 운전의 안전확보를 위하여 꼭 필요하다.

이 기울임인 고도를 켄트(cant)라 하며 그 크기는 안쪽, 바깥쪽 레일의 수준에 대하여 고저차[mm]로 표시된다. 그림 5.1.6에서 원심력을 P라 하면

$$P = mv^2/R \tag{5.1.2}$$

(여기서, m : 차량의 질량[kg], v : 차량의 속도[m/s], R : 곡선의 반지름[m])

또한, 차량의 중량[kg]을 W, 속도[km/h]를 V라 하면

$$P = \frac{W}{9.8R} = \left(\frac{V\times 100}{3000}\right)^2 = \frac{WV^2}{127R}\ [\text{kg}] \tag{5.1.3}$$

그림에서 알 수 있는 바와 같이 W와 P의 합성력이 레일에 수직으로 되기 위해서는

$$\tan\theta = \frac{P}{W} = \frac{E}{G}$$

인 관계가 있다.

지금 안쪽 레일을 바깥쪽 레일보다 높게 E[mm]한 캔트를 C[mm], 궤간을 G[mm]라 하면

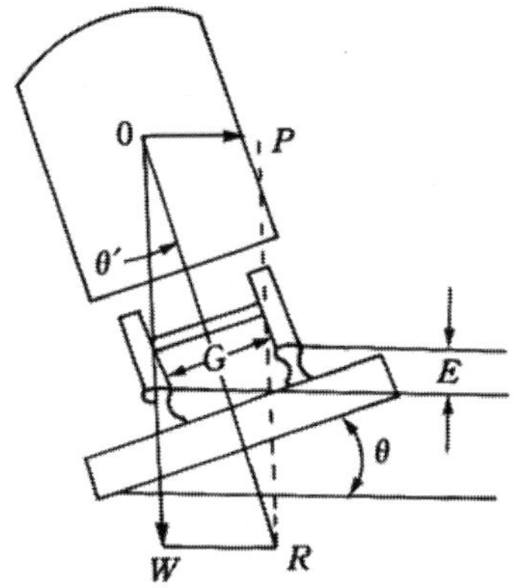

■ 그림 5.1.6 캔트

$$C/G = P/W$$

라 놓아도 각도 θ가 작은 경우에는 지장이 없다.

$$\therefore C = \frac{GV^2}{127R}[\text{mm}] \tag{5.1.4}$$

여기서 C : 켄트[mm], G : 궤간[mm], R : 곡선반지름[m], V : 열차속도 [km/h]

위 식으로부터 바깥 레일을 C만큼 높게 하면 탈선의 위험은 없어진다. 그러나 이 이상의 급한 곡선에서는 캔트 부족이 되므로 그 구간에서는 열차의 운전속도를 제한한다. 캔트를 알고 있는 경우에는 열차의 최고 운전속도를 식 (5.1.4)으로부터 구할 수 있다.

$$V = \sqrt{\frac{127CR}{G}}\ [\text{km/h}]$$

(1) 유화곡선, 분기기

분기기는 하나의 선로에서 두 방향으로 분리하는 장치로 차륜을 한 궤도에서 다른 궤도로 유도하기 위한 기기이며, 크로싱(crossing)은 철차라고도 한다. 분기기는 그림 5.8에서처럼 포인트부, 도입부(리드부분), 크로싱부(철차부)로 구성되어 있다. 가이드 레일(호륜궤조)은 궤도의 분기개소에서 철차가 있는 곳은 궤조가 중단되어 있기 때문에 차량을 원활히 분기선로로 유도하는 철차의 반대쪽 궤조 측에 설치하는 궤조이다

철도의 선로에는 곡선이나 구배가 있으며 이것과 직선 또는 수평부분과의 사이의 변화점에는 유화곡선(transition curve)을 넣어서 열차에 급격한 운동의 변화를 주지 않도록 한다. 그리고 선로는 열차운전을 인도하므로 분기기라는 스위치가 필요하다.

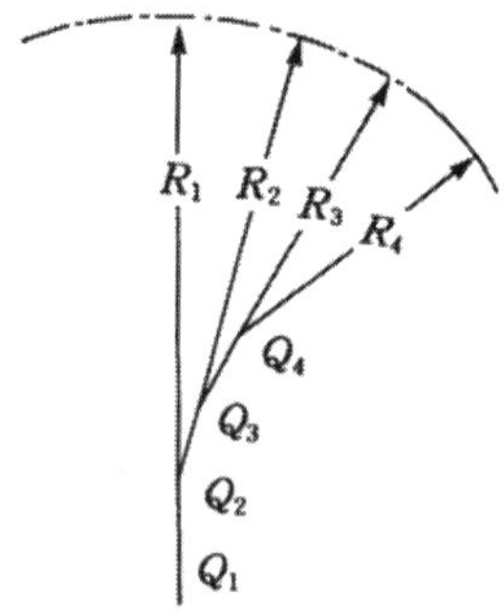

■ 그림 5.1.7 완화곡선

이 분기(crossing)는 본선과 분기방향의 사이에 각도를 두는데 그 정도는 교차가을 수단계로 나누어 번호로 나누어 나타낸다. 이것을 교차번호 N(turn out number)이라 하고 분기(교차각) θ와 교차번호 N과는 다음과 같은 관계가 있다

$$N = \frac{1}{2}\cot\frac{\theta}{2} \fallingdotseq \cot\theta \tag{5.1.5}$$

N이 적을수록 θ가 커지므로 N이 적은 분기를 통과하는 열차에 대해서는 속도제한의 조건을 붙인다.

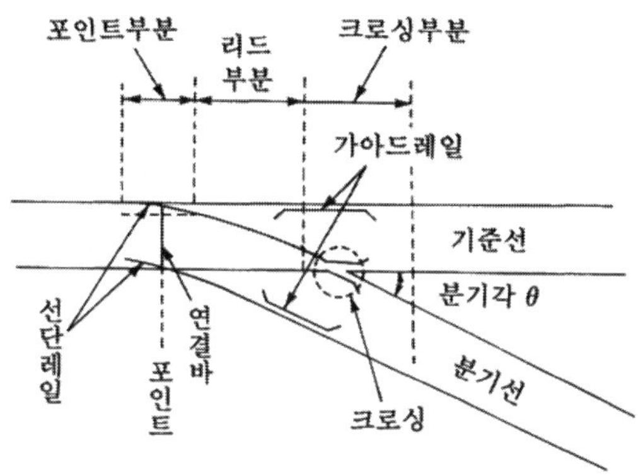

■ 그림 5.1.8 선로의 분기 방식

예제 5.1 시속 200[km]인 열차가 반지름 1000[m]의 곡선궤도를 주행할 때 고도[mm]는? (단, 궤간은 1.067[m]이다.)

풀이

위 수식 (5.1.4)에 의하여 $h = \frac{GV^2}{127R} = \frac{1067 \times 200^2}{127 \times 1000} = 336[mm]$

예제 5.2 고도가 10[mm]이고 반지름이 1000[m]인 곡선궤도를 주행할 때 열차가 낼 수 있는 최대 속도는? (단 궤간은 1435[mm]로 한다.)

풀이 $V_m = \sqrt{\dfrac{127Rh}{G}}\,[\mathrm{km/h}]$에서 $R = 1000[\mathrm{m}]$, $h = 10[\mathrm{mm}]$, $G = 1435[\mathrm{mm}]$이므로

$$\therefore V_m = \sqrt{\frac{127 \times 1000 \times 10}{1435}} = 29.75\,[\mathrm{km/h}]$$

(2) 구배(기울기) 및 확도(슬랙)

전차선로는 지형과 지질에 따라서 곡선이나, 구배(기울기)를 둘 필요가 생긴다. 급격한곡선(곡률반지름이 작은 경우)이 있는 경우는 가능한 한 곡률반지름을 크게 해야 한다. 구배가 커지면 차량은 공회전을 하거나 미끄러질 우려가 있다 선로의 구배(grade or gradient)는 2점 사이의 고저차를 수평거리로 나눈 값으로 나타내며, 다음과 같은 3종류가 있다.

① 분수법

아래 그림과 같이 $\tan\theta = y/x$로 나타낼 수 있다. 즉, 1/30의 구배 등과 같이 분수로 표시한다. 이 구배가 작을 때는 $\tan\theta \fallingdotseq \sin\theta$로 고려해도 된다.

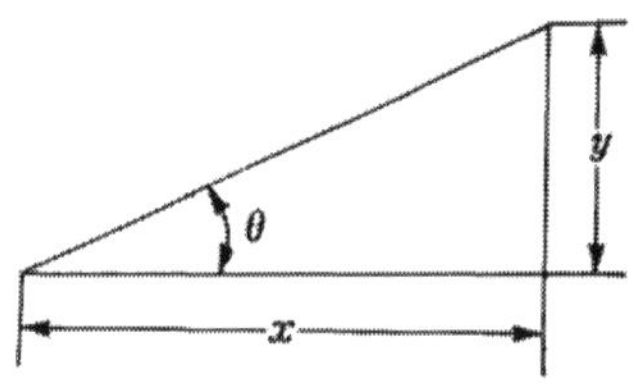

■ 그림 5.1.9 구배의 표시법

② 백분율법(persentage method)

1/30의 구배인 경우에는 1/30×100=3.33[%]라고 표시한다.

③ 천분율법(permileage method)

위와 같이 1/30일 경우에는 1/30×100=33[‰](퍼밀)로 표시한다. 구배의 한도는 간선철도 25[‰], 지방철도 35[‰], 노면철도 40[‰] 정도로 하며, 1000분율로 표시하는 것이 일반적이다.

④ 확도(slack)

열차의 곡선 궤도 주행시에 고도만이 있으면 문제가 되어서 차륜의 플랜지와 레일 사이에 심한 마찰이 생긴다. 이것을 완화하기 위한 궤간을 넓혀 주는 것은 확도라고 한다.

곡률반지름이 R[m], 고정자축 거리 l[m] 이면 슬랙 S[mm]는 다음과 같다.

$$S = \frac{l^2}{8R}\ [\mathrm{mm}] \tag{5.1.6}$$

연습문제

1. 우리나라에서 운행되고 있는 전기철도의 궤간[mm]은 얼마인가?

2. 곡선부에서 원심력 때문에 차체가 외측으로 넘어지려는 것을 막기 위하여 외측 궤조를 약간 높여 준다. 이 내외궤조 높이의 차를 무엇이라고 하는가, 그 공식을 쓰고 설명하라.

3. 곡선궤도에 있어 고도의 최대한을 두는 이유는 무엇인가?

㉮ 시설이 곤란하다.　　㉯ 운전속도를 제한하기 위하여
㉰ 운전의 안전을 확보하기 위하여　　㉱ 타고 있는 사람의 기분을 좋게 하기 위하여

4. 궤도의 곡선부분에서 고도를 갖지 못하는 곳은 어느 곳인가?

㉮ 철차가 있는 곳　　㉯ 교량의 부분
㉰ 건널목　　㉱ 터널 내

5. 궤간 G, 반지름 R의 곡선 궤도를 V 속력으로 전차를 주행할 때의 고도는 얼마인가?

6. 궤간이 1[m]이고 반경이 1,270[m]의 곡선 궤도를 70[km/h]로 주행하는데 적당한 고도[mm]는 얼마인가?

7. 고도가 15[mm]이고 반지름이 1000[m]인 곡선 궤도를 주행할 때 열차가 낼 수 있는 최대속도[km/h]는 얼마인가? (단, 궤간은 1,435[mm]로 한다.)

8. 열차가 곡선궤도부를 원활하게 통과하기 위한 조치는 무엇인가?

9. 궤도의 확도는 어느 것인가? (단, 곡선의 반지름 R[m]의, 고정 차축 거리 l[m]이다.)

10. 완화곡선을 설명하시오?

11. 리드레일(guard rail)은 무엇인가?

12. 온도의 변화로 인한 궤조의 신축에 대응하기 위한 것은?

13. 전기철도의 전기방식에 따른 분류를 설명하라.

14. 전기철도의 집전방식에 따른 분류를 설명하라.

15. 선로를 구성하는 요소와 각각의 기능에 대하여 설명하라.

16. 복진과 복진지에 대하여 설명하라.

17. 고도, 확도, 구배의 역할에 대하여 설명하라.

18. 궤간의 종류에 대하여 설명하라.

19. 분기기에 대하여 설명하라.

5.2 철도 운전설비와 전기차량

1 전기운전 설비의 구성

전기운전에 필요한 전기설비는 용지노반, 궤도, 차량과 동시에 건설하는 것이 이상적이지만, 보통 기존철도를 동력 현대화하는 것이 대부분이므로 흔히 전화설비라는 말을 쓴다.

전화의 경우에는 아래 그림 5.2.1과 같은 전기설비가 부가되는 것 외에도 기존의 토목설비, 차고 설비, 수리공장 설비 등도 전기운전에 알맞게 증설 또는 개수하여야 하고, 선로연변의 통신설비도 가공 전차선으로부터 유도장해를 방지하기 위하여 개수되어야 한다.

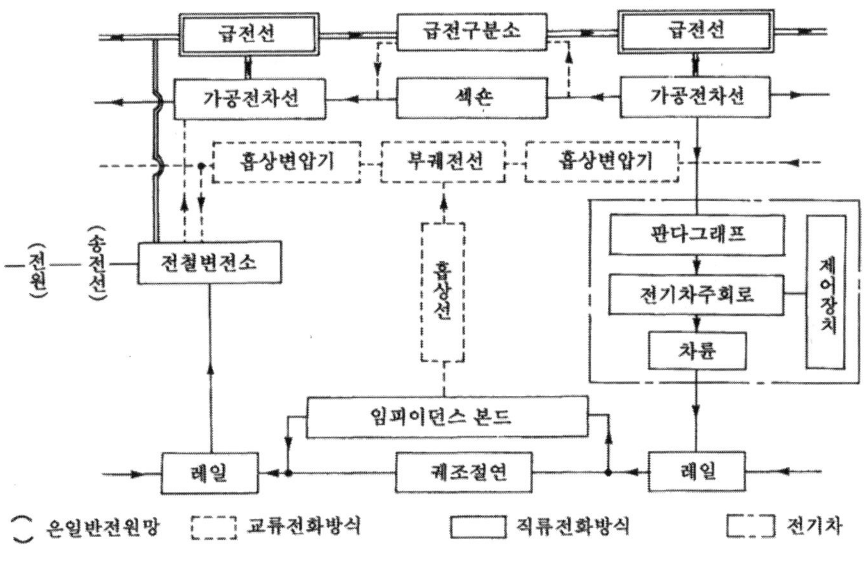

■ 그림 5.2.1 전기운전 설비 계통도

2 변전 설비

전기운전 설비는 고속으로 주행하는 전기차에 전원으로부터의 안정된 전기를 공급하기 위한 설비로서, 급전설비(feeding facility)라고도 한다. 이를 위해서는 전원망에서 변전한 전기를 차량에 알맞은 전압으로 변성하는 변전소를 두어, 주행중인 전기차에 안전한 전력을 공급하고 동시에 전기차의 운전전류에 의한 나쁜 영향이 전원망에 미치지 못하도록 설계한다. 또, 지상 설비와 차량의 절연 협조를 잘 유지하고, 급전계통내의 접지 또는 단락사고가 발생할 때의 보호 방식도 정비하지 않으면 안된다.

급전 방식에는 직류방식과 교류방식이 있다.

(1) 직류방식 변전소

직류 방식 변전소에서는 정류 설비를 설치하여 직류로 변환하는 것과 급전용 스위치 고속차단기를 사용하는 것이 특징이다. 고속차단기는 운전전류 중에서 지락 또는 단락 전류를 검지하여 사고전류가 증대되기 전에 고속도차(단, (20/1000)초 이내)하는 기능을 가지고 있다.

그림 5.2.2에 직류식 변전소의 주회로의 결선 약도를 나타내었다.

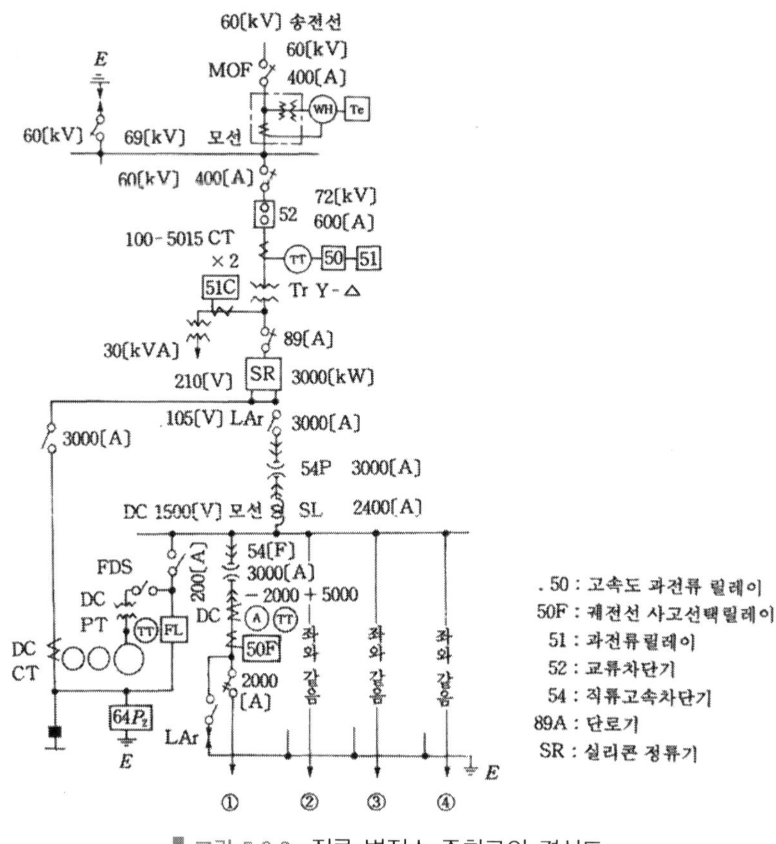

■ 그림 5.2.2 직류 변전소 주회로의 결선도

(2) 교류방식 변전소

교류 방식 변전소의 특징은 주변압기를 스콧결선(scott connection)으로 하여 계통의 단상급전전력을 종합하여 3상 전력으로 변성하는 것이다. 급전계통의 보호에는 보통 거리 계전기를 사용한다.

전철용 변전소는 선로에 따라 선 모양으로 배치되는 것이 일반 변전소와 다른 점이다. 따라서 급전계통내 전압변동률을 ±20[%] 이내로 하고 안정된 계통보호를 하기 위하여 그 설치 간격은 각 선구의 수송량 또는 선로의 구배상황에 따라 달라진다.

보통 1500[V] 직류구간에서는 5~10[km] 간격과 20[kv] 교류구간에서는 20~40[km] 간격으로 되어 있다. 각 변전소는 중앙관리 제어소로부터 원격제어 되어 무인화하는 것이 일반적이다. 원격제어거리는 500[km] 이상의 구간에 이르는 것도 있다.

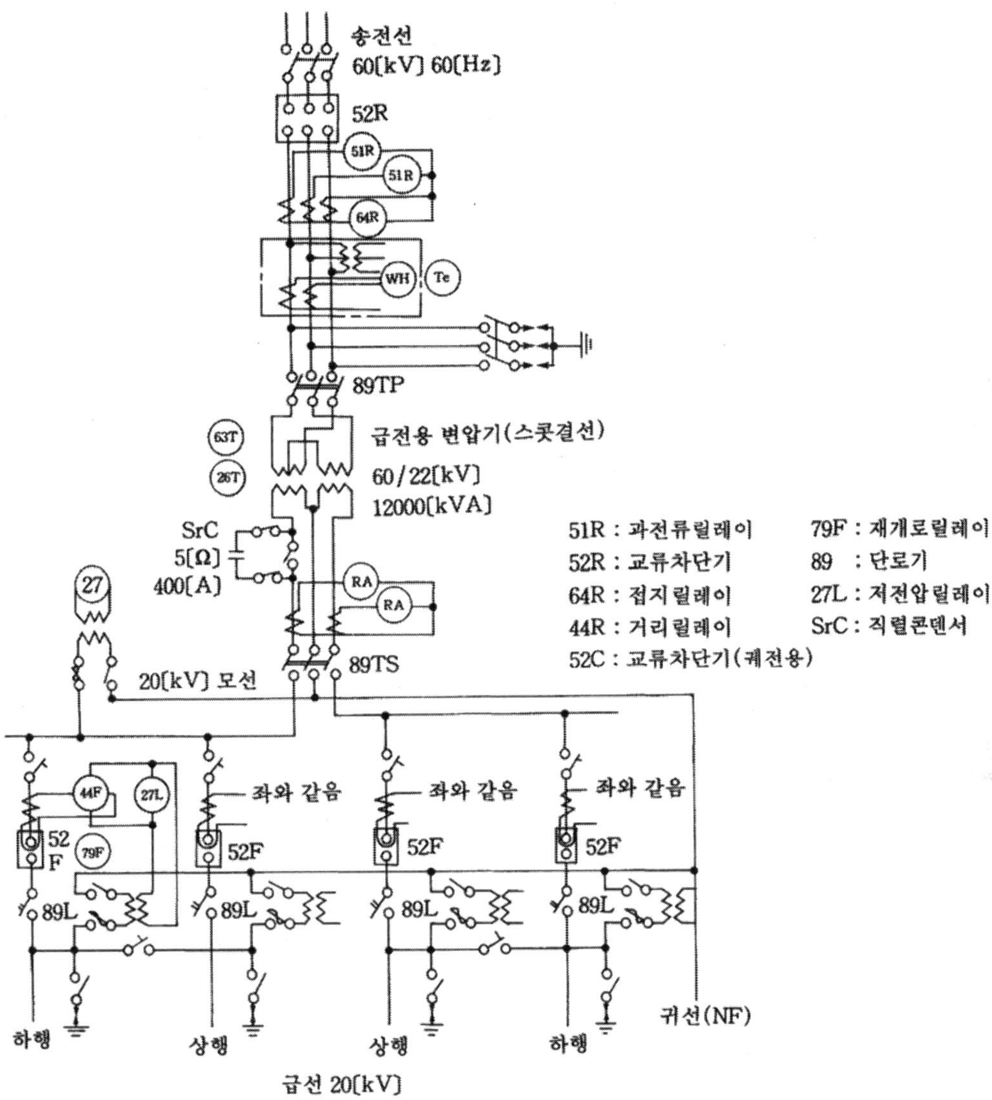

■ 그림 5.2.3 교류 변전소 주회로

(3) 전철용 변전소

전기철도의 길이 L[km]에 있어서 모든 전차의 중량 W[t]을 운전하였을 경우 그 전력 소비량이 w[Wh/t·km]라 하면, 이 전차를 운전하는데 필요한 전력량은 $wWL/1000$[KWh]가 된다. 그리고 표정 속도를 S[km]라 하면, 이 철도를 주행하는 시간은 L/S[h]가 되는 것으로 전차의 평균전력은 w WS/1000[kW]가 된다. 여기서, 발차 간격을 T분이라 하면, 이 선로 왕복하고 있는 전차수는 $L/S \cdot 60/T \cdot 2$로 되어 변전소의 평균 전력 P[kW]는 다음과 같이 구할 수 있다.

$$P = \frac{wWS}{1000} \times \frac{L \times 60 \times 2}{ST} = \frac{0.12wWL}{T} \text{ [kW]} \qquad (5.2.1)$$

변전소의 총 출력은 위의 평균 전력을 부하율로 나누면 된다. 부하율은 노면전차에서 50[%], 도시간 철도에서 40[%], 간선철도는 30[%] 정도이다. 위의 변전소 총출력을 철도에 따라 몇 곳으로 나누어 설치하는 것이다.

변전소의 수를 많이 하면 변전소의 건설비 및 경상비가 증가하게 되지만, 전차선의 전압강하 및 전력손실이 감소하고 전식작용이 적어지면, 선로의 건설비, 경상비가 절약되고 전차운전이 원활하게 되는 이점이 있다.

실제에 있어서는 표준형의 변전소 크기를 정하여 운송 형편과 기설 변전소와의 관련성을 고려하여 5~15[km]의 간격마다 변전소를 설치하며 최근에 있어서는 주변전소에서 조작 제어되는 소용량의 무인변전소를 중간에 다수 설치하는 방법도 있다.

3 전기철도 급전방식

(1) 전기철도의 급전방식

전기철도에서 차량 운전용 전력은 변정소로부터 전차선로에 급전되고 전기차를 구동 시킨 후에 레일 등의 귀선을 경유하려 변전소로 귀환된다. 이 전기회로가 전기철도의 급전회로이다.

① 직류급전방신

일반 전력계통으로부터 3상 특별고압 22.9[kV] 또는 [kV]의 교류를 수전하고, 변압기에서 적정한 고압으로 강압한 다음 정류장치를 사용하여 직류로 변환하여 전차선를 통하여 전기차에 전역을 공급하는 방식이다.

직류 급전방식은 양측 변전소로부터 급전하는 병렬방식이 표준이며, 또한 저전압 대전류 계통이므로 전철 변전소의 간격은 전압강하 등은 고려하여 대략 4~10[km]마다 설치 운용하고 있다. 직류 급전방식은 전압이 낮기 때문에 대전류가 필요하며 전차선만으로는 용량이 부족하여 병렬로 별도의 급전선을 가선하게 되고, 250[m]마다 급전 분기선에서 전차선과 접속한다. 급전선의 추가 가선은 전차선을 적당한 거리마다 구분이 가능하고 사고를 일으킨 구간을 분리하여 전 전차선 계통에 사고의 영향이 파급되는 것을 방지할 수 있다. 단, 강체 가선식에서는 대전류의 용량을 흐르게 할 수 있기 때문에 급전선을 별도로 설치하지 않는 경우도 있다.

직류 급전방식의 특징은 다음과 같다.

- 교류방식에 비하여 전압강하가 커서 변전소 간격이 짧고, 직류변환장치가 필요하여 변전소의 설비비가 크다.
- 교류방식에 비하여 전압이 낮기 때문에 절연계급을 낮출 수 있다.
- 전기차 귀선전류가 레일로 흘러서 대지 누설전류에 의한 통신유도장해가 크다.
- 운전전류가 크므로 누설전류에 의한 전식의 우려가 높아 그 대책이 필요하다.
- 가장 간단한 급전방식이며 직류전기 방식에서 사용한다.
- 보수가 용이하고 경제적이다.

그림 5.2.4는 급전계통의 결선개략도의 직류방식을 나타낸 것이고 그림 5.2.5는 교류방식을 나타낸 것이다, 직류방식의 특징은 궤전선(feeder)과 가고 전차선을 병설하고, 0.1~10[km]마다 궤선(급선) 분기선으로 궤전선과 가공전차선을 연락하여 전력손실과 전압변동률을 적게 하는 것이다.

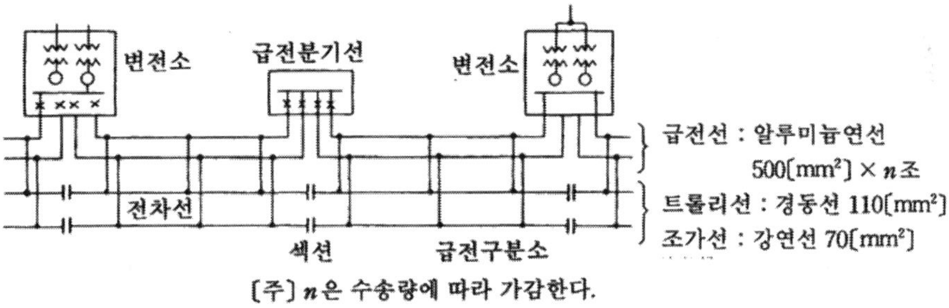

■ 그림 5.2.4 직류 급전 방식

② 교류 급전방식

일반 전력 RP통으로부터 상용 주파수 3상 특별고압을 단상의 교류로 전차선로에 공급하려 운전하는 방식이다. 교류 방식은 직접 급전방식, 흡상변압기 급전방식, 단권변압기 급전방식으로 구분한다.

교류 급전방식의 특징은 다음과 같다.

- 사고시 선택차단이 용이하여 계통을 보호 할 수 있다.
- 에너지의 이용률이 높아 경제적이다.
- 전식의 우려는 없지만, 통신유도장해 대책이 필요하다.
- 직류방식에 비하여 변전소의 간격은 30~100[km]로 길다.
- 대용량 중·장거리 수송에 유리하다.

교류 방식의 특징은 귀선전류가 대지로 누설되기 때문에 가공전차의 전류와 레일을 흐르는 귀선전류 사이에 불평형이 생기고, 이것이 원인이 되어 인근 통신선에 유도 장해 전압이 발생하게 된다.

이것을 방지하기 위해서 흡상변압기 또는 단권변압기를 설치하여 대지 누설전류를 적당한 간격(1.5~4[km])마다 가공 궤전선으로 흡인하는 것이다.

여기서는 교류방식 중에서 흡상변압기 급전방식과 단권변압기 급전방식에 대하여 설명한다.

(1) 흡상변압기 급전방식(BT 급전방신)

흡상변압기(booster transformer, BT)급전방식은 권선비 1 : 1의 흡상변압기를 약 4[km]마다 직렬로 설치하여(변압기 1차단자는 전차선에, 2차단자는 부급전선에 연결함) 전차선에 부스터 섹션을 설치하고, BT와 BT사이의 중간점에서 레일과 부급전선을 흡상선으로 접속하여 레일에서 대지에 누설되는 전기차의 귀로전류를 강제적으로 부급전선에 흡상시켜 통신선로의 유도장해를 경감하는 방식이다.

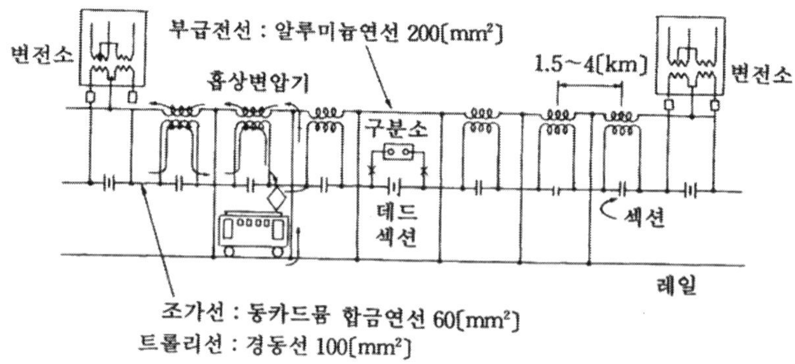

■ 그림 5.2.5 교류 급전 방식

위의 그림 5.2.5에서 변압기가 전류를 흡상하므로 흡상변압기(BT)라 한다. 변전소의 간격은 약 30[km]이며, 우리나라에서는 산업선 전철에서 채택하고 있는 방식이다.

전기차가 부스터 섹션을 통과할 때 급전전류를 차량의 팬터그래프에서 개폐하므로 아크가 발생하며, 그 대책으로 부급전선에 직렬콘덴서를 삽입하려 부급전선 회로의 리액턴스를 작게 하거나 팬더그래프 통과시에 사이리스터 스위칭으로 단락하는 경우가 있다.

교류 BT 급전방식은 급전선을 설치하지 않고 변전소 전원에서 직접 전차선을 통하여 전역을 공급하는 경우에는 전기차와 변전소간에 전기저항이 크고 매우 큰 운전전류가 흐리기 때문에 전차선의 전류용량이 부족하여 잔선 사고 및 전압강하가 커지게 된다. 따라서 전압강하가 일어나면 운전속도 및 기동력이 저하되어 운전불능 상태가 되는 수가 있고, 전차선로의 사고 방생하였을 때 전차선 계통에 사고의 영향이 전체적으로 파급될 수 있다.

(2) 단권변압기 급전방식[AT 급전방식]

단권변압기(auto transformer, AT) 급전방식은 변전소에서 급전선을 전차선로를 따라 가선하고, 이 급전선과 전차선 사이에 단권변압기(권선비 1 : 1인 변압기)를 약 10[km]마다 병렬로 설치하여 변압기 중성점을 레일에 접속하는 방식이다. 설치간격은 약 10[km]이다. 이 방식은 대용량 열차부하에서 전압변동, 전압 불평형이 적기 때문에 안정된 전력공급이 가능하고 레일에 흐르는 전류는 차량을 중심으로 각각 반대 방향의 단권변압기 쪽으로 흐르기 때문에 근접 통신선에 대한 유도장해를 경감하는 방식이다. 변전소의 간격은 약 40~100[km]이며, 우리나라에서는 수도권 전철 전구간과 고속 철도에서 채택하고 있는 방식이다.

교류 AT 급전방식은 전철용 변전소에서 전압을 전차선 전압보다 높게 하여 급전하여 전차선로에 연속적으로 설치된 단권변압기(AT)로 전차선 전압을 강하시켜 전차선으로 공급하기 때문에 전 선로에 AT 급전선을 전차선과 별도로 가선하고 있다.

이 방식의 전력공급 측면에서의 특징은 다음과 같다.

- 급전전압이 차량 공급전압의 2배 이므로 전압 강하율이 적고, 대전력 공급측면에서 유리하다.
- 전압강하가 적으므로 변전소 이격거리가 길다.
- 철도용 변전소를 일반 전력용 변전소 근처에 선정이 가능하고 또한 변전소간 거리를 멀리 할 수 있기 때문에 송전성이 건설비가 절감된다.
- 급전전압은 차량전압의 2배이지만 중성점이 접지되어 실제 절연레벨은 1/2이 된다.
- 부하전류는 차량이 인접한 양쪽의 단권변압기로 흡상되므로 통신유도장해가 경감된다.
- 흡상변압기 급전방식과 같은 섹션이 필요하지 않다.

■ 표 5.2.1 BT 급전방식과 AT 급전방식의 비교

구 분	BT급전방식	AT급전방식	비 고
급전 전압	• 교류 25[kV] • 변전소 간격 : 30~40[km] • 전차선과 레일 : 25[kV]	• 교류 50[kV] • 변전소간격 : 80~100[km] • 급전선과 전차 : 50[kV] • 전차선과 레일 : 25[kV]	급전 가능거리는 급전전압의 제곱에 비례하므로 AT방식의 송전선 건설비가 저렴
부스터 섹션	• 필요함 • 섹션 통과시 아크발생	• 필요 없음 • 고속 대용량 집전에 적합	
통신유도장해	AT와 동일	BT와 동일	
전압강하	급전전압이 낮기 때문에 전차선로 전압강하가 큼	• 전압강하가 작다. • 대용량 장거리 급전에 적합	급전전압 2배로 되면 전류는 1/2, 전압강하 1/4
회로해석	비교적 단순	회로가 복잡하고 계산 난해	
보호회로	급전전압이 낮기 때문에 고장전류가 적어 보호가 어려움	전압이 높으므로 보호가 비교적 용이	
고 장 점	회로가 단순하므로 용이	회로가 복잡하므로 난해	
경 제 성	송전선로의 건설비가 많다.	송전선로를 고려하면 AT측이 경제적	

그 밖의 교류급전회로 방식에 대한 그림 5.2.6에 나타나 있다.

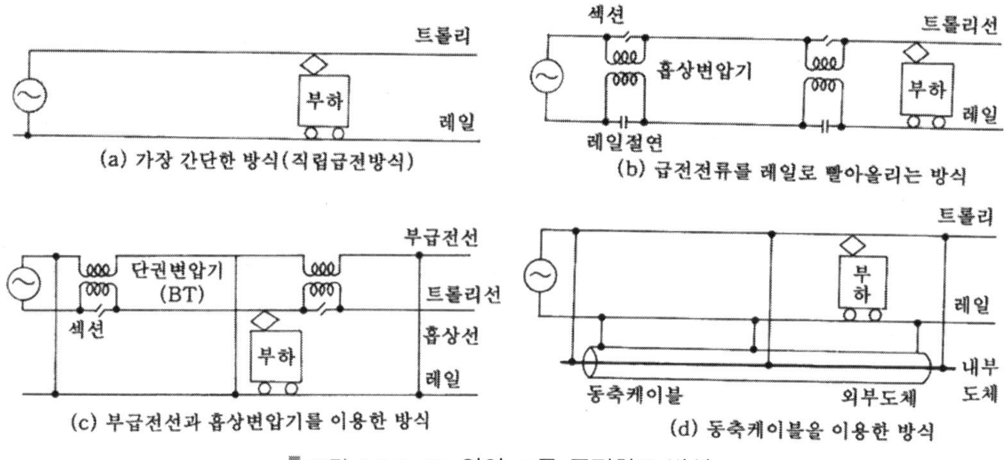

■ 그림 5.2.6 그 외의 교류 급전회로 방식

(2) 전기철도의 변전설비

① 직류 변전설비

직류변전설비는 3상 특별고압 22.9[kV] 또는 154[kV]를 주변압기로 1,200[V]의 교류로 강압하고 실리콘 정류기에 의해 표준전압 1,500[V]의 직류로 변환하고 있다. 교류에서 직류로 변성하는 장치는 회전변류기(rotary converter)나 수은정류기가 사용되어 왔지만, 최근에는 반도체 기술의 발달로 신뢰성 및 보수성이 뛰어난 3상 전파브리지 정류방식의 실리콘 정류기가 널리 사용되고 있다.

직류 급전방식에서 여러 개의 변전소가 병렬로 접속되는 방식이 표준이며, 변전설비는 변전서(SS, sub−station), 급전 구분소(SP, sectioning post), 급전 타이 포스트(TP, tie−post), 정류 포스트(RP, rectifying post) 등으로 구성되어 있다.

급전 구분소(SP)와 급전 타이 포스트(TP)는 직류 복선 구간에서 변전소 중간에 설치하는 경우와 전차선을 병렬 급전할 수 없는 말단 부분의 상선과 하선을 고속도 차단기를 총하여 접속할 수 있도록 한 설비로써 전차선로의 전압강하를 경감시키고, 고장검출을 용이하게 하며, 사고 구간을 한정 구분하고, 사고시나 작업시에는 정전구간을 단축하게 하는 역할을 한다. 정류 포스트(RP)는 급전 구간의 레일과 대지간의 누설전류를 줄이기 위하려 설치하는 것으로 누설전류의 경감을 목적으로 변전소를 설치하는 대신에 변전소 설비에서 고속도 차단기를 생략하여 건설비를 절감 시킨 것이다.

② 교류 변전설비

교류 변전설비에서 흡상변압기 방식은 일반 전력 계통으로부터 3상 특별고압 66[kV] 또는 154[kV]의 교류를 수전하여 주변압기(급전용 변압기)로 단상 25[kV]로 변성하여 전차선에 공급하며, 단권변압기 방식은 3상 특별고압 154[kV]의 교류를 수전하여 주변압기로 단상 50[kV]로 변성하려 단권변압기를 거쳐 부하설비인 전기차에 25[kV]로 전력을 공급한다.

교류 급전방식에서는 급전전압이 높고 전류가 적으며 인접 변전소 상호간의 전압위상이 서로 다르므로 일반적으로 직류 방식과 달리 변전소 상호간에서 병렬급전을 하지 않고 단독급전을 수행하고 있다.

- 주변압기(급전용 변압기) : 일반 3상 전역계통에서 대용향의 단상부하를 사용하면 전원측에 불평형이 발생한다. 이를 해소하기 위하려 전철용 주변압기로 특수 변압기인 스코트결선변압기를 사용한다. 스코트(Scott) 결선 변압기의 사용목적은 대용량 단상부하에 의한 3상 전원을 2상으로 변환하는 변압기로 3상 전역계통에 접속하여 단상전력 2조(M상, T상)를 얻어 전차선로에 급전하는 것이다.

  현재 사용하는 스코트 결선 변압기는 M상과 T상의 권선을 각각 별개의 철심에 감아서 동일 케이스에 수용하는 2철심형과 2개의 철심을 일체로 하는 1철심형으로 제작되고 있다.

  AT 급전방식이 채용되면서 수전전압 187~275[kV]의 초고압용으로 1차측 직접접지가 가능한 변형 우드브리지 결선변압기가 개발되었다.
- 급전계통 구성 : 교류급전방식에서 종래에는 흡상기(BT) 급전방식을 사용하였지만, 부하의 대용량과 고속 운전 등으로 최근에는 단권변압기(AT) 급전방식으로 대체되고 있으며, 일반적으로 교류의 급전계통은 다음과 같이 구성하고 있다.
  - 변전소간에는 급전 구분소(SP)를 설치하고, 급전은 변전소에서 급전 구분소간으로 한다.
  - 급전회로에 이상이 발생하였을 때는 연장 급전이 가능하도록 하고, 방면별 상은 인접 변전소와 동상이 되도록 구성한다.
  - 변전소과 급전 구분소 중간에는 계통의 한정 구분 또는 전압보상 등을 위하려 보조 급전 구분소(SSP) 또는 병렬급전소(PP)를 설치한다.
  - 단권변압기의 설치장소는 다음에 의한다.
    - 표준 설치 간격은 10[km]로 하되 최소 간격은 6[km]로 한다.
    - 급전회로의 말단과 약전회로의 유도장해 저감에 필요한 장소에 설치한다.
  - 변전소 및 급전구분소에는 급전 구분 및 급전전원의 전환을 위하여 전환 개폐장치를 설치한다.
  - 상, 하선 타이 급전을 위하여 급전구분소에는 상, 하선을 결합할 수 있는 단로기, 차단기를 설치한다.
  - 변전소의 수전, 급전변압기 등은 이중으로 구성한다.

(3) 이선과 그 장애

전기차의 주행 중에 급전장치와 트롤리선의 접촉이 떨어지는 것을 이선이라 한다. 이선의 정도를 나타내는 것에는 이선율(rate of loss contact)이라는 값을 쓴다.

$$이선율 = \frac{이선시간}{실제운전시간} \times 100[\%] \tag{5.2.2}$$

일반적으로 이선율은 3[%]이내가 좋으며 이선이 발생하면 이선이 의해 크고 작은 아크가 생기고, 트롤리선이나 집전장치의 접촉판이 비정상적으로 마찰하기도 하고 극단적인 경우 단선되는 경우도 있다. 또, 떨어지고 붙을 때에는 충격 전류에 의한 전도기의 정류 불량이나 전류 중단에 의한 출력

저하 등 전기차의 장해를 일으키는 이외에 통신 설비 등에 대하여 전파장애를 발생시키는 경우도 있다.

팬더 그래프의 끌어 올리는 힘(압상력)을 크게하면 이선율은 감소하나 기계적 마모가 심해지므로 일반적으로 끌어 올리는 힘은 3~5[kg]의 범위로 하고, 팬더그래프의 압상력은 가공선 높이의 변화에 관계없이 항상 일정한 구조로 한다.

■ 표 5.2.2 이선종류

이선종류	발생원인	이선시간
소이선	전차선, 팬더그래프 습동판의 미세한 진동	수십분의 일초
중이선	팬더그래프가 경점 등의 충격으로 불연속으로 발생	수분의 일초
대이선	전차선의 경성점, 연성점에 의해서 발생	수분의 일초로부터 1~2초

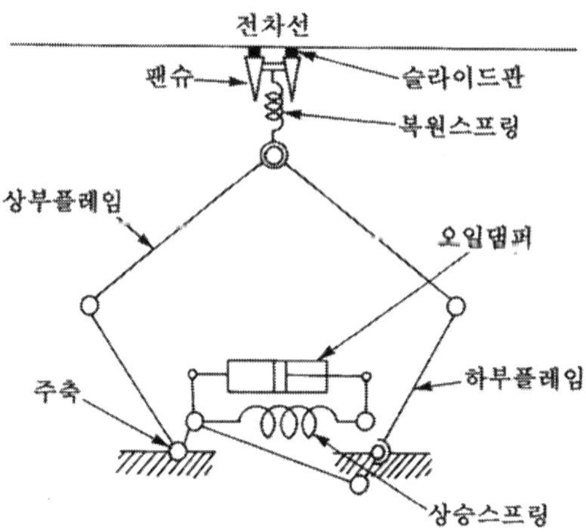

■ 그림 5.2.7 팬더 그래프의 구조

(4) 자동장력 조정장치

트롤리선, 조가선은 외부기온의 변화로 팽창, 수축하여 장력이 변화함과 동시에 트롤리선의 높이 변화, 즉 늘어짐이 생겨 집전성능이 약화된다.

이 때문에 가선의 일정길이마다(800~1600[m]는 양단) 자동장력 조정장치를 설치한다. 자동장력 조정장치는 트롤리선내만 설치하는 경우와 조가선과 트롤리선을 일괄하여 조정하는 경우가 있다. 조정방식에는 아래 그림과 같이 활차식, 스프링식 등이 있고 전선의 장력 변화, 기온변화에 대응하여 장력을 일정하게 유지하도록 동작한다.

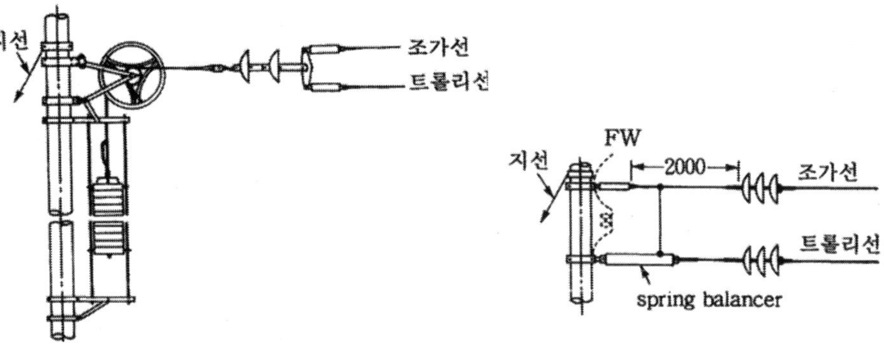

(a) 활차식 (b) 자동장력조정장치

■ 그림 5.2.8 자동장력 조정장치

4 전차선, 전기차량

전차선로는 가공전차선로, 급전선로, 귀선로 및 이를 부속하는 설비를 총괄하는 것을 말한다.

(1) 가공 전차선

변전소에서 각 전기 차량에 급전할 때는 가공전차선(overhard contact wire)또는 제3궤조(third rail)(지하철과 같은 완전한 전용 궤도일 경우에 한함)를 사용하고, 전기차를 통과한 전류는 레일을 귀로로 사용한다. 이것을 귀선(re−turn circuit)이라한다.

가공 전차선의 특징으로는 다음 같은 것을 들 수 있다.

- 전기차의 집전장치와 전차선은 불완전한 접촉상태 이다. 가공 전차선과 전기차의 팬터 그래프(panta graph)의 운동을 잘 조화시켜 고속도 운전중에도 서로 떨어지는 경우가 적도록 할 수 있는 구조로 한다.
- 전기차의 운전으로 부하점이 이동하고, 부하는 급격한 변동을 수반한다. 전압 변동률은 전기차의 팬터그래프의 수전점에서 최대 ±20[%], 평균±5[%] 범위내로 한다.
- 철도선로는 구조물에 의해서 설비상의 제약을 받는다.
- 선로 근처의 통신선에 대한 유도장해의 잡음이나, 유기전압을 규정값 이내로 하기 위한 조치를 한다.
- 레일에 흐르는 귀선전류는 신호전류와 혼선되지 않도록 임피던스 본드(impedance bond)를 설치한다. 귀선전류가 레일로부터 대지로 누설되는 것을 최소한으로 적게 한다.
- 계통내의 사고에 의한 정전의 영향의 적은 부분의 구간으로 한정될 수 있는 구분 장치를 설치하고, 그 구분장치를 원격제어 한다.

(2) 귀로선

전기차에 공급된 정력을 변전소에 되돌리기 위한 전기회로를 귀로선이라 하고, 일반적을 레일을 사용한다. 귀로선의 전기저항이 높은 경우에는 전압강하 및 전력손실이 커지는 것과 동시에 대지로 누설전류가 커지고, 전식이나 통신 유도장해를 발생시키는 요인이 된다. 전기저항을 낮추기 위해서 레일의 이음새에는 레일본드를 설치하여 전기적인 접속을 양호하게 하며, 나아가 보조 귀로선이나 보조 급전선을 설치하는 경우도 이다.

(3) 전차선의 가선 방식(조가방식)

가공선의 가선방식은 그림 5.2.9와 같이 가공선의 질량, 스프링의 상수, 높이 등 선로방향의 분포를 가급적 고르게 하여안다. 특히 전주나, 터널벽의 지지점과 지지점간의 중앙 부분과의 가선 상수의 균일성을 유지하기 위해서 Y선(stitched wire)를 사용하거나 합성소자를 삽입하여 고속운전시의 이선을 적게 하고 있다.

제3궤조는 최근의 지하철 팬더그래프식 차량에 대한 강체 가선과 동시에 차량 진동에 대한 순응성이 없으므로 이선율이 높아 70[km/h]이상의 고속에는 사용하지 않는다. 전차선의 가선 방식을 간단히 설명하면 다음과 같다.

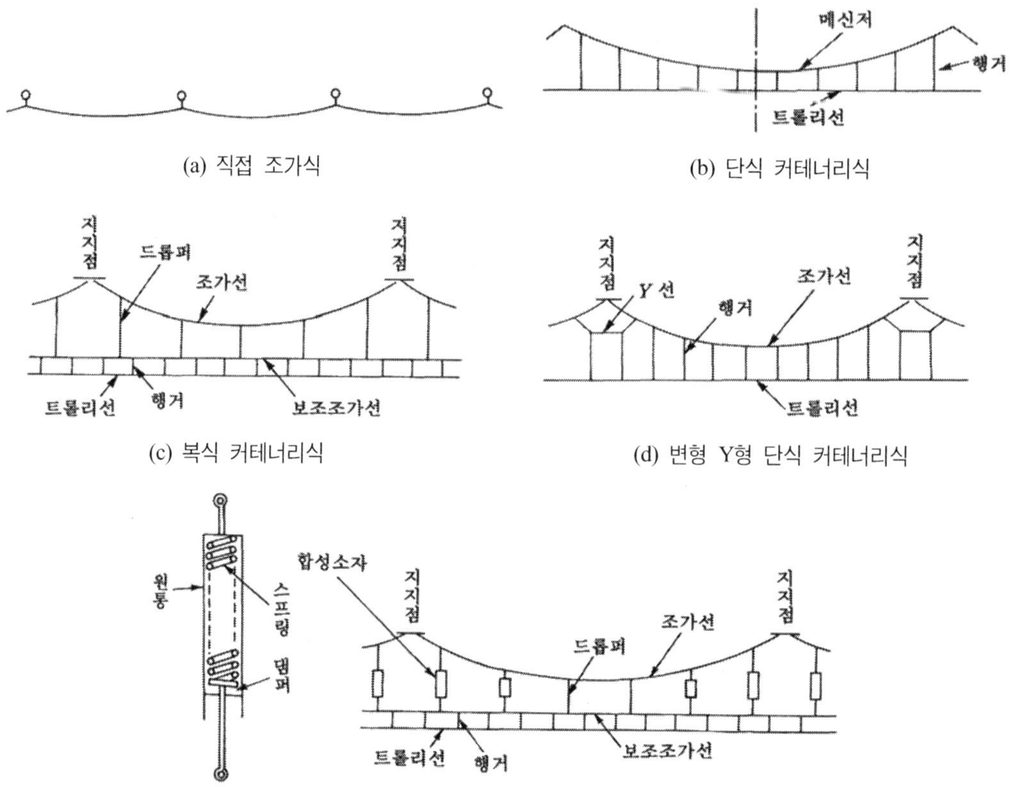

(a) 직접 조가식

(b) 단식 커테너리식

(c) 복식 커테너리식

(d) 변형 Y형 단식 커테너리식

(e) 합성 컴파운드 가선

■ 그림 5.2.9 각종 가선 방식

① 직접 가선(dirrct suspension) 혹은 직접조가식

그림 5.2.9(a)와 같이 트롤리선을 직접 이어(ear : 트롤리선을 잡는 금속)로 가선하는 것인데 이도가 크며, 고속이면 이선이 발생하여 전기적 마모가 생기기 쉽다. 최근에는 노면 전차에도 별로 사용되지 않는다.

② 단식 커터너리 가선(simple catenary)

메신저(messenger)라고 하는 이연 도강연선을 커터너리 곡선으로 가선하고, 여기에 행거(hanger)를 매어 달은 것이다. 보통 경산거리는 45~50[m]이고 약 10개의 행거를 사용한다. 가선의 중앙과 끝부분의 탄성이 달라 고속이며 이선율도 커지므로 속도 100[km/h] 정도 이하에 적당하다. 전류 용량이 커지면 트롤리선을 2개로 한 더블 트롤리식과 메신저도 2개로 한 더블 심플가선이 사용한다.

③ 복식 커터너리 가선(compound catenary)

그림 5.2.9(c)와 같이 드롭퍼(dropper)에 의해서 보조 메신저를 조가한다. 단신 커터너리 방식보다 수평으로 가선할 수 있으므로 고속도에 적당하다. 경간 거리는 80[m]정도이다.

④ 변형Y커터너리(stitched catenary)

단식 카터너리 가선에 15[m] 정도의 가는 Y전선(현수선의 지지점 전후에 Y선)이라는 보조적인 현가용 전선을 설치한 구조로 고속용에 적합하다

⑤ 합성소자부 커터너리(composite type catenary)

드롭퍼의 중간에 합성소자(스프링과 댐퍼를 조합한 것)를 삽입하여 이도를 좋게 한다. 이 방식을 합성 컴파운드 가선이라고 한다. 커터너리 현가식의 드롭퍼 또는 행거에 합성소자를 삽입한 구조이다.

⑥ 강체 현가식(강체 조가식)

- T−bar 방식 : 터널 등의 천장에 알루미늄 합금, 도전장 등의 도체성 형재를 애자로 지지하고 그 도체하면에 이어(ear) 등을 사용하여 트롤리선을 일체화하여 고정시키고 전기차의 집진장치로 집전하는 방식으로 가공방식의 일종이다. 표준길이는 10[m]이고 250[mm]지지애자에 알루미늄 합금 T형재를 사용하며 아랫면에 롱이어에 의해 전차선을 볼트롤 지지하는 방식으로 5[m] 간격으로 지지금구에 고정되어 있다. 트롤리선은 탄성이 적고 강성이 크므로 마모가 커서 이선이 생기기 쉬울 것으로 예상 되지만, 트롤리선을 도체성 형재로 일체화하여 고정시켰으므로 단선의 위험이 없고 터널의 높이도 낮게 할 수 있으며 가공선과의 연결운행도 가능하여 교외철도와 연결 운행되는 지하철에 많이 사용되고 있다. 그림 5.2.10에 강체 현가식 구조(T−bar방식)를 나타낸다.
- R−bar 방식 : R−bar 방식은 교류구간에서 사용하는 방식으로 우리나라의 과천선 등 교류 25[kV] 방식의 지하구간에서 사용되는 표준길이는 12[m]이다.

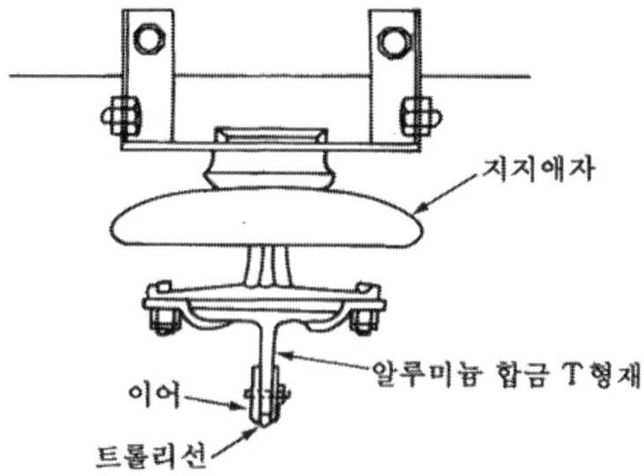

■ 그림 5.2.10 강체 현가식구조

전압이 높아서 절연거리가 길기 때문에 강체의 직상부 좌우에 직선형 가동 브래킷[bracket]을 설치하여 강체[rigid bar]로 전차선을 고정하는 방식으로 가선 도르레를 이용하여 쉽게 가선할 수 있기 때문에 시공은 간단하고, 10[m] 간격으로 장간애자에 의하여 고정되어 있다.

(4) 제3궤조식

아래 그림 5.2.11과 같이 주행용 레일 옆에 제3레일을 부설하고 전기차의 측면에서 나온 집전슈[current collection shoe]에 전력을 공급을 받는 방식으로 감전의 위험이 있기 때문에 지하철에서 직류 600~750[V]의 저전압에 채택하여 사용한다. 제3궤조의 집전 슈의 접촉압력은 15[kg] 정도로 큰 기계적 강도를 요구하지 않지만 도전율을 크게 할 필요가 있다. 따라서 주행레일보다 저항이 적은 저탄소강을 필요로 하고, 표준 연동의 6~8배의 저항을 가진 것을 사용하고 있다.

궤조 주변에 도전용의 궤조를 설치하여 전기차의 집전장치로 접촉 집전하고 주행 궤조를 귀환선으로 하는 방식으로 정류 용량이 크고 지지구조가 간단하며 터널 등의 높이가 낮아져 경제적이므로 지하철 및 터널이 많고 저압을 이용하는 단거리 구간에 많이 적용하고 있다. 반면 궤도 측면에 가압 궤조가 설치되어 있으므로 감전의 위험이 있고 시설에 제한이 있으므로 보선 작업이 불편하고 궤도의 교차, 분기점 등에서 전력이 중단되는 등의 단점이 있다.

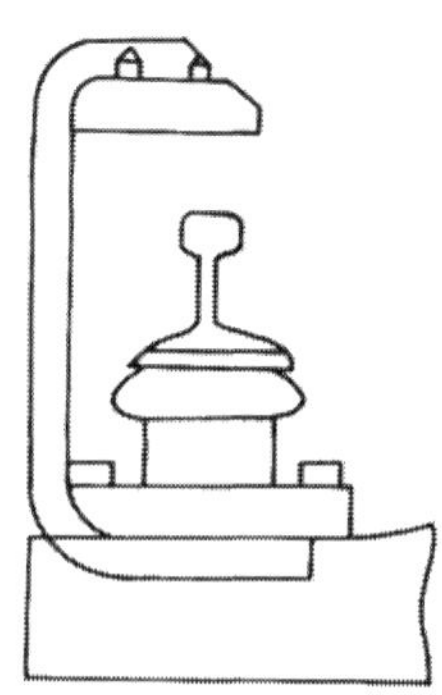

■ 그림 5.2.11 제3궤조 구조

(5) 전차선

① 전차선

전차선[trolley wire]은 레일면 위의 일정한 높이로 가설되어 차량의 집전장치[팬터그래프]와 직접 접촉하여 전기차에 전력을 공급하기 위한 가공전선이다.

따라서 전차선에 요구되는 성능은 다음과 같다.

- 도전성이 높을 것
- 전기용량이 클 것
- 내열성, 내마모성, 내부식성이 좋을 것
- 피로강도가 충분할 것
- 인장강도가 크고 장력이 클 것
- 접속개소의 통전 상태가 양호 할 것

전차선의 높이는 최저 4.55[m]에서 최고 5.4[m]로 하며 5.1[m]를 표준으로 하고 있다. 또 일반적으로 사용하는 재질은 경동이고 단면의 형상은 그림 5.2.12이며 이중에서 (b)인 홈붙이 원형 형상이 표준으로 사용되고 있다. 전차선은 팬터그래프와 직접접촉에 의해 한 위치만의 마모를 방지하기 위하여 직선 구간에서는 지그재그가 되도록 설치하고, 이것을 트롤리선[전차선]의 편위라고 한다 이와 같이 편위는 전차선의 궤도 중심선에서의 수평거리를 의미한다. 전차선의 편위가 지나치게 크면 팬터그래프가 전차선에서 이탈하는 이선현상이 일어날 수 있으므로 일정한 한계를 정하고 있다. 전차선의 편위는 직선로에서 200[mm]를 표준으로 하고 최대 250[mm]까지 할 수 있으며 곡선로에서는 경간 중앙에서 150[mm]이하로 한다.

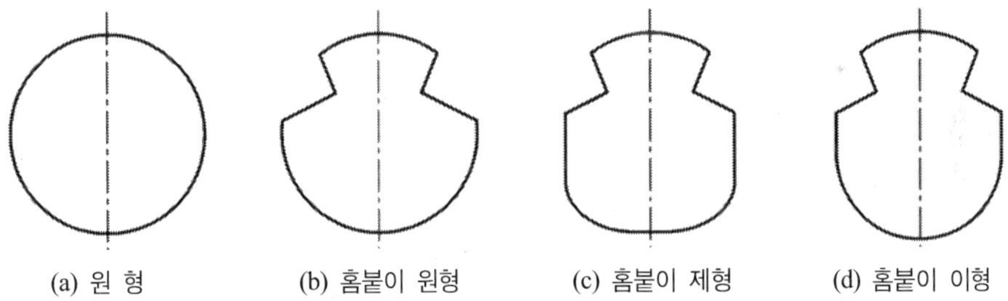

■ 그림 5.2.12 트롤리선의 단면 형상

② 집전장치

전기차량이 가공선, 제3궤조에서 전기를 급전받는 장치를 집전장치라고 한다. 종류로는 팬더그래프, 뷔겔, 트롤리 봉 등이 있다.

- 팬더그래프 : 현재 우리나라에서 사용 중인 집전장치로 고전압, 대용량에 적합하고 습동판 압력은 5~11[kg]이다.

• 뷔겔 : 저속도, 저전압, 저용량에 주로 사용하고 전차선과의 접촉압력은 5.5[kg]로 지상 전철에 주로 사용한다.
• 트롤리 봉 : 전차선과의 접촉압력은 7~11[kg]이고, 지상전철과 지상버스에 이용된다.

③ 전차선의 전기적 마모방지 방법

• 동합금선을 사용한다.
• 그래파이프를 전차선에 바른다.
• 집전전류를 일정하게 유지한다.

(6) 귀선, 구분장치

전기차에 공급된 전력을 변전소에 되돌리기 위해서 만든 것이 귀선(일반적으로 레일사용)이다. 감전사고 예방을 위하여 귀선을 부극성으로 한다. 귀선이 저항이 높아지면 전압강하 증가, 전력손실 증가, 대지로의 누설전류가 커져서 전식이나, 통신유도장해 같은 문제가 생기게 된다. 그래서 귀선의 전기저항을 낮추기 위한 방법으로는 레일본드를 설치하여 전기적 접속을 강화하고 보조귀선이나 보조급전선을 설치하는 것이다.

유사시 또는 작업시에 전차선을 국부적으로 구분해서 정전시키기 위한 절연장치이다. 에어 섹션, 섹션 인슈레이터, 사구간 등은 전기적 구분장치이고, 전차선 장력 조정 및 전선의 길이 등과 관련하여 설비하는 에어 조인트 등은 기계적 구분 장치이다

구분장치는 전차선의 일부분에 사고가 발생하거나 보수작업을 위하여 개폐설비에 의하여 전기적으로 계통이 구분되도록 한 절연장치이고, 섹션이라고도 한다. 구분장치는 전기적 기계적 강도가 충분하고 다음과 같은 조건이 요구된다.

• 충분한 절연성을 가질 것
• 팬터그래프의 통과에 지장이 없을 것
• 기계적 강도가 클 것
• 구분 구간을 통과하는 열차의 속도에 대응할 수 있을 것

표 5.2.2 구분장치의 종별과 사용구분

구분장치	종 별	사용구분	속도[km/h]	비고
전기적	에어섹션	동상의 본선 구분용 및 흡상변압기용	130	공기절연
	애자섹션	동상의 상,하선 및 측선 구분용	85	애자제, 수지제
	데드섹션	이상 구분용 및 교,직 구분용	130	수지제
기계적	에어조인트	합성 전차선 평행설비 구분	130	전기적접속

(7) 전식의 발생, 방지

직류식 전철에서는 레일은 전차 전류의 귀로로 이용하므로 레일의 접속부분의 저항이 높으면 레

일을 흐르는 전류의 일부가 대지로 누설하여 부근의 수도관, 가스관, 전력 케이블 등 지중금속 매설물을 통하여 전철의 전류귀류점인 변전소로 되돌아 흐르게 된다.

이 때문에 전철용 레일이 근접되어 매설된 지중금속체는 전차의 운전중 레일로부터 대지로 누설된 전류의 귀로가 되며 흐르는 전류가 큰 경우에는 지중금속체로부터 지중으로 전류가 유출하는 부분에 전해작용이 일어나서 부식을 일으키는 전식(electrolytic corrosion)이 나타난다. 이것은 금속이 양극으로 되고 토양이 매체가 되면 양극인 금속이 토양속으로 용출되며 양극 근처에서 발생된 산소 때문에 납은 산화납(PbO_2), 철을 산화제2철(Fe_2O_3) 등이 된다. 이 전식량 M은 페러데이의 법칙에 따르며 화학당량 Z, 전류값 i 및 통전시간 t에 비례한다.

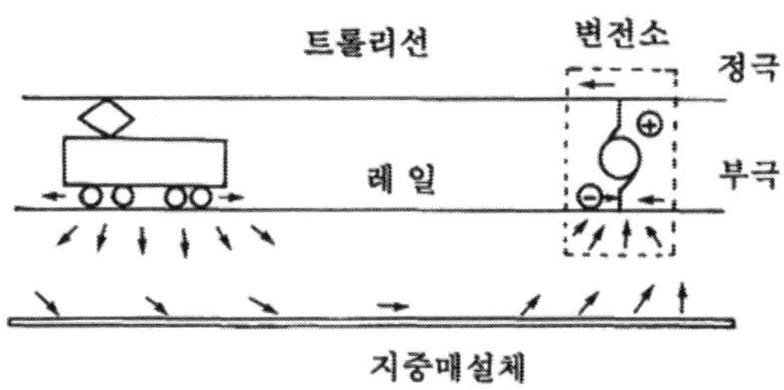

■ 그림 5.2.13 전철 레일로부터 누설전류 흐름 상태

$$M = Zit \text{ [g]} \tag{5.2.3}$$

위의 그림 5.2.13은 전철 레일로부터의 누설 전류가 흐르는 상태를 나타내었다.

전식을 방지하는 방법에는 전철측 시설과 지중매설관측 시설이 있다.

① 전철측 시설

- 귀선저항을 작게 하기 위하여 레일에 본드(bond)를 시설하고 그 시공 보수에 충분 히 주의한다. 이것은 반대로 대지에 대한 레일의 절연저항을 크게 하는 것이다
- 레일을 따라 보조귀선을 설치한다. 즉, 굵기가 50[mm^2] 이상의 동선을 레일 30[cm] 이내에 설치하고 이것과 레일을 하나씩 걸러 접속한다.
- 변전소간의 간격을 짧게 한다.
- 귀선의 극성을 정기적으로 바꾼다.
- 대지에 대한 레일의 절연저항을 크게 한다.
- 절연음극 궤전선을 설치하여 레일과 접속한다.

② 지중 매설관측 시설

- 직접 배류법 : 매설관의 배류점과 레일을 전기적으로 접속해서 전식을 방지하는 방법 이다 변전소가 부근에 한개소 뿐이고 레일측으로부터 전류가 역류할 우려가 없는 경 우에 선택 사용하며, 적용 가능한 장소는 적다.
- 선택 배류법 : 지중매설 금속체와 레일을 접속하는 배류선에 선택배류기를 설치하고 금속체가

레일에 대하여 고전위로 되는 경우에만 전류를 유출시키는 방식이다

- 매설관의 표면 또는 접속부를 절연하는 방법 : 매설관에 전류의 출입은 없으나 만일 한 개소라도 절연이 나쁜 곳이 있으면 그 점은 매우 심한 전식을 받게 된다.

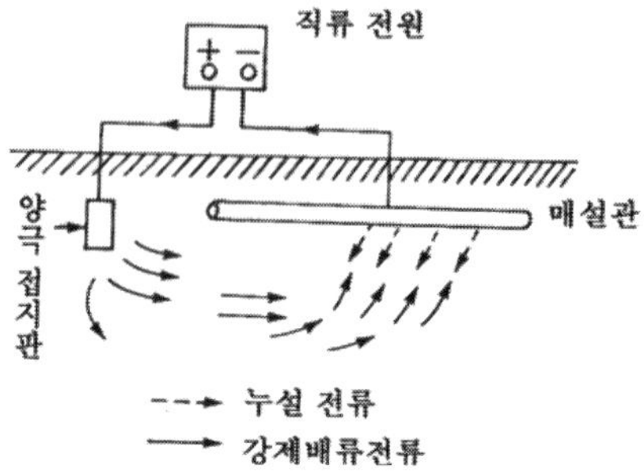

그림 5.2.14 강제 배류법

- 강제 배류법 : 적당한 정류기를 사용하여 교류에서 직류를 얻어 이것을 누설전류와 반대방향으로 가하는 방법이다(그림 5.2.14).
- 도전체로 차폐하는 방법이다.

(9) 전기차량

① 전원의 전기 방식에 의한 분류

- 직류 전기차는 직류전원에 의해 운행되는 차량이다.
- 교류 전기차는 교류전원에 의해 운행되는 차량이다.
- 다중전기식 전기차는 교류·직류 어느 쪽의 전원에 의해서도 운행되는 차량이다.

② 성능에 의한 종별

차량을 성능에 따라 나누면 다음과 같다.

- 전기기관차(electric locomotive) : 구동용 전동기를 갖추고 있으며 제어차, 부수차 등을 연결하여 운전할 수 있는 차량이다.
- 전동차(moter car) : 구동용 전동기를 갖추고 있으며, 또한 승객 또는 화물을 실을 수가 있다.
- 제어차(control car) : 부수차와 같이 전동기는 없으나 제어기나 운전실이 있어 동일 열차의 전동차를 제어할 수 있다.
- 부수차(trailer car) : 전동기 운전실이 없는 객차, 화차를 말한다. 따라서 전동차도 객차의 일종이라고 할 수 있다.

③ 대차의 종류에 의한 종별

- 4륜차(Four−wheel car) : 차축 2개를 지닌 차량으로 소형·저속용으로 시가 전차에 사용되었으나 최근에는 거의 사용하지 않는다.

• 보오기차(bogie car) : 보오기(bogie)와 차체로 되어 있어 보오기가 자유로이 회전할 수 있는 차량을 말하며 최근의 전기차는 거의 이런 형태로 되어 있다.

• 관절차(articulated car) : 두 대의 차체가 1대의 대차를 공유하는 차량을 말하며, 두 차량은 분리할 수 없으나 대 차의 수량이 감소될 수 있으므로 편성 중량이 경감되어 가속도 및 속도를 증가시킬 수 있다.

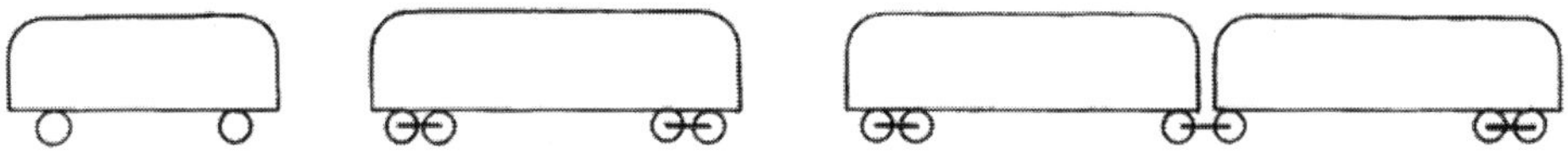

■ 그림 5.2.15 차량의 종별

④ 차체(car body)

전기 차량의 차체는 직사각형의 상자형으로서 전강차(all steel car), 반강차(semi steel car), 경합금차(aluminium all), 스테인레스차(steinless car), 목조차(wooden car) 등이 있으며 자중 및 하중에 의한 굽힘, 전단, 비틀림, 차길이 방향의 인장 및 압축, 차내외의 공기압의 차이 등에 견딜 수 있도록 설계되어야 하고, 특히 창이 큰 차체는 강도 계산이 매우 복잡하게 된다. 차체는 차륜에 의해서 레일 위를 주행하지만 전기차는 모두 2축 4 륜을 가진 전후 2개의 대차 위에 차체를 실어, 주행을 안정하게 하여 쾌적감을 느낄 수 있도록 하고 있다. 대차와 윤축(차륜과 차축의 총칭)과의 사이에서 축상(axle box)과 축스프링을 두어 전후방향으로는 고정되어 있지만 상·하에는 웅동성을 갖도록 하여 진동력이나 충격을 흡수시킴과 동시에 상호 변위에 대하여 복원력을 갖도록 하고 있다.

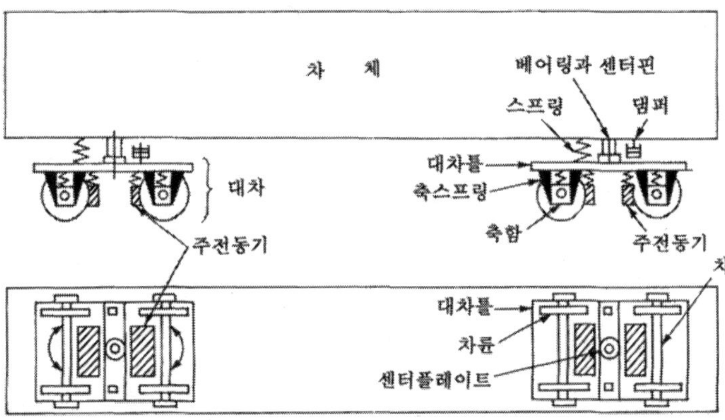

■ 그림 5.2.16 보오기 대차와 차체

⑤ 대차(truck)

대차는 대차틀(under frame)로 차륜과 차축을 지지하고 중앙의 센터 플레이트(center pin) 또는 킹 볼트(king bolt)가 들어 있다. 또한, 센터플레이트를 중심으로 하여 대차 는 차체에 대하여 수평면 내에서 약간의 각도만을 회전 차체의 중량은 센터플레이트의 좌·우에 있는 베어링으로 스프링 및 댐퍼를 거쳐 지지한다.

따라서 베어링의 마찰력을 적당히 가감하여 대차대 차체 사이의 자력적 회전운동을 억 제하여 열차가 구불구불 휘어서 가는 것을 방지한다. 베어링의 스프링에는 최근에 공기 스프링을 써서 하중의 변화에 따라 공기압을 자동조정하여 차체의 안정과 쾌적감을 돕는다.

⑥ 구동장치

고속 회전하는 주 전동기의 토크를 움직이는 바퀴에 전달하는 장치로서 일반적으로 일단 또는 다단의 치차에 의한 감속장치이다. 현재 이용되는 구동장치를 크게 나누어 보면 연 결 고리식, 가동계수식, 쿠일식 등이 있다. 최근에 여객용 대차의 구동장치에서는 구동 전동기는 대차판 또는 차체에 장치하고, 치차장치는 바퀴축에 부착하고 Cardan 축이나 탄력계수, WN 계수 등의 휩계수로 연결한 것이 대부분이다.

- 평행 cardan 방식 : 주전동기와 동력 윤축 사이에 가요성 연결판을 이용하여 토크를 탄성적으로 전달할 수 있는 구동 방식을 Cardan 구동 방식이라고 한다. 평행 Cardan 방식은 주전동기를 동력 윤축과 평행하게 배치하여 대차 몸체에 고정하고 전동기의 전기자축과 소기어와의 사이에 가요성 연결판을 사용하여 토크를 전달시켜 소기어와 동력 윤축의 대기어를 구동시키는 것으로서 이 경우 주전동기는 대차 장착식이다.
- WN 방식 : WN 방식은 일종의 Cardan 방식으로 아래 그림과 같이 주전동기를 구동륜축과 평행하게 하여 대차 몸체에 고정하고 전동기의 전기자축과 소기어를 결합하는 가요성 연결판을 이용하는 방식이다.

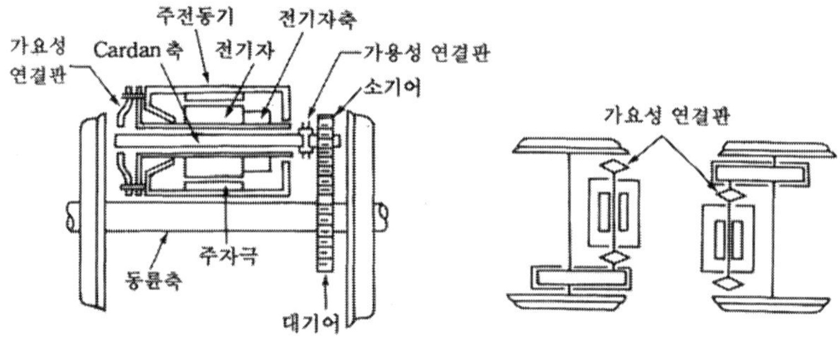

■ 그림 5.2.17 중공축 전동기식 평행 Cardan 방식

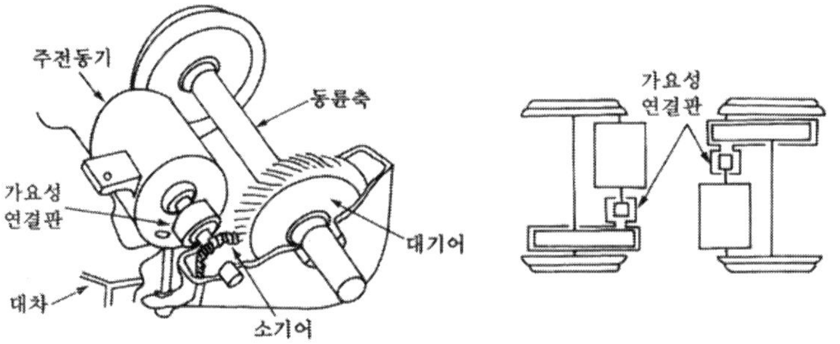

■ 그림 5.2.18 WN방식

5 전기자차량의 전기적 부하와 점착력

열차에 작용하는 저항은 주행저항, 출발저항, 곡선저항, 구배저항, 가속저항 등이 있다.

(1) 주행저항의 분류

열차를 주행시키려면 진행방향에 대하여 반대쪽으로 작용하는 힘, 즉 주행저항을 극복 하고 열차의 관성중량을 억누르고 가속시킬 만큼의 인장력을 주어야 하며, 감속하거나 정지할 때에는 열차가 갖고 있는 주행에너지를 브레이크에 흡수시켜야 한다.

열차저항을 분류하면 주행저항, 출발저항, 곡선저항, 구배저항 등이 있다.

(2) 주행저항의 특성식

주행저항 R[kg]은 다음 식으로 표시된다.

$$R = (a + bV + cV^2)W + dV^2 \tag{5.2.4}$$

또는

$$R = (a + bV)W_m + (a + bV)W_t + dV^2 \tag{5.2.5}$$

여기서, R : 주행저항[kg], W : 열차의 총 중량[t], W_m : 전동차 중량[t],

W_t : 부수차 중량[t], n : 연결량수, V : 열차속도[km/h]

위 식은 전차에 대해서만 적용한다.

표 5.2.3은 주행저항식의 정수표이고 위 식들의 계수는 실험으로 정해지며, 차륜의 구름마찰, 베어링부분의 기계적 마찰, 공기저항이 중요한 요소이다.

■ 표 5.2.3 주행저항식의 정수표

종 별	a	b	c	d	비 고
전기기관차	1.72 2.37	0.0084 0.0073	– –	0.0369	역행시 타행시
전 차	1.65 0.78	0.0247 0.0028	–	0.028+0.007(n−1)	W_m의 계수 W_t의 계수
객 차	1.72	–	0.000611	–	
화 차	2.07	–	0.000653	–	

(3) 출발저항, 곡선저항 및 구배저항

열차가 정지 상태에서 출발할 경우, 베어링에 기름막이 형성될 때까지는 식 (5.2.4), 식 (5.2.5)에 따르지 않는 비교적 큰 저항이 걸린다. 이것을 출발저항이라고 한다. 이것은 평 베어링에서는 약

$7\times W$[kg], 볼 베어링은 약 $5\times W$[kg] 정도인데, 대략 속도가 8[km/h]에 이르기까지는 직선적으로 감소한다. 그 변화의 상태는 대략 그림 5.2.19의 빗금친 부분의 범위와 같다. 따라서 열차를 출발시키려면 먼저 이 저항을 극복할 수 있는 인장력이 필요하다.

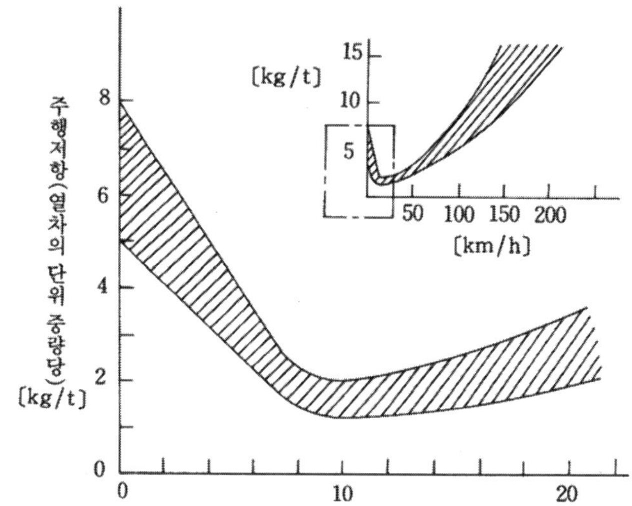

■ 그림 5.2.19 저속시의 주행저항 곡선

① 곡선저항

열차가 곡선 구간을 달리면 곡선 반경에 비례하는 저항을 받는다. 이것을 곡선저항이라고 하며 이 크기는 궤간에 따라 다르나 실험적으로 다음 식이 사용된다.

$$R_c = \frac{600 \sim 800}{R_m} \text{ [kg/t]} \tag{5.2.9}$$

② 구배저항

R_m은 궤도의 곡선 반경[m]이고, R_c는 협궤의 경우가 표준궤보다 크다. 열차가 구배구간을 달릴 때 그 기울기를 백분율 s[%]라 하면, 다음 식과 같은 저항을 받는다.

$$R_s = \pm s\,W \text{ [kg]} \tag{5.2.10}$$

이것을 구배저항이라 하고, 이 힘은 중력의 분력이므로 내려가는 구배에서는 (−)의 저항 을 받는다고 생각하면 된다. +의 경우는 상승구배시, −의 경우는 하강구배시이다.

③ 가속저항[R_a]

열차가 주행 중 가속할 때에 발생하는 저항으로써 열차를 가속하기 위한 필요한 견인력과 같게 된다. 가속저항 수식이다.

$$R_a = F_a / W \text{ [kg/t]} \tag{5.2.11}$$

열차 중량 W[t], 가속도 A [km/h/s]로 가속 할 때 가속력 F_a[kg]는 다음과 같다.

$$F_a = ma = \left(\frac{1000\,W}{9.8}\right)\cdot\left(\frac{1000A}{3600}\right) = 28.35\,WA\ [\text{kg}] \tag{5.2.12}$$

여기서, m : 차량의 질량[kg], a : 가속도[m/s^2]

열차에는 위의 직선 가속도 외에 기어 및 차륜의 회전부분이 있으므로 관성모멘트 때문에 결과적으로 중량은 약간 증가된 것으로 보아 식 (5.2.12)는 다음과 같이 보상해 주어야 한다.

$$F_a = 28.35(1+x)\,WA\,[kg] \tag{5.2.13}$$

여기서 x는 관성계수이고, 전동차는 0.1, 전기기관차는 0.12, 객차는 0.05, 일반열차는 0.06을 적용한다. 따라서 전동차의 경우는 다음과 같다.

$$\therefore F_a = 31\,WA\,[kg] \tag{5.2.14}$$

(4) 열차저항과 견인력의 관계

열차가 주행하고 있을 때, 가속저항을 제외한 열차저항 R은 주행저항, 구배저항, 곡선저항의 합이 된다. 즉

$$R = R_r + R_r + R_c\ [\text{kg/t}] \tag{5.2.15}$$

견인력을 f[kg/t]이라 할 때, 열차저항 R[kg/t]과의 관계는 다음과 같다.

① $F > R$: 가속, ② $F < R$: 감속, ③ $F = R$: 등속

견인력 f[kg/t] 열차저항 R[kg/t]과 가속저항 R_a[kg/t]의 합으로 정의되고, 전동기가 발생하는 견인력은 열차저항과 가속에 요구되는 저항으로 소비된다.

$$f = R + R_a = (R_r + R_g + R_c) + \frac{F_a}{W}\ [\text{kg/t}] \tag{5.2.16}$$

따라서 전동차의 견인력 F[kg]는 식 (5.2.16)에서 열차 총 중량 W[t]을 양변에 곱하면 다음과 같이 구할 수 있다.

$$F = (R + R_a)\,W = (R_r + R_g + R_c)\,W + F_a \tag{5.2.17}$$

$$\therefore F = (R_r + R_g + R_c)\,W + 31\,WA\ [\text{kg}]$$

예제 5.3 30[t]의 전차가 30/1000의 구배를 올라가는 데 필요한 견인력[kg]을 구하라. (단, 열차저항은 무시한다.)

풀이 견인력은 열차저항과 같고, 열차저항은 구배저항 뿐이다. 또 기울기는 $\tan\theta$와 같으며, 구배가 작은 경우에는 $\tan\theta \fallingdotseq \sin\theta$로 볼 수 있다. 전차의 견인력 F는 위의 식에 의하여 다음과 같이 두 가지 방법에 의하여 구할 수 있다.

- $F = R_g{}' = W\sin\theta = 30 \times 10^3 \times \dfrac{30}{1000} = 900$ [kg]
- $F = R_g{}' = gW = 30[‰] \times 30[t] = 900$[kg]

예제 5.4 35[t]의 전차가 20[‰]의 경사 궤도를 45[km/h]의 속도로 올라갈 때 필요한 견인력[kg]을 구하라. (단, 주행저항은 5[kg/t]이라 한다.)

풀이 주어진 문제에서 열차저항은 주행저항과 구배저항이 있으며, 견인력은 열차저항과 같으므로 전차의 견인력 F는 다음과 같이 두 가지 방법에 의하여 구할 수 있다.

$$F = (R_r + R_g)W = R_r W + R_g{}' = R_r W + W\sin\theta \fallingdotseq R_r W + W\tan\theta$$

$$\therefore F = R_r W + W\tan\theta = 5 \times 35 + (35 \times 10^3) \times \frac{20}{1000} = 875[\text{kg}] \text{ 또는}$$

$$F = (R_r + R_g)W = (R_r + g)W = (5 + 20) \times 35 = 875[\text{kg}]$$

예제 5.5 중량50[t]의 전동차에 4[km/h/s]의 가속도를 주는 데 필요한 힘 [kg]을 구하여라.

풀이 주어진 문제에서 필요한 힘은 견인력을 의미하고, 견인력은 가속저항과 같다. 따라서 전동차의 견인력은 식에 의하여 다음과 같이 된다.

$$F_a = 31WA = 31 \times 50 \times 4 = 6,200[\text{kg}]$$

(5) 점착 견인력과 점착계수

동륜(차륜)에 견인력을 가하면 미끄러지지 않고 회전을 한다. 이것은 동륜 답면과 레일간에 마찰력이 작용하기 때문이다. 이 마찰력은 견인력과 더불어 커지지만 한계가 있고, 견인력의 크기가 최대 마찰력보다 커지면 동륜은 미끄러져서 공전하게 된다.

이와 같이 동륜이 공전하기 시작하기 직전에 최대 마찰력은 다음이다.

$$F_0 = 1000\mu W_0 \text{ [kg]} \tag{5.2.18}$$

여기서 점착중량은 차량의 총중량이 아니라 바퀴 위의 중량임을 주의해야 한다.

최대 견인력을 Fm이라 하면 점착견인력은 다음과 같다.

$$F_m \leq F_0 = 1000\,\mu W_0[\text{kg}] \tag{5.2.19}$$

전기 차량은 주전동기의 회전력을 차륜에 전달하여 인장력으로 하고, 차륜과 레일 사이의 마찰력을 이용해서 추진된다. 따라서 차륜의 인장력이 마찰력보다 커지면 차륜이 공 전해서 추진력은 현저하게 적어진다. 철도에서는 이 마찰력을 점착력(adhension)이라 한다. 전동기로부터 회전력이 전달된 차륜, 즉 동륜이 레일을 수직적으로 누르는 중량을 ω[t]라 하고, 레일과 차륜 사이의 점착계수(adhension coefficient ; 마찰계수)를 μ라 하면, 동륜(動輪)이 그 토크에 의해서 열차를 추진하는 인장력 t[t]와의 사이에는 다음의 관계가 성립되지 않으면 안 된다.

$$t \leq \mu\omega \tag{5.2.20}$$

따라서 동력차의 총 중량과 그 인장력과의 사이에도 그림 5.2.20과 같이 똑같은 관계가 성립된다. 점착계수의 값은 차륜과 레일의 상태에 따라 시시각각으로 변화하고 최악의 경우에는 0.1 정도까지 내려간다. 레일이 건조되어 있을 때는 0.25~0.3 정도이다. μ를 크게 하 는 것은 인장력을 최대한으로 이용하는 것이 되므로 이를 위하여 여러 가지의 방법이 강구되고 있다. 그 중에서 중요한 사항을 열거하면 다음과 같다.

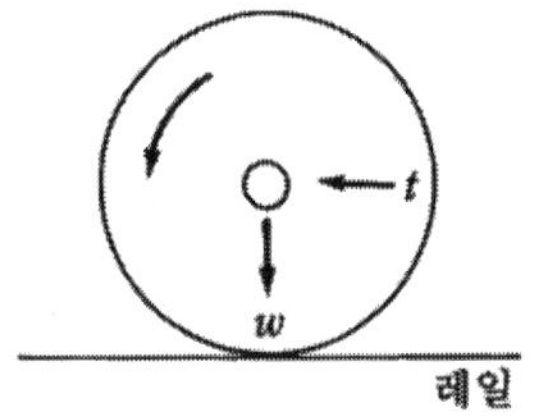

$t \leq \mu w,\ \Sigma_t \leq \Sigma \mu w,\ T \leq \mu W$

t : 한 동륜당의 인장력[t]
w : 축중
μ : 점착계수
T : 총인장력
W : 축중총계(기관차의 총중량 또는 전동차 중량의 합계로 생각하면 됨)

■ 그림 5.2.20 축중과 점착의 관계

① 동륜 밑의 레일면에 모래를 뿌린다.
② 축의 무게를 선로 조건의 범위내에서 가급적 크게 한다(ω의 증대).
③ 각 축의 무게와 각 인장력과를 균형시킨다(ω와 t의 균형).
④ 인장력의 변화를 원활히 한다(t의 원활화).
⑤ 공전을 검지하여 그 공전축 전동기의 회전력을 즉응적으로 저하시킨다(재점착장치).

①은 운전사가 핸들이나 페달로 작동시킨다. ②는 구배 구간용의 특수 기관차 등에만 고려되는 것으로, 최근 축의 무게를 일시적으로 크게 하는 방식이 사용되고 있다. ③은 차체 또는 대차의 구조상 이것을 완전히 피할 수는 없지만 가급적 인장력의 착력점을 낮게 하여 축의 무게 불균형을 적게 한다(그림 5.2.21, 그림 5.2.22).

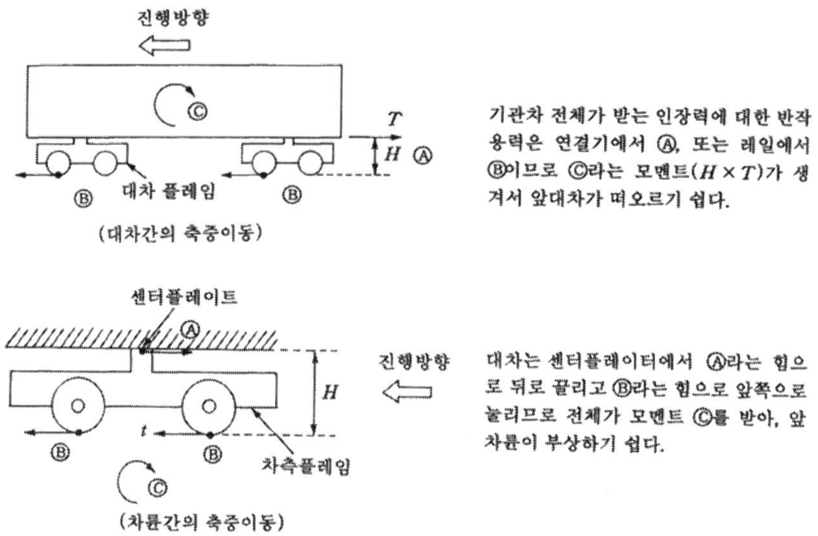

■ 그림 5.2.21 축중 이동의 원리도

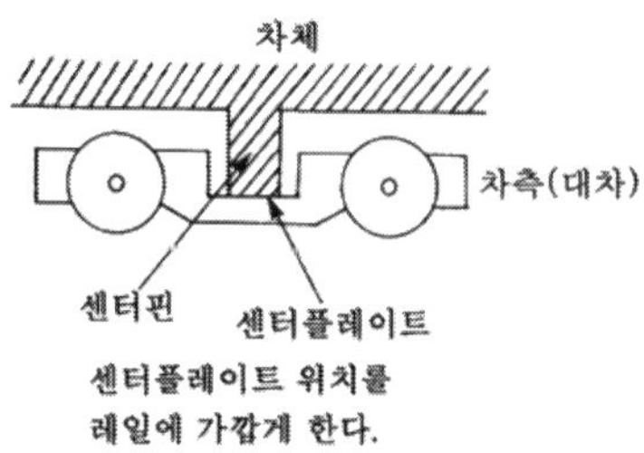

(a) 낮은 센터플레이트대차

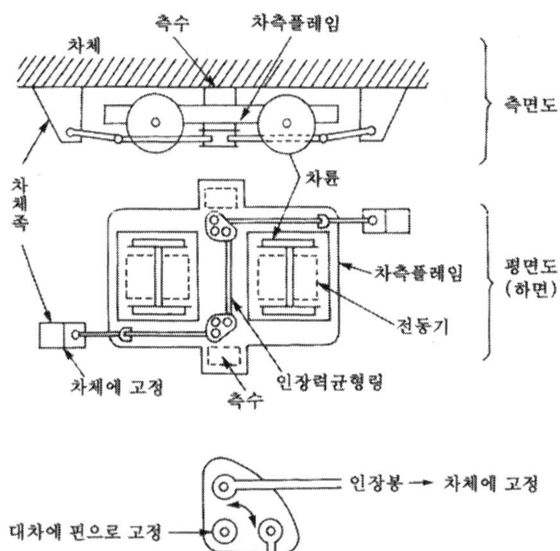

(b)센터플레이트를 사용하지 않은 대차

■ 그림 5.2.22 인장력을 최대한 이용하는 방식의 예

④, ⑤에 대해서는 모두 공전이 발생하는 기회를 줄이고, 만일 공전할 때는 그 축만 인장력을 떨어뜨려 점착력을 부활시킨다. 이것을 재점착이라 하고, 재점착 후 인장력을 복원케 한다.

예제 5.6 열차의 차체 중량이 75[ton]이고 동륜상의 중량이 60[ton]인 기관차가 열차를 끌 수 있는 최대 견인력은 몇 [kg]인가? (단, 궤조의 점착 계수는 0.3으로 한다.)

풀이 $F_m = 1000\mu W_0[\text{kg}] = 1000 \times 0.3 \times 60 = 18000\ [\text{kg}]$

연습문제

1. 전기철도의 전차선로의 가선방식은(대표적인 것 3개)?

2. 전차선로의 가선방식(전차선로의 조가방식)에서 T−bar 방식은 무엇인가?

3. 전차선로에서 커티너리 조가식의 이점은 무엇인가?

   ㉮ 고속도의 전기철도에 적합하므로 ㉯ 전기차의 진동이 작으므로
   ㉰ 가설비가 적게 되어서 ㉱ 전기적 절연이 양호하므로

4. 주행용 레일 외에도 궤도 측면에 설치된 급전용 레일로부터 전기차에 전기를 공급하여 귀선으로 주행레일을 사용하는 전차선로의 가선방식은 무엇인가?

5. 단선의 염려가 없으며, 터널이나 지하철용으로 많이 사용되는 전차선의 조가방식은 무엇인가?

6. 급전선의 급전 분기장치(section device)의 데스섹션에 대하여 설명하라.

7. 우리나라에서 사용되고 있는 전차선의 형상은 무엇인가?

8. 전기철도에서 귀선궤조에서 누설전류를 경감하는 방법과 관련이 없는 항은 어느 것인가?

   ㉮ 보조 귀선 ㉯ 크로스 본드
   ㉰ 귀선의 전압강하 감소 ㉱ 귀선을 정(+)극성으로 조절

9. 전철에서 전식 방지를 위한 시설로 적당치 않은 것은?

   ㉮ 레일에 본드를 실시한다. ㉯ 변전소 간격을 좁힌다.
   ㉰ 도상의 배수를 잘 되게 한다. ㉱ 귀선을 부극성으로 한다.

10. 전기철도에서 귀선의 누설전류에 의한 전식이 일어나는 곳은?

    ㉮ 지중관로에 전류가 들어가는 곳 ㉯ 궤조에서 전류가 나오는 곳
    ㉰ 지중관로에서 전류가 유출하는 곳 ㉱ 궤조에 전류가 유입하는 곳

11. 우리나라 전기철도에서 주로 사용하는 집전장치는?

㉮ 트롤리봉 ㉯ 집전화
㉰ 펜터그래프 ㉱ 뷔겔

12. 전기철도에서 집전장치인 팬터그래프의 습동판의 압력은 대략 어느 정도인가?

㉮ 1～5[kg] ㉯ 5～11[kg]
㉰ 20～25[kg] ㉱ 30～35[kg]

13. 교류급전방식 3가지와 직류급전방식 3가지를 쓰시오.

14. 단상교류식 전기철도에서 전압불평형을 경감하는데 쓰이는 것은 무슨 결선인가?

15. 전차를 시속 100[km]로 운전하려고 할 때 전동기의 출력[kW]이 얼마나 필요한가? (단, 치차 효율은 97[%], 차륜상의 견인력은 400[kg]이다.)

㉮ 95 ㉯ 100
㉰ 110 ㉱ 112

16. 레일 본드와 관계가 없는 것은?

㉮ 진동 방지 ㉯ 동연선
㉰ 전기저항 저하 ㉱ 전압강하 저하

17. 전차용 전동기에 보극을 설치하는 이유는 무엇인가?

㉮ 역회전 방지 ㉯ 정유 개선
㉰ 섬락 방지 ㉱ 불꽃 방지

18. 열차저항의 분류에 들어가지 않는 것은?

㉮ 복선저항 ㉯ 주행저항
㉰ 가속저항 ㉱ 곡선저항

19. 열차의 기동시에 기동저항과 관계없는 것은?

㉮ 열차의 마찰계수에 관계된다. ㉯ 열차의 견인력에 관계된다.
㉰ 열차의 속도에 관계된다. ㉱ 공기의 저항력에 관계된다.

20. 열차의 곡선저항에 대한 설명 중 옳은 것은?

㉮ 열차의 중량에 반비례한다. ㉯ 열차의 속도에 비례한다.
㉰ 궤간에 반비례한다. ㉱ 궤조 곡선의 반지름에 반비례한다.

21. 전기차를 대차에 의하여 분류하고 설명하라.

22. 열차저항의 종류와 각각에 대하여 설명하라.

23. 전식과 통신유도장해의 발생 원인과 경감하는 방법에 대하려 설명하라.

24. 차중 300[t]이고 바퀴 위에 무게가 80[t]인 기관차의 최대 견인력[kg]를 구하라. (단, 바퀴와 레일의 점착계수는 0.2라 한다.)

25. 50[t]의 전차가 25(%)의 경사를 올라가는 데 필요한 견인력[kg]을 구하라. (단, 열차저항은 무시한다.)

26. 일정한 가속도 3[km/h/s]로 가속될 때의 10[s] 후의 주행거리[m]를 구하라.

27. 전기열차에서 전기기관차의 중량150[t], 부수차의 중량 600[t], 기관차 동륜상의 중량 120[t]이다. 우천시 올라갈 수 있는 최대 구배[%]를 구하라. (단, 열차저랑은 무시하고, 우천시의 부착계수는 0.19이다.)

28. 점착계수를 크게 할 수 있는 방법을 설명하라.

29. 변전소의 간격을 작게 하는 이유는 무엇인가?

㉮ 건설비가 적게 든다. ㉯ 효율이 좋다.
㉰ 전압강하가 적다. ㉱ 전식이 적다.

30. 직류식 전기철도의 최대 전압강하율을 교류식 송배전선보다 높게 취하는 이유는?

㉮ 급전거리가 길다.
㉯ 전차용 동성이 가늘다.
㉰ 전동기의 용량이 크다.
㉱ 동일 출력의 전동기에서 급전전압이 작다.

31. 흡상변압기는 다음 설명 중 어느 것인가?

㉮ 전원의 불평형을 조정하는 변압기이다.
㉯ 궤도용 신호 변압기이다.
㉰ 전기 기관차의 보조 변압기이다.
㉱ 전자 유도 경감용 변압기이다.

32. 흡상변압기와 단권변압기의 약호는?

33. 흡상변압기에 대한 설명이 아닌 것은?

㉮ 권수비가 1 : 1이다.
㉯ 단권변압기가 사용되기도 한다.
㉰ 전압방식에 무관하게 사용한다.
㉱ 인근 통신선에 유도장해 방지용이다.

5.3 전기철도 주전동기와 전동기제어

1 전철용 전동기

(1) 주전동기의 구비 조건

전기 철도용 주전동기는 다음과 같은 특성을 갖추어야 한다. 먼저, 성능면에 있어서 다음 사항들을 요구한다.

- 열차출발 시에 기동토크가 클 것
- 오름구배에서 과부하가 되지 않고, 토크의 저하가 적을 것
- 병렬 운전이 가능하고, 전동기 상호의 부하 불평형이 적을 것
- 넓은 속도 범위에 걸쳐 고능률이어야 하고, 전원 전압의 변화에 대한 영향이 적을 것

전기철도는 구조적으로 소형, 경량이어야 하며, 방진, 방수, 방설형이어야 한다. 따라서 특성적으로 보면, 저속도에서 큰 토크를 내며 속도가 상승함에 따라 토크가 감소하는 직권특성이 좋다, 그러므로 종래에는 직류직권 전동기가 전철용 전동기의 주종을 이루고 있었다.

최근 10수년간에는 상용주파수에 의한 교류전화방식이 활발히 채용되고 있지만, 이 경우에도 역시 정류기에 의해서 맥류화한 전류를 사용하여 직권특성의 맥류전동기(ripple current motor)를 사용하고 있다. 또, 3상 교류식의 유도전동기를 채용하고 있는 곳도 있으나, 이 때는 2개의 가선이 필요하므로(2상은 가공선으로, 다른 1상은 레일을 사용), 가선이나 펜더그래프가 복잡해지므로 현재는 스위스의 등산 전차에 사용되는 정도이다.

전철용 전동기로는 직류전동기와 맥류전동기가 주로 사용된다. 주전동기의 동력은 직접 차륜과 연결하지 않고 기어(치차)를 이용해서 전동기의 회전수를 높여 소형경량화하고 있다. 이와 같은 이유로 최근에는 4000[rpm] 이상의 주전동기도 사용될 뿐만 아니라 전기재료의 발달에 따라 전동기 1[kW] 당의 중량이 5[kg] 이하로까지 경량화 되고 있다. 전기차는 바닥면적을 활용하기 위하여 전동기를 바닥 밑에 장치하는 방식이 대부분이므로 방진, 방수, 방설 등에 유익한 자기통풍형을 채용하고, 흡기구에는 필터(filter)를 달아 먼지나 물 또는 어름 등의 침입을 방지하고 있으며, 주전동기를 설계할 때는 미리 온도상승을 충분히 고려하여 그 용량을 결정할 필요가 있다.

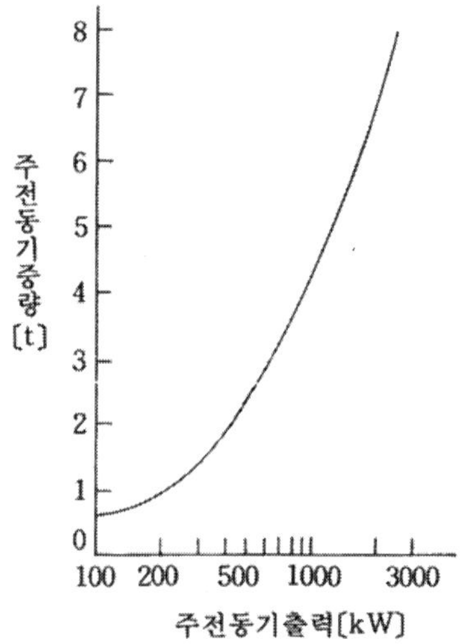

■ 그림 5.3.1 주전동기의 특성

(2) 전동기의 정격

전철용 전동기의 정격은 사용목적에 따라 1시간 정격, 연속 정격의 2종류를 택하고 있다. 일반적으로 가감속의 반복이 빈번한 단속부하가 걸리는 통근 전차와 같은 경우에는 한 시간 정격을 사용하고, 장거리용의 연속부하가 걸리는 전차에는 연속 정격을 사용한다.

정격 산정의 기준을 다음과 같다.

- 최고운전시속에서도 가속성에 다소의 여유(0.5[km/h/s])를 둘 것
- 2승평균 제곱근의 운전전류를 기초로 하여 정격전류를 결정할 것
- 구배구간용 전동기는 온도상승에 특히 유의하며 구배도중에서 정차하는 경우의 재출발시 부하를 고려할 것
- 고속운전용에는 약화계자정격을 마련할 것

(3) 직류 직권전동기

전기자전류가 적게 흐르는 미포화 영역에서 사용하는 직류직권전동기의 특성을 이용하여 사용한다. 직류직권전동기의 토크는 전류의 제곱에 비례하므로 기동 시에 토크가 커야하는 전차용, 전기철도용의 견인전동기로 직류직권전동기를 많이 사용한다. 정격은 연속정격과 1시간 정격을 이용한다.

- 회전수는 단자전압에 비례하고 부하전류에 반비례한다.
- 토크는 전류의 제곱에 비례한다.

직류직권전동기는 전기차량용으로 적합한 특성을 가지고 있으며 4극 또는 6극이 많이 사용 되고 있고, 정류개선을 위한 보극을 가지고 있다, 그러나 전기차량용에서의 보극을 설치하는 근본적인 이유는 역회전 방지를 위한 것이다.

(4) 교류전동기

전기차량에 교류전동기를 사용하는 이유는 다음과 같다.

- 제한된 공간에서 소형, 경량으로 할 수 있고, 대출력화가 가능하므로 동축수를 줄일 수 있다.
- 브러시 및 정류자가 없기 때문에 구조가 간단하고, 제작 및 유지보수가 용이하다.
- 속도제어 범위가 넓기 때문에 고속 운전에 적합하다.
- 인버터 제어방식으로 주회로를 대폭적으로 무접점화 할 수 있다.

교류전동기는 동기전동기와 권선형 및 농형의 유도전동기가 있다.

동기전동기는 전동기마다 인버터를 필요하고, 기동시 동기속도까지 높일 수 있는 기동장치가 별도로 필요로 하지만, 역률과 효율이 높고 GTO 소자가 없는 인버터[전류형 인버터]가 간단 한 장점이 있기 때문에 동력 집중식의 프랑스에 채용하고 있다. 유도전동기는 한 개의 인버터[전압형 인버터]로 여러 대의 전동기를 구동할 수 있기 때문에 경제성이 우수하고, 저속에서 토크의 변동이 적어서, GTO 사이리스터의 발전에 의해 분산형의 일본, 독일의 국철에서 채택 하고 있다.

유도전동기의 권선형은 2차저항 제어법, 주파수 변환법, 비례추이에 의하여 속도제어를 하지만 복잡하고 곤란하기 때문에 장시간 정속도로 주행하는 경우를 고려하여 농형유도전동기를 사용한다. 이즈음에 회전자가 간단한 농형은 4극이 기본이지만, 전기차량용에서는 6극을 채택하고 있다.

교류 유도전동기의 회전속도와 토크는 다음의 관계식이 있다.

- 회전수와 주파수 : $N \propto f$
- 토크와 주파수[전압] : $T \propto \left(\frac{V}{f}\right)^2$

위의 관계식에서 알 수 있듯이 전기차량을 견인하는 데 사용하는 유도전동기는 전압과 전원 주파수를 조합하여 속도를 제어할 수 있기 때문에 교류가변전압 V와 가변주파수 f에 의한 VVVF (variable vvoltage variable frequence)에 인버터 제어장치를 이용한다.

(5) 주전동기의 출력

열차가 견인력 F[N],속도 v[m/s]로 운전하고 한다면, 주전동기의 출력 P는 다음과 같다.

$$P = F[\mathrm{N}] \cdot v[\mathrm{m/s}] \times \frac{1}{1000}[\mathrm{kW}] \tag{5.3.1}$$

따라서 열차가 견인력 F[kg], 속도 V[km/h]로 운전하고 있을 때 주전동기의 출력 P[kW]는 다음과 같이 단위변환이 된다.

$$P = (9.8 \times F[\mathrm{kg}]) \cdot \left(V[\mathrm{km/h}] \times \frac{1000}{3600}\right) \times \frac{1}{1000} \tag{5.3.2}$$

$$= \frac{9.8}{3600} FV = \frac{FV}{367}[\mathrm{kW}]$$

$$\therefore P = \frac{FV}{367}[\mathrm{kW}]$$

동력 전달효율이 η인 주전동기가 N대를 가진 경우 한 대당 출력 P[kW]는 다음과 같다.

$$\text{출력 : } P = \frac{FV}{367N\eta}[\mathrm{kW}] \tag{5.3.3}$$

예제 5.7 전기 기관차가 3000[kg]의 견인력으로 속도 80[km/h]로 달리고 있을 때, 출력 P[kw]를 구하라.

풀이 위 수식에서 견인력 $F = 3000$[kg] 속도 $V = 80$[km/h]이므로

$$P = \frac{FV}{367N\eta}[\mathrm{kW}] = \frac{3000 \times 80}{367 \times 1 \times 1} = 653.95[\mathrm{kW}]$$

2 주전동기

전철용 주전동기로 사용되고 있는 직류 전동기의 단면의 예를 그림 5.3.2에 나타내었다.

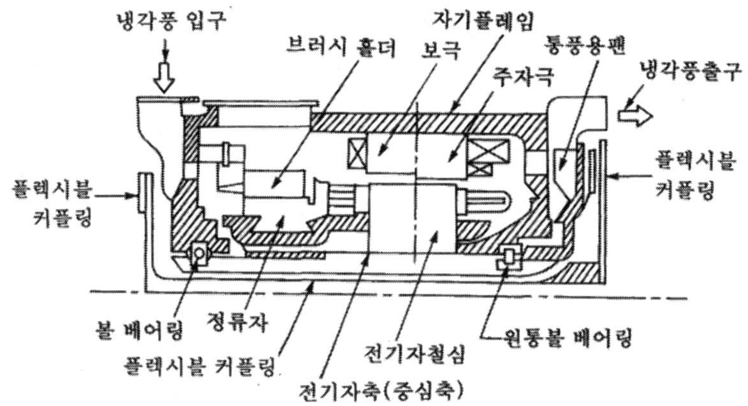

■ 그림 5.3.2 주전동기의 구조(종단면)

(1) 구동 전동기 방식

직류(직권) 전동기가 많이 사용되고 있지만, 최근은 보수화와 소형, 경량, 고성능화가 가능한 교류 전동기가 실용화되기 시작했다. 또, 리니어 모터 구동(유도기, 동기기)도 개발되고 있다.

(2) 주회로 제어 방식

① 직류 전기차

직류전동기 제어방식으로서는 예부터 저항제어가 일반적이고, 최근은 전기자 초퍼제어(승압 초퍼로서 회생 브레이크도 가능)부터 나아가 교류전동기 사용의 인버터까지 변하고 있다. 직류전동기의 계자제어에 의해서 출력성능향상이나 회생브레이크로 사용하는 예도 많다.

② 교류 전기차

전압제어만으로 교류 정류자 전동기를 직접 구동하는 방식으로서 $16\frac{2}{3}$[Hz]와 같은 특수 주파수 시스템이 있고 독일, 스위스 등에서는 오래 전부터 사용되고 있다. 상용 주파수의 경우는 전압제어(진폭제어, 위상제어 등) 및 단상전파 정류하여 직류 전동기를 구동하는 방식이 많이 사용되고 있다(특수 주파수의 경우도 최근에는 이 방식이 주류를 이루고 있다).

유도 전동기 또는 동기 전동기의 인버터제어 방식도 직류 전동기와 같이 급속히 발전하고 있고, 또 교류-직류 전력변환 기술의 진보도 현저하여 높은 역률이나 저고조파를 목적으로 하는 강제소호 혹은 GTO에 의한 PWM 제어 컨버터방식도 개발되고 있다.

③ 다중 전기식 전기차

위에서 기술한 방식의 조합으로 여러가지 종류의 다양한 제어방식이 사용되고 있다.

(3) 견인성능과 구동전동기

① 구동 전동기의 종류

전기차에 사용되고 있는 주된 구동 전동기는 다음과 같은 것이 있다.

- 직류직권 전동기 : 속도—인장력 특성이 차량용으로 적당하고, 전압급변 등에 대한 과도정류도 뛰어나므로 오래 전부터 많이 사용되고 있다.
- 분권전동기 : 계자제어장치가 필요하고 그 과도 응답성이나 과도정류 등 차량용으로서 불리한 면이 있고, 실용 예는 많지 않지만 최근 전기자, 계자를 독립시켜 초퍼제어나 위상제어로서 결점을 보완하고, 속도제어나 회생브레이크를 하는 차량도 볼 수 있다.
- 복권전동기 : 직권계자에 의한 정류의 과도 안정성과 병렬운전시의 전류 불평형을 개선하고, 분권 계자의 초퍼 등에 의한 속도 제어, 회생 브레이크 등을 용이하게 할 수 있지만 직권 전동기에 비해서 구조가 복잡하고 정류성능도 떨어진다.
- 맥류 전동기 : 정류기나 초퍼의 출력으로 운전하는 직류전동기는 전류가 맥동하므로 온도 상승이나 정류악화를 초래한다. 맥류 대책을 설치한 것을 특별히 맥류 전동기라고 하고, 주극코일의 저항분로, 보극철심 적층이나 요크 일부를 적층하는 경우도 있다.
- 교류 정류자 전동기 : $16\frac{2}{3}$[Hz] 전화는 독일, 스위스 등에서 주로 채용되고 있지만 변압기기전력 때문에 설계상의 제약이 많고, 차량성능이나 정류면에서 불리하여 최근은 정류기식 직류전동기 구동으로부터 나아가 교류전동기 구동으로 옮겨가고 있다.
- 유도기, 동기기 : 인버터 등에 의한 교류 전동기의 속도 제어를 하는 방식이 사용되어 왔다. 유도기식은 독일을 중심으로 발달하였고, 일본에서도 JR, 민영철도의 각종 전차용으로 이용되고 있고, 다른 외국에서도 미래의 주류로서 발전하고 있다.

② 구동 전동기의 특성과 전기차의 성능

대표적 예로서 3상형 유도전동기의 특성을 그림 5.3.3에 나타내었다. 전동기의 특성으로부터 차량속도 V, 인장력 T, 출력 P는 다음과 같이 구해진다.

$$V = \frac{60\pi Dn}{1000 \cdot G} \text{ [km/h]}$$

$$T = \frac{2\tau NG}{D}\eta \text{ [N]}$$

$$P = VT/3600 \text{ [kW]}$$

여기서, D : 차륜직경[m], n : 전동기 회전속도[rpm], N : 전동기 개수

r : 전동기 토크[N·m], η : 기어 전달효율

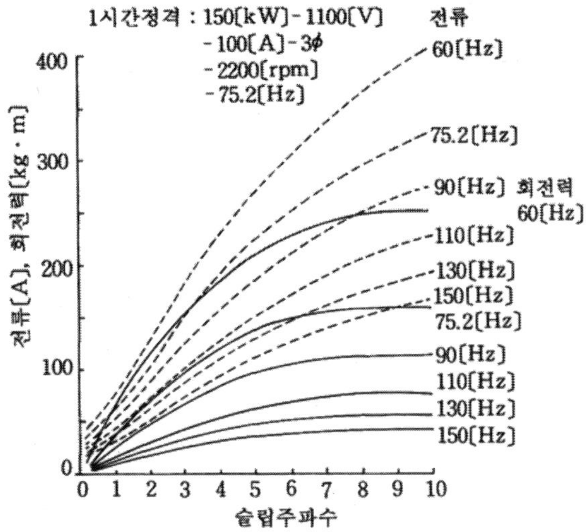

■ 그림 5.3.3 3상 농형 유도 전동기 특성곡선

• 추진력 특성 : 일반적인 속도－인장력 특성을 그림 5.3.4에 나타냈다. 추진력은 그 영역의 크기로 평가되고 출력이나 출력/중량으로는 엄밀하게 평가되지 않는다. 전동기의 성능 평가방법으로써 SRP(Speed Ratio Power)가 있다.

SRP＝(정격출력)×(최고속도)/(정격속도)

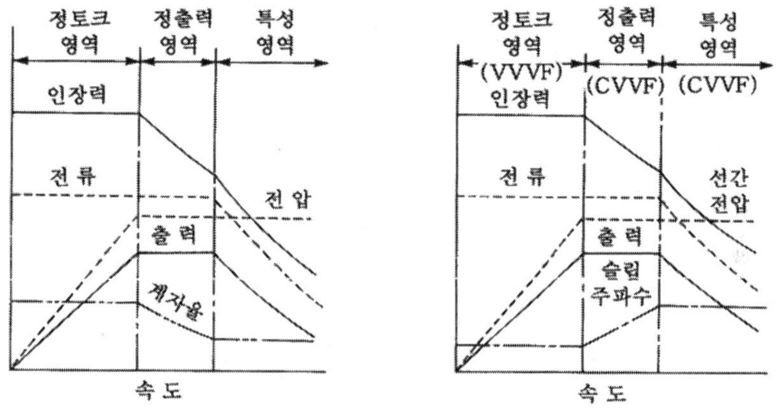

(a) 직류진동기구동의 경우 속도－인장력특성 (b) 유도전동기구등의 경우 속도－인장력특성

■ 그림 5.3.4 속도－인장력 특성

• 점착성능 : 전기차의 견인성능, 브레이크성능의 한계는 점착성능에 따라서 지배된다. 점착성능의 향상에는 점착계수의 증대, 점착계수의 유효이용, 재점착 성능의 향상 등 성격이 다른 각종 방법이 있다. 점착계수의 유용한 이용에는 제어의 다단화, 연속화, 축겹침이동의 방지나 보상 등이 행해지고 있다. 그러나 점착성능을 크게 좌우하는 것은 공전발생 후 다시 점착상태로 되돌리는 점착성능이다.

- 전기 브레이크 성능 : 직류직권 전동기의 발전브레이크에는 일반적으로 교차계자의 자여식이 이용되고 있다. 전차에서의 2~3배의 고속으로부터 브레이크를 걸기 때문에 전동기의 과전압에 대한 내구성은 정격전압의 2~3배가 필요하지만 정류자편 사이의 전압으로부터 보통은 1100[V] 정도가 한계이고, 직류 전차용 전동기의 정격전압은 300[V]나 375[V]가 선택된다.

  전력회생 브레이크는 직류전기차에서는 직류전동기의 계자제어나 전기자 초퍼제어, 유도전동기의 인버터제어, 교류전동기에서는 타여자 인버터제어가 현재의 주류이다. 발전브레이크에 비해서 일반적으로 전동기전압, 계자율, 타여자 인버터 전류능력 등에 의한 회생 가능영역은 제한할 수 있고, 직류회생에서는 부하가 되는 열차의 많고, 적음에 따라 회생전력이 좌우된다.

③ 구동 전동기의 정격과 온도 상승 한계

- 구동전동기 정격 : 연속 정격과 1시간 정격이 이용되고 있다.
- 온도 상승 한계(표 5.3.1) : 일반 산업용에 비하면 한도가 높게 설정되어 있지만 차량의 가동률, 유효수명, 보수의존성 등을 기본으로 대출력화, 소형화를 꾀하도록 설정되어 있으므로 IFC 등의 국제규격과 같다.

■ 표 5.3.1 구동전동기의 온도상한한도[°C]

항	구동 전동기 부분	B종 절연물		F송 설연뭄		II종 절연물	
		온도계법	저항법	온도계법	저항법	온도계법	저항법
1	전기자권선	–	120	–	140	105	160
2	계자권선	–	130	–	155	55	180
3	정류자	105	–	105	–	–	
4	축 수	55	–	55	–	–	

주) 계자권선은 보극권선 및 보상권선을 포함한다.

(4) 전기차의 제어

① 직류전동기의 제어

직류(직권, 분권, 복권) 구동 전동기는 원리적으로 전기자 전류의 토크, 유기전압과 속도가 대응하므로 일반적으로 다음의 세 가지의 기본 제어 방식의 조합에 의해서 제어된다.

- 전류제어 : 기동시나 발전 브레이크 때 소요토크(따라서 소요 가감속도)를 제어하는 데에 이용된다. 이 경우 분권, 복권에서도 직권과 같이 계자의 한 전류제어로서 공전 재점착시 전류제한제어 등이 있다.
- 전압제어 : 필요한 속도가 얻어질 수 있도록 전동기 전압을 제어한다. 기동시는 전류를 제어하면서 전압을 높게 하고 발전 브레이크 때는 같은 방식으로 전압을 낮게 한다. 특수한 것으

로서 공전시의 자기재점착 성능을 높이기 위한 정전압제어가 있다.

- 계자제어 : 암페어－턴을 변화시키는 것에 의해 토크나 출력을 제어한다. 일반적으로 암페어－턴을 작게 하는 약한 계자제어가 광범위하게 이용되고 고속영역에서의 정출력제어나 기동 초기의 충동방지에 이용된다. 특수한 것으로는 겹침축 이동량에 대응한 토크제어를 하기 위한 보상제어 등이 있다. 약한 계자제어와는 반대로 강한 계자제어에 의해 전력회생 브레이크도 행해진다.

② 직류전기차의 제어

- 저항제어 : 기동시의 가속제어로서 예로부터 이용되고 있으므로 가속에 따라서 저항치를 줄여서 대체로 일정 전류로 제어하고 그 후에는 약한 계자제어로 이행한다. 저항손실을 줄이기 위해서 구동전동기의 직, 병렬조합제어도 병행하는 것이 보통이다.
- 초퍼제어(전압제어) : 직류전압을 제어하기 위한 직류초퍼방식은 GTO사이리스터 스위칭 소자의 ON, OFF를 빠른 속도로 반복하여 전동기에 걸리는 평균전압을 조정하여 제어하는 방법으로서 스위칭 소자의 온 오프 타이밍에 따라 출력 전압이 달라진다. 초퍼제어는 시간비 제어, 즉 통전률을 제어하는 방식과 전류의 순시치를 감시하여 제어하는 순시치 제어방식이 있다. 그림 5.3.5는 전동차의 초퍼제어 시스템을 나타낸 것이며, 이 시스템의 동작모드는 서울시 자하철 2호선의 경우이다.
  - 역행(주행)운전 모드 : 초퍼 ON 동작시에 전동기의 인가전압은

$$\text{전동기 인가전압(EM)} = \frac{T_{ON}}{T_{ON}+T_{OFF}} * \text{가선전압}(E_S) \tag{5.3.4}$$

의 값으로 되며, 초퍼 OFF 동작시에는 리액터에 저장된 에너지에 의하여 귀환용 다이오드를 통하여 전동기 전압을 유지시키게 되므로 통전시간 TON을 조절하면 전동기에 인가되는 전압이 가감되어 속도를 제어할 수 있다.

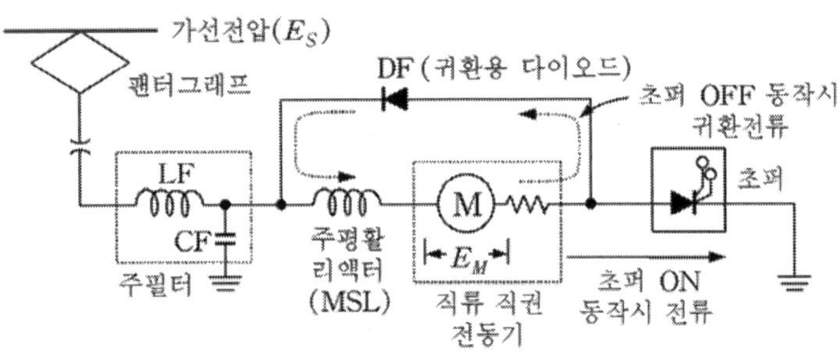

■ 그림 5.3.5 초퍼제어 시스템

  - 회생제동 모드 : 초퍼 ON 동작시에는 전동기에서 발생된 전기제동에너지를 리액터에 저장하였다가 초퍼 OFF 동작시에 전동기 방색전압과 리액터전압으로 가선에 회생시킬 수 있으므로 전동기 발전전압이 가선전압보다 낮은 저속의 경우에도 회생이 가능하다.

$$\text{회생전압} = \frac{T_{ON}}{T_{ON} + T_{OFF}} * \text{전동기 발생전압}(E_M) \qquad (5.3.5)$$

저속으로 되면서 전동기 발생전압이 낮아지더라도 T_{ON} 시간을 증가시키면 높은 회생전압을 얻을 수 있다.

초퍼제어의 특징은 운전전류를 연속적으로 변화시킬 수 있으므로 평활한 제어가 가능하고, 제어저항이 없기 때문에 효율이 좋다. 또 가열부분이 없으므로 온도상승을 피할 수 있는 곳에 적합하며, 초퍼를 이용하여 전원측으로 회생전력을 되돌려주는 회생제동이 가능하다.

고전압 대전류의 전력용 반도체 스위칭 소자로써 GTO사이리스터가 주로 사용되고 있지만, 최근 스위칭 속도가 빠르므로 소음, 점착력 개선 제어, 고조차 발생량 등에서 유리한 IGBT가 대용량으로 개발되어 동력 분산식(일본, 독일)에서 채용하고 있으며, 동력 집중식(프랑스, TGV)에도 적용이 가능한 대용량 소자도 시험 중에 있다.

전기자 초퍼제어에는 초퍼의 ON-OFF 동작에 의해서 전기자회로 전압 또는 전류를 제어하는 방식이고 그 특징으로서 작은 손실로 제어가능하고, 회생 브레이크가 가능하고, stepless 제어가 가능하다는 것과 보수를 줄일 수 있다는 것과 직류 기관차의 구동 전동기를 전병렬로서 각각의 초퍼를 설계할 수 있다는 것에 의해 교류기관차 등의 고점착 성능을 기대할 수 있다는 것이다. 구동전동기에는 일반적으로 직권전동기가 사용되고 그림 5.3.9에 나타낸 바와 같이 추진시에는 강압초퍼로서 전류폭제어에 의해 전동기전압을 거의 영에서부터 가공선로 전압정도까지 연속적으로 변화 시킬 수 있다.

- 직병렬제어 : 전동기의 사용대수를 2배수로 하되 기동시에는 직렬접속, 정상운전에는 병렬접속을 한다. 전동기의 단자전압을 변화시켜서 최종적으로 전전압을 가해서 운전하는 방법이다. 이 방식은 제어효율개선과 소비전력의 감소효과가 있다.

제어 형식	직렬제어	병렬제어
기 능	역행제어(정압)	회생제어(승압)
기본형	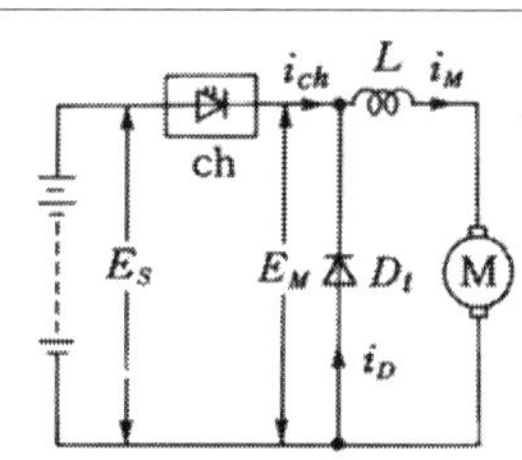	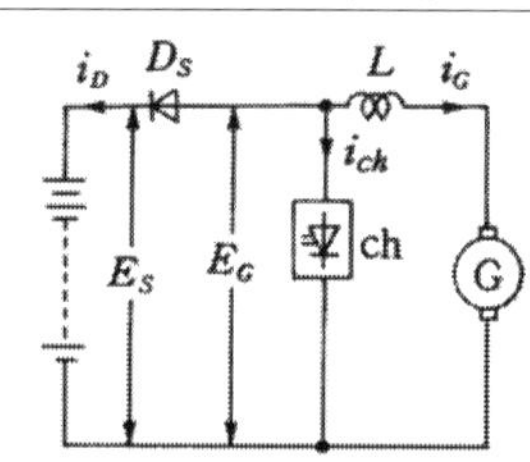
특성형식	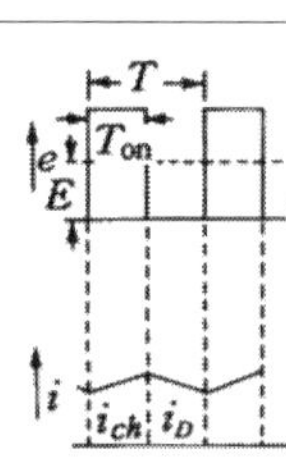 $E_M = \frac{T_{on}}{T}E_S = \alpha ES$	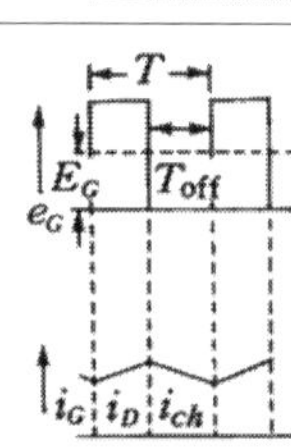 $E_G = \left(1 - \frac{T_{off}}{T}\right)E_S = (1-\alpha)E_s$

■ 그림 5.3.6 초퍼제어의 원리도

• 계자제어 : 앞에서 기술한 약한 계자가 널리 이용되고 있고 주극코일 분류, 주극코일의 탭절환에 의해 암페어-턴을 작게 하는 제어이다. 초퍼에 의해 연속적으로 분류, 제어를 행하는 것도 원리적으로 가능하다. 약한 계자보다 역기전력이 감소하여 전기자전류가 증가하지만 회로의 저항강하보다 역기전력이 큰 영역에서는 토크(∝ 자속 X 전류)가 증대하여 출력이 증가하고, 역으로 토크가 감소한다. 분로법에서는 저항과 유도코일로부터 유도분로하고 전류급변시에 과도적으로 지나치게 약한 상태가 되지 않도록 하고 있다.

③ 교류 전기차의 제어

• 정류기식의 제어 : 구동전동기에는 직권전동기나 분권전동기(타여자제어)가 이용되고, 교류의 이점을 살려서 전압제어가 폭넓게 이용되고 있다. 전압제어에는 주변압기의 탭제어, 사이리스터나 자기증폭기에 의한 위상제어, 이것들의 조합 등이 있다.

탭제어는 고압소전류에서 탭을 절환하는 고압탭제어와 저압대전류에서 절환하는 저압탭제어가 있고, 각각 장, 단점이 있다. 전자는 입력의 고압측에 탭을 부착하여 단권변압기와 탭절환기를 설치하고 강압변압기를 통하여 부하측에 공급한다. 후자는 변압기의 2차측에 탭을 설치, 캠축제어기나 단위스위치에 의해서 절환한다.

위상제어는 사이리스터 위상제어로 전체 전압을 제어하는 경우, 역률 개선이나 고주파 저감을 위해 주변압기 2차 권선을 분할하고 혼합 브리지나 사이리스터 브리지를 직렬접속한 종속 컨버터로 하는 것이 많다. 사이리스터 브리지는 순변환(역행제어)외에 타여자 인버터로서 역변환에 의해 교류회생 브레이크가 가능하다.

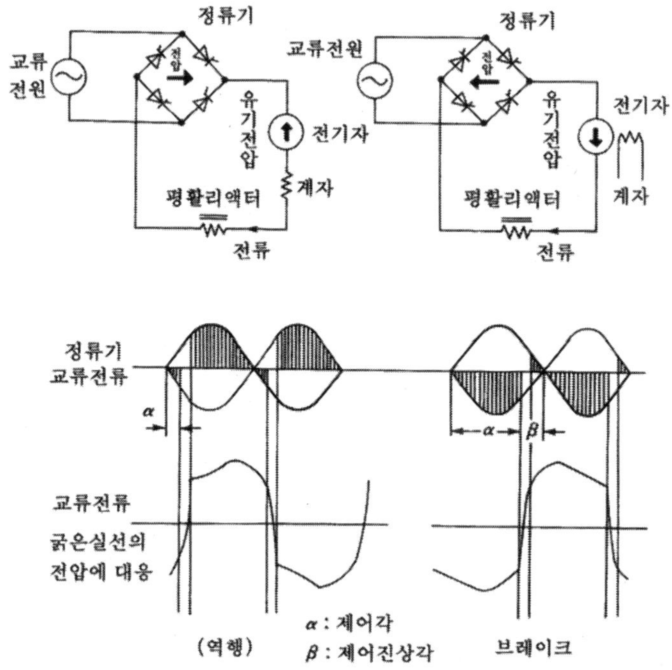

■ 그림 5.3.7 전류회생 브레이크의 원리

그림 5.3.7에서 교류회생 브레이크의 제어원리를 나타냈다. 이 경우 대칭제어와 비대칭제어가 있고, 비대칭제어는 혼합브리지에 해당, 또는 그것에 가까운 특성으로 되고 역률이나 고주파의 면에서 유리하다. 이러한 타여자 방식 외에 최근에는 사이리스터의 강제소호나 GTO 등을 채용한 자여자방식에 의해 역률개선이나 나아가 PWM제어에 의한 거의 정현파에 가까운 저, 고주파 컨버터의 개발도 진행되고 있다. 다음에 기술하는 교류전동기 인버터제어의 경우도 중간에 직류회로가 삽입되어 있으므로 전원측의 교류 ↔ 직류 전력 변환에 있어서는 직류전동기 구동과 같다.

④ 교류 구동 전동기의 제어

전기차량을 견인하는 사용하는 유도전동기는 교류 전원전압과 전원 주파수를 조합하여 속도를 제어할 수 있다. 따라서 유도전동기의 가변속제어는 가변전압과 가변주파수에 의한 VVVF(variable voltage variable frequence) 인버터 제어장치를 이용한다. VVVF 인버터 제어장치에 대하여 설명하기로 한다.

(1) VVVF 인버터 제어

VVVF 인버터 제어는 인버터 제어회로의 마이크로프로세서의 의하여 GTO의 ON, OFF 시간을 제어하려 직류를 교류로 변환하며 전압과 부파수를 가변시켜 제어하는 방식이다.

그림 5.3.8은 VVVF 인버터 제어 시스템의 흐름도는 다음과 같다.

AC전원 → 컨버터(AC를 DC로) → 인버터(DC를 DC로) → 유도전동기
↑
PWM(펄스폭변조)제어

■ 그림 5.3.8 VVVF 인버터 제어 흐름도

컨버터(converter)는 정전압 정전류 장치로써 CVCF(constant voltage constant frequence)라고도 하며, 입력전원 교류를 직류로 변환하는 정류부이다. PWM(pulse width modulation, 펄스폭 변조) 제어부는 마이크로프로세서에 의한 전력용 반도체 소자 GTO 또는 IGBT의 스위칭작용으로 시간비(통전률) 제어신호를 인버터에 보내는 역할을 한다.

인버터(inverter)에서는 PWM 제어부에서 보내온 스위칭 신호에 의해 컨버터에서 정류된 직류를 펄스폭을 변화시켜 교류전압으로 역변환하는 장치이다. 인버터의 출력 교류전압은 펄스폭에 의해 크기를 변화시켜 유도전동기를 원하는 속도로 제어하게 된다.

인버터에 의한 회생제동은 주전동기가 타행 운전을 할 때 동력이 끊기면서 슬립은 부로 되고 발전기상태로 된다. 이때 계자코일에 전압을 유기되며 유기된 전압은 전원전압 이상의 되면 인버터를 통하여 가선으로 전력을 회생하게 되고, 회전자에는 그 발생전류에 의하여 회전하려고 하는 토크가 발생하므로 제동의 효과를 얻을 수 있다.

• 유도 전동기의 인버터제어 : 반도체, 특히 대용량 GTO의 발달에 의해 가변전압 가변주파수(VVVF) 인버터에 의한 유도전동기의 구동이 실용화되고 있다. 이 방식의 특징은 보수를 대폭 줄이고 점착성능의 향상, 구동전동기의 고출력화 소형 경량화 에너지 절약, 신뢰성 향상 등에 있다. 인버터에는 전압형과 전류형이 있다, 일본에서는 대용량 GTO를 이용한 펄스폭 변조(PWM)의 전압형이 주류이다. 독일(구 서독)의 E1203형 기관차가 전압형, 뮌헨 지하철 B1 등이 전류형이다. 표 5.3.3에 전압형과 전류형의 비교를 나타내었다. 인버터의 제어는 일반적으로 표 5.3.3과 같이 행해진다.

■ 표 5.3.3 전압형 인버터와 전류형 인버터의 비교

구 분	방식 / 항목	전압형 인버터	전류형 인버터
기본 특성	기본회로	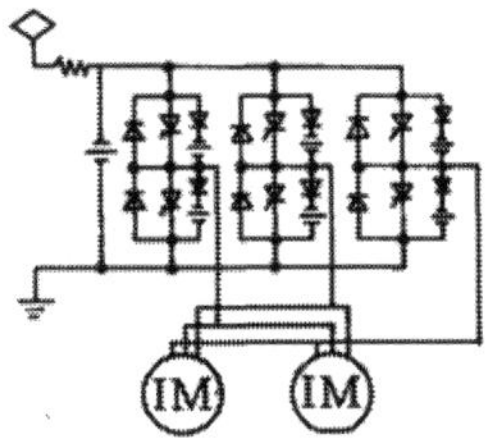	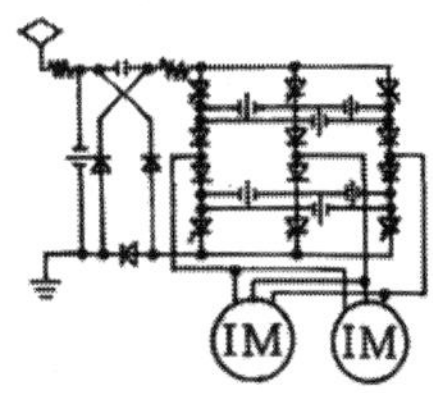
	구 성	단 순	약간 복잡
	출력파형	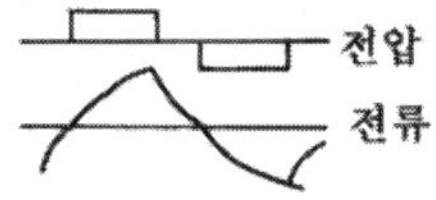	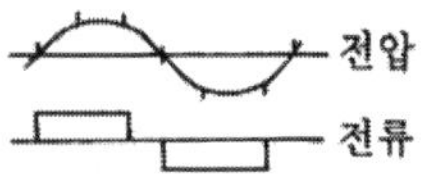
	사이리스터소자	GTO 또는 고속형 사이리스터	종속형 사이리스터
	전류콘덴서	GTO의 경우 불필요 (GTO 이외의 경우도 소용량)	대용량
제어 응답		빠르다.	늦다.
유도 장해 대책		정수의 선정이 필요하다.	초퍼제어 정도의 필터로 가능하다.
비 고		PWM 제어로 전압 제어와 주파수 제어가 동시에 가능하다.	별도로 전압제어를 할 필요가 있다.

• 동기전동기의 인버터/싸이클로 컨버터제어 : 동기기는 유도기에 비해서 역률, 효율이 좋지만 구조가 복잡하고 브러시, 슬립링이 남는다. 또, 1대의 동기기에 대하여 1대의 제어장치가 필요하기 때문에 대출력 전동기(대개 1000[kW] 이상)가 아니면 불리하다. 대출력의 기관차의 경우에 적용성이 있지만, 전차나 일본과 같은 중출력 기관차에는 적당하지 않다.

프랑스에서는 인버터가 간편하다는 이유로 적극적으로 도입하고 있다. 기동시의 토크 맥동을 감소시키기 위해서 동기전동기로 하고, 인버터는 저속영역에 보조전동모드를 필요로 하지만 그 이상은 부하 전류 모드에서 제어된다.

⑤ 다중 전기식 전기차의 제어

다중전기식 전기차에는 일본의 교,직류 전기차의 DC 1500[V]와 AC/50/60[Hz] 20[kV], 그 외의 국가에서는 DC 1500[V], 3000[V], AC 50[Hz], 25[kV], $16\frac{2}{3}$[kV] 등의 조합으로 다양한 종류가 있다. 이것들의 제어방식에 있어서도 각종 조합이 있지만 DC 1500[V] / 3000[V]의 경우는 구동 전동기의 직,병렬 연결로 바꿀 수 있고, 상용 주파수 $16\frac{2}{3}$[Hz]의 경우는 주변압기 권선의 절환에 의한 정류기식 등이 주로 이용되고 있다.

교류－직류양용의 경우는 다음과 같다

㉠ 직류 전기차 + 교 직류 변환장치(교류 전원기기)

㉡ 교류 전기차 + 직 교류 변환장치(직류 전원기기)

㉢ 직류 전기차 + 교류 전기차

㉠의 예로서 일본의 교직류 전기차, ㉡의 예로서 독일국철의 4전기식 181형 기관차, ㉢의 예로서 프랑스의 TGV가 있다. 구동전동기로서 유도전동기나 동기전동기를 이용한 다중전기식도 실용화되고 있고, 제어방식도 점점 다양화되고 있다.

3 공기제동의 종류

전기차량용 공기제동은 공기압력 제어방식에 따라 직통공기관 압력제어방식과 전기지령식으로 크게 분류할 수 있으며 전기지령식에는 디지털방식과 아날로그방식이 있다.

(1) 직통공기관 압력제어 방식

운전실 제동 핸들을 조작하여 전자 직통제어기를 통하여 각 차량에 장치되어 있는 전자변을 동작시키면서 각 차량에 직통관(SAP : Straight Air Pipe) 압력을 제어하여 이에 비례하는 제동력을 얻는 방식이며 대표적인 것으로는 전자직통 공기제동(Seld 제동) 방식이 있다. 또한, 열차분리와 같은 사고에 대비하기 위하여 제동관 (BP)을 차량에 연결시킨 자동공기제동장치가 설치되어 있다.

(2) 전기지령 방식

운전실로부터 전기신호를 이용하여 제동지령이 차량의 연결선을 통해 각 차량에 인가되면 각 차량별로 전기지령에 비례하는 공기압력으로 변환하는 방식으로, 직통공기관 압력제어 방식에 비하여 응답성, 제어성, 전기제동과의 Blending, 고속화에 따른 공주시간의 단축, 속도－점착특성에 의한 제동력제어, 소형, 경량화 등의 우수한 특성을 지니고 있다.

① 디지털 방식

복수의 제동 지령선에 전원의 ON / OFF 신호를 조합하여 전송하면 전공 변환기에서 제동신호에 해당하는 단계적인 제동력을 얻는 방식으로, 보통 3개의 연결선을 사용하는 순 2진 3비트 방식, 교번 2진 3비트 방식과 제동 스탭수와 같은 수의 연결선을 사용하는 순차가압방식이 있다.

② 아날로그 방식

제동지령을 1개의 제동지령선에 전류, 주파수, 전압 등의 아날로그 신호를 전송하면 전공변환장치에서 제동신호에 비례하는 연속적인 제동력을 얻는 방식으로서 최근에 많이 사용되고 있는 방식이다. 이 방식은 추진과 제동을 하나의 제어기로 작동할 수 있으며 열차의 자동 열차운전(Automatic Train Operation) 시스템에도 응용할 수 있는 특징이 있다. 아날로그 신호는 직류 전류값을 변환시키는 전류신호, 주파수는 일정하고 진폭만 변화시키는 PMW(Pulse Width Modulation)신호, 직류전압값을 변화시키는 전압신호 등이 이용되고 있다.

(3) 보조전원장치

전기 차량용 보조전원장치로서는 주로 전동발전기(Motor Generator : MG)방식과 정지형 인버터(Static Inverter : SIV) 방식이 사용되고 있다 MG는 회전체로서 일종의 Rotary 인버터 기능을 가지고 있다. 주 원리는 가선으로부터 전원을 공급받아 MG를 구동시키고 입력전압의 변동이나 부하의 변동이 있다. 출력전압과 주파수를 안정시키기 위해 MG의 회전수가 일정하게 유지되도록 제어하는 것이다. SIV는 MG와는 상반되는 개념을 갖는 인버터로서 MG가 회전체인 로터리인버터 방식이라면, SIV는 움직이지 않는 정지형 인버터라는 것이다. 정지형 인버터가 가능하게 된 주요원인은 사이리스터의 개발(소전력 전자)로 가능해졌다.

주 원리는 가선으로부터 전원을 공급받는 것은 같으나 회전체 대신에 GTO나 GTO+Tr의 ON-OFF 동작에 의해 출력전압을 얻고, 가선전압의 안정을 확보하기 위해 초퍼를 사용하거나 출력전압의 안정을 위해 출력전압을 검출하여 피드백 제어를 하는 것이다.

MG와 SIV의 장·단점을 요약하면 아래표와 같다.

표 5.3.5 MG와 SIV의 장·단점

MG		SIV	
장 점	단 점	장 점	단 점
• 입력전압 급변수용 • 파형의 왜율이 적다.	• 효율이 낮다 • 신뢰성이 낮다. • 소음이 높다. • 유지보수비가 많이 든다.	• 효율이 높다. • 신뢰성이 높다. • 소음이 낮다. • 유지보수가 간단하다	• 입력전압 급변에 대한 적응성이 낮다. • 노이즈에 약하다.

5.4 열차제어 및 열차운전

1 열차제어

(1) 궤도회로

① 궤도회로(track circuit)

궤도를 이용하여 전기회로를 구성하는 것으로 이 회로에 열차 또는 차량이 진입하게 되면 차량에 의해서 양쪽 궤도가 단락되므로, 궤도에 흐르는 전류 및 주파수의 변화작용에 의하여 신호보안장치를 제어하기 위한 전기회로이다.

② 폐색장치(block system)

전거장 상호간에 열차충돌을 막기 위하여 열차와 열차 사이에 항상 일정한 간격을 확보해야 하며, 일정한 시간과 거리를 두는 것을 폐색구간이라 하고, 폐색구간의 폐색식 운행을 하기 위한 일체의 설비를 폐색장치라 한다.

(2) 연동장시

① 연동장치

정거장 구내에 열차의 운행과 차량의 입환을 안전하고 신속하게 하기 위하여 신호기, 전철기 등의 상호간을 전기적 또는 기계적으로 연관시켜 동작하도록 만든 장치이다. 정거장의 신호기와 전철기 사이에는 열차운전의 조건에 따라 일정한 순서로 조작할 수 있도록 구성되어 운전조작을 쇄정시키는 기능이다.

연동장치의 종류는 다음과 같다

- 제1종 연동장치 : 신호기, 전철기 상호간의 연쇄를 신호취급소에 설치되어 있는 제1종 연동장치에 의해서 동시에 조작하는 장치이다.
- 제2종 연동장치 : 신호기의 취급은 신호취급소에서, 전철기의 취급은 현장에서 수동전환하고, 이들 상호간의 연쇄를 기계연동기 또는 전기연동기에 의해서 조작하는 장치이다.

② 연동도표와 계전 연동장치

- 연동도표는 정거장 구내의 열차운전이 안전하게 이루어지도록 여러 가지 방법의 연쇄가 연동장치에 의해 이루어지는 데 이 연동장치를 도표로 표시한 것을 말한다.
- 계전 연동장치는 연쇄 방법으로 모두 전기적인 방법을 사용한다.

(3) 열차 보안장치

① 열차집중 제어장치(C.T.C : Centalized Traffic control)

C. T. C란 한 지점에서 광범위한 구간의 많은 신호설비를 원격 제어하여 운전취급을 직 접 지령할 수 있는 장치이다.

- C. T. C 효과
  - 보안도의 향상
  - 선로 용량의 증대
  - 평균 운행속도의 향상
  - 운전비, 인건비 등의 절감
- C. T. C 설비
  - 사령실 설비 : 조명표시반, 조작반, 열차 운행시간 기록계, 열차번호 표시장치 등
  - 역설비 : 측선입환시 및 정전시 수동취급 설비
- C. T. C 장치의 기능과 구성 : C. T. C장치는 열차의 운전에 따라서 각 역에 있어 발생하는 궤도 릴레이의 공상·낙하 또는 신호기의 진행·정지의 표시, 운전 보완설비의 가동생태 등의 표시정보를 각 역으로부터 중앙제어소에 실시간으로 착오 없이 전송하여 표시하는 기능과 중앙제어소에서 지령원이 취합하는 각역의 진로구성을 제어정보를 해당 역으로 전송하고, 계전 연동장치 등에 입력하여 진로를 구성하고 신호기를 진행시키는 기능을 가진다.

  C. T. C 장치의 구성은 논리부·전송부·제어등록 릴레이부(역장치의 경우)·표시등 록 릴레이부(중앙장치의 경우)·전원부로 되어 있다.

② 자동열차 제어장치(A. T. C : Automatic Train Control)

A. T. C 장치는 지상설비와 차상설비로 크게 나누어진다. 지상설비는 A. T. C 송수신장치, 궤도회로, 양자를 접속하는 전선로로 구성되어 있다. A. T. C 신호로서 열차로 전송하는 것과 동시에 열차의 위치검지의 기능을 갖고 있다.

차상설비는 A. T. C 신호를 수신하는 차상수신기, 열차의 속도를 검출하는 속도발전기, 지상으로부터의 지시속도와 열차의 속도를 비교하여 브레이크 ON－OFF를 지령하는 조사회로 및 표시기 등으로 되어 있다. 열차운전의 조작에 관련하여 선행열차와의 간격이나 역구내 진로조건 혹은 곡선제한 등으로부터 허용된 주행속도를 지상으로부터 차로 전달하고, 열차의 속도가 허용속도 이하로 되면 브레이크를 완화시키는 것과 같이 감속제어에 관하여는 모두 자동화한 시스템을 자동열차 제어장치라 한다.

③ 자동운전(A. T. O)의 개요

열차의 시동으로부터 정지까지의 운전조작을 모두 자동화하여 움직이는 시스템을 자동운전(A. T. O : Automatic Train Operation)이라 한다. 운전선도를 처음에 미리 프로그램하여 놓을 필요가 있지만, 이 프로그램의 방식에 지상 프로그램 방식과 차상 프로그램 방식이 있다.

④ 열차 자동제어장치

열차 운행시 기관사에 의한 안전확보를 위하여 기관사의 신호무시, 신호오인 및 잘못된 조작을 방지하기 위하여 자동적으로 기관사에게 정보하여 주의를 촉구함과 동시에 열차에 제동을 걸어 열차를 정지 또는 감속시키는 장치를 말한다.

- 자동열차 정지장치(A. T. S. : Automatic Train Stop)는 위험지역에 열차가 접근하면 경보를 울려주고 그 구역에 진입하는 열차를 자동적으로 비상제동이 걸리게 하여 정지시키는 장치를 말한다.
- 자동열차 제어장치(A. T. C. : Automatic Train Control)는 열차속도를 제한하는 구역에 있어서 제한속도 이상으로 운행하게 되면 자동적으로 제동이 작용하여 감속을 하여 열차속도를 제어하는 장치를 말한다.
- 자동열차 운행장치(A. T. O.)는 열차속도가 높아지면 자동적으로 제동이 작용하게 되어 일정속도의 열차운행을 하는 장치를 말한다.

(4) 통신유도장해

전차선에 근접된 통신선에는 전차선 전압에 비례하여 정전적으로 유기되는 정전유도와 트롤리선 전류와 귀선전류의 불균형에 의해 전자적으로 유기되는 전자유도에 의하여 위험전압과 잡음전압이 발생한다. 이러한 통신유도 장해를 경감시키기 위하여 흡상변압기, 단권변압기의 이용, 통신선의 배류코일 사용 및 전차선로의 고조파 성분경감 등 전력선측, 통신선측, 전기 차량측에서 여러가지의 대책을 마련하고 있다.

2 열차의 운전

(1) 열차의 운전곡선

전기철도에서는 두 역간을 그림 5.4.1의 점선과 같이 운전하는 것이 가장 이상적이다. 즉, 출발역에서 등가속도로 떠나 최고속도로 된 후, 이 상태를 지속하여 다음 역에 가까워지면 등감속도로 소정의 위치에서 정지한다. 이와 같은 그림을 거리속도 운전곡선(running curve)이라 한다.

그림 5.4.1의 운전곡선에 따라 열차의 주행상태를 분석하면 다음과 같다.

① 기동(starting)부분

정지하고 있는 열차가 동력의 공급을 받아 기동을 시작하고, 주전기의 저항제어, 직 병렬제어, 계자제어 등에 의해서 가속하는 부분(A－D)으로서 노치(notch) 제어(A－B), 직선가속(B－C), 약화계자가속(C－D)의 3부분으로 나뉘어진다.

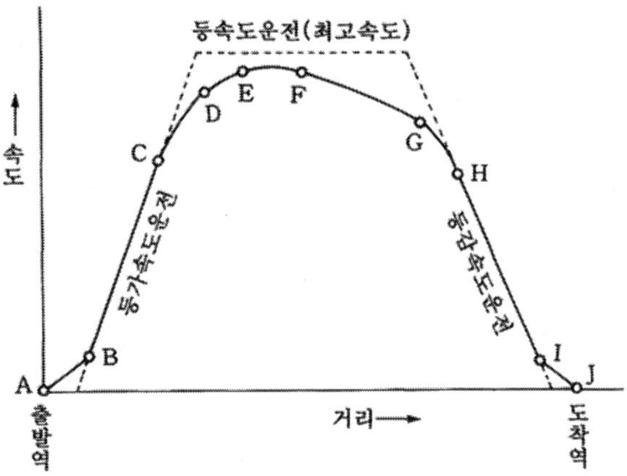

■ 그림 5.4.1 열차운전곡선모델

② 자유주행(free running)부분

여전히 동력의 공급을 받아 저항제어, 직 병렬제어 및 계자제어의 단계는 끝나고, 주전동기의 특성에 따라서 역행하는 부분 (D−F)으로서 특성가속(D−E)과 균형속도(E−F)의 둘로 나눌 수 있다.

③ 타행운전(coasting)부분

동력의 공급이 끊기고, 타성으로 진행하지만 여러 가지의 저항을 받아 감소도가 생겨서 속도가 점점 감소하는 부분이다(F−H).

④ 제동(braking)부분

동력의 공급이 끊기고, 타성으로 진행하지만 여러 가지의 저항을 받아 감소가 생겨서 속도가 점점 감소하는 부분(H−J)이다. 적당한 곳에서 주전류를 끊어 타행운전을 한다. 그 점(F)을 타행점(coasting point)이라고 한다. 만일 어떤 원인에 의하여 열차가 지연되었을 경우, 이 타행시간을 짧게 하면 지연시간을 회복할 수 있다. 극단의 경우에는 오프−브레이크 운전이라고 하여 운전전류를 끊는 것과 동시에 브레이크를 거는 경우도 있다.

(2) 열차의 운전속도

운전속도에는, 평균속도, 표정속도, 평형속도 등이 있다.

① 최고속도

최고속도에는 궤도의 구조에 의하여 결정하는 최고제한속도와 차량의 성능에 결정하는 최고 허용속도가 있다.

② 평균속도

평균속도는 운전 구간의 거리를 정차시간을 뺀 순수한 운전시간으로 나눈 것이다.

③ 표정속도

표정속도는 운전 구간의 거리를 정차시간을 합한 도달시간으로 나눈 것으로 실제의 수송시간을 결정하는 속도이다.

④ 평형속도

평형속도는 열차의 전동륜주 인장력과 총 저항력이 평형이 된 경우의 속도를 말하며 가속도가 0으로 되어 열차는 일정한 속도로 주행한다. 이러한 속도를 평형속도라 한다.

(3) 표정속도와 비전력 소비량

① 표정속도

두 정차장간의 거리를 소요된 시간으로 나누는 것을 평균속도라 한다. 그런데 어느 선로에 있어서 시발점에서 종착역까지의 전거리를 이것에 소요된 시간, 즉 중간 정차시간을 포함한 시간으로 나누는 것을 표정속도(schedule speed)라 하여, 이 표정속도가 열차의 실제 수송시간을 결정하는 속도이므로 평균속도 보다 편리하다.

표정속도를 크게 하면, 동일수송에 대하여 차량과 승무원의 수가 적어도 되고 승객도 빠르게 목적지에 도달하는 이점이 있다. 표정속도를 크게 하려면 가속도, 제동도를 크게 해야 되고,그렇게 하기 위해서는 주전동기의 출력, 제동도는 열차가 정지할 때의 평균을 말하는 것이고, 최고속도라는 것은 주행중의 순간적인 고속도를 뜻하는 것이다.

표 5.4.1 전기철도의 표정속도

철도 종류	가속도 [km/h/s]	제동도 [km/h/s]	표정속도 [km/h]	최고속도 [km/h]	비전력소비량 [wh/t * km]
노면전차	2.0~2.8	2.2~3.0	8~18	15~35	40~90
교외전차	1.3~2.2	2.2~3.0	15~40	25~60	25~70
시간철도	1.3~2.2	1.5~3.0	25~90	35~100	35~80
시내고속도	2.4~3.3	2.5~3.5	20~50	30~70	50~100
간선철도(객차)	0.5~1.0	0.8~1.5	30~110	40~130	15~35
간선철도(화차)	0.3~0.5	0.4~0.8	25~60	35~80	10~30

(2) 비전력 소비량

공급변전소의 전력량 E[Wh]를 그 변전소 구역내의 철도거리 1[km]로 나누고, 이것을 다시 전차의 중량 W[t]으로 나눈 값을 비전력 소비량이라고 한다. 이 비전력 소비량은 차량운전에 필요한 전동기출력, 전동기손실, 차내 전등제어용 저항손, 기타 도체 등의 전력손실을 합하고, 전차선, 급전선의 전력손실도 포함된 것이다. 필요한 전력량은 E[Wh], 열차중량 W[t], 구역 내의 철도거리를 1[km]이라면 단위 중량[t], 거리[km]당의 전력량, 즉 비전력 소비량은 다음과 같다.

$$\text{비전력 소비량} = \frac{F}{Wl} \text{ [Wh/t-km]} \tag{5.4.1}$$

■ 표 5.4.2 비전력 소비량

	비전력 소비량[kh/t · km]
교외전차	25~60
노면전차	40~90
시간철도	35~80
간선철도(객차)	15~35
간선철도(화차)	10~30

(3) 경제적 운전

① 운전방법에 의한 전력 소비량 감소

동일 차량, 동일 전동기라 하여도 가속도, 감속도, 표정속도, 정차장의 거리, 정차시간 등을 어떻게 하느냐에 따라 전력 소비량은 크게 영향을 받는다. 따라서 전력 소비량은 감소하기 위해서는 가속도와 감속도를 크게 하고, 표정속도를 작게 하여야 한다.

- 가속도를 크게 한다. : 일정한 거리를 일정한 표정속도로 운전하는 경우 가속도로 운전하는 경우 가속도를 크게 하면(곡선 C → B → A) 그림 5.4.2에서와 같이 전류차단이 빨리 되며, 즉 타행이 길게 되므로 전력소비량은 감소한다.
- 감속도를 크게 한다. : 그림 5.4.3에서와 같이 브레이크를 크게 하면(곡선 c → b → a) 동일가속도라도 전류차단이 빨리 되며, 그림에서처럼 타행시간이 길게 되어 전력소비량은 적게 된다.

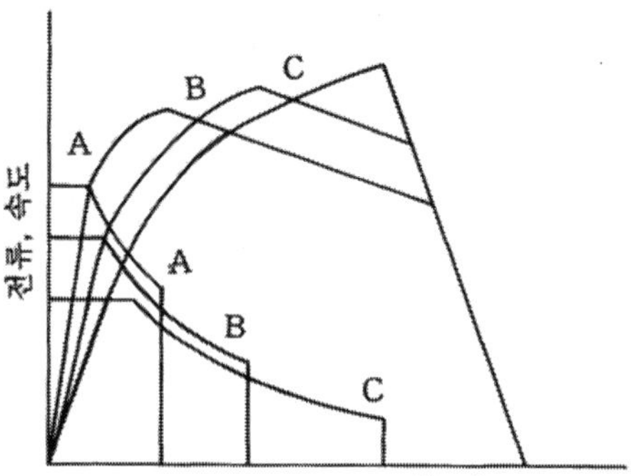

■ 그림 5.4.2 가속도를 크게 한 경우

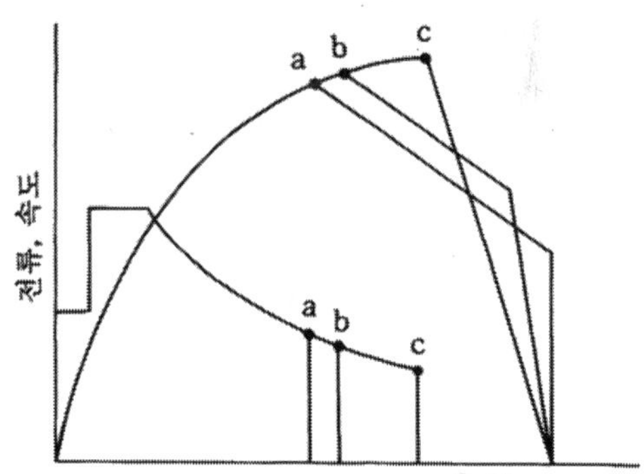

■ 그림 5.4.3 감속도를 크게 한 경우

- 표정속도를 작게 한다. : 이것은 동일한 거리를 장시간 운전하는 것이며, 타행의 시간이 길게 되므로 전류차단도 빨라 전력소비량은 적게 된다. 그림 5.4.6, 그림 5.4.7에서와 같이 동일가

속도, 동일감속도라 하면 이것이 큰 영향을 주는 것을 알 수 있다. 표정속도를 작게 하는 것은 교통의 목적으로 보아 바람직하지 않다. 그래서 정차 시간을 적게 하든가, 정차거리를 크게 하여 가능한 한 타행시간을 길게다. 이를 위해서 급행으로 하여 정차장을 걸러서 운전하면 좋다. 표정속도를 작게 하기 위하여 운전도중에 서행운전하거나 중간에 정차하게 되면 전력 소비량은 증가한다.

② 설비에 의한 전력소비량 감소

- 차량 중량의 경감 : 차량중량이 가벼우면 열차저항도 적고 전동기도 소용량으로 하여도 된다. 그러므로 최근의 전차는 경량화시키고 있다.
- 기어비를 적절히 한다 : 정차장 간의 거리가 길면 기어비를 작게 해서 최고속도를 크게 한다.
- 제어법(직병렬제어, 자동제어) : 노면전차와 같이 빈번히 기동시키는 경우에는 저항제어보다 직병렬제어가 좋다. 또한 수동보다 자동제어의 편이 좋다.
- 회생제동 : 구배나 곡선도 소비전력에 관계가 깊다.

(3) 선로조건에 의한 전력소비량 감소

① 구배를 적게 한다.
② 가능한 직선로를 많이 만든다.
③ 역간 거리를 적절히 한다.

연습문제

1. 열차의 집중제어방식(C.T.C) 효과는 무엇인가?

2. 단상교류식 전기철도에서 전압불평형을 경감하는 데 쓰이는 것은?

3. 철도통신의 유도장해원인과 방지대책을 쓰시오.

4. 전기철도의 속도제어법을 쓰시오(4가지 이상).

5. 전기철도의 운전방법, 차량조건, 선로조건에 따른 전력소비량 감소법을 쓰시오.

6. 표정속도에 대하여 설명하라.

7. 메타다인(metadyne) 제어법이라 함은 무슨 제어법을 말하는가?

8. 회생제동 구간에 적당한 변전소의 직류변환장치는 무엇인가?

㉮ 회전변류기 ㉯ 수은 정류기
㉰ 전동발전기 ㉱ 인버터

9. 대용량 고전압의 차량에 쓰이고, 최근에는 고성능의 노면전차에 이용하고 있는 방식은?

㉮ 직접제어방식 ㉯ 극수제어방식
㉰ 직류초퍼제어 ㉱ 텝절환제어

10. 겨울에 전차의 비전력소비량이 커지는 이유는 무엇인가?

11. 전기철도의 전기제동에서 주전동기를 발전기로 쓰고 차량의 운동에너지를 전기에너지로 변환하여 저항기에 의하려 열에너지로 방사하는 제동 무엇이라 하는가?

㉮ 전력회생제동 ㉯ 발전제동
㉰ 전자제동 ㉱ 저항제동

12. 전기철도에서 전력 회생제동법을 채용하는 것이 가장 유리한 것은?

㉮ 시가지 전차 ㉯ 지하철
㉰ 평지 간선 전기철도 ㉱ 산악지대의 전기철도

13. 전기철도용 전력공급방식에 대하여 설명하라.

14. 교류급전방식에 대하여 설명하라.

15. 전기철도용 주변압기로 스코트결선 변압기를 사용하는 이유를 설명하라.

16. 직류전기차 주전동기의 속도제어 방법의 종류를 설명하라.

17. 직류초퍼에 의한 속도제어에 대하여 설명하라.

18. 전기철도의 신호보안장치에서 폐색장치란 무엇인가?

19. 전기철도의 전기적 제동법에 대하여 설명하라.

20. 전기철도의 경제적 운전방법에 대하여 설명하라.

21. 전차용전동기에 보극을 설치하는 이유는?

22. 전기차량에서 사용되는 직류직권전동기의 회전수와 단자전압, 부하전류와의 관계, 토크와 전류와의 관계 등을 설명하라.

Chapter

06

전기화학

1. 전기화학 및 1, 2차 전지
2. 전해 및 전열화학

6.1 전기화학 및 1, 2차 전지

전기화학(electrochemistry)은 결합과 관계된 물질내의 전자의 이동이 외부의 전기회로를 통하여 이루어지고, 물질의화학에너지와 외부의 전기에너지 사이에서 상호 변환을 행하면서 산화·환원의 화학 반응을 일으키는 것을 의미한다. 전기화학은 높은 에너지를 가진 활성물질의화학에너지를 인출하여 전기에너지로써 외부로 공급하는 것(예 : 화학전지)과 외부로부터 전기에너지를 공급받아 화학에너지가 높은 제품을 만드는 것인 전해전지(예 : 전기분해)로 크게 분류할 수 있으며, 이들은 화학에너지와 전기에너지의 변환이 서로 반대로 이루어지는 것이다.

$$\text{전기화학의 정의 : 화학에너지} \underset{\text{전기분해}}{\overset{\text{화학전지}}{\rightleftarrows}} \text{전기에너지(산화·환원반응)}$$

전기화학계는 화학에너지와 전기에너지의 상호변환을 시키기 위한 장치로써 화학전지(electrochemical cell)와 전해전지(electrolysis cell)로 구분한다.

- 화학전지 : 전기화학계 내에서 일어나는 자발적 반응을 이용하여 전기를 일으키는 전지(cell), 즉 화학에너지를 전기에너지로 변환하는 장치를 화학전지라 한다. 특히 전류를 만들어서 전기에너지원으로 사용하는 화학전지를 갈바니 전지라 한다(볼타전지, 다니엘 전지, 건전지, 납축전지, 연료전지 등 전지의 방전, 금속의 부식 등).
- 전해전지(전기분해) : 외부 전원에서 공급되는 전류를 이용해서 비자발적 반응을 진행하게 하여 전기에너지를 화학에너지로 변환하는 장치(전지의 충전, 전기분해, 전해정련, 용융염 전해, 전기도금 등)

1 전기화학의 기초

(1) 산화·환원

어떤 물질이 전자를 상실할 때 그 물질은 산화되었다고 한다. 반대로 어떤 물질이 전자를 얻었을 때 그 물질은 환원 되었다고 한다.

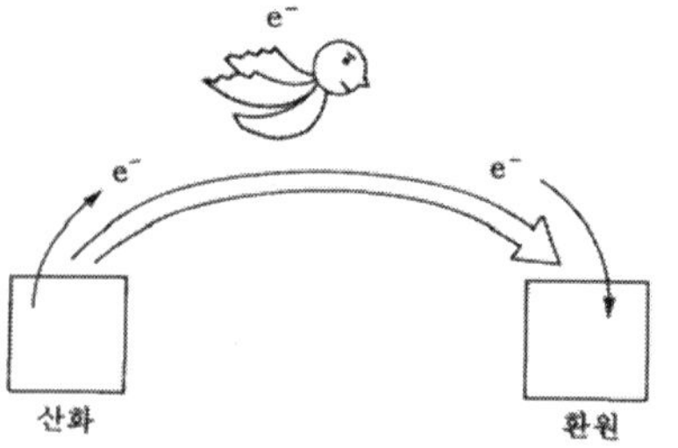

■ 그림 6.1.1 산화와 환원

동(銅)을 공기 중에서 가열하면 검정색인 산화동이 되는데, 이 변화는 다음과 같은 것이다.

$$2Cu+O_2 \rightarrow 2CuO \qquad (6.1.1)$$

전자의 움직임에 대하여 이 반응을 살펴보면 다음과 같다

$$2Cu+O_2 \rightarrow 2Cu^{2}+O^{2-} \qquad (6.1.2)$$

그림 6.1.2와 같이 동은 원자 1개당 2개의 전자를 상실하며, 산소는 원자 1개당 2개의 전자를 얻고 있다. 하나의 반응에 의해 전자를 상실하는 것이 있고, 그 전자를 받아들이는 것이 반드시 있기 때문에 산화와 환원은 동시에 일어난다. 이와 같이 전자를 주고받는 것을 수반하는 반응을 산화·환원이라고 한다.

산화·환원반응에 있어서 상대물질을 산화하는 물질을 산화제, 환원하는 물질을 환원제라고 한다. 산화제는 환원하기 쉬운(전자를 빼앗기 쉬움) 물질이며, 환원제는 산화되기 쉬운(전자를 주기 쉬움) 물질이다.

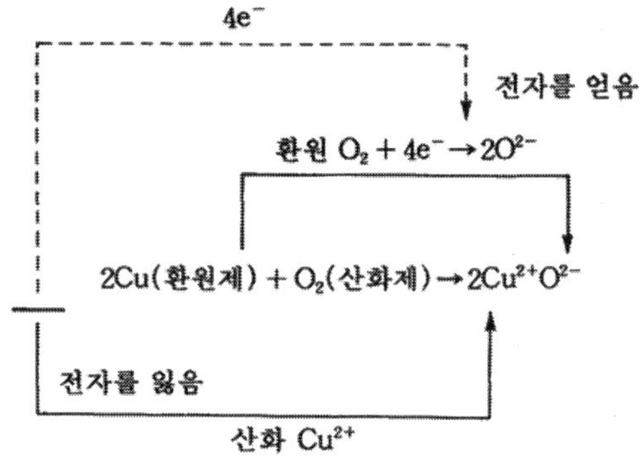

■ 그림 6.1.2 산화 환원반응

산화는 어떤 물질이 산소와 화합하거나 수소 화합물이 수소를 잃는 화학 변화이고, 반대로 환원은 어떤 물질이 수소와 화합하거나 산소 화합물이 수소를 잃는 화학 변화를 의미하였다. 그 개념은 확장되어 산소와 수소가 관여하지 않는 화학반응에서도 전자를 잃는 것을 산화(oxidation), 전자를 얻는 것을 환원(reduction)이라고 한다.

산화와 환원의 정의를 표 6.1.1에 나타낸다.

■ 표 6.1.1 산화 환원

	산 화	환 원
산 소(O)	결 합	잃 음
수 소(H)	잃 음	결 합
전 자(E~)	잃 음	잃 음
산 화 수	증 가	감 소

이온화 경향이 큰 마그네슘을 공기 중에 방치하면 표면이 산소와 반응하여 산화 마그네슘으로 된다. 이 때 산화·환원의 화학반응은 다음과 같이 일어난다.

$$2Mg \rightarrow 2Mg^{2+} + 4e^{-1} \qquad (6.1.3)$$

$$O_2 + 4e^{-1} \rightarrow 2O^{2-}$$

산화·환원 전체 반응 : $2Mg + O_2 \rightarrow 2MgO$ (6.1.4)

화학반응에서 산화와 환원은 동시에 일어나며, 이 산화·환원 반응을 식 (6.1.3)과 같이 두 개로 나누어서 각각을 반쪽 반응이라 하고, 식 (6.1.4)와 같이 각각의 두 반응을 합한 것을 산화·환원의 전체 반응이라고 한다.

산화·환원반응에서 자신은 환원되면서 다른 것을 산화시키는 물질을 산화제라고 하고, 반대로 자신은 산화되면서 다른 것을 환원시키는 물질을 환원제라고 한다.

(2) 이온화 경향

금속은 수용액 중에서 전자를 방출하여 양이온으로 되기 쉬운 성질을 가지고 있다. 이것을 이온화 경향이라고 한다. 금속을 이온화 경향(산화되기 쉬움)이 큰 순으로 배열하면 그림 6.1.3과 같고 이러한 것을 이온화 열(이온화 경향)이라고 한다.

$K > Ca > Na > Mg > Al > Zn > Fe > Ni > Sn > Pb > (H_2) > Cu > Hg > Ag > Pt > Au$

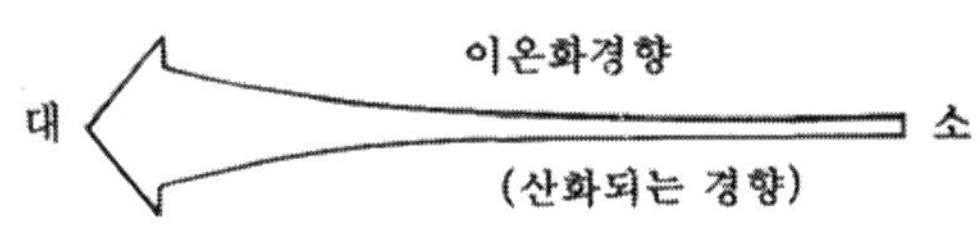

그림 6.1.3 금속의 이온화 경향

전기화학계는 기본적으로 이중금속의 전극에서 산화·환원의 화학반응에 의한 계면에서 전자와 이온의 수소가 일어나는 것이고, 이 역할을 하는 것을 전극반응이라 한다. 산화 및 환원의 전극반응은 금속의 이온화 경향에 결정된다.

이온화 경향이 큰 금속의 화학적 성질은 다음과 같다.

① 산화되기 쉽다(다른 물질을 환원시키는 힘이 크다).

② 전자를 잃기 쉽고, 양이온이 되기 쉽다.

③ 이온화 경향이 클수록 산화성이 강하다(예 : $Zn \rightarrow Zn^{2+} + 2e^-$[해리, 전리]).

④ 이온화 경향이 작을수록 환원성이 강하다(예 : C + 2e~ → Cu[금속 석출]).

⑤ 산과 반응하고, 금속의 산화물은 염기성이다.

(3) 전지의 분류

전지는 구성하는 계의 화학적, 물리적 변화에 수반하는 에너지의 감소분을 직접 전기에너지로 변환하는 장치이다. 그러나 일반적으로 전지라고 하는 것은 화학변화를 이용하는 화학전지를 의미하며, 그 이외의 전지를 특수전지 또는 물리전지 등으로 불리어지고 있다.

① 화학전지

전기화학계 내에서 자발적으로 화학적 변화를 일으킬 때 발생하는 에너지를 전기에너지로 변환하여 외부로 전류를 흐르게 하는 장치이다. 화학전지는 1차전지, 2차전지 및 연료전지가 이에 해당한다.

- 1차전지 : 충전과 방전을 반복할 수 없는 전지로써 반복 사용이 불가능하여 일회용의 소모성 전지(망간건전지, 공기건전지, 수은전지, 리튬전지 등)
- 2차전지 : 충전과 방전이 모두 가능한 전지로써 반복 사용이 가능한 전지(납축전지, 알칼리 축전지, 소형 충전전지)
- 연료전지 : 1차전지 및 2차전지의 전극활성물질은 전지 자체 내부에 내장되어 있지만, 연료전지는 전극활성물질인 연료와 산화제가 외부로부터 연속적으로 공급하여 전기에너지를 얻고 동시에 반응생성물을 배출하는 전지

② 물리전지

외부로부터 열, 광, 방사선 등의 에너지를 공급하여 전지를 불안정한 상태, 즉 에너지가 높은 상태에서 에너지가 낮은 안정한 상태로 되돌아오는 과정에서 물리적 변화시의 에너지 감소분을 전기에너지로 변환하는 것으로써 태양전지, 열전지, 광전지, 원자력전지 등이 있다.

③ 볼타 전지

산화·환원반응에 의해 지속적으로 전자를 취출하여 외부에 전류를 흘리는 장치가 전지이다. 볼타전지는 이온화 경향이 다른 아연판과 동판을 그림 6.1.4와 같이 묽은 황산 중에 넣은 것이다. 이온화 경향이 큰 아연은 묽은 황산중에 아연이온(Zn^{2+})으로 되어 용출하고, 아연판의

표면에 전자 e^-를 발생시킨다.

$$Zn \rightarrow Zn^{2+} + 2e^- \text{ (산화반응)} \tag{6.1.5}$$

볼타전지의 아연판과 동판을 도선으로 연결하면, 아연과 위에 발생한 전자는 도선을 지나 동판측으로 흘러, 동판 표면에서 용액중의 수소이온과 반응하여 수소 H_2를 발생한다.

$$2H^+ + 2e^- \rightarrow H_2 \text{ (아연 표면의 환원반응)}$$

따라서 전류는 동판에서 아연판으로 흐른다.

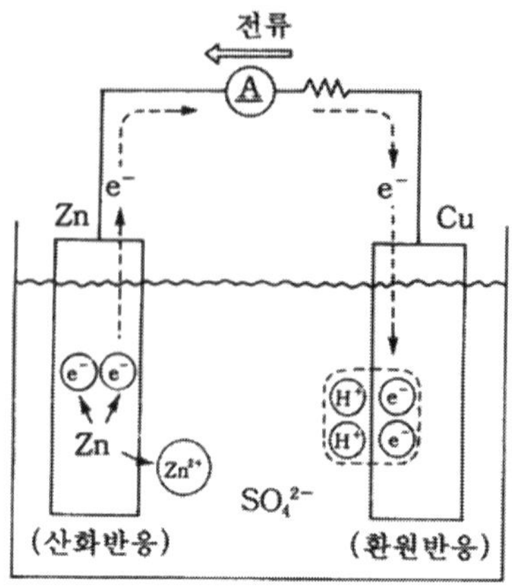

■ 그림 6.1.4 볼터전지

볼타전지의 기전력은 약 1.1[V]이지만, 곧 낮아진다. 그것은 동판 표면에서 발생한 수소가 수소이온으로 복귀하는 반응을 일이키기 때문인 것이다.

$$H_2 \rightarrow 2H^+ + 2e^-$$

이와 같은 현상을 분극이라 하는데, 수소가 발생하지 않도록 산화제를 가하여 물로 되게 한다. 분극을 방지할 목적으로 가하는 산화제를 감극제라 하며, 볼타전지의 경우 과산화수소수 등이 사용된다. 외부도선이 연결되지 않은 경우에는 이온화 경향이 삭은 구리진극에서는 전혀 변화가 일어나지 않는다. 외부도선을 연결하면 두 전극이 그림에서처럼 전자는 이동을 하여 구리 전극 쪽으로 이동하게 되어 수소가 발생한다. 이와 같이 전자는 아연전극에서 구리전극으로 이동하기 때문에 전류는 구리전극에서 아연전극으로 흐르게 되는데 이것을 방전(discharge)라고 한다.

전극에서의 반쪽 전지 반응

Zn(음극) : $Zn \rightarrow Zn^{2+} + 2e^-$ (산화전극)

Cu(양극) : $2H^+ + 2e^- \rightarrow H_2\uparrow$ (환원전극)

전체반응

$$Zn + 2H^+ \rightarrow Zn^{2+} + H_2\uparrow \tag{6.1.6}$$

화학전지의 두 이종의 금속전극에서 일어나는 화학 반응 및 그에 따른 명칭을 정의하면 표 6.2와 같다.

■ 표 6.1.2 화학전지에서 전극의 화학반응 및 그에 따른 명칭

	이온화 경향(대)	이온화 경향(소)
화학반응	산화반응	환원반응
화학반응에 의한 명칭	Anode(산화전극)	Cathode(환원전극)
전기극성	음극(−) (negative electrode)	양극(+) (positive electrode)

여기서 에노드(anode)는 산화가 일어나는 전극(산화전극), 캐소드(cathode)는 환원이 일어나는 전극(환원전극)을 뜻하며, 전기의 극성과는 다른 의미이다.

- 분극 : 구리 전극 표면에서 식 (6.1.7)의 반응에 의하여 생성된 수소의 일부가 얇은 막을 형성하게 되고, 지속적인 반응을 방해한다.

$$2H^{+} + 2e^{-} \rightarrow H\uparrow \text{ (반응 차단)} \qquad (6.1.7)$$

수소는 구리보다 이온화 경향이 크기 때문에 구리 전극에서 생성된 수소가 다시 수소이온으로 되돌아가면서 전자를 구리 전극에 남긴다.

$$H_2 \rightarrow 2H^{+} + 2e^{-} \qquad (6.1.8)$$

이와 같은 현상으로 아연 전극에서 외부 도선을 통하여 유입하는 전자의 흐름을 방해하게 되면서 전류는 줄어들고 전지의 기전력도 낮아지게 된다. 이러한 현상을 분극이라 한다.

- 감극제 : 구리 전극에서 발생한 수소를 제거하기 위하여 산화제를 가하여 다음의 반응식과 같이 물이 생성되도록 한다. 이 산화제를 감극제 또는 소극제라고 한다.

$$H_2 + O\text{(산화제)} \rightarrow H_2O \qquad (6.1.9)$$

즉, 감극제는 분극 작용을 억제하기 위한 것이며, 지속적으로 전류를 흘려주도록 하여 기전력의 저하를 방지한다.

감극제는 이산화망간(Mn), 질산(HN), 산화수은(HgO) 등의 산화제가 이용되고 있다.

(4) 1차 전지

1차 전지란, 한번 방전해 버리면 기전력이 저하하기 때문에 원상태로 돌아갈 수 없는 전지이다. 또한, 전지속의 전해액을 겔상으로 응고하여 휴대하기에 편리하게 한 것이 건전지이다.

1차 전지의 여러 종류를 표 6.1.3에 나타내었다.

■ 표 6.1.3 1차전지 특성

전지면	공칭전압(V)	정극물질(감극제)	전해질	부극물질(부극)	용 도
망간건전지	1.5	MnO_2	NH_4Cl $ZnCl_2$	Zn	통신용, 전등용
알칼리 망간건전지	1.5	MnO_2	KOH	Zn	망간건전기보다 증부하용
산화은전지	1.55	Ag_2O	KOH 또는 NaOH	Zn	시계
공기전지	1.4	O_2'	KOH	Zn	보청기
수은전지	1.35 1.4	HgO	KOH 또는 NaOH	Zn	와이어레스 마이크, 시계
2산화망간 리튬전지	3.0	MnO_2	유기전해질	Li	IC카드 전자수첩

① 망간건전지

망간 건전지는 건전지(dry cell)의 원형으로 대표적인 것으로써 일명 르클랑세 건전지라고도 한다. 그림 6.1.5는 망간 건전지의 구조를 나타낸 것이다. 양극은 탄소, 음극은 아연 용기 자체가 되고, 감극제로 MnO_2의 분말에 흑연을 혼합하여 돈전성을 좋게 한다. 전해액으로 염화암모늄을 용액을 사용한다.

망간 건전지의 표기 : $(-)Zn \mid NH_4Cl,\ ZnCl_2(aq) \mid MnO_4 \cdot C(+)$

음극 아연 전극은 아연이온 Zn^{2+}와 전자 e^-를 발생시킨다.

$$\text{음극 : } Zn \rightarrow Zn^{2+} + 2e^-$$

$$\text{양극 : } 2MnO_2 + H_2O + 2e^- \rightarrow Mn_2O_3 + 2OH^- \qquad (6.1.10)$$

위의 반응결과로 생성되는 $Zn(OH_2)$은 NH_4Cl과 반응하여 착이온을 형성해서 용해되는 것으로 전체 반응은 다음으로 나타낼 수 있다.

$$Zn + 2NH_4Cl + 2MnO_2 \rightarrow Zn(NH_3)_2Cl_2 + H_2O + Mn_2O_3 \qquad (6.1.11)$$

망간 건전지의 기전력은 1.5[V]이고, 값이 저렴하고 연속적 사용에 적합하고 가장 일반적인 건전지이다. 용도로는 전등용, 전화용, 시계, 장난감, 라디오 등의 휴대용 장비에 널리 사용되고 있다. 그림 6.1 5는 망간건전지를 보여주고 있다. 망간 건전지를 직렬로 적층하여 고전압을 얻을 수 있도록 한 전지를 적층 건전지(layer built cell)라 한다.

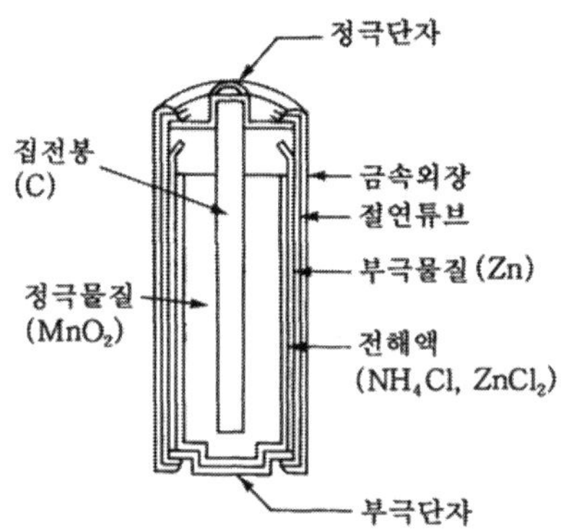

■ 그림 6.1.5 망간건전지 구조

그림 6.1.6은 망간 건전지를 중첩하여 고전압을 얻을 수 있게 한 적층형 건전지의 구조이다.

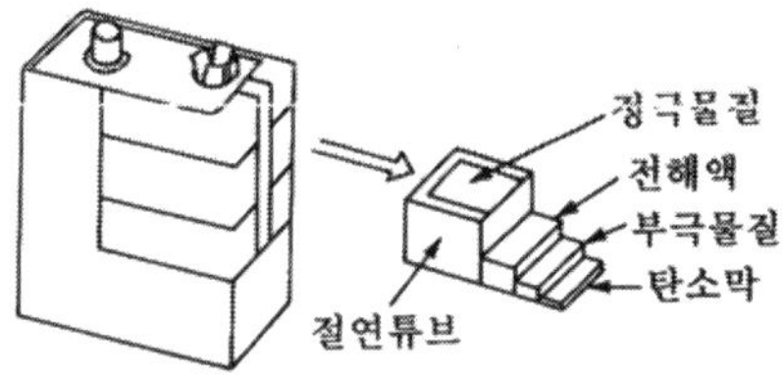

■ 그림 6.1.6 적층형건전지 구조

② 알칼리·망간건전지

그림 6.1.7은 알칼리·망간건전지의 구조이다. 정극물질에 2산화망간, 부극에 젤상인 아연, 전해액으로 수산화칼륨(KOH) 수용액을 사용하고 있다.

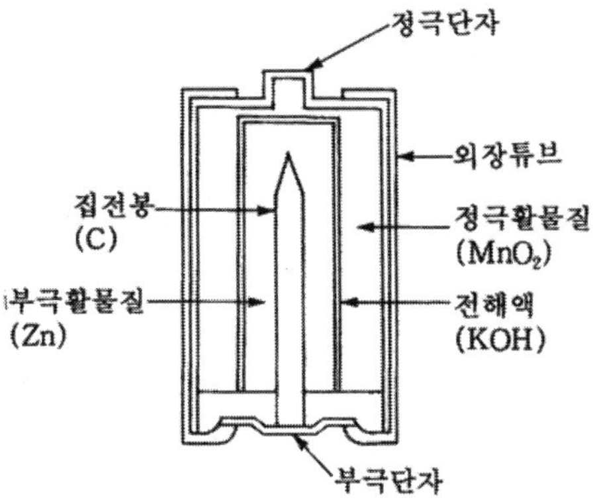

■ 그림 6.1.7 알칼리 망간건전지 구조

알칼리·망간건전지는 전해액으로 PH의 변화가 적은 수산화칼륨을 사용하고 있기 때문에 방전에 의한 전압의 변동이 적다. 또, 아연은 겔상 아연을 사용하여 표면적이 넓기 때문에 대전류를 지속할 수 있다. 따라서 이 전지는 부하가 큰 기기에의 사용이 적합하며 망간건전지보다 성능이 우수하다.

망간건전지는 아연이 용해하여 방전이 이루어지기 때문에 아연 용기에 구멍이 뚫려 액이 새는 경우가 있다. 알칼리·망간건전지는 용기에 철을 사용하고 있는데, 전해액인 수산화칼륨은 철을 용해하지 못하기 때문에 용기에 구멍이 뚫리는 경우는 없으므로 내누액성(耐淚液性)이 좋다.

③ 산화은전지

그림 6.1.8은 버튼형 산화은·아연전지의 구조이다. 정극물질에 산화은, 부극에 아연, 전해액으로 수산화칼륨 또는 수산화나트륨(NaOH) 수용액을 사용하고 있다. 정극과 전해액 사이의 분리는 이이온의 통과와 두 전극 사이의 단락에 의한 자기방전을 방지하고 있다.

이 전지의 기전력은 1.55[V]이며 버튼형 전지 중에서 가장 안정된 전압특성이 있고, 폭넓은 온도특성을 가지고 있다. 전자시계, 계산기, 전자라이터, 손목시계 등에 사용되고 있다.

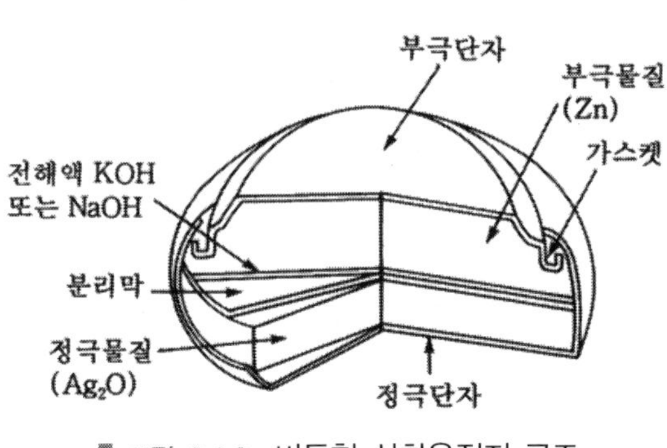

■ 그림 6.1.8 버튼형 산화은전지 구조

④ 수은전지

수은 전지(mercury cell)는 음극에 아연(Zn), 양극에 산화수은(HgO), 전해액으로 염기성의 수산화 칼륨(KOH) 또는 수산화 칼륨 용액을 사용하고 있다.

수은 전지의 표기 : (−) Zn | KOH(s, aq) | HgO(+)

수은 전지의 기전력은 1.35[V]이며, 전극반응과 전체 반응은 다음과 같다.

음극 : $Zn \rightarrow Zn^{2+} + 2e^-$

$Zn + 2OH^- \rightarrow ZnO + H_2O + 2e$ (6.1.12)

양극 : $HgO + H_2O + 2e^- \rightarrow Hg + 2OH^-$ (6.1.13)

전체 반응 : $Zn + HgO \rightarrow ZnO + Hg$ (6.1.14)

이 전지의 특징은 양극의 산화수은(HgO)이 감극제 역할도 하여 수소가 발생하지 않는다. 또 도전성의 수은이 석출되기 때문에 물질내의 저항이 적고, 방전전압이 매우 안정적이며 소형으로 수명이 길다 동작전압은 매우 안정되고 변화가 적고 광범위한 온도에서 동작한다.

수은전지의 용도는 전자기기, 계측기, 손목시계, 전자계산기 등 널리 사용되고 있지만, 수은을 다량으로 사용하므로 공해문제 등이 있다.

표 6.1.4 버튼형 진지의 비교

전지명	전압[V]	표준전류[mA]	용량[mA · h]	중량[g]
수은전지	1.4	2	260	2.9
산화은전지	1.55	0.23	180	2.3
알칼리전지	1.5	0.12	100	1.9

⑤ 공기전지

공기전지는 공기중의 산소를 감극제로 사용하는 공기건전지와 전해액으로 가성소다, 염화암모늄을 쓰는 공기습전지가 있다.

음극반응 : $Zn \rightarrow Zn^{2+} + 2e^-$

양극반응 : $O + H_2O + 2e^- \rightarrow 2OH^-$

이 반응으로 $Zn(OH_2)$이 생성되지만 이것은 전해액의 가성소다(NaOH), 염화암모늄(NH_4Cl)에 용해되어 다음 반응식으로 나타난다.

$Zn + 2NaOH + O \rightarrow Na_2ZnO_2 + H_2O$ (가성소다를 전해액으로 사용)

$Zn + 2NH_4Cl + O \rightarrow Zn(NH_3)_2Cl_2 + H_2O$ (염화암모늄을 전해액으로 사용)

방전시에 전압변동이 적고, 사용중에 자기방전이 적어서 오래 사용이 가능하고 온도차에 의한 전압변동이 적다 용량이 커서 경제적이다. 결점으로 중부하 방전이 안되고 습식은 이동이 불편하다.

• 공기습전지 : 공기전지는 정극물질에 산소를 사용한 것으로서 부극은 아연, 전해액으로 수산화칼륨 수용액이 사용된다. 그림 6.1.9는 공기습전지의 구조이며, 이 전지의 기전력은 1.4[V]이다. 자기방전이 없고, 오랜 기간 방전에 견디며, 부극의 아연은 교환할 수 있는 등 경제적으로 취급과 유지가 간단한 전지이다. 통신용 전원, 기상관측용 전원, 철도용 신호전원 등에 사용되고 있다.

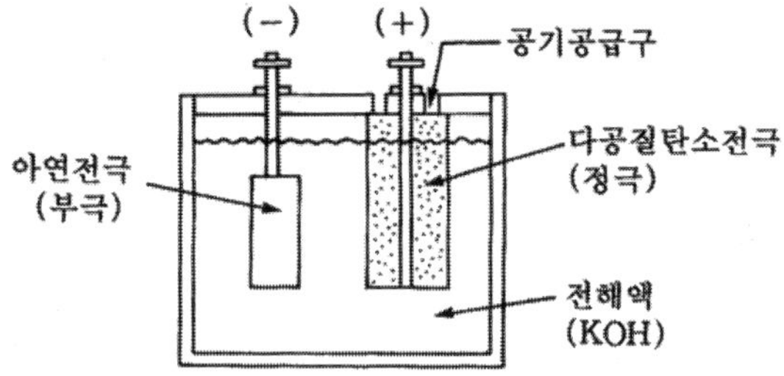

■ 그림 6.1.9 공기습전지의 구조

• 공기건전지 : 그림 6.1.10은 버튼형 공기건전지의 구조를 나타낸 것이다. 정극측에 공기구멍이 있는데, 이곳에 붙어 있는 실(shell)을 떼어내면 수초 동안 공기 중의 산소와 반응하여 사용가능상태로 변화 된다. 전지내의 충전물질 중 대부분은 부극인 아연이 차지하고 있기 때문에 같은 규격의 수은전지와 비교하여 용량은 2배 이상이며 중량은 가볍다(표 6.1.6 참조), 보청기용 전지로서 수은전지와 함께 사용되고 있다.

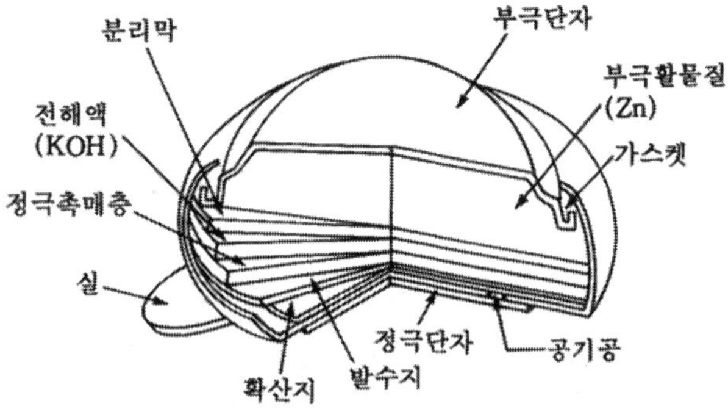

■ 그림 6.1.10 버튼형 공기 건전지의 비교

■ 표 6.1.5 수은전지와 공지전지의 비교

종류	수은전지	공기전지
기호	NR44	PR44
전압[V]	1.4	1.4
표준전류[mA]	2.0	2.0
용량[mA·h]	260	540
중량[g]	2.9	1.8

⑥ 리튬전지

리튬전지는 부극물질로서 리튬(Li)을 사용한 것이다. 리튬은 상온에서 물과 격렬하게 반응하여 수산화물을 발생하기 때문에 전해액으로는 유기전해질을 사용한다. 그림 6.1.11은 정극물질로서 이산화망간(MnO_2)을 사용한 코인형 이산화망간·리튬전지의 구조를 나타낸 것이다. 기타 V_2O_5를 정극물질로서 사용한 것이다.

기전력은 지금까지 설명한 전지에 비해 약 2배인 3[V] 정도이며, 또한 리튬전지는 커다란 전기용량, 자기방전이 적으며 저장성이 양호이다. 온도특성도 양호하다는 등의 특징이 있으며, 메모리의 백업 등 전자응용 제품의 전원으로서 널리 사용되고 있다.

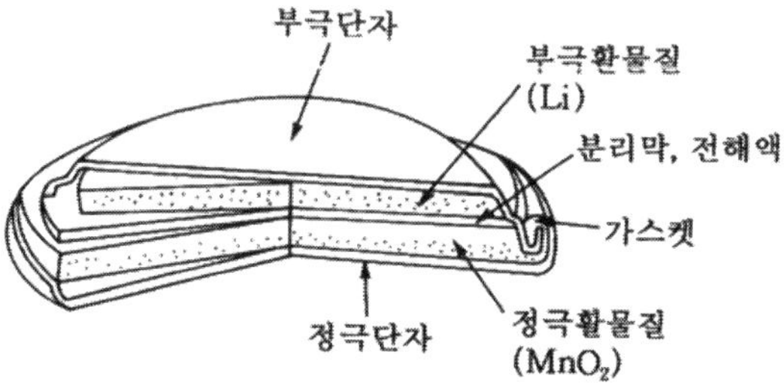

■ 그림 6.1.11 코인형 이산화망간 리튬전지의 구조

(5) 2차 전지

2차 전지란 충전하여 반복 사용할 수 있는 전지이며, 2차 전지에는 연축전지와 알칼리 축전지가 있다. 방전율이란 방전전류의 크기를 나타내는 것으로서, 어느 크기의 일정 전류로 방전했을 때, 10시간의 방전이 가능하다면 그 방전을 10시간율이라 하고, 이것을 기초로 축전지의 용량 [A·h]를 나타내고 있다.

용량[A·h]=방전전류[A]×시간율[h]

연축전지는 10시간 방전, 알칼리축전지는 5시간 방전을 표준으로 하고 있다.

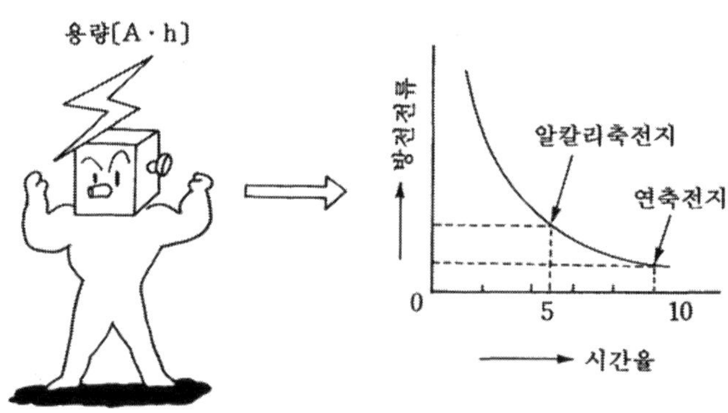

■ 그림 6.1.12 축전지의 용량

① 납축전지(연축전지)

납축전지는 자동차, 선박 등의 이동용과 예비전원 등으로서 가장 대표적인 축전지로 그림 6.1.13과 같이 정극에는 2산화납 PbO_2, 부극에는 Pb, 전해액은 묽은황산 H_2SO_4로 구성되어 있다.

방전시 양극에는 다음과 같은 반응에 의해 전류가 흐른다.

$$\text{(부극)}\ Pb + SO_4^{2-} \rightarrow PbSO_4 + 2e^- \qquad (6.1.15)$$

$$\text{(정극)}\ PbO_2 + 4H^+ + SO_4^{2-} + 2e^- \rightarrow PbSO_4 + 2H_2O$$

충전시에는 위 식에서 →의 방향이 ←방향으로 일어나고 원상태로 돌아간다.

연축전지의 반응은 식 (6.1.15)을 정리하여 다음과 같이 나타낼 수 있다.

$$\underset{\text{(음극)}}{Pb} + \underset{\text{(양극)}}{PbO_2} + \underset{\text{(전해액)}}{2H_2SO_4} \underset{\text{충전}}{\overset{\text{방전}}{\rightleftarrows}} \underset{\text{양극표면}}{PbSO_4} + \underset{\text{전해액}}{2H_2O} + \underset{\text{음극표면}}{PbSO_4} \qquad (6.1.16)$$

양극판은 기판에 Pb을 입히고, 기전반응을 일으키는 활성물질인 이산화납(PbO_2)을 부착시켰다. 음극은 활성물질은 회백색, 해초상의 납(Pb)로 Pb산화물을 전해적으로 환원시킨 것이다. 격리 판은 양극과 음극이 단락되는 현상을 방지하고 활성물질을 보호하는 나무, 고무, 플라스틱, 페놀 수지 등을 사용한다. 전해액은 농도 27~30[%](비중 1.20~1.30)의 묽은 황산을 사용한다.

방전하면 정·부극의 모두 물에 녹지 않는 황산납($PbSO_4$)을 발생하고, 극판은 백색화한다. 또한, 물(H_2O)도 발생하여 전해액의 비중이 저하한다. 충전하면 전해액중의 물이 전기분해되어 정극에서 산소가스, 부극에서 수소가스가 발생한다. 따라서 가스가 방출한 만큼 물의 보충이 필요하다. 그러나 최근에는 이 문제를 해결한 밀폐형 연축전지도 만들어지고 있다.

납축전지의 기전력은 약 2[V]인데, 이것이 여러개로 구성, 배열하면 높은 전압을 얻을 수 있다. 그림 6.1.14는 자동차용 12[V] 납축전지의 구조인 것이다.

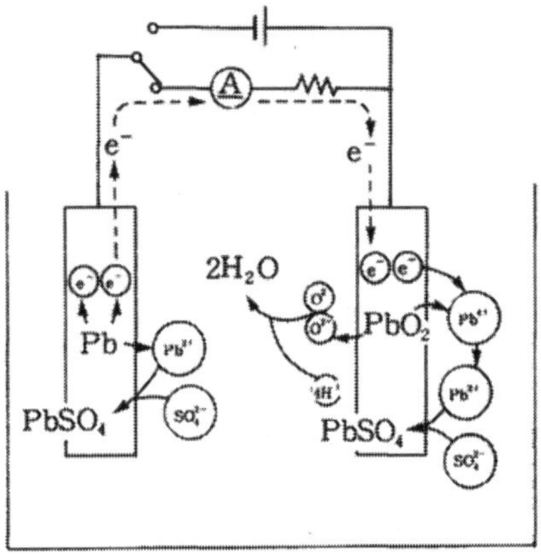

■ 그림 6.1.13 납축전지 반응

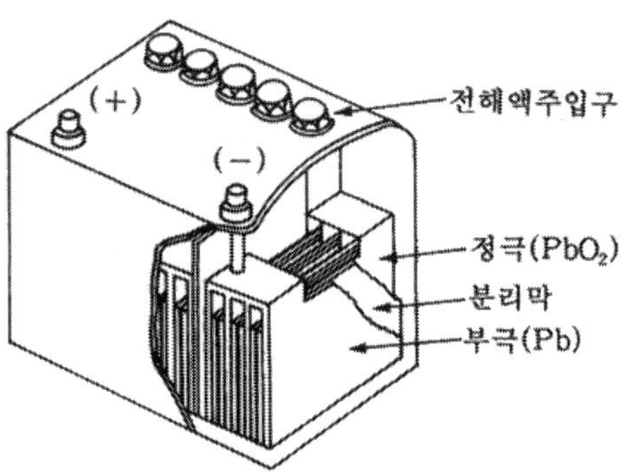

■ 그림 6.1.14 자동차용 납축전지

납축전의 형식은 양극판의 구조에 따라 클래드식(clad type, CS형)과 페이스트식(paste type, HS형)으로 구분하여, 두 형식 모두 음극판은 납합금으로 된 격자에 납을 채운 것이다.

두 극판은 단락 보호용의다공질 격피판(separator)으로 이격시킨다,

- 클래드식 : 유리섬유 등으로 짠 다공성 튜브에 이산화납의 물질을 채운 것이고, 형식기호는 CS형이다.
- 페이스트식 : 납 또는 납과 주석의 합금을 격자식으로 만들어 이산화납으로 된 반죽을 바른 것이고, 형식기호는 HS형이며 급방전형이라 한다.

납축전지의 기전력은 전해액의 비중이 1.2일 때 약 2.05～2.08[V]이며, 기전력은 2.05～2.08[V]이다. 방전시에 1.8[V] 이하로 떨어지면 전류가 흐르지 않게 되는 데, 이 전압을 방전 종지전압이라 하며 다시 충전을 해야 전지의 열화를 방지할 수 있다. 충전을 하게 되면 방전의 역반응이 일어나고 전해액 중의 물이 전기분해 되어 양극에서 산소, 음극에서 수소가스가 발생한다. 따라서 가스가 방출한 만큼 물(증류수)의 보충이 필요하게 된다. 이 문제를 해결하기 위하여 밀폐형을 사용한다. 높은 전압을 요구하는 부하에서는 셀(cell) 당의 공칭전압이 2[V]이므로 각 셀을 직렬로 접속하여 원하는 전압을 만들어 사용한다. 납축전지의 용도는 자동차용. 전차용, 거치용 등 매우 광범위하게 이용되고 있으며 약 95[%]를 점유하고 있다.

납축전지의 공칭용량은 10시간율[A·h]이 표준이며, 방전 전류 I[A]와 방전 지속 시간 T[h]와의 사이에는 다음과 같은 실험식이 성립한다.

$$I^n\ T = \text{일정} \quad n : \text{정수} = 1.3 \sim 1.7 \tag{6.1.17}$$

② 알칼리 축전지

알칼리 축전지는 양극에 Ni, Ag의 산화물 등의 산화제, 음극에 Cd, Zn, Fe 금속을 사용하며, 전해액으로 알칼리성 수용액(KOH)을 사용하는 충·방전이 가능한 2차전지의 총칭이다.

대표적으로 니켈－카드뮴 축전지가 있으며, 음극에 카드뮴(Cd), 양극에 수산화 제2니켈(NiOOH)을 사용한다. 20[℃]에서 셀 당 기전력은 1.32[V]이고, 공칭전압은 1.2[V]이다.

충·방전시의 전극 반응을 나타내면 다음과 같다.

$$\text{음극} : Cd + 2OH \underset{\text{충전}}{\overset{\text{방전}}{\rightleftarrows}} Cd(OH)_2 + 2e^- \tag{6.1.18}$$

$$\text{양극} : 2NiO(OH) + 2H_2O + 2e^- \rightleftarrows 2Ni(OH)_2 + 2OH^- \tag{6.1.19}$$

따라서 축전지의 전체 반응은 두 식에 의하여

$$\text{전체반응} : \underset{\text{음극}}{Cd} + \underset{\text{양극}}{2NiO(OH)} + \underset{\text{전해액}}{2H_2O} \rightleftarrows \underset{\text{음극}}{Cd(OH)_2} + \underset{\text{양극}}{2Ni(OH)_2} \tag{6.1.20}$$

니켈－카드뮴 축전지는 과충전시 물이 전해되어 산소와 수소가스를 발생한다. 그러나 카드뮴은 산소를 흡수하는 성질이 있기 때문에 음극판의 용량을 양극판보다 크게 하여 음극에서 수소가스의

+발생을 방지하고, 양극의 산소를 흡수할 수 있어 완전한 밀폐가 가능하다.

수산화칼륨 KOH의 전해액은 전극 반응에서 직접적으로 참가하지 않고 단지 충·방전시 수산기 OH^-가 두 전극 사이로 이동하도록 돕는 매개의 역할만을 하므로 전해액의 농도 및 비중 변화는 없다. 이것이 알칼리 축전지의 큰 장점으로 충·방전특성, 온도특성, 수명 등에 양호한 결과를 가져오는 요인이 된다.

알칼리 축전지의 형식은 극판의 구조에 따라 포켓식과 소결식으로 대별한다.

- 포켓식 : 다수의 구멍을 뚫은 니켈도금강판을 구부려 포켓 모양으로 만든 후, 이 속에 음극과 양극 물질을 채워 넣은 것으로써 음극과 양극판 모두 사용된다.
  - 형식기호 : AL(완방전형), AM(표준형), AMH(고율방전용 급방전형), AH(초급방전형)
- 소결식 : 니켈 분말을 소결하여 만든 다공성 기판 속에 음극과 양극 물질을 채워 넣은 것으로써 음극과 양극판 모두 사용된다.
  - 형식기호 : AH(초급방전형, 표준형), AHH(초고율방전용 초초급방전형) 알칼리 축전지는 기계적, 전기적으로 매우 견고하며, 수명이 납축전지의 3~4배 정도 길다. 또 급속 충·방전 및 고방전율에 강하고, 다소 용량이 감소되어도 사용 불능상태가 되지 않으며 가격이 비싸다.

납축전지는 공칭전압 2[V], 공칭용량 10[A·h]이므로 공칭전압 1.2[V], 공칭용량 5[A·h]인 알칼리 축전지보다 단시간 대전류 공급이 가능하며, 효율이 높다.

알칼리 축전지의 용도는 열차의 점등용, 전기차량의 제어회로 전원, 갱내의 조명등, 항공기 및 선박의 예비전원과 소형에서는 휴대용 통신기기, 전기면도기 등의 전원으로 널리 사용되고 있다.

예제 6.1 납축전지가 충방전할 때의 화학 방정식은?

풀이 화학식

$$Pb + PbO_2 + 2H_2SO_4 \rightleftarrows PbSO_4 + 2H_2O + PbSO_4$$

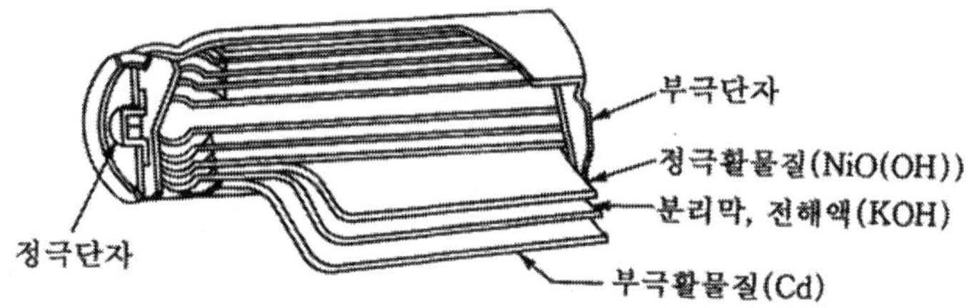

■ 그림 6.1.15 밀폐형 니켈

③ 축전지 용량

용량 계산식 $C=\frac{I}{L}K$

C : 축전지 용량[Ah]　　　　I : 방전전류[A]

L : 보수율　　　　K : 용량환산 시간계수

축전지 용량[Ah]=방전전류[A]×방전시간[h]

④ 충전방식

- 보통충전 : 필요시마다 표준시간율로 소정의 충전을 하는 방식
- 급속충전 : 단시간에 보통전류의 2~3배 전류로 충전하는 방식
- 부동충전 : 축전지의 자기방전을 보충하고 동시에 상용부하에 대한 전력공급을 충전기가 부담하되 충전기가 부담하기 어려운 일시적 대전류 부하는 축전지로 부담하게 하는 방식
- 세류충전 : 자기방전량만을 항시 충전하는 부동충전방식 일종
- 균등충전 : 부동충전에서 각 전해조에 일어나는 전위차를 없애기 위해 1~3개월 마다 1회 씩 정전압으로 10~12시간 충전하여 용량을 균일화 하는 방식

(6) 연료전지와 태양전지

① 연료전지

연료전지(fuel cell)는 전극활성물질인 연료(수소, 메탄올, 탄화수소 등)와 산화제(산소, 공기, 과산화수소, 염소 등)가 외부로부터 연속적으로 공급하여 전기에너지를 얻고 동시에 반응생성물을 배출하는 전지이다. 즉, 화학에너지를 연속적으로 공급함으로써 연속 방전이 가능하기 때문에 다른 발전방식에 비하여 열효율이 높은 특징이 있다. 공해가 적은 발전시스템이므로 발전소 입지는 전력 수용가에 근접시킬 수 있다.

용도는 군용, 우주선용 전원 및 일반가정, 학교, 병원 등의 전력 사업용으로 널리 사용하고 있다. 연료전지는 연료나 전해질의 종류에 따라 분류할 수 있으며, 전해질에 의해 알칼리 전해질 연료전지, 산성 전해질 연료전지, 융융염 전해질 연료전지 등이 있다 연료전지는 그림 6.1.16과 같이 연료와 산소를 반응시킴으로써 화학에너지를 직접 전기에너지로써 취출하는 전지이다.

■ 그림 6.1.16 연료전지

물에 전류를 흘리면 전기분해에 의해 수소와 산소가 발생한다. 이와는 완전히 반대의 반응에 의해 전기에너지를 얻는 천연가스개질수소-산소연료전지의 발전원리를 그림 6.1.17에 나타내었다.

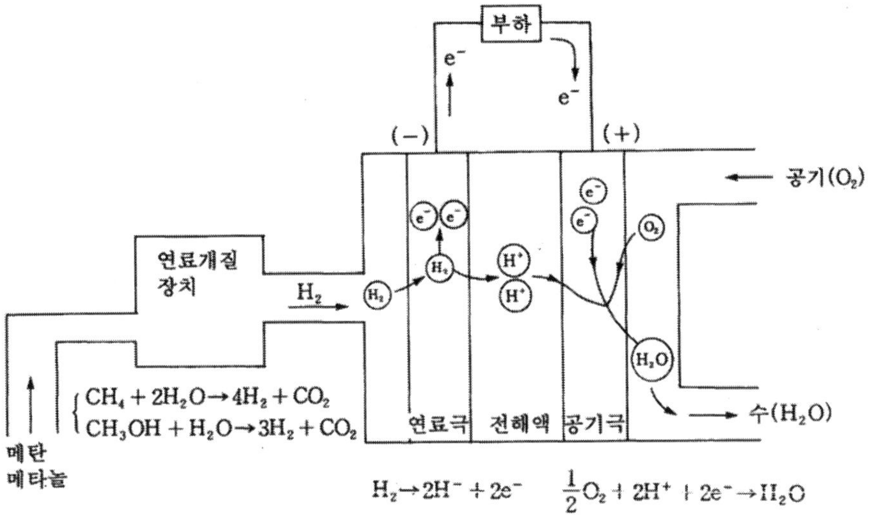

■ 그림 6.1.17 천연가스 개지수소-산소의 연료전지 원리도

천연가스는 연료 개질기에 의해 가열 개질되어 수소가스가 되고, 이것을 연료로서 공기 중의 산소를 산화제로 하여 기전력을 얻는다 전해액은 짙은 인산용액을 사용하며, 개질 수소 중에 또는 공기 중에 있는 탄산가스에 의한 전극의 오염을 방지하고 있다. 전극은 다공성 금속으로 구성되고, 부극에서는 수소가스가 전극내의 세공을 통해 수소이온과 전자로 분류된다.

$$H_2 \rightarrow 2H^+ + 2e^- \qquad (6.1.21)$$

수소이온은 전해액을 정극으로, 전자는 외부회로를 지나 정극으로 이동한다. 정극에서는 수소이온, 전자, 수송된 산소에 의해 다음과 같은 반응이 일어난다.

$$2H^+ + 2e^- + \frac{1}{2}O_2 \rightarrow H_2O \qquad (6.1.22)$$

이 연료전지는 이와 같이 수소와 산소를 반응시킴으로써 양극 간에 약 1[V]의 기전력을 얻게 된다. 연료전지에는 적합한 온도조건이 있는데, 이 연료전지는 120[℃]로 작동시키는 중온연료전지(100~300[℃])이다. 이 외에도 상온연료전지(실온~100[℃]), 고온연료전지(300[℃] 이상)가 있다. 연료전지는 고온으로 함으로써 전극에서 일어나는 반응속도를 높이기도 하고, 전해질의 전기저항을 감소시켜 고출력, 고에너지 밀도를 얻을 수 있다.

연료전지는 화학에너지를 연속적으로 외부에서 공급함으로써 연속방전이 가능한데, 다른 발전방식에 비해 열효율이 높다. 또한 공해가 적은 발전시스템이기 때문에 발전소 입지는 전력수용가에 인접하여도 좋다. 현재는 벽지 통신전원, 우주선용 전원 등에 사용되고 있지만, 종래의 전지에 대한 개념을 초월하여 상용전력 발전용으로서 검토되고 있다.

② 태양전지

그림 6.1.18(a)와 같이 반도체의 p-n 접합의 양단에 부하저항을 접속하고, P-n 접합부에 광을 조사하면 광전효과에 의해 기전력이 발생한다. 태양전지는 광전효과에 의해 태양에너지를 직접 전기에너지로서 얻을 수 있는 전지이다. 그림 6.1.18(b)는 실리콘 태양전지의 구조이다. n형 반도체의 표면에 p형 반도체를 형성하고, 이 표면에 광을 조사하여 기전력을 발생하게 한다. p형 층은 1~3[μm] 정도로 광이 접합부 부근에 도달하기 쉽도록 얇게 만들어져 있고, 전압은 약 0.5[V]를 발생하며 전류의 크기는 광의 세기와 태양전지의 면적에 비례한다.

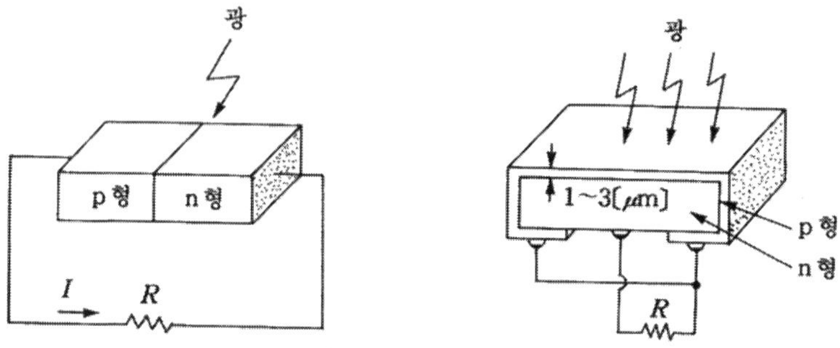

(a) (b)

■ 그림 6.1.18 태양전지 (solar cell) 구조

태양전지의 형상은 얇은 원형 또는 책모양인데, 이것을 몇 개 사용해서 모듈로 하고, 다시 모듈을 배열해서 패널을 형성함으로써 커다란 기전력을 얻을 수 있다.

태양전지는 태양에너지로부터의 변환효율이 10[%] 정도이지만, 지구상에 내려 쪼이고 있는 무료의 태양에너지를 효과적으로 이용하기 위한 방법이 연구되고 있다. 현재는 소전력기기, 인공위성, 등대, 무선중계국 등의 전원으로서 사용되고 있다.

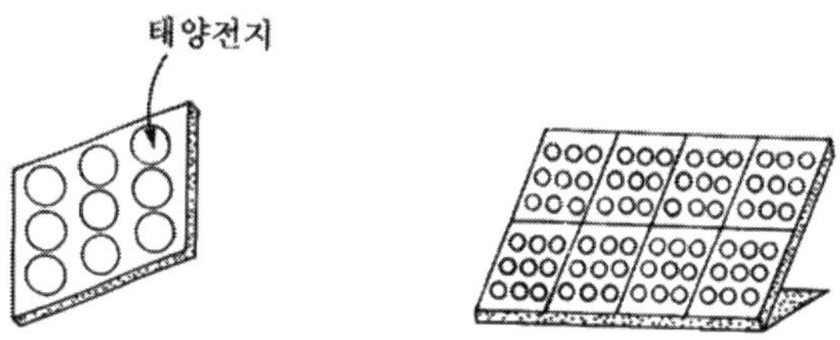

■ 그림 6.1.19 태양전지 모듈

연습문제

1. 금속 중 이온화 경향이 큰 물질 3가지와 작은 물질 3가지를 쓰시오.

2. 전기 화학에서 양이온이 되는 것은?

㉮ H_2 ㉯ SO_4 ㉰ NO_3 ㉱ OH

3. 1차전지의 종류를 2가지 들고 설명하라.

4. 2차전지의 종류를 2가지 들고 설명하라.

5. 일정한 전압을 가진 전지에 부하를 걸면 단자전압이 저하하는 원인은?

㉮ 이온화 경향 ㉯ 분극작용
㉰ 전해액의 변색 ㉱ 주위온도

6. 망간건전지의 전해액은?

7. 전지에 분극작용을 방지하기 위해 사용하는 감극제는?

㉮ H_2O ㉯ H_2SO_4
㉰ $CdSO_4$ ㉱ MnO_2

8. 납축전지가 충방전할 때의 화학방정식을 쓰시오(전체반응).

9. 납축전지의 양극재료는 무엇인가?

10. 납축전지가 충분히 방전하였을 때의 양극판의 색깔은 어떻게 되는가?

11. 알카리축전지의 장점을 3가지 이상 들고 설명하라.

12. 알카리 축전지의 공칭용량은 얼마인가?

13. 1차전지와 2차전지의 차이점을 쓰시오.

14. 전지의 자체방전이 일어나는 현상은 무엇과 관계가 깊은가?

15. 태양전지의 구조를 설명하고 기전력이 생기는 원리를 설명하라.

16. 연료전지의 원리를 그림을 그리고 설명하라.

17. 축전지에서 충전방식(5가지)을 쓰고 설명하라.

18. 부동충전에서 충전기의 2차 충전전류 계산식을 쓰시오.

6.2 전해 및 전열화학

1 전해화학(전기분해)

외부로부터 공급되는 전력에 의한 전류를 이용해서 비자발적으로 산화·환원 반응을 일으켜 전기에너지를 화학에너지로 변환하는 것을 전기분해 또는 전해라고 하며, 이 전기분해를 응용한 화학공업을 전해 화학공업이라 한다.

전기분해에서 직류 전원은 한 전극으로부터 전자를 끌어들이고 다른 전극으로 전자를 보내는 전자펌프와 같은 역할을 한다. 이 때 저자를 외부 회로로 보내고(빼앗기고)자신은 산화되는 전극을 애노드(anode, 산화전극)라고 하고, 전자를 받아들여 자신은 환원되는 전극을 캐소드(cathode, 환원전극)라 한다.

즉, 전기분해에서는 외부 전원의 양극에 접속된 전극이 산화반응이 일어나는 에노드가 되고, 음극에 접속된 전극이 환원반응이 일어나는 캐소드가 된다. 이것은 애노드가 음극, 캐소드가 양극이 되는 자발적인 전기화학 반응인 화학전지와 다른 점이다.

표 6.7은 전기분해와 화학전지의 전극 반응 및 극성관계를 비교하여 나타낸 것이다

■ 표 6.7 화학전지와 전기분해의 전극 반응 및 극성 비교

전 극	화학전지		전기분해	
	화학반응	전기극성	화학반응	전기극성
Anode(산화전극)	산화반응	음극(−)	산화반응	양극(+)
Cathode(환원전극)	환원반응	양극(+)	환원반응	음극(−)

전기분해(전해) 장치는 그림 6.2.1과 같이 전해조(electrolytic cell), 전극(electrode), 전해액(electrolyte) 및 격막(diaphragm)으로 구성된다.

격막은 두 종의 액체나 기체가 서로 혼합되지 않도록 설치하는 막이며, 전해장치의 구성에 반드시 필요한 것은 아니다. 전해조의 격막은 석면이 많이 사용되며, 반응생성물의 혼합을 억제하는 경우에 애노드실과 캐소드실을 분리하기 위하여 사용한다.

두 전극 사이에 직류 전압을 인가하면 애노드는 자체 전극 금속의 용해 또는 전해질의 음이온(anion)을 끌어들여 전자를 탈취하여 전원으로 보내고, 캐소드는 전해질의 양이온을 받아들여 전자를 소비하면서 양이온(cation)을 중성으로 만든다. 이 때 반응생성물이 두 전극 표면 또는 그 주위에서 발생하게 된다. 이와 같이 외부에서 공급되는 전기에 의하여 전해질이 분리되는 현상, 즉 전기분해 또는 전해가 일어난다.

산화·환원이란 전자의 주고받음을 말하지만 전자는 반드시 다른 물질로부터 공급될 필요는 없다.

전해질의 수용액에 외부에서 전류를 흘려보내, 그림 6.2.1과 같이 산화·환원반응을 하게 하는 것을 전기분해라고 하며 전해화학이란 이 전기분해를 응용한 화학이다.

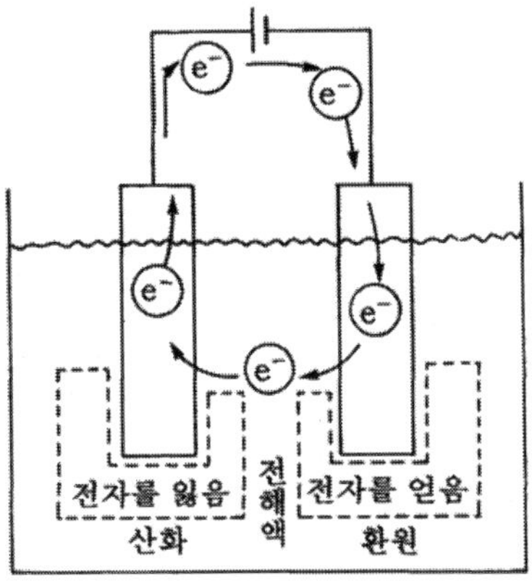

■ 그림 6.2.1 전기분해

① 패러대이 법칙, 전기화학당량

전기분해에 있어서 전해질을 통과하는 전하량과 전극에서 생성 또는 소모되는 물질의 양 사이에는 다음의 두 법칙이 성립하며, 이 법칙을 패러데이 법칙이라 한다.

전기분해에 의해 석출 또는 소모되는 물질의 양은 통해 준 전기량에 비례한다. 일정한 전하량을 통과했을 때 얻어지는 물질의 양은 각 물질의 화학당량(chemical equivalent)에 비례한다. 즉, 전자 1몰이 통과하면 각 물질의 화학당량에 해당하는 질량[g]이 석출된다.

화학당량과 전기 화학당량은 다음과 같이 정의한다.

$$\text{화학 당량} = \frac{\text{원자량}}{\text{원자가}}[\mathrm{g}]$$

$$\text{전기화학당량} = \frac{\text{화학당량}}{\text{패러대이 상수}(F)} = \frac{\text{화학당량}}{96500}[\mathrm{g/C}] \tag{6.2.1}$$

여기서 패러데이 상수 F는 전자 1몰의 전하량을 의미하며, 물질에 관계없이 일정하다. 따라서 F는 다음과 같다.

$$F = 1.602 \times 10^{-19}[\mathrm{C}/\text{개}] \times 6.02 \times 10^{23}[\text{개}/\mathrm{mol}] = 96500[\mathrm{C/mol}] \tag{6.2.2}$$

전기분해에 의해 석출되는 물질의 양은 전해액을 통과하는 총 전기량에 비례하고, 또한 물질의 화학당량에 비례한다.

$$W = KQ = KIt[\mathrm{g}] \tag{6.2.3}$$

여기서 W : 석출되는 물질의 양[g] K : 화학당량[g/C]
Q : 통과한 전기양[C] 즉, $(Q = It)$ I : 전류[A] t : 시간[sec]

전기화학당량 K는 1[C]의 전기량으로 석출 시킬 수 있는 물질의 양을 말한다. 즉 일정한 전하량을 통과했을 때 얻어지는 물질의 양은 각 물질의 화학당량(chemical equivalent)에 비례한다. 즉, 전자 1몰이 통과하면 각 물질의 화학당량에 해당하는 질량[g]이 석출된다.

전해에 의하여 전극에서 석출되는 양 W는 패러데이의 두 법칙을 조합하면

$$\text{석출량 } W = \text{화학당량} \times \text{전자의 몰수}$$

$$= \text{화학당량} \times \frac{Q}{F} = \text{화학당량} \times \frac{It}{F}\ [\text{g}]$$

이 된다. 또 전류효율 μ는 이론 석출량에 대한 실제 석출량의 비의 백분율로 다음과 같이 나타낸다.

$$\mu = \frac{\text{실제석출량}}{\text{이론석출량}} \times 100[\%]$$

예제 6.2 구리의 원자량은 63.54, 원자가 2일 때, 화학당량 및 전기 화학당량[mg/C]을 구하라.

풀이 위 공식에서 화학당량과 전기 화학당량은 다음과 같이 얻어진다.

- $\text{화학당량} = \frac{\text{원자량}}{\text{원자가}}[\text{g}] = 31.77$
- $\text{전기 화학당량} = \frac{\text{화학당량}}{F} = \frac{31.77}{96500} = 0.3929[\text{mg/C}]$

예제 6.3 염화아연(ZnC)의 수용액을 전기분해하였더니 전해 전류 15[A]에서 9[g]의 아연을 석출하는 데 50분을 요하였다. 아연의 원자량을 65.4라 할 때, 전류효율[%]을 구하라.

풀이 주어진 예제에서 실제 석출량은 9[g]이고, 이론 석출량은 위 수식에 의하여

- $\text{이론 석출량 } W = \text{화학당량} \times \frac{It}{F} = \frac{65.4}{2} \times \frac{15 \times 50 \times 60}{96500} = 15.25[\text{g}]$
- $\text{전류효율 } \therefore \mu = \frac{9}{15.25} \times 100 = 59[\%]$

② 물의 전기분해

물(H_2O)을 전기분해하면, 그림 6.2.2와 같이 음극에는 수소(H_2), 양극에는 산소(O_2)가 발생한다. 두 전극간은 발생한 수소와 산소가 혼합되지 않도록 격막으로 막고 있다. 물에는 도전율을 높이기 위해 가성소다와 가성칼리를 20[%] 정도 첨가한다. 이 방법으로 간단히 수소를 얻을 수 있는데, 현재는 석유화학공업의 발달에 의해 수소가스가 부산물로서 싼값으로 생산되기 때문에 그다지 이용되고 있지 않다.

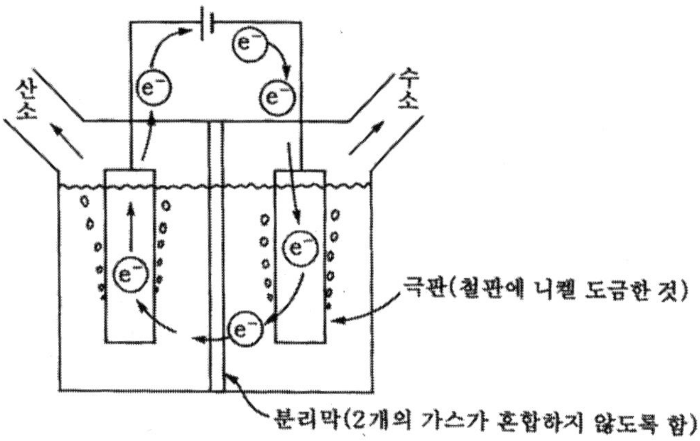

■ 그림 6.2.2 물의 전기분해

③ 식염수의 전기분해

그림 6.2.3은 격막법에 의한 식염수의 전기분해이다. 양극에는 흑연, 음극에는 선면을 격막으로서 강선의 망이 사용된다.

식염수(NaCl)를 전기분해하면, 양극에서는 다음과 같은 반응이 일어난다.

$$(\text{양극})\ Cl^- \rightarrow \frac{1}{2}Cl_2 + e^-$$

$$(\text{음극})\ H^+ + e^- + OH^- \rightarrow \frac{1}{2}H_2 + OH^- \rightarrow OH^- + Na^+ \rightarrow NAOH \quad (6.2.4)$$

양극에서는 염소가 발생하는데 식 (6.2.5)와 같은 방법으로 위쪽에서 취출된다. 음극에서는 수소와 가성소다(NaOH)가 발생하는데 수소는 식 (6.2.5)와 같은 방법으로, 가성소다는 식염수와의 혼합용액으로서 아래쪽에서 취출된다. 격막은 식염수를 통해서 염소가스와 수소가스의 혼합을 방지하고 있다.

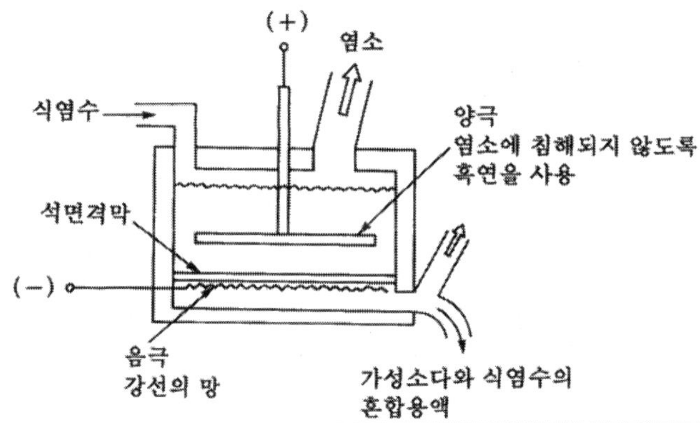

■ 그림 6.2.3 격막법에 의한 식염수의 전기분해

④ 금속의 전해정련

전기분해에 의한 금속의 정제법을 전해정련이라고 한다. 그림 6.2.4는 동의 전해정련이다. 동의 주광석은 황동광($CuFeS_2$)이다. 황동광에 석회석·코크스를 첨가하여 용광로에서 가열하면 유화동(Cu_2S)이 만들어진다.

$$4CuFeS_2 + 9O_2 \rightarrow 2Cu_2S + 2Fe_2O_3 + 6SO_2 \qquad (6.2.5)$$

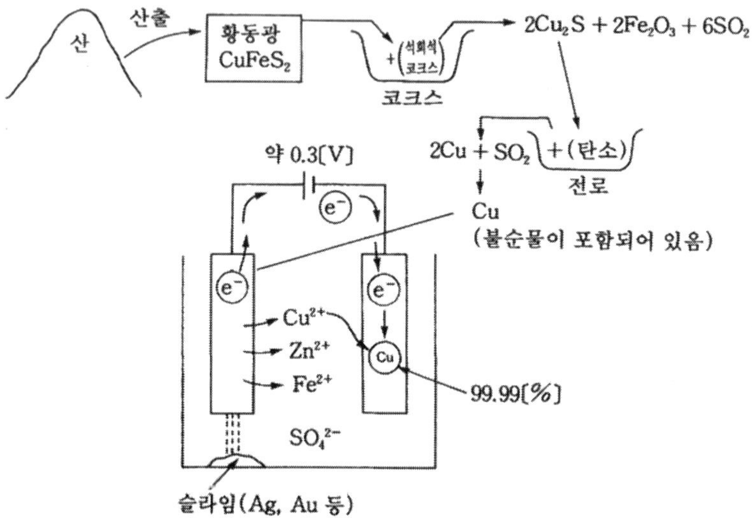

■ 그림 6.2.4 구리의 전해정련

유화동을 전로(転炉)에 넣고, 산소를 가하면 조동(粗銅)이 만들어진다.

$$Cu_2S + O_2 \rightarrow 2Cu + SO_2 \qquad (6.2.6)$$

이 조동은 아직 불순물(금, 은 등의 귀금속을 포함)을 함유하고 있기 때문에 전기분해에 의해 정련된다.

전해정련은 유산동수용액 중에서 조동을 양극, 순동을 음극으로 하여 시행한다. 조동중의 동과 그 밖의 불순물인 철과 아연은 수용액 중에서 녹으나 동보다 이온화 경향이 작은 금, 은 이온으로 되지 않고 슬라임으로써 양극의 밑에 가라앉는다. 음극에서는 용해된 이온 중에서 가장 이온화 경향이 작은 Cu^{2+}와 전자가 결합하여 동만이 전착한다.

동의 전해정련은 순수한 동의 석출과 귀금속성 불순물의 회수를 목적으로 한다. 양극의 밑에 남은 슬라임으로 조은이 만들어지고, 전해정련에 의해 순은이 석출된다. 또, 은의 전해정련의 슬라임으로부터 조금을 만들고, 전해정련에 의해 순금을 석출한다. 이 전해정련은 동 외에도 금, 은, 니켈, 납, 주석 등에도 사용되고 있는데, 99.98[%] 이상의 순도를 얻을 수 있다.

⑤ 용융염 전해

나트륨, 마그네슘, 알루미늄, 칼슘 등의 이온화 경향이 큰 금속은 H^+를 함유한 수용액의 전기분해에 의해 얻기가 곤란하다. 또한, 고체인 상태에서는 전류가 흐르기 어렵고, 전기분해가 되지 않는다.

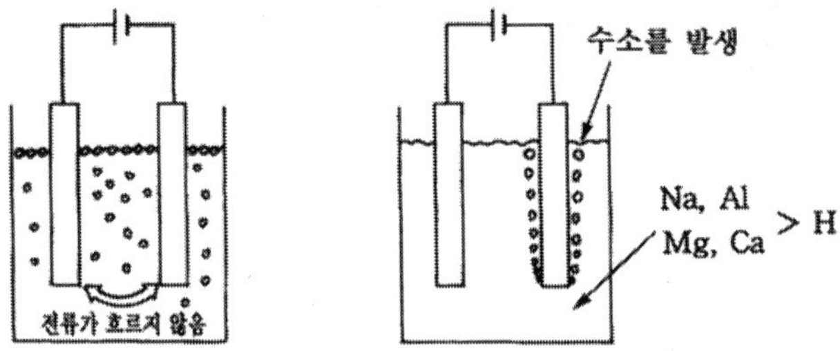

■ 그림 6.2.5 수소보다 이온화 경향이 큰 금속의 전기분해

고체전해질을 가열 용융하여 액체로 한 것을 용융염이라 하는데, 이온화 경향이 큰 금속은 H^{+}가 함유되어 잇지 않은 용융염 상태로 전기분해 한다.

이 방법을 용융염 전해라고 하는데, 그림 6.2.6은 알루미늄의 용융염 전해를 나타낸 것이다. 알루미늄은 광석인 보크사이트에서 제조되는 알루미나(Al_2O_3)를 원료로 한다. 알루미나는 융점이 2000[℃]로 높기 때문에 융점을 낮추기 위해 수정석(Na_3AlF_6)을 혼합하여 1000[℃]로 용융하며, 다음과 같은 반응을 일으킨다.

$$Al_2O_3 \rightarrow 2Al^{3+} + 3O^{2-} \tag{6.2.8}$$

이 상태로 전기분해하면 두 전극에서는 다음과 같은 반응이 일어난다.

$$(\text{음극})\ 2Al^{3+} \rightarrow 6e^{-} + 2Al \tag{6.2.9}$$

$$(\text{양극})\ 3O^{2-} + 3C \rightarrow 3CO + 6e^{-}$$

음극에는 알루미늄, 양극에는 산소가 양극의 탄소와 반응하여 일산화탄소가 발생한다. 양극의 탄소는 산소와의 반응에 의해 소모되기 때문에 끊임없이 보급할 필요가 있다.

알루미늄은 음극상에서 액체로 발생하는데, 일정 시간 간격으로 취출한다. 이 방법에 의해 99.8[%] 정도의 알루미늄이 얻어진다. 그러나 수용액의 전기분해에 비해 대량의 전력이 소요되기 때문에 알루미늄은 전기의 응고물이라고도 한다.

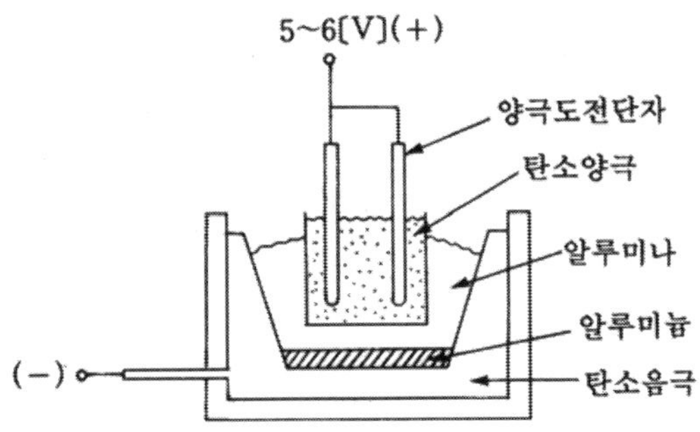

■ 그림 6.2.6 알루미늄의 용융염 전해

2 전기도금, 전주, 전해연마

(1) 전기도금

어떤 금속의 표면에 다른 금속의 박막을 만드는 것을 도금이라고 한다. 도금의 목적은 금속 표면의 장식, 내식성과 내마모성을 부여하는 등의 표면처리이다. 전기도금은 도금하고자 하는 금속을 양극, 도금되는 금속을 음극으로 하고, 도금하고자 하는 금속이온을 함유한 수용액 중에서 전기분해하여, 음극으로 금속을 석출시키는 것이다. 그림 6.2.7은 니켈도금의 경우이다. 전기도금은 이외에도 금, 은, 동, 크롬, 카드뮴 등이 있는데, 그 전해액의 조성을 다르게 사용한다.

금·은 도금은 장식용과 전기접점 등에 이용된다. 동도금은 금속의 바탕도금, Ni-Cu-Ni 도금의 중간도금 등과 전주로서 이용된다. 니켈도금은 철강, 황동, 아연 등의 장식과 내식용 그리고 크롬도금의 전단계 공정으로써 이용되고 있다. 크롬도금은 내마모성과 내식성이 양호하고, 대기중에서 광택을 상실하지 않는 성질을 이용하여 장식 등에 사용된다.

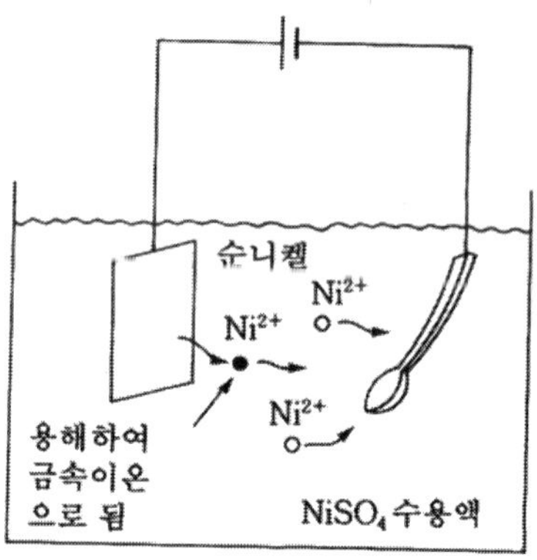

그림 6.2.7 니켈도금

(2) 전주(electroforming)

전기도금에 의해 원형을 복제하는 것을 전주라 하는데, 전기도금보다 두껍게 도금을 한다.

그림 6.2.8은 전주의 원리이며 원형이 금속제인 경우에는 그 위에 전주를 실행하지만 점토, 석고, 납, 플라스틱 등 가소성 물질로 만든 형을 사용하는 경우에는 도전성을 부여하기 위해서 흑연가루와 동가루 등을 도포하여 전기도금을 시행한다.

전주가 끝나면 형으로부터 도금한 금속을 벗겨야 하므로 도금전형의 표면에 엷은 산화물 피박을 만들어 벗기기 쉽게 한다. 전기도금에는 동과 니켈도금이 이용된다. 전주는 원형의 요철을 정밀하게 복제할 수 있기 때문에 레코드의 원형제작, 조각 공예품의 복제, 피혁 등의 천연룰 모양에서의 프레스형 룰의 제작 등에 이용되고 있다.

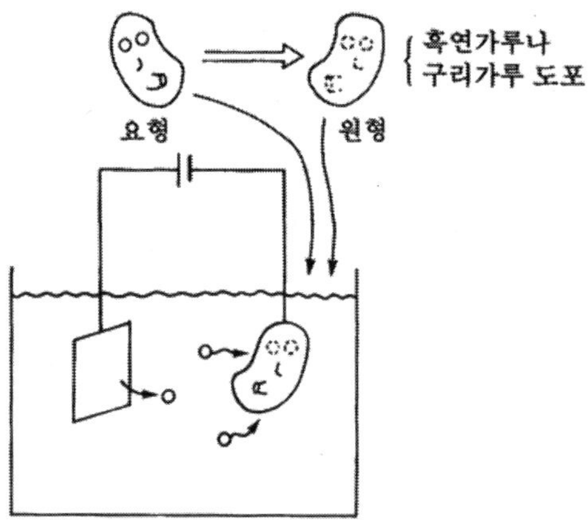

■ 그림 6.2.8 전주

(3) 전해연마

연마하고자 하는 금속을 양극으로 하여 전기분해하면 금속표면의 요철이 평활화 되면 이것을 전해 연마라고 한다. 전해연마는 적당한 전해액 중에서 비교적 단시간에 연마할 수 있으며, 광택이 우수하고 내식성이 향상된다. 주사침의 내면 등 형상적으로 기계적 연마가 곤란한 것, 스푼, 포크 등의 양식기, 정밀기계부품 등에 이용되는데, 기계적 연마와 병용해서 매우 큰 연마효과를 거두고 있다.

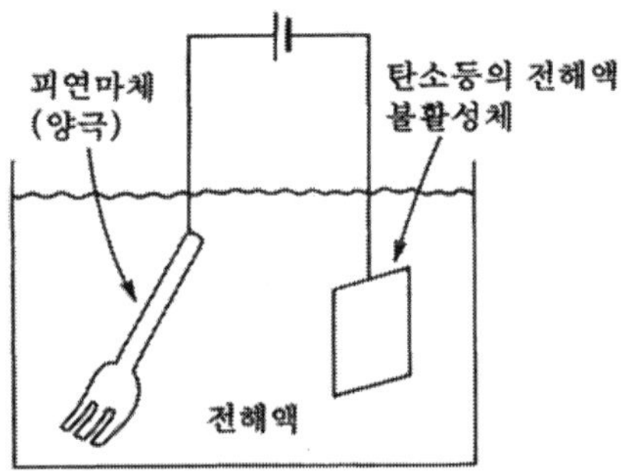

■ 그림 6.2.9 전해연마

(4) 탄화규소의 제조

탄화규소는 매우 단단하고 양호한 연마제로서 사용되고 있다. 그림 6.2.10은 탄화규소로 노심에 흑연저항체, 그 주위에 원료인 규석과 코크스의 혼합물로 설치를 한다. 1800~1900[℃]까지 가열 가능한 전류를 흘리면 다음과 같은 반응이 된다.

$$SiO_2 + 3C \rightarrow SiC + 2CO \qquad (6.2.10)$$

노심에서 가까운 곳에 탄화규소의 결정이 생기는데, 톤당의 전력량은 1500~7500[kWh/t]이다.

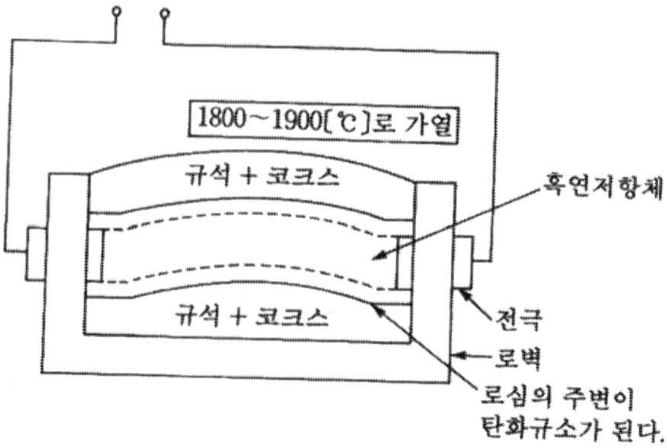

■ 그림 6.2.10 탄화규소로

(5) 흑연의 제조

코크스 등의 탄화질 재료를 고온에서 가열하면 탄소가 결정성인 흑연의 형으로 변하고, 인조흑연이 만들어진다. 인조흑연은 천연흑연보다 순도가 높고, 도전성이 양호하다. 흑연의 제조에는 직접식 저항로가 사용되면, 탄소와 코크스를 3000[℃] 정도로 가영하여 흑연의 결정을 얻고 있다. 흑연의 제조는 직접식 저항로가 이용되며, 식염 전해용 전극, 전기로용 전극, 원자로용 감속제 등에 사용되고 있다.

(6) 카바이드의 제조

카바이드는 초기에 등불의 재료로서 소비되었으나 그 후 용접, 절단용 가스, 석회질소의 원료, 유기합성원료로 그 용도가 다양하다. 카바이드는 생석회와 탄소질 재료(무연탄 또는 코크스)를 전기로에서 가열하여 응용제조 하는데 온도를 2000~3000[℃]로 높어야 한다.

$$CaO + 3C \rightarrow CaC_2 + CO \tag{6.2.11}$$

카바이드는 고온의 흡열반응으로써 제조는 페로알로이 합금과 마찬가지로 아크 가열에 의해 제조하였지만, 과열로 인한 원료의 증발과 열손실이 크기 때문에 직접식 저항가열로 바뀌게 되었다.

카바이드의 용도는 등화용, 용접 및 절단용 가스, 석회질소 및 유기합성화학의 원료 등에 사용된다.

3 플라즈마 화학

플라즈마 상태는 분자, 원자, 양성자, 중성자, 전자가 함께 섞이어 있는 고온의 상태를 말하며 전체적으로는 전기적으로 중성을 띠고 있다. 대게 전계가 형성이 되면 전자가 전자장의 영향으로 가속이 되고 분자와 충돌하여 여기, 분리(이온화), 해리를 초래하여 플라즈마 상태를 만든다. 전계 중에서 생기는 플라즈마생성을 방전이라 하고 화학에서 플라즈마를 이용하는 방전플라즈마가 있다.

플라즈마의 발생법으로는 화학적발생법(연소), 빛에 의한 발생법, 충격파법, 방전에 의한 발생법 등이 있다. 플라즈마의 전자는 상당한 고에너지 상태이다. 온도도 상당히 높아지는데, 플라즈마 온도는 운동에너지의 기준온도로 표시되고 전자온도(T_e)와 가스온도(T_g)로 나타낸다. 플라즈마 상태는 기체의 압력, 전계의 강도, 방전전류 영향을 받는다. 저압의 경우 $T_e > T_g$인 경우를 cold 플라즈마라 하고, 고압에 있는 플라즈마처럼 $T_e = T_g$인 경우를 열플라즈마라 한다.

(1) 플라즈마의 진단

물리적, 화학적 방법으로 플라즈마의 상태를 알 수 있는 것을 플라즈마의 진단이라고 한다. 플라즈마 진단법으로는 분광학적방법, 질량분석법, 전기적 탐사법 등이 있다. 이것들은 주로 cold 플라즈마 진단에 이용된다. 여기상태의 전자가 보다 낮은 에너지대로 떨어지는 경우에 발광스펙트럼이 관측된다. 플라즈마 중의 분자, 원자, 이온 및 전자를 질량분석기로 유도하여 질량분석할 수 있다.

(2) 플라즈마의 화학반응

플라즈마 중에 여기와 이온들의 화학반응으로 반응분자는 전자의 충돌에 의해서 높은 에너지상태로 결합하는데, 원자핵간의 거리를 변화없이 여기되고, 이 여기상태로 출발시는 반응속도가 늦게 진행이 된다. cold 플라즈마를 이용할 때는 T_g가 낮은 것이 열분해가 쉽고, 물질에 합성에 적합하다.

(3) cold플라즈마의 응용

① 표면물질의 에칭 : 고체와 플라즈마와의 반응에 의해 새로운 기체가 생성되는 반응
② 표면의 개질 : 고체와 플라즈마와의 반응에 의해 새로운 화합물 생성되는 반응
③ 표면에서의 물질의 석출 : 플라즈마 상태의 기체에서 고체가 석출되는 반응(플라즈마 CVD)

■ 표 6.8 플라즈마 과정의 분류

	반응프로세스	구체적인 예	방 전 법
표면물질의 제거	에 칭	$Si + CF_4 \rightarrow SiF_4$	라디오파방전
표면의 개질	금속, 반도체 산화, 탄화, 질화	$Si + O_2 \rightarrow SiO_2$ $Ti + N_2 \rightarrow TiN$	라디오파방전 마이크로파방전
표면에서의 물질 석출	플라즈마 CVD 플라즈마 중합	$SiH_4 \rightarrow \alpha\text{-}Si$ $CH_4 \rightarrow C$ $nCH_4 \rightarrow (CH_2)_n$	라디오파방전 마이크로파방전

(4) 열플라즈마의 응용

열플라즈마 발생법으로 직류아크, 3상교환 아크, 고주파 아크 등이 이용된다.

① 금속의 용해 : 열플라즈마를 이용하여 $ZrSiO_4$, MoS_2 등의 열분해

② 열플라즈마 반응 이용 : 염화물 증기를 함유하는 아르곤 플라즈마 중에 공급하여 산 화물 분자와 유리를 제조함. $SiCl_4$를 산소플라즈마 중에 공급하여 유리화하여 석영유리 가 생성됨

③ 열플라즈마를 열원으로 고속유체로 이용함

연습문제

1. 전기분해에 의하여 전극에 석출되는 물질의 양은 전해액을 통과하는 총 전기량에 비례하고 또 그 물질의 화학당량에 비례하는 법칙은?

2. 전기분해에서 패러데이의 법칙은 어느 것이 적합한가? (단, Q[C] : 통과한 전기량, W[g] : 석출된 물질의 양, E[V] : 전압을 각각 나타낸다.)

3. 전기분해로 제조되는 것은?

   ㉮ 암모니아　　㉯ 카바이드　　㉰ 알루미늄　　㉱ 철

4. 전기분해를 이용하여 순수한 금속만을 음극에 석출하여 정제하는 것을 무엇이라 하는가?

5. 전해정련 방법에 의하여 얻어지는 것은?

   ㉮ 구리　　㉯ 다이아몬드　　㉰ 납　　㉱ 망간

6. 황산 용액에 양극으로 구리막대, 음극으로 은막대를 두고 전기를 통하면 은막대는 구리색이 난다. 이를 무엇이라고 하는가?

7. 전기도금을 계속하여 두꺼운 금속층을 만든 후, 원형을 떼어서 그대로 복제하는 방법을 무엇이라 하는가?

8. 식염의 전기분해에서 100[Ah]의 전기량을 발생하는 NaOH는 약 몇 [g]인가? (단, Na의 원자량 : 16, H의 원자량 : 1 이고, 또 Na의 전기 화학당량 : 0.858[g/AH], 전류효율은 85[%]이다.)

9. 전해정련에 대하여 설명하고, 이 방법으로 제조되는 금속을 기술하라.

10. 용융염 전해에 대하여 설명하고, 이 방법으로 제조되는 금속을 기술하라.

11. 플라즈마 상태는 어떠한 상태를 말하며 cold플라즈마와 열플라즈마를 설명하라.

참고문헌

1. 전기응용, 백관현 외 3인 공저, 도서출판 광명
2. 전기응용, 임헌찬 외 1인 공저, 복두출판사
3. 전기응용, 지철근, 문운당
4. 전기기기, 이영희 외 2인 공저, 복두출판사
5. 전력전자, 김희준 외 2인 공저, 희중당
6. LED 조명핸드북, 일본 LED 조명협의회편(구기준역), 성안당
7. LED 활용기술, 박문수 외 1인 공저, 도서출판 상학당
8. 전기철도공학, 철도공학연구회 편, 동일출판사
9. 전기응용 공사재료, 검정연구회편, 동일출판사
10. 전기응용, 김종겸 외 3인 공저, 웅보
11. 철도신호공학, 박재영 외 2인, 동일출판사
12. 조명 핸드북, 조명학회(박한종, 이도희역), 성안당
13. 전자재료공학, 연규호, 21세기사
14. LED 조명기술, 강형식 외 1인 공저, 태영문화사
15. 최신전기응용, 오성근 외 2인, 북스힐
16. 유도기기, 박민호, 동명사
17. 전력전자, 최규하, 광문각
18. 최신발전공학, 송길영, 동일출판사
19. 전자기학, 백관현 2인 공저, 도서출판 명진
20. 일반화학, 한인섭 외 공역, 진영사

저자와의
협의에 의해
인지 생략

전기응용

1판 3쇄 2019년 3월 4일

저 자 백관현
발행인 송광헌
발행처 복두출판사
주 소 서울특별시 영등포구 경인로82길 3-4
(센터플러스) 807호 (우) 07371
전 화 02-2164-2580
FAX 02-2164-2584
등 록 1993. 11. 22. 제 10-902 호

정가 : 22,000원
ISBN : 979-11-5906-073-1 93560

한국과학기술출판협회 회원사